Realzeit-Programmierung

Springer-Verlag Berlin Heidelberg GmbH

Ataeddin Ghassemi-Tabrizi

Realzeit-Programmierung

Mit 261 Abbildungen

Springer

Prof. Dr.-Ing. Ataeddin Ghassemi-Tabrizi

Berufsakademie Stuttgart
Fachbereich Automatisierungstechnik
Jägerstraße 58
70174 Stuttgart

Die Deutsche Bibliothek – CIP-Einheitsaufnahme
Ghassemi-Tabrizi, Ataeddin: Realzeit-Programmierung / Ataeddin Ghassemi-Tabrizi.– Berlin; Heidelberg; New York; Barcelona; Hongkong; London; Mailand; Paris; Singapur; Tokio: Springer 2000
ISBN 978-3-540-67121-3 ISBN 978-3-642-58293-6 (eBook)
DOI 10.1007/978-3-642-58293-6

Umschlaggestaltung: design & production GmbH, Heidelberg
Satz: Reproduktionsfertige Vorlage vom Autor
Gedruckt auf säurefreiem Papier – SPIN: 10756205 33/3142 GF– 5 4 3 2 1 0

Inhaltsverzeichnis

Abkürzungen

ABS	Antiblockiersystem
AS	Ablaufsprache, DIN 61131-3
AWL	Anweisungsliste, DIN 61131-3
BCD	Binary Coded Decimal
CPU	Central Processing Unit, Prozessor
EI	End of Interrupt, ein Maschinenbefehl
EPROM	Eraseable Programmable Read Only Memory
FBS	Funktionsbaustein-Sprache, DIN 61131-3
IR	Interrupt Request
IRET	Return from Interrupt, ein Maschinenbefehl
ISR	Interrupt-Service-Routine
IV	Interrupt Vector
IVT	Interrupt Vector Table
KOP	Kontaktplan, DIN 61131-3
MS-DOS	Microsoft Disk Operating System
PLC	Programmable Logic Controller
RAM	Random Access Memory, Festwertspeicher
ROM	Read Only Memory
SPS	Speicherprogrammierbare Steuerung
ST	Strukturierter Text, DIN 61131-3
UNIX	Ein Multitasking-Betriebssystem

1. Motivation und Zielsetzung

In nahezu allen innovativen technischen Produkten tragen Mikroprozessoren heute wesentlich zu einer hohen Leistungsfähigkeit, einem breiten Einsatzspektrum und einer effizienten Adaptierbarkeit an veränderte Randbedingungen bei. Sie reichen im Büro vom Kopiergerät bis zum Telefonapparat, in der Küche vom Mikrowellenofen bis zum Herd, im Spielzimmer vom Schachspiel bis zur singenden Puppe, im Studio vom Videorecorder bis zum Fernsehen, im Verkehr vom Auto bis zum Flugzeug, im Krankenhaus vom Elektrokardiograph bis zum Blutdruckmesser, in der Fabrik vom Roboter bis zum Zeiterfassungssystem, im Hotel von der Klimaanlage bis zur Zugangskontrolle, auf der Baustelle vom Teodoliten des Vermessungsingenieurs bis zum Kran des Bauarbeiters, in einem Kraftwerk von der Amplituden- und Frequenzregelung der erzeugten Spannung bis zur Überwachung der Abgas-Schadstoffe. Die Aufgaben der Mikroprozessoren umfassen Meßwerterfassung, -überwachung und -visualisierung sowie Steuerung, Regelung und Bedienerführung. Die durch sehr hohe Packungsdichte der Halbleiter-Chips erzielte Leistungsfähigkeit des Mikroprozessors einerseits und der von der Produktion in großen Stückzahlen herrührende Preisverfall andererseits eröffnen den Mikroprozessor-Lösungen immer weitere Anwendungsgebiete.

Wurden früher viele industrielle Steuerungs- und Regelungsaufgaben mit Hilfe von mechanischen, elektrischen oder elektronischen Komponenten – z.B. Relais oder Halbleiter-Logikbausteinen – gelöst, so werden sie heute mit Hilfe von programmierbaren Mikroprozessoren realisiert. Die letzteren haben den Vorteil, daß Änderungen in der Aufgabenstellung sich in der Regel nur auf die *Software* *[1] des Mikroprozessors auswirken, während sie bei einer *Hardware-* * Lösung Änderungen im Aufbau der Geräte nach sich ziehen würden. Die Mikroprozessor-Lösung zeichnet sich durch ihre enorme Flexibilität aus.

Diese mit Hilfe von Mikroprozessoren automatisierten Systeme weisen besondere Eigenschaften auf, die bei ihrer Programmierung berücksichtigt werden müssen:

- All diese *Systeme* * müssen auf Veränderungen in ihrer Umgebung in angemessener Zeit reagieren, daher müssen sie die Fähigkeit zur *Realzeitverarbeitung* * aufweisen. Das Vorspulen eines Videorecorders muß innerhalb von Bruchteilen einer Sekunde beendet sein, nachdem das Bandende erkannt wurde. Tritt ein Autofahrer zu stark auf das Bremspedal und blockiert somit ein Rad, so muß die Bremse dieses Rades innerhalb weniger Millisekunden gelöst und wieder aktiviert werden.

---

[1] Die mit einem Stern gekennzeichneten Begriffe sind in der Deutschen Industrie-Norm DIN definiert. Die Definition und die zugehörige Norm sind im Anhang wiedergegeben.

- Diese Systeme müssen einen *Mehrprogrammbetrieb* * (Multiprogramming) zulassen, denn in ihrer Umgebung laufen viele Vorgänge parallel zueinander ab, so daß sie simultan von mehreren Programmen gesteuert werden müssen. Alle vier Räder eines Autos müssen gleichzeitig vom Antiblockiersystem (ABS) überwacht werden. In einem Kraftwerk müssen Amplitude und Frequenz der erzeugten Spannung gleichzeitig geregelt werden.
- Bei vielen dieser Systeme handelt es sich um *verteilte* * Systeme, d.h., es gibt mehrere Rechensysteme, die jeweils die Steuerung eines Anlagenteils übernehmen. Die Programme der verschiedenen Rechensysteme müssen sich im Sinne der Lösung einer übergeordneten Aufgabe miteinander koordinieren. Das Rechensystem, das die Steuerung eines Roboters übernommen hat, muß exakt mit dem Rechensystem, das die Steuerung des Transportbandes übernommen hat, koordiniert sein, damit es bei der Entnahme bzw. der Ablage von Werkstücken auf das Transportband nicht zu Kollisionen kommt.

Die Anfänge der Realzeitprogrammierung: Speicherprogrammierbare Steuerungen (SPS), im Englischen „Programmable Logic Controller (PLC)" genannt, kann man als den ersten Einsatz von programmierbaren Rechnern zum Zwecke der Steuerung von Produktionsanlagen betrachten. Sie waren ursprünglich spezielle Rechner mit einer Wortlänge von 1 Bit und wurden bei der Steuerung von Anlagen eingesetzt, in denen nur binäre Signale (mit nur zwei Werten) vorkamen.

Die Aufgabe des Rechners bestand darin, gleichzeitig mehrere Vorgänge in der Produktionsanlage unter Einhaltung ihrer zeitlichen Anforderungen so zu steuern, daß der gewünschte Ablauf für jeden Vorgang erreicht wurde. Die typische Aufgabe des Rechners war, aus der Booleschen Verknüpfung der binären Eingangssignale und der Prozeßzustände die binären Steuersignale abzuleiten und somit durch ihre Ausgabe die Vorgänge in der Produktionsanlage zu beeinflussen.

Für die Programmierung von SPS wurden in erster Linie Kontaktpläne KOP [DIN 61131-3] eingesetzt. Der Grund lag darin, daß solche Produktionsanlagen vor dem Einzug von SPS mit Hilfe von Relais gesteuert wurden und daß für die Verdrahtung von Relais Kontaktpläne eingesetzt wurden. Mit der Programmierung von SPS in Form von Kontaktplänen sollte das Personal für das neue System gewonnen und dessen Knowhow genutzt werden.

Die Programmierung von SPS erfolgte auch in der Funktionsbaustein-Sprache FBS [DIN 61131-3], die sich sehr stark an den Blockschaltbildern der Halbleiter-Bausteine für die Booleschen Verknüpfungen (UND-, ODER-, NAND-Gatter) und an den Blockschaltbildern der Speicherglieder (Flipflop, Monoflop, Vorwärtszähler, Schieberegister) orientierten, die vor dem Einzug von SPS bei der hardware-technischen Realisierung solcher Aufgabenstellungen eingesetzt wurden.

Die zeitlichen Anforderungen einer Produktionsanlage konnten dadurch eingehalten werden, daß alle von dem Rechner auszuführenden Booleschen Verknüpfungen immer wieder zyklisch zur Ausführung kamen. Damit war gewährleistet, daß eine Zustands- oder Signaländerung in der Produktionsanlage innerhalb der

Zykluszeit sicherlich erkannt und daraufhin mit der Ausgabe eines neuen Stellsignals reagiert wurde.

Konkurrierende * Tasks * und ihre Synchronisierung als Grundsteine zur wissenschaftlichen Behandlung von Realzeitsystemen: Ende der 60er Jahre stieg die Programmierung von Rechenanlagen vom Handwerk zur akademischen Disziplin auf [Wirth 86]. Die Arbeit von Dijkstra [Dijkstra 68] legte den Grundstein für parallel ablauffähige konkurrierende Tasks und ihrer Synchronisierung mit Hilfe von Semaphoren. Rasch entwickelte sich dann ein breites Wissen. In einer der ersten Arbeiten stellte Brinch Hansen [Brinch 73] ein Betriebssystem vor, das auf konkurrierenden Tasks basierte. Die Tasks konnten miteinander Nachrichten austauschen und ihre Operationen mit Hilfe von Semaphoren miteinander synchronisieren. In einer weiteren Arbeit präsentierte Hoare [Hoare74] das Monitor-Konzept, das die Regeln von „Information-Hiding“ auf Synchronisierungen zwischen parallelen Tasks anwendete. Bereits in den ersten Jahren wurden mehrere *Algorithmen* * für die Task-Kommunikation und Synchronisierung entwickelt, wie etwa „Multiple Readers Writers“, „Sleeping Barber“, „Dining Philosopher„ und „Banker Algorithm“, um Verklemmungen zwischen den parallelen Tasks zu vermeiden.

Die neuen Konzepte und Algorithmen fanden Anwendung beim Entwurf von neuen Betriebssystemen und Datenbanksystemen, bei der Automatisierung von technischen Prozessen mit Hilfe von Prozeßrechnern, bei interaktiven und verteilten Systemen sowie in den Simulationssprachen. Die neuen Konzepte wurden auch in neue Programmiersprachen aufgenommen, die speziell für die Programmierung von Realzeitsystemen konzipiert wurden. Beispiele für solche Sprachen sind:

- Modula-2 [Wirth 82]. Sie bietet Sprachelemente für die Steuerung von Tasks (*Tasking-Anweisungen*) sowie Sprachelemente zur Anwendung des Monitor-Konzepts bei der Synchronisierung von Tasks.
- Pearl (Process and Experiment Automation Realtime Language) [DIN 66253-2]. Sie wurde im Rahmen eines vom Bundesministerium für Forschung und Technologie geförderten Forschungsvorhabens von deutschen Hochschulen und von der Industrie entwickelt und genormt. Pearl bietet sehr umfangreiche Sprachelemente für Tasking und Einplanung von Tasking-Anweisungen beim Eintreffen von Ereignissen sowie Semaphoren und Bolt-Variablen für die Synchronisierungen zwischen Tasks.
- Ada [DIN 8652]. Sie wurde im Juli 1980 vom amerikanischen Verteidigungsministerium als Standard akzeptiert und in [Barnes 83] beschrieben. Sie bietet ebenfalls Sprachelemente für Tasking und für die Anwendung des Rendezvous-Konzepts sowohl bei der Synchronisierung von Tasks als auch bei der Realisierung von *Client-Server-Strukturen*.

Der aktuelle Stand der Software-Entwicklung für Realzeitsysteme: Nach wie vor werden in sehr hohem Maße SPS bei der Automatisierung von Produktionsanlagen eingesetzt, z.B. bei der Steuerung von Werkzeugmaschinen, Produktionsstraßen und Förderstrecken. Mit der Norm IEC 1131-3 [DIN 61131-3] ist ein internationaler Standard für die Programmierung von SPS entstanden. Diese Norm umfaßt 5 verschiedene textuelle bzw. graphische Realzeit-Programmiersprachen für SPS: Kontaktplan (KOP), Funktionsbaustein (FBS), Anweisungsliste (AWL), Ablaufsprache (AS) und Strukturierter Text (ST). Die Anweisungsliste (AWL) ist mit einem Assembler vergleichbar, der neben den üblichen Transportbefehlen hauptsächlich Befehle zur Booleschen Verknüpfung von Operanden enthält. Strukturierter Text (ST) kann als eine objektorientierte Programmiersprache bezeichnet werden. Die Ablaufsprache (AS) dient zur Gliederung der internen Organisation eines SPS-Programms, das in FBS oder ST geschrieben ist. Den 5 Programmiersprachen liegen unterschiedliche Verarbeitungsmodelle zugrunde:

- Dem Kontaktplan (KOP), Funktionsbaustein (FBS) oder der Ablaufsprache (AS) liegt ein Hardware-Modell zugrunde. Danach arbeiten alle Hardware-Komponenten parallel zueinander. Jede Hardware-Komponente erfaßt ständig ihre Eingangssignale, verknüpft sie miteinander und bildet daraus ihr Ausgangssignal. Bei der Abarbeitung eines Kontaktplans oder eines Funktionsbausteins mit Hilfe eines Mikroprozessors muß das Modell der vollständigen Parallelität auf eine sequentielle Abarbeitung abgebildet werden. Dies geschieht dadurch, daß die Operationen aller Hardware-Komponenten mit einem bestimmten Takt zyklisch nacheinander ausgeführt werden.
- Der Anweisungsliste (AWL) und dem Strukturierten Text (ST) liegt ein Modell von sequentiellen Programmen zugrunde. Das Programm kann in mehrere logisch voneinander unabhängige Teilprogramme zerlegt werden. Sie werden in der Regel während einer Taktperiode nacheinander ausgeführt.

Nach dieser Norm können zwar Teilprogramme so eingeplant werden, daß sie auf das Eintreffen eines externen Ereignisses hin zur Ausführung kommen. Die zyklische Ausführung aller Teilprogramme während eines Taktes – mit allen ihren Vor- und Nachteilen – bildet aber die eigentliche und in der industriellen Praxis fast ausschließlich verwendete Abarbeitungsstrategie für die 5 Programmiersprachen dieser Norm. Was jedoch durch diese Norm nicht unterstützt wird, sind durchgängige, mächtige und abstrakte Modelle zur Beschreibung der Software-Entwurfsergebnisse. Daher bieten manche SPS-Hersteller zusätzliche Tools; z.B. bietet Siemens mit Higraph [Siemens 95] als graphisches Tool die Möglichkeit zur abstrakten Beschreibung von reaktiven Systemen [Harel 87] anhand von Zustandsgraphen. In diesem Buch sollen dem Leser solche Modelle sowie schematische Wege zur Umsetzung eines Software-Entwurfs in eine der 5 Programmiersprachen vorgestellt werden.

Bei der Automatisierung von Geräten werden vor allem Mikro-Controller eingesetzt, z.B. in einer Waschmaschine, in einem Videorecorder oder bei der Kraftstoffeinspritzung in die Zylinder eines Autos. Ein Mikro-Controller ist ein Mikroprozessor mit integrierter Peripherie. Beispiele für integrierte Peripherien sind: Timer, Interrupt-Controller, Analog/Digital-Wandler, Impulszähler, Controller für serielle Datenübertragung und Bus-Controller. Aus Effizienz- und Kostengründen wird bei solchen Systemen auf den Einsatz einer Programmiersprache mit Realzeitsprachelementen oder eines Realzeitbetriebssytems verzichtet. Der Automatisierungs-Ing. hat die Aufgabe, selbst für die Einhaltung der Realzeitanforderungen zu sorgen, indem er die parallel anfallenden Ausführungsanforderungen der Tasks in geeigneter Weise sequentialisiert. Solche Systeme werden üblicherweise in Assembler oder C programmiert. In diesem Buch sollen weiterhin die verschiedenen Konzepte für den Entwurf und die Programmierung solcher Mikro-Controller-Systeme vorgestellt sowie ihre Vor- und Nachteile einander gegenübergestellt werden.

Neben den Programmiersprachen mit Realzeiteigenschaften sind auch viele Realzeitbetriebssysteme entstanden. Sie erlauben den Ablauf mehrerer konkurrierender Tasks und bieten Funktionen zum Datenaustausch zwischen Tasks sowie zur Synchronisierung der Tasks untereinander. Der Anwender konzipiert die Software als mehrere sequentielle Teilprogramme, die parallel zueinander ablaufen können. Jedes Teilprogramm wird in einer algorithmischen Sprache ohne Realzeitsprachelemente (wie etwa C oder Pascal) formuliert. Zur Erzeugung von Multitasking bzw. zur Einhaltung der Realzeitanforderungen werden aus den Teilprogrammen heraus die entsprechenden Funktionen des Realzeitbetriebssystems aufgerufen. Realzeitbetriebssysteme oder -sprachen werden hauptsächlich in Systemen mittleren oder großen Umfangs eingesetzt, für die – im Vergleich zu den SPS-geführten Systemen – sehr kurze *Reaktions-* * und *Antwortzeiten* * gefordert werden. Beispiele für solche Systeme sind:

- Kommunikationssysteme (Router, Gateway, Nebenstellenanlagen)
- Prüfstände (für Motoren oder Flugzeugteile)
- Labor-Automatisierung (Teilchenbeschleuniger)
- Flug- und Fahrsimulatoren zu Ausbildungszwecken
- Verkehrssysteme (schienengebundener Verkehr, Verkehrsleitsysteme, spurgeführte Transportsysteme in Produktionsstätten)

Zielsetzung dieses Buches:

Dieses Buch wendet sich in erster Linie an junge Ingenieure, die fundierte Kenntnisse in der algorithmischen Programmierung und in der technischen Informatik haben, mit dem Aufbau eines Mikrorechnersytems und dessen Programmierung in Assembler vertraut sind, die Grundlagen der Steuerungs- und Regelungstechnik beherrschen und sich in Software-Entwurf und Programmierung von Realzeitsystemen einarbeiten möchten. Es werden folgende Themen behandelt:

- Die gängigen Programmierverfahren für Realzeitsysteme.
- Die praktisch relevanten Modelle für die Beschreibung der Software-Entwurfsergebnisse für Realzeitsysteme.

- Schematische Vorgehensweise zur Umsetzung einer Entwurfsspezifikation in einem der gängigen Programmierverfahren.

Das Buch soll auch dem erfahrenen Ingenieur als Nachschlagewerk dienen, um für seine Aufgabenstellung einen geeigneten Lösungsansatz zu finden. Hierzu werden neben den klassischen Beispielen aus der Literatur viele praktische Fälle aus der Arbeit eines Automatisierungsingenieurs herausgegriffen und erläutert. Diese Fälle werden aufgrund ihrer typischen Anforderungen klassifiziert und einer allgemeinen Lösung zugeführt.

Dieses Buch umfaßt 11 Kapitel:

- In Kapitel 2 werden die Grundlagen gelegt. Es werden zunächst einige Grundbegriffe der Programmierung sowie der Steuerungs-, Regelungs- und Automatisierungstechnik definiert und eine Klassifizierung von Rechensystemen vorgenommen. Dann werden aus dem Bereich Programmiertechnik die drei Elemente „Modul", „Prozedur" und „Block" vorgestellt, die zur hierarchischen Strukturierung von Programmen und zur Kapselung von Daten dienen. Anschließend wird die Interrupt-Verarbeitung in den Rechnern erläutert.
- Kapitel 3 befasst sich mit den am häufigsten angewandten Programmierverfahren für die Realzeitsysteme, nämlich der synchronen und asynchronen Programmierung. Bei dem asynchronen Verfahren werden die beiden Modelle „Quasiparallelität" und „Parallelität" erläutert. Anschließend werden die beiden Verfahren miteinander verglichen.
- In Kapitel 4 werden die Realzeit-Elemente dreier Sprachen – nämlich Modula-2, Pearl und Ada – vorgestellt. Die Realzeit-Elemente umfassen Sprachelemente zur Steuerung von Task-Zuständen (Tasking), zur Ein-/Ausgabe von Prozeßsignalen, zur Verarbeitung von Interrupts und zur Synchronisierung von Tasks.
- Kapitel 5 befasst sich grundsätzlich mit der Problematik der Synchronisierung von Tasks und die dabei einzuhaltenden Bedingungen.
- In Kapitel 6 werden Petri-Netze zur Beschreibung der Synchronisierungen zwischen den Tasks vorgestellt.
- Kapitel 7 beschreibt das Objekt Semaphore und führt in die Synchronisierung mit Hilfe von Semaphoren ein.
- Das Monitor-Konzept von Modula-2 wird in Kapitel 8 erläutert und mit den Semaphore-Lösungen verglichen.
- Kapitel 9 beginnt mit der Beurteilung der Anwendbarkeit von Semaphoren und Monitoren für verteilte Systeme. Als besondere Lösung für solche Systeme wird das Rendezvous-Konzept von Ada vorgestellt.
- In Kapitel 10 werden die am häufigsten in der Praxis vorkommenden Synchronisierfälle typisiert und für jeden Typ die Lösung mit Semaphoren, Monitor und Rendezvous vorgestellt. Der Leser kann daraus die Eignung der verschiedenen Verfahren für jeden Aufgabentyp ersehen.

- In Kapitel 11 werden zunächst endliche Automaten, Petri-Netze und Rendezvous als Methoden zur implementierungsunabhängigen Modellierung von Realzeit-Entwürfen vorgestellt. Dann wird anhand eines Beispiels, das eine Produktionsstraße wiedergibt, gezeigt, welche Teile der Aufgabenstellung nach welcher Methode modelliert werden sollen. Anschließend wird die schematische Vorgehensweise zur Umsetzung des implementierungsunabhängigen Entwurfs in ein synchrones Programm, in ein SPS-Programm nach DIN IEC 1131-3 und in ein asynchrones Programm erläutert.

2. Grundlagen

2.1 Definition grundlegender Begriffe

Definition einiger Begriffe der Informationsverarbeitung laut DIN 44300

Programm: Nach den Regeln der verwendeten Sprache festgelegte syntaktische Einheit aus Anweisungen und Vereinbarungen, welche die zur Lösung einer Aufgabe notwendigen Elemente umfaßt.

Rechenprozeß: **(task)** Die Gesamtheit der Vorgänge in einem Rechensystem, die an der jeweiligen Ausführung eines Programms oder eines sinnvoll abgegrenzten Programmteils beteiligt sind und die von einer Instanz gesteuert werden.

In dieser Arbeit wird ein sequentieller Rechenprozeß vereinfacht als Rechenprozeß (task) bezeichnet. Die Operationen eines solchen Rechenprozesses werden nacheinander ausgeführt, d.h., ihre Ausführungszeiten dürfen sich nicht überlappen.

sequentiell: Als Prozeßbeziehung verstanden beschreibt dieser Begriff bei mehreren Prozessen den Sachverhalt, daß die Prozesse nacheinander ablaufen, wobei sich ihre Prozeßintervalle in keinem Zeitintervall auch nur paarweise überlappen dürfen.

Folgen die Prozeßintervalle unmittelbar aufeinander, so kann man auch von *konsekutiv* sprechen.

parallel: Beschreibt bei mehreren Prozessen den Sachverhalt, daß die Prozesse nebeneinander ablaufen, wobei sich alle Prozesse in einem Zeitintervall überlappen können.

Realzeitverarbeitung: Eine Verarbeitungsart, bei der Programme zur Verarbeitung anfallender Daten ständig ablaufbereit sind und bei der die Verarbeitungsergebnisse innerhalb einer vorgegebenen Zeitspanne verfügbar sind.

Die Daten können je nach Anwendungsfall nach einer zeitlich zufälligen Verteilung oder zu bestimmten Zeitpunkten anfallen.

Die Bezeichnung „Echtzeitverarbeitung" ist zu vermeiden, weil dieser Begriff in der Analogrechentechnik und Simulationstechnik eine andere Bedeutung hat.

konkurrent: Parallel ablaufende Prozesse, die Betriebsmittel gemeinsam benutzen.

Definition einiger Begriffe der Regelungs- und Steuerungstechnik

technischer Prozeß:	Ein *Prozeß* ist eine Gesamtheit von aufeinander einwirkenden Vorgängen in einem System, durch die Materie, Energie oder Information umgeformt, transportiert oder gespeichert wird. Ein *technischer Prozeß* ist ein Prozeß, dessen physikalische Größen mit technischen Mitteln erfaßt und beeinflußt werden [DIN 19226, DIN 66201].
Größe:	Eine Größe beschreibt eine Eigenschaft eines Vorgangs oder Körpers, die einer qualitativen Identifizierung und einer quantitativen Bestimmung zugänglich ist [DIN 19226]. Der Wert einer Größe ist das Ergebnis ihrer quantitativen Bestimmung, das als Produkt aus Zahlenwert und Einheit angegeben wird [DIN 19226].
Signal:	Ein Signal ist die Darstellung von Information. Die Darstellung erfolgt durch den Wert oder Werteverlauf einer physikalischen Größe (z.B. einer Spannung) [DIN 19226].
sequentieller Vorgang:	Ein Vorgang in einem technischen Prozeß, der aus einer Reihe von Schritten besteht, die nacheinander ausgeführt werden.
Automatisierungs-einrichtung:	Eine Einrichtung, die den Ablauf eines technischen Prozesses in gewünschter Weise automatisiert, indem sie relevante physikalische Größen erfaßt und beeinflußt.
Prozeßrechner:	Handelt es sich bei der Automatisierungseinrichtung um einen frei programmierbaren Digitalrechner (Computer), so wird dieser auch Prozeßrechner genannt. Typisch für einen Prozeßrechner ist seine Fähigkeit zur Realzeitverarbeitung und zur Ein-/Ausgabe von elektrischen Signalen [Lauber 99].
Schritt:	Der Abschnitt in einem technischen Prozeß, der zwischen der Ausgabe von zwei Stellsignalen durch die Automatisierungseinrichtung liegt und in dem der technische Prozeß sich selbst überlassen ist, wird als Schritt bezeichnet [DIN 40719, Teil 6].

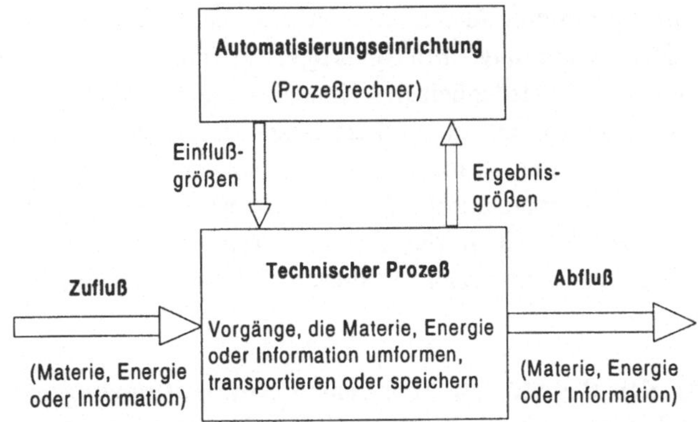

Abb. 2.1: Zur Definition des technischen Prozesses und der Automatisierungseinrichtung

Analogie aus dem Alltag: Noten für ein Klavierstück. Noten für ein Musikinstrument sind mit einem Programm vergleichbar. Sie schreiben in einer Sprache mit fester Syntax und definierter Semantik vor, wie das Instrument gespielt werden soll. Der Musiker ist das ausführende Organ der Noten. Er stellt den Prozessor dar. Das Abspielen der Noten durch den Musiker ist ein Vorgang, der mit einem Prozeß (task) vergleichbar ist. Erst durch den Abspielvorgang wird die Musik hörbar. Klaviernoten für Anfänger werden für eine Hand geschrieben, d.h., sie können mit einer Hand gespielt werden. Den einfachsten Fall bilden Tonfolgen. Bei diesen liegen die Zeitintervalle, in denen die Noten gespielt werden müssen, hintereinander, überlappen sich also nicht. In diesem Fall besteht der Abspielvorgang aus einer einzigen Task. Das Abspielen von Tonfolgen stellt gewissermaßen Realzeitanforderungen an den Anfänger. Nach dem Abspielen einer Note muß die nächste Note innerhalb einer bestimmten Zeit gelesen und gespielt sein. Normale Klaviermusik ist für zwei Hände geschrieben. Die Zeitintervalle, in denen die Noten für die rechte und die linke Hand gespielt werden sollen, überlappen sich. Man kann hier von Parallelverarbeitung (Multitasking) sprechen. In diesem Fall besteht der Abspielvorgang aus zwei parallelablauffähigen Tasks mit Realzeitanforderungen.

Zubereitung eines Essens. Ein Kochrezept ist mit einem Programm vergleichbar. Es enthält Anweisungen zur Zubereitung eines Essens. Die Zubereitung selbst ist ein Vorgang, daher mit einem Prozeß (task) vergleichbar. Der Koch ist das ausführende Organ des Kochrezepts, er ist in diesem System der Prozessor. Bereitet ein Koch ein Essen zu, so läuft ein einziger Prozeß ab. Das kann als Singletasking bezeichnet werden. Bereitet hingegen ein Koch gleichzeitig zwei Essen vor, so laufen zwei Prozesse parallel zueinander ab. Hier wird von Multitasking gesprochen. Bereitet ein Koch ein kaltes Essen zu, so können während der Zubereitung keine Ereignisse entstehen, die eine Reaktion des Kochs innerhalb einer bestimmten Zeit erfordern. Anders ausgedrückt, das Ergebnis ist unabhängig von der Dauer der Zubereitung. Ein derartiger Prozeß hat also keine Realzeitanforderungen. Die Zufriedenheit des Kunden ist sicher abhängig von der Zubereitungsdauer. Ist sie zu lang, so muß die Prozessorleistung erhöht werden. Bereitet hingegen ein Koch ein warmes Essen zu, so können während des Kochvorgangs Ereignisse entstehen, auf die der Koch innerhalb einer bestimmten Zeit reagieren muß. Hält der Koch die Zeitanforderungen nicht ein, so wird das gewünschte Ergebnis nicht erzielt. In diesem Fall stellt der Prozeß also Realzeitanforderungen.

Erläuterung der Begriffe an dem realen Automatisierungsprojekt „Sortierung von Paketen in einem Postlager“: Ein Paketsortierprogramm besteht aus einer Reihe von Anweisungen in einer Programmiersprache zur automatischen Sortierung von Paketen in einem Postlager. Das Lager, die Transportbänder, die Sortierweichen, die Pakete, der Barcode-Leser am Eingang des Lagers stellen zusammen den technischen Prozeß dar. Die physikalischen Größen der Komponenten des technischen Prozesses werden durch technische Mittel erfaßt und als elektrische Signale einem Rechensystem zugeführt, z.B.:

- Die Geschwindigkeit eines Transportbandes als eine analoge Spannung.
- Die Stellung einer Sortierweiche (links/rechts) als eine binäre Spannung.
- Die als Barcode verschlüsselte Zieladresse eines Paketes als mehrere binäre Spannungssignale und deren Interpretation als eine BCD-Zahl.

Das Rechensystem hat die Aufgabe, die an seinen Eingängen anstehenden Prozeßsignale zu erfassen, sie gemäß der Anweisungen des Automatisierungsprogrammes miteinander zu verknüpfen, daraus die nächsten Stellbefehle zur Beeinflussung der Vorgänge im technischen Prozeß abzuleiten und schließlich die diesen Stellbefehlen entsprechenden elektrischen Stellsignale auszugeben, z.B.:

- Die Ausgabe einer analogen Spannung zur Einstellung der Drehzahl des Transportband-Antriebes.
- Die Ausgabe einer binären Spannung zur Umschaltung einer Sortierweiche nach rechts oder links.

Verfolgt man ein Paket durch die Anlage, so erkennt man einen sequentiellen Vorgang. Folgende Operationen laufen nacheinander ab:

- Die Ankunft des Paketes erkennen.
- Die Zieladresse des Paketes einlesen.
- Die erste Weiche gemäß der Zieladresse stellen.
- Die Ankunft des Paketes an einem der beiden Ausgänge der Weiche erkennen, um eventuelle Irrläufer zu identifizieren.
- An den folgenden Weichen analog verfahren, bis das Paket seine Zieladresse im Lager erreicht hat.

Befinden sich mehrere Pakete in der Anlage, so laufen mehrere dieser sequentiellen Vorgänge parallel zueinander ab. Das Zeitintervall für die Steuerung einer Weiche für das erste Paket und das Zeitintervall für das Einlesen der Zieladresse des zweiten Paketes dürfen sich überlappen.

Ein weiterer sequentieller Vorgang ist die Regelung der Geschwindigkeit eines Transportbandes. Als Beispiel soll ein Regelalgorithmus zyklisch wie folgt ausgeführt werden:

- Die Geschwindigkeit des Bandes erfassen.
- Aus der Abweichung gegenüber einem festen Geschwindigkeitssollwert die erforderliche Ansteuerspannung für den Antrieb des Bandes (Stellsignal) ableiten.
- Die dem Stellsignal entsprechende analoge Spannung ausgeben.

Sind mehrere Transportbänder in der Anlage vorhanden, so laufen mehrere Regelvorgänge parallel zueiander ab.

Betrachtet ein Außenstehender die Abläufe in einem solchermaßen automatisierten Postlager, so erkennt er mehrere sequentielle Vorgänge, die parallel zueinander ablaufen, und zwar mehrere gleichzeitige Paketsortierungen und Bandregelungen. Durch die Gesamtheit aller Vorgänge wird Materie in gewünschter Weise transportiert.

Betrachtet man die Ausführung des Paketsortierprogramms in dem Rechensystem, so erkennt man mehrere parallele Tasks. Jede Task steuert den Ablauf eines sequentiellen Vorgangs im technischen Prozeß.

Das Rechensystem muß für jede Task bestimmte zeitliche Anforderungen einhalten, z.B. muß das Teilprogramm zur Regelung eines Transportbandes innerhalb einer bestimmten Zeit abgeschlossen sein, damit die Schwankungen der Bandgeschwindigkeit ein bestimmtes Maß nicht überschreiten.

Die zeitlichen Anforderungen einer Task können abhängig sein von dem Zustand, in dem sich die Task gerade befindet, z.B. gibt es für die Task Paketsteuerung zwei unterschiedliche zeiltliche Anforderungen, nämlich:

- Die Zieladresse eines neuen Paketes muß erfaßt werden, solange sich der auf dem Paket angebrachte Barcode noch vor dem Barcode-Leser befindet.
- Die nächste Weiche muß gestellt werden, ehe das Paket sie erreicht.

Ein sequentieller Vorgang besteht aus mehreren Schritten. Der Vorgang „Paketsteuerung" besteht aus einem Schritt „Einlesen", aus mehreren Schritten „Weichensteuerung" und evtl. noch aus einem Schritt „Irrläuferbehandlung".

- Der Schritt „Einlesen" wird eingeleitet durch Ausgabe eines Startsignals an das Lesegerät. Dann wird das Lesegerät für die Dauer von 0.1 sec sich selbst überlassen, damit es die Zieladresse einliest.
- Der Schritt „Weichensteuerung" wird durch die Ausgabe eines Stellsignals an eine Weiche eingeleitet. Dann wird der technische Prozeß sich selbst überlassen: Die Weiche geht in die entsprechende Stellung und das Paket durch die Weiche. Welchen Zustand der technische Prozeß infolge des Stellsignals

erreicht, d.h. zu welchem Weichenausgang das Paket geleitet wird, erfährt das Rechensystem durch ein Signal vom betreffenden Weichenausgang.

- Entsteht das Signal am falschen Ausgang der Weiche, so wird der Schritt „Irrläuferbehandlung“ eingeleitet, der zur Ausgabe eines Warnsignals an das Bedienpersonal führt.
- Entsteht das Signal am richtigen Ausgang der Weiche, so wird kein neuer Schritt eingeleitet. Der technische Prozeß bleibt sich selbst überlassen. Erreicht das Paket den Positionsmelder vor der nächsten Weiche, so wird der nächste Schritt „Weichensteuerung“ eingeleitet.

2.2 Klassifizierung von Rechensystemen

2.2.1 Definition von Prozeß-, Rechner- und Software-Struktur

Prozeßstruktur: Die Beziehungen zwischen den Komponenten eines technischen Prozesses werden als *Relation* und in ihrer Gesamtheit als Prozeßstruktur bezeichnet. Betrachtet man z.B. eine Produktionsstraße mit mehreren Bearbeitungsstationen, so bilden die Bearbeitungsstationen, die Werkstücke und das Transportband die Komponenten des technischen Prozesses. Die Prozeßstruktur sagt u.a. aus, welche Werkstücktypen von welchen Bearbeitungsstationen in welcher Form bearbeitet werden oder wann eine Station ein Werkstück auf das Band ablegen bzw. entnehmen darf.

Rechnerstruktur: Die Anzahl der Rechner, die zur Automatisierung eines technischen Prozesses eingesetzt werden, sowie die zwischen den Rechnern bestehenden Relationen werden als Rechnerstruktur des Automatisierungssystems bezeichnet. Bei der obengenannten Produktionsstraße könnte man zur Automatisierung jeder Station ebenso wie des Transportbandes jeweils einen Rechner einsetzen und alle Rechner über einen Bus miteinander verbinden. Es wäre aber auch ein einziger Großrechner denkbar.

Software-Struktur: Die Software-Struktur beschreibt die Software-Komponenten, ihre Relationen untereinander und ihre Zuordnung zu den Rechnern.

Aus entwurfstechnischen Gründen versucht man, jede Komponente des technischen Prozesses mit Hilfe eines eigenständigen Rechners und der hierauf ablaufenden Software-Komponenten zu automatisieren und dadurch dem Rechensystem und der Software dieselbe Struktur zu verleihen, wie diese auch der technische Prozeß selbst aufweist. Aus Kostengründen mag diese Lösung aber nicht immer vertretbar sein, so daß mehrere Software-Komponenten auf einem Rechner ausgeführt werden müssen. In diesem Fall muß die Prozeßstruktur mit Hilfe der Software-Struktur auf die tatsächliche Rechnerstruktur abgebildet werden. Die Software-Struktur spezifiziert dabei, welchen Teil des technischen Prozesses die einzelnen Software-Komponenten automatisieren und welchen Rechnern sie zugeordnet sind.

Es ist selbstverständlich, daß die Rechnerstruktur in erheblichem Maße die Software-Struktur, die Einhaltung der Realzeitanforderungen und die Programmieranforderungen beeinflußt. Zwei Software-Komponenten, die auf demselben Rechner ablaufen, können z.B. über einen gemeinsamen Speicherbereich sehr schnell Daten austauschen oder können auf sehr einfache Weise nacheinander ausgeführt werden. Zwei Software-Komponenten hingegen, die auf zwei verschiedenen über ein Bussystem verbundenen Rechnern ablaufen, müssen zwecks Datenaustausch jeweils eine Mailbox einrichten und dann einander Nachrichten versenden. Die sequentielle Abarbeitung der beiden Teilprogramme wäre in diesem Fall nur mit einem enorm großen Aufwand realisierbar.

2.2.2 Klassifizierung hinsichtlich der Prozessor-Struktur

Einprozessor-System: Ein Einprozessor-System ist dadurch gekennzeichnet, daß es nur über einen einzigen Prozessor verfügt. Er kann über einen Systembus mit dem Speicher, mit den Ein-/Ausgabe-Einheiten und der sonstigen Peripherie Daten austauschen.

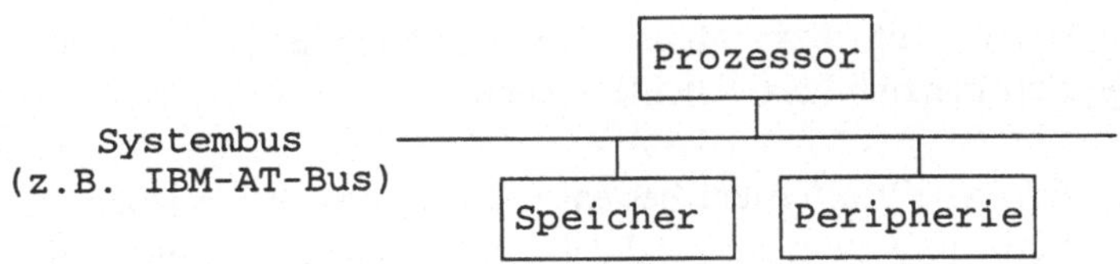

Abb. 2.2: Aufbau eines Einprozessor-Systems

Mehrprozessor-System: Ein Mehrprozessor-System ist dadurch gekennzeichnet, daß es über mehrere Prozessoren verfügt, wobei die Prozessoren über einen gemeinsamen Speicherbereich miteinander Daten austauschen können. Jeder Prozessor kann über einen eigenen Speicherbereich und eine eigene Peripherie verfügen, mit denen er über einen eigenen Bus bzw. über den gemeinsamen Systembus verbunden ist. Der gemeinsame Speicherbereich wird als Dual Ported RAM ausgeführt, wenn kein gemeinsamer Systembus vorhanden ist (s. Abb. 2.3).

Standardisierte Systembusse werden als offen bezeichnet. Beispiele hierfür sind VME-Bus [VME 89x], PCI- oder Compact-PCI-Bus [PCI 98]. Den Gegensatz zu offenen Systembussen bilden herstellerspezifische Busse.

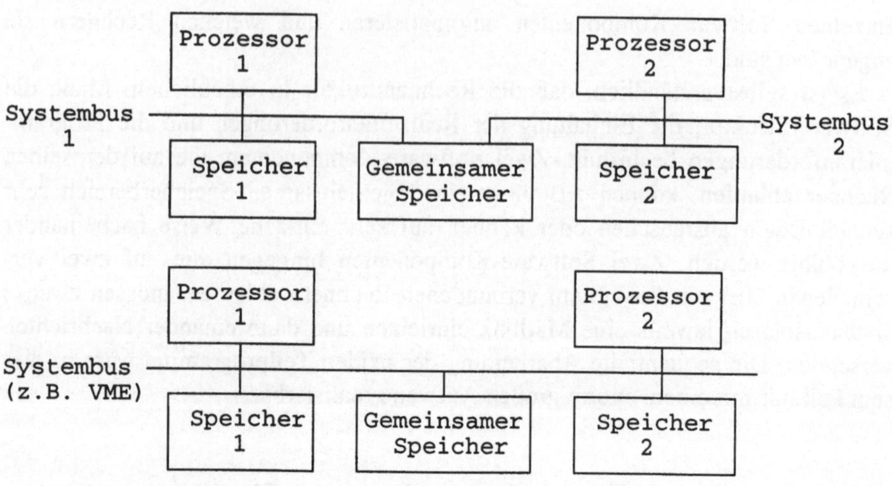

Abb. 2.3: Aufbau eines Mehrprozessor-Systems
Oben: Ohne gemeinsamen Systembus
Unten: Mit gemeinsamem Systembus

Konzentriertes System: Ein System wird als konzentriert bezeichnet, wenn alle in dem System vorhandenen Prozessoren über gemeinsame Speicher miteinander Daten austauschen können. Ein- bzw. Mehrprozessorsysteme sind konzentrierte Systeme. Den Gegensatz hierzu bilden verteilte Systeme.

Verteiltes System: Ein verteiltes System besteht aus mehreren Prozessoren, die voneinander weit entfernt aufgestellt sind und daher miteinander nicht über einen gemeinsamen Speicherbereich Daten austauschen können. Die Kommunikation zwischen den Prozessoren erfolgt mit Hilfe von Nachrichten, die über einen Feldbus, einen lokalen Bus oder Fabrikbus verschickt werden.

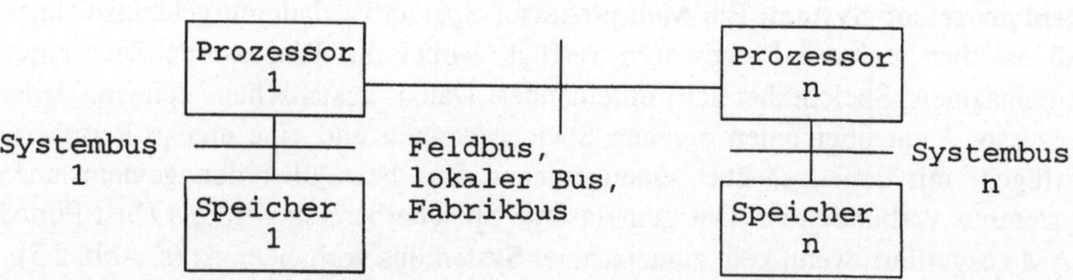

Abb. 2.4: Aufbau eines verteilten Systems

2.2.3 Klassifizierung hinsichtlich der Task-Struktur

Singletasking-System: Rechensysteme, die zu jedem Zeitpunkt den Ablauf einer einzigen Task gestatten, werden als Singletasking-Systeme bezeichnet. Beispiel hierfür ist ein PC mit dem *Betriebssystem* MS-DOS [MS-DOS 91]. Auf einem derartigen Rechner kann zu jedem Zeitpunkt nur ein Prozeß aktiv sein. Erst am Ende der Ausführung eines Programms wird der Command Interpreter (Shell) aktiv, nimmt den Namen des als nächstes auszuführenden Programms entgegen und übergibt ihn zwecks Ausführung dem Betriebssystem.

Multitasking-System: Rechensysteme, die gleichzeitig mehrere Tasks ausführen können, weil sie über mehrere Prozessoren verfügen (*echte Parallelität*) oder die Rechenkapazität ihres einzigen Prozessors so auf mehrere Tasks verteilen können, daß die zeitlichen Anforderungen jeder Task erfüllt wird (*scheinbare Parallelität*), werden als Multitasking-Systeme bezeichnet.

Beispiel für ein Multitasking-System ist ein PC mit dem Betriebssystem Unix [UNIX 89]. Auf einem derartigen Rechner können zu jedem Zeitpunkt mehrere Prozesse aktiv sein. Sobald die Ausführung eines Programms initiiert worden ist, wird der Command Interpreter aktiv, nimmt den Namen des als nächstes auszuführenden Programms entgegen und läßt das Programm neben den anderen Programmen ausführen. Das Betriebssystem Unix verteilt die Rechenkapazität der vorhandenen Prozessoren als Zeitscheiben auf die aktiven Tasks.

2.2.4 Klassifizierung hinsichtlich der Realzeitanforderungen

Systeme ohne Realzeitanforderungen: Wird ein Rechensystem so eingesetzt, daß der Zeitpunkt und die Dauer der Programmausführung das Ergebnis nicht beeinflussen, so bestehen keine Realzeitanforderungen an die Software. Das ist z.B. dann der Fall, wenn das Rechensystem wie ein Taschenrechner eingesetzt wird, etwa zur Berechnung von Statistiken oder zur Berechnung der Festigkeit eines Dachträgers.

Systeme mit Realzeitanforderungen: Die Automatisierung technischer Prozesse stellt Realzeitanforderungen an das Rechensystem. Der Zeitpunkt und die Dauer der Ausführung der Automatisierungsprogramme beeinflussen das Ergebnis. Nichteinhaltung der zeitlichen Anforderungen würde zu unerwünschtem Verhalten des technischen Prozesses und damit zu falschen Ergebnissen führen.

Die zeitliche Anforderung hängt von dem speziellen technischen Prozeß ab, so daß hierfür keine allgemeingültigen Werte angegeben werden können. Die geforderte Reaktions- bzw. Antwortzeit des Rechensystems kann zwischen Millisekunden und Sekunden liegen.

Systeme mit harten Realzeitanforderungen: Werden die zeitlichen Anforderungen eines solchen Systems nicht eingehalten, können Systemfehler mit katastrophalen Folgen entstehen, z.B. müssen Weichen eines Rangierbahnhofs rechtzeitig gestellt werden, sonst können Menschen und Sachen zu Schaden kommen.

Systeme mit weichen Realzeitanforderungen: Bei einem solchen System ist es wünschenswert, aber nicht unbedingt notwendig, die zeitlichen Anforderungen einzuhalten, weil eine Nichteinhaltung hier keine katastrophalen Folgen hat. Zum Beispiel muß in einer Briefsortiermaschine die Postleitzahl des Empfängers gelesen und die Sortierweiche entsprechend gestellt werden, bevor der sich mit hoher Geschwindigkeit bewegende Brief diese erreicht.

2.3 Abstraktion und Information-Hiding

Module, Prozeduren und Blöcke sind drei Elemente zur Strukturierung und Einführung von *Abstraktionsebenen* in Programmen. Dadurch entstehen modularisierte und hierarchisch geordnete Programmsysteme. Unabhängig davon haben diese drei Elemente besondere Bedeutungen bei der Realzeit-Programmierung, denn Blöcke bestimmen die Lebensdauer von Daten, Prozeduren können in Realzeit-Systemen zum Code-Sharing (gemeinsamer Code mehrerer Tasks) eingesetzt werden und Modul-Notation wird in der Realzeit-Sprache Modula-2 dazu benutzt, um bei dem Konstrukt Monitor die Synchronisierdaten vor fremden Zugriffen zu schützen. Daher werden diese drei Elemente im Folgenden beschrieben.

2.3.1 Modularisierung von Programmen

Ein Programmsystem, das auf Prozeduren, Blockstruktur und Modularisierung verzichtet, wird als ein *lineares* oder *monolithisches* Programm bezeichnet. So ein Programm großen Umfangs ist schwer zu verstehen. Um die Komplexität beherrschbar zu machen, wird ein Programm in mehrere, soweit wie möglich voneinander unabhängige Module mit jeweils einer fest definierten *Schnittstelle* (*Interface* *) zerlegt. Jedes Modul kann dann getrennt entwickelt werden (Entwurf, Codierung, Übersetzung und Test).

Die Modul-Schnittstelle ist der einzige von außen sichtbare Teil eines Moduls. Über seine Schnittstelle bietet ein Modul seine Dienste fremden Modulen an und umgekehrt nimmt es die Dienste eines fremden Moduls über dessen Schnittstelle in Anspuch. Dadurch entsteht eine Benutzungsrelation zwischen den Modulen, d.h. eine Relation, die ausdrückt, welches Modul die Dienste eines anderen Moduls in Anspruch nimmt.

Der einzig sichtbare Teil eines Moduls ist dessen Schnittstelle. Die übrigen Teile des Moduls sind versteckt und von außen nicht zugänglich. Vor allem der innere Aufbau eines Moduls ist dessen Geheimnis. Er kann ohne weiteres modifiziert werden, solange man die Modul-Schnittstelle unverändert läßt. Umgekehrt gilt auch, daß die gesamte Information, die einer Änderung unterworfen sein könnte, im Inneren des Moduls zu verstecken ist. Dies wird als *Information-Hiding* bezeichnet. Der Zugriff auf die versteckten Informationen eines Moduls hat mit Hilfe von Prozeduren zu erfolgen, die in der Schnittstelle des Moduls explizit aufgeführt sind. Verschiedene Entwurfsmethoden unter Beachtung von Information-Hiding werden in [Parnas 84] und [Booch 91] behandelt.

Ein Modul besteht aus Datenstrukturen und Prozeduren. Eine Prozedur manipuliert die Moduldaten und stellt Ergebnisse bereit. Eine in der Schnittstelle eines Moduls aufgeführte Prozedur erbringt dem Benutzer eine Dienstleistung. Der Name einer Prozedur stellt die Abstraktion dessen dar, *was* die Prozedur macht. Ihr Rumpf beschreibt im Detail, *wie* dies geschieht.

Modularisierung und Information-Hiding sind zwei wesentliche Merkmale der objektorientierten Programmierung. Jede Klasse stellt ein Modul dar, dessen privaten Daten und Prozeduren vor fremden Zugriffen geschützt sind.

Wird die Software nach einer konventionellen Methode (etwa Strukturierte Methode) entwickelt, so kann jedes Modul selber nach denselben Kriterien in mehrere Submodule zerlegt werden. Durch konsequente Fortsetzung dieses Prinzips bis zur Entstehung kleiner und überschaubarer Module entsteht eine sog. *Enthaltungsrelation*, d.h. eine Relation, die ausdrückt, welche untergeordneten Module in einem übergeordneten Modul enthalten sind. Dies wird auch als *Modulhierarchie* bezeichnet.

Die Modulhierarchie gibt auch die *Abstraktionshierarchie* des Systems wieder. Mit der fortgesetzten Zerlegung eines Moduls in Submodule werden bei jedem Schritt bisher verborgene Detailinformationen über das Modul offengelegt. Untergeordnete Module weisen gegenüber dem jeweils übergeordneten Modul eine geringere Abstraktion auf.

Unterschied zwischen einem modularisierten und einem monolithischen Programm: Ein (nicht objektorientiertes) modularisiertes Programm kann auch zu einem monolithischen, nicht modularisierten Programm zusammengefaßt werden. Die Funktionalität der beiden Programm-Varianten sowie die Lebensdauer der darin enthaltenen Daten wird gleich sein. Durch Übersetzung und Binden der Module eines Programms erhält man dessen *Lademodul*; d.h. die unmittelbar durch den Prozessor ausführbare Form des Programms. Die aus dem modularisierten und aus dem monolithischen Programm hervorgehenden Lademodule sind identisch.

Der Unterschied zwischen einem modularisierten und einem monolithischen Programm besteht lediglich in der gezielten Einschränkung der *Sichtbarkeit* der Programmdaten für die verschiedenen Programmstellen und Kontrolle dieser Einschränkung durch den Compiler zur Übersetzungszeit (Compile Time). In einem monolithischen Programm sind alle auf Programmebene befindlichen Objekte von überall her sichtbar. Mit Hilfe der Modularisierung soll diese generelle Sichtbarkeit bewußt eingeschränkt werden. In jedem Modul sollen lediglich diejenigen Objekte der Programmebene sichtbar sein, die entweder in dem Modul selbst definiert oder aus anderen Modulen importiert wurden.

Modula-2 [Wirth 82] bot als erste Sprache ein umfassendes Konzept zur Beschreibung von Modulen und ihrer Schnittstellen. Dies wird im Absch. 4.1.1 erläutert.

2.3.2 Strukturierung von Programmen durch Prozeduren

Eine Prozedur besteht aus einem Namen, einem Rumpf und einer Reihe von Parametern. Der Name der Prozedur stellt die Abstraktion dessen dar, *was* die Prozedur macht. Der Rumpf der Prozedur enthält den Code. Er beschreibt, *wie* die Abstraktion realisiert wird. Parameter sind Größen, die verschiedene *Ausprägungen* haben können, vergleichbar den unabhängigen Variablen bei mathematischen Funktionen. Ebensowenig wie diese den Berechnungsalgorithmus beeinflussen, so wenig sollen auch Parameter den Kontrollfluß des Prozedurrumpfes [Yourdon 79] beeinflussen.

```
streiche ( farbe ) {
   1  Reinige die Wand
   2  Töne den Farbstoff mit der Tönerpatrone farbe
   3  Trage den getönten Farbstoff mit Pinsel bis zur Höhe 2 m
      auf die Wand auf
   4  Stelle Gerüst an der Wand auf
   5  Trage den Farbstoff mit Pinsel bis zur Decke auf die
      Wand auf
}
```

Abb. 2.5: Aufbau einer Prozedur aus Name, Parameter und Rumpf

Der Rumpf beschreibt in 5 Schritten, wie eine Wand zu streichen ist. „streiche" stellt die Abstraktion der im Rumpf realisierten Funktion dar. *Abstraktion* heißt, vom Wesentlichen ausgehen und die Details vergessen [Wirth 82].

Der Parameter „farbe" gibt durch seine Ausprägung an, in welcher speziellen Farbe die Wand zu streichen ist. Der Parameter beeinflußt den Vorgang des Streichens nicht. Unabhängig von der Ausprägung des Parameters „farbe" sind immer dieselben Operationen auszuführen. Er besagt lediglich, welche Tönerpatrone bei der Ausführung der Operation „töne" zu nehmen ist.

Auch im Rumpf werden Verben in der imperativen Form verwendet, wie z.B. „reinige", „töne", „trage auf" und „stelle auf". Sie sind nicht so abstrakt wie „streiche", denn sie werden ja innerhalb des Rumpfs der Prozedur „streiche" benutzt. Sie liegen also um eine Abstraktionsstufe tiefer als „streiche".

„töne“ ist der Name, der den Tön-Vorgang des Farbstoffs abstrahiert. Dabei ist aber noch ungeklärt, wie dies vor sich gehen soll. Man faßt „töne“ als den Namen einer Prozedur auf und beschreibt in einem Rumpf, wie und in welchen Schritten ein Eimer Farbstoff zu tönen ist.

```
töne ( farbe ) {
  1 Hole eine Töner-Patrone in der angegebenen farbe
  2 Leere die Patrone in den Eimer Farbstoff
  3 Rühre den Farbstoff in dem Eimer mit Hilfe eines
    Rührgerätes
}
```

Abb. 2.6: Detaillierung der Operation „töne“ aus dem Rumpf der Prozedur aus Abb. 2.5.

Auch die anderen noch zu abstrakten Operationen („reinige“ , „stelle auf“ und „trage auf“) faßt man als Prozedurnamen auf und beschreibt sie durch jeweils einen Rumpf. Auf diese Weise schafft man verschiedene Abstraktionsstufen in einem Programmsystem und stellt sie mit Hilfe eines *Aufrufhierarchie-Baumes* dar.

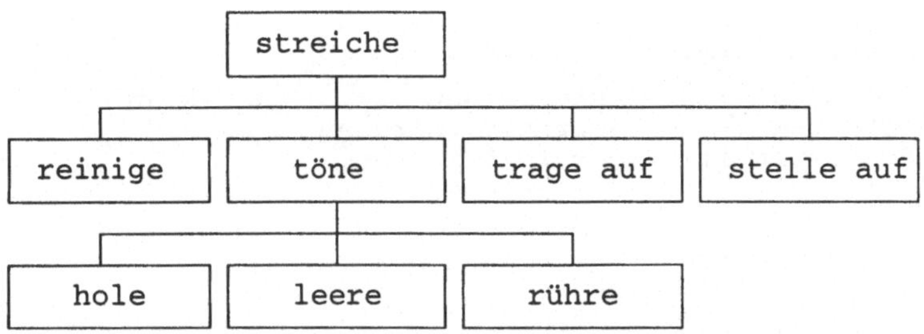

Abb. 2.7: Darstellung der Abstraktionsordnung der Prozeduren durch einen Aufrufhierarchie-Baum

Ein weiteres Beispiel: Zugriff auf eine Datenbank

Aus der Sicht eines Datenbank-Benutzers bestehen die Einträge einer relationalen Datenbank aus einer festen Anzahl von Komponenten, wobei der Inhalt einer bestimmten Komponente zur eindeutigen Identifizierung eines Eintrages dient (Schlüssel). Diese Sicht stellt die *logische* (Benutzer-)Schnittstelle der Datenbank dar, die in der Regel von der tatsächlichen Organisation und Unterbringung der Daten, der sog. *physikalischen* Schnittstelle der Datenbank, abweicht. Der Inhalt eines logischen Datenbank-Eintrages wird intern als eine oder mehrere Bitfolgen physikalisch auf dem Hintergrundspeicher (Platte) abgelegt.

Das Programmsystem zur Verwaltung der Datenbank hat die Aufgabe, die logische Schnittstelle auf die physikalische Schnittstelle abzubilden. Dies erfolgt in mehreren Schritten, und zwar:

1. Im ersten Schritt wird die logische Benutzer-Schnittstelle auf eine sog. File-Schnittstelle abgebildet, indem festgelegt wird, in wieviele Files die Datenbank-Informationen unterzubringen sind und die Inhalte welcher Komponenten der Einträge zusammengefaßt und in welche Datei abgelegt werden.
2. Im zweiten Schritt wird die File-Schnittstelle auf die Schnittstelle des Gerätetreibers abgebildet. Hier wird angegeben, welche Zylinder und welche Sektoren der Platte zu überschreiben sind.
3. Im dritten Schritt wird die Gerätetreiber-Schnittstelle auf die Controller-Schnittstelle der Platte abgebildet. Hier wird angegeben, welche Register des Controllers mit welchen Werten zu überschreiben sind, damit die gewünschte Operation ausgeführt wird.

Abstr.-stufe	**Schnittstelle**	**Angaben bei der Benutzung der Schnittstelle**	**Prozedur zur Realisierung der Schnittst.**
1	Datenbank-Schnittstelle	Schlüssel, Relation	WriteKey()
2	File-Schnittstelle	File-Name, Satz-Nr., C-Struktur	WriteRecords()
3	logische Geräte-Schnittstelle	Sektor- und Spur-Nr., Adresse der Information, Byte-Länge	WritePhy()
4	Controller-Schnittstelle	Register-Nummer, Adr./Länge der Inf.	WriteRegs()

Abb. 2.8: Hierarchisch geordnete Schichten einer Datenbank

In Analogie zu diesen Schritten wird das Programm in vier *Software-Schichten* organisiert. Die oberste Schicht kommuniziert mit dem Benutzer und weist die höchste Abstraktion auf. Die Abstraktion nimmt mit der Tiefe der Schichten ab, bis schließlich die unterste Schicht mit dem Platten-Controller kommuniziert. Jede Schicht hat zwei Schnittstellen, eine zu der höheren Schicht und eine zu der tieferen Schicht. Der Informationsfluß soll für das Erstellen eines neuen Eintrages demonstriert werden:

1. Die oberste Schicht erfaßt die Komponenten des neuen Eintrags, insbesondere den Schlüssel. Sie übergibt diese Angaben an die 2. Schicht.
2. Die zweite Schicht bestimmt die Dateien, in denen ein neuer Datensatz eingetragen werden muß. Für jede Schreiboperation übergibt sie den Dateinamen, die Satznummer und den Satzinhalt an die 3. Schicht.

3. Die dritte Schicht bestimmt, wieviele Blöcke auf welche Zylinder- und Spurnummer geschrieben werden müssen. Für jeden Blocktransfer wird die zugehörige Zylinder- und Spurnummer an die 4. Schicht weitergegeben.
4. Die vierte Schicht bestimmt die Werte, mit denen die Register des Platten-Controllers geladen werden müssen und führt die Operation aus.

Programmtechnisch werden die vier Software-Schichten durch vier Prozeduren realisiert. Die Prozedur einer höheren Schicht ruft die Prozedur der darunter liegenden Schicht auf. Die Prozeduren weisen ebenfalls eine hierarchische Ordnung auf, die sich in ihrer *Aufrufhierarchie* widerspiegelt.

```
programm
   procedure WriteRegs (RegNr, Value)
         ...
   end ;
   procedure WritePhy (Track, Cyl, Adr)
        call WriteRegs ( ... ) ;
   end ;
   procedure WriteRecord (FileName, RecNr, Struct) ;
        call WritePhy ( ... ) ;
   end ;
   procedure WriteKey (Key, Relation)
        call WriteRecord ( ... ) ;
   end ;
   BEGIN /* Beginn der Anweisungen des Hauptprogramms */
   Benutzerangaben erfassen ;
   call WriteKey ( ... ) ;
end;
```

Abb. 2.9: Hierarchisch geordnete Prozeduren zur Realisierung der Schichten in einer Datenbank

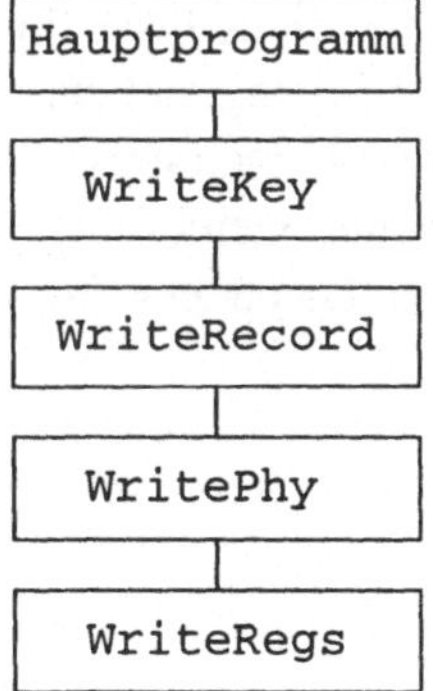

Abb. 2.10: Aufruf- und Abstraktions-Hierarchie der Prozeduren bei der Implementierung einer Datenbank nach Abb. 2.9.

Code-Sharing

Mit der Einführung von Prozeduren wird ein Programm strukturiert, damit es besser gelesen und verstanden werden kann. Die Einführung von Prozeduren hat aber absolut keine Auswirkung auf den Ablauf des Programms. Würde man den Aufruf einer Prozedur durch den Prozedurrumpf ersetzen, würde derselbe Ablauf stattfinden.

```
Procedure
    Begin
      Anw. 2
      Anw. 3
      Anw. 4
End Procedure
Program
   Data
   Begin
       Anw. 1
       call Procedure
       Anw. 5
End Program
```

```
Program
   Data
   Begin
     Anw. 1
     Anw. 2
     Anw. 3
     Anw. 4
     Anw. 5
End Program
```

Abb. 2.11: Zwei äquivalente Programme, links mit einer Prozedur und rechts ohne Prozedur (in einer Pseudocode-Notation)

Es ist vorstellbar, daß zwei parallel ablaufende Tasks dieselbe Prozedur aufrufen. In diesem Fall teilen sich die beiden Tasks dieselbe Vorschrift für ihre Abarbeitung. Dies wird als Code-Sharing bezeichnet und hat keine Auswirkung auf die Task-Struktur. Die Prozedur wird gleichzeitig sowohl unter der Kontrolle der einen als auch unter der Kontrolle der anderen Task ausgeführt (s. Abb. 2.12).

Hätte „Procedure“ auch lokale Daten, so müßte jede Task mit dem Aufruf von „Procedure“ innerhalb ihres Datenbereichs Platz für die Unterbringung der lokalen Daten von „Procedure“ zur Verfügung stellen, denn „Procedure“ stellt einen Block und deren Aufruf den Eintritt in einen neuen Block dar. In anderen Worten: Wenn auch der Code einer Prozedur gleichzeitig von mehreren Tasks benutzt werden kann, müssen die lokalen Daten der Prozedur dennoch taskspezifisch angelegt werden.

2.3.3 Blockstruktur

Definition des Begriffes Block [DIN 44300 Teil 1]: Eine Folge von Elementen, die aus technischen oder funktionellen Gründen zu einer Einheit zusammengefaßt oder als eine Einheit behandelt werden.

```
                    Procedure
                       Begin
                          Anw. 2
                          Anw. 3
                          Anw. 4
                    End Procedure
Program1                                Program2
   Data1                                   Data2
   Begin                                   Begin
      Anw. 1                                  Anw. 6
      call Procedure                          Anw. 7
      Anw. 5                                  call Procedure
End Program1                            End Program2
```

Abb. 2.12: Code-Sharing beeinflußt die Task-Struktur nicht

Übertragung dieser Definition auf ein Programm: Eine logisch zusammenhängende Menge von Anweisungen eines Programms mit den zugehörigen lokalen Daten werden als ein Block bezeichnet. Die lokalen Daten des Blocks werden zu Beginn der Ausführung der ersten Anweisung des Blocks (d.h. beim Eintritt in den Block) angelegt und am Ende der Ausführung der letzten Anweisung des Blocks (d.h. beim Austritt aus dem Block) gelöscht.

Ein Block kann mehrere untergeordnete Blöcke enthalten. Die Blöcke eines Programms bilden eine hierarchische, baumartige Struktur. Man spricht von *übergeordneten* (*äußeren*) und *untergeordneten* (*inneren*) Blöcken. Ein Block kann mehrere unmittelbar untergeordnete Blöcke, aber nur einen unmittelbar übergeordneten Block haben.

Auf die lokalen Daten eines Blocks können nur die Anweisungen desselben Blocks und die Anweisungen der untergeordneten Blöcke zugreifen. Die lokalen Daten eines Blocks sind vor Zugriffen aus den Nachbarblöcken (den Blöcken derselben Hierarchieebene) geschützt.

Prozedur als Block. Eine Prozedur stellt einen Block dar. Die lokalen Daten der Prozedur, die ausschließlich der Prozedur bekannt und vor äußeren Zugriffen geschützt sind, werden mit dem Aufruf der Prozedur ins Leben gerufen und am Ende der Abarbeitung wieder gelöscht. Die lokalen Prozedurdaten haben also nicht dieselbe *Lebensdauer* wie die Programmdaten, sie sind so lange existent, wie die Ausführung der Prozedur andauert.

Programm als Block. Manche Sprachen, wie z.B. Ada, fassen ein Programm als eine Prozedur und damit als einen Block auf [Barnes 83], die von einer übergeordneten Instanz (Shell) aufgerufen wird. Die Daten auf Programmebene werden beim Start des Programms angelegt und beim Beenden des Programms wieder gelöscht bzw. freigegeben.

Anweisungsfolge als Block. Stellt eine Anweisungsfolge logisch eine in sich geschlossene Einheit dar, so kann sie ebenfalls als ein Block mit entsprechenden lokalen Daten definiert werden; z.B. die Anweisungen einer Wiederholungsanweisung oder die beiden alternativen Anweisungsfolgen einer Abfrageanweisung.

Beispiel: In Abb. 2.13 stellt das Programm den äußersten Block dar. Die Variablen a und b befinden sich auf der Programmebene, d.h. im äußersten Block. Sie leben so lange, wie die Ausführung des Programms dauert.

Innerhalb des äußersten Blocks sind zwei Blöcke in Form der Prozeduren x und y definiert. Die inneren Blöcke x und y sind also dem äußersten Block (dem Programm) unterstellt. Im Block x sind die Variablen c und d definiert. Diese leben so lange, wie die Ausführung aller Anweisungen der Prozedur x andauert. Mit dem Aufruf von x werden c und d angelegt und mit der letzten Anweisung von x gelöscht.

Im Block x ist ein namenloser Block mit den Variablen e und f eingeführt. Mit dem Eintritt in diesen Block werden e und f angelegt und mit dem Verlassen des Blocks gelöscht. Die hierarchische Ordnung der Blöcke ist in Abb. 2.14 dargestellt.

In Abb. 2.15 sind für jede Anweisung des Programms aus Abb. 2.13 die Daten aufgezählt, die während der Ausführung dieser Anweisung existent sind bzw. auf die von dieser Anweisung aus zugegriffen werden kann (die unterstrichenen Daten). Die Anweisungsnummern stellen auch die Reihenfolge dar, in der die Anweisungen ausgeführt werden.

Einschränkung der Sichtbarkeit der Daten aus den übergeordneten Blöcken: Die Daten eines übergeordneten Blocks sind grundsätzlich in einem untergeordneten Block sichtbar und damit zugänglich. Indem man aber in einem untergeordneten Block eine Variable mit demselben Namen wie dem einer Variablen im übergeordneten Block definiert, kann man gezielt erreichen, daß die Variable des übergeordneten Blocks im untergeordneten unsichtbar wird, denn der Sichtbarkeit der lokal definierten Variablen wird innerhalb der Dauer des untergeordneten Blocks Priorität eingeräumt.

In Abb. 2.17 ist die Existenz und Sichtbarkeit der Daten für die Anweisungen des Programms aus Abb. 2.16 dargestellt. Zur Eindeutigkeit der Namen wurde vor der Angabe einer Variablen der zugehörige Prozedurname vorangestellt, z.B. x::b heißt die Variable mit dem Namen b, die im Block (Prozedur) x definiert wurde. Der fehlende Blockname kennzeichnet Programmdaten.

```
  PROGRAMM
   var  a , b integer ; (* Daten auf Programm-Ebene *)

     PROCEDURE x ;
        var  c , d integer ;
        BEGIN
3          Anweisungen

           BEGIN (* eines Blockes *)
              var  e , f integer ;
4             Anweisungen
5             call y ;
           END (* des innersten Blocks *)

9       Anweisungen
     END ;  (* der Prozedur x *)

     PROCEDURE y ;
        var  g , h integer ;
        BEGIN
6          Anweisungen

           BEGIN  (* eines Blockes *)
              var  i , j integer ;
7             Anweisungen
           END ; ( * des inneren Blocks *)

8          Anweisungen
     END ; (* der Prozedur y *)

1    Anweisungen des Hauptprogramms
2    call x ;
  END. (* des Hauptprogramms bzw.
          des äußersten Blocks *)
```

Abb. 2.13: Veranschaulichung der Verschachtelung von Blöcken

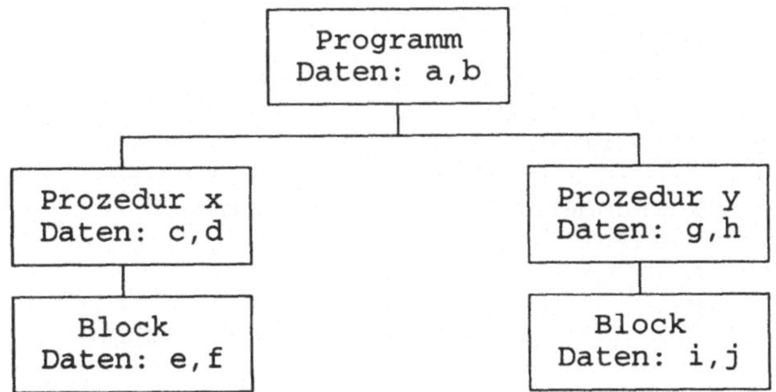

Abb. 2.14: Veranschaulichung der baumartigen Struktur der Blöcke des Programms in Abb. 2.13

Anweisungs-Nr. (Reihenfolge)	existente Daten und sichtbare Daten (unterstrichen)
1	<u>a</u>,<u>b</u>
3	<u>a</u>,<u>b</u>,<u>c</u>,<u>d</u>
4	<u>a</u>,<u>b</u>,<u>c</u>,<u>d</u>,<u>e</u>,<u>f</u>
6	<u>a</u>,<u>b</u>,c,d,e,f,<u>g</u>,<u>h</u>
7	<u>a</u>,<u>b</u>,c,d,e,f,<u>g</u>,<u>h</u>,<u>i</u>,<u>j</u>
8	<u>a</u>,<u>b</u>,c,d,e,f,<u>g</u>,<u>h</u>
9	<u>a</u>,<u>b</u>,<u>c</u>,<u>d</u>

Abb. 2.15: Existente und sichtbare Daten während der Ausführung der Anweisungen des Programms nach Abb. 2.13.

```
    PROGRAMM
       var  a , b integer ;
      PROCEDURE x ;
         var  b , d integer ;
         BEGIN
2           Anweisungen
            BEGIN
               var  e , d integer ;
3              Anweisungen
            END ;
            Anweisungen
      END ; (* der Prozedur x *)

      PROCEDURE y ;
         var  a , h integer ;
         BEGIN
4           Anweisungen
            BEGIN
               var  a , j integer ;
5              Anweisungen
            END ;
            Anweisungen
      END ; (* der Prozedur y *)

      /* Anweisungen des Hauptprogramms */
      Anweisungen
1     call x ;
      call y ;
    END. (* des Hauptprogramms bzw. des äußersten Blocks *)
```

Abb. 2.16: Beispiel zur Veranschaulichung der Einschränkung der Sichtbarkeit der übergeordneten Blöcke

Anweisungs-Nr. (Reihenfolge)	existente Daten und sichtbare Daten (unterstrichen)
1	a,b
2	a,b,x::b,x::d
3	a,b,x::b,x::d,r::e,r::d
4	a,b,y::a,y::h
5	a,b,y::a,y::h,s::a,s::i

Abb. 2.17: Existente und sichtbare Daten während der Ausführung der Anweisungen des Programms nach Abb. 2.16

2.4 Interrupt-Verarbeitung in Prozeßrechnern

Die Zustände und Größen des technischen Prozesses werden mit Hilfe von Sensoren erfaßt und als elektrische Signale dem Automatisierungsrechner zugeführt. Grundsätzlich kann man zwei Arten von Signalen unterscheiden:

- **Prozeßsignale**. Das sind Signale, die durch Umwandlung der physikalischen Prozeßgrößen in elektrische Spannungen entstanden sind. Sie werden den entsprechenden Eingängen des Rechners zugeführt und ihr aktueller Wert kann dann bei Bedarf vom Automatisierungsprogramm eingelesen werden. Beispiele hierfür sind: die in eine analoge Spannung umgewandelte Lagertemperatur einer Werkzeugmaschine oder die in eine binäre Spannung umgewandelte Stellung eines Ein-/Ausschalters.
- **Interrupts**. Das sind Signale, die das Auftreten von Ereignissen im technischen Prozeß melden und eine Reaktion des Programmsystems innerhalb einer bestimmten Zeit erfordern, so daß in der Regel die Abarbeitung des laufenden Programmteils unterbrochen werden muß. Ein Interrupt ist ein binäres Signal im Zustand TRUE, das das Auftreten eines außerordentlichen Ereignisses im technischen Prozeß meldet. Beispiele hierfür sind: das Erreichen des höchstzulässigen Wasserdrucks in einem Behälter oder der Ausfall der Betriebsspannung.

Interrupts melden das Auftreten von Ereignissen im technischen Prozeß. Ihr Eintreffen ist zeitlich nicht vorhersehbar und steht in keinerlei Relation zu dem Programmteil, der gerade ausgeführt wird. Daher wird ein Interrupt auch als *asynchrones Ereignis* bezeichnet.

Interrupts erfordern in der Regel die Unterbrechung des gerade laufenden Programmteils und die Aufnahme der Abarbeitung eines neuen Programmteils zur Reaktion auf das Eintreffen des Ereignisses im technischen Prozeß, der Aufnahme der sog. *„Interrupt Service Routine“* (ISR).

Interrupts stehen gegenseitig in keiner festen Beziehung zueinander, d.h., sie können unabhängig voneinander eintreffen. Damit kann die Ausführung einer ISR die Unterbrechung einer anderen ISR erfordern.

Treffen mehrere Interrupts gleichzeitig oder sehr kurz hintereinander ein, so kann die Ausführung der zugehörigen ISR längere Zeit in Anspruch nehmen. Es ist Aufgabe des *Interrupt-Controllers* (Interrupt-Eingabewerks), das Eintreffen der Interrupts zu speichern, Prioritäten für die Interrupts festzulegen und sie hintereinander gemäß ihrer Priorität dem Rechner mitzuteilen.

Funktionen eines Interrupt-Controllers

- **Speicherung der Interrupt-Anforderungen**. Eine Interrupt-Anforderung (Signalwert TRUE) steht in der Regel nur eine sehr kurze Zeit am Eingang des Controllers an. Daher muß sie so lange gespeichert werden, bis sie dem Prozessor gemeldet worden ist. Die Speicherung einer Anforderung erfolgt mit Hilfe eines Flipflops an jedem Eingang des Controllers.
- **Maskierung der Interrupt-Leitungen**. Ein Ereignis im technischen Prozeß kann nur in einem bestimmten Prozeßzustand relevant sein, so daß das Auftreten dieses Ereignisses in anderen Prozeßzuständen ignoriert werden kann. Mit der Maskierung der einzelnen Interrupt-Leitungen können deren Anforderungen entweder bearbeitet oder ignoriert werden.
- **Priorisierung der Interrupt-Anforderungen**. Mehrere Interrupt-Anforderungen können gleichzeitig auftreten. Sie können aber nur sequentiell dem Prozessor gemeldet werden. Daher ist eine Strategie nötig, die die Reihenfolge für die Anmeldung von gleichzeitig aufgetretenen Anforderungen an den Prozessor festlegt. Eine mögliche Strategie ist die Festlegung einer festen Priorität für jede Interrupt-Leitung.
- **Speicherung der Interrupt-Meldungen**. Ist eine Interrupt-Anforderung dem Prozessor gemeldet worden, so veranlaßt der Prozessor die Ausführung der zugehörigen ISR. Die Interrupt-Anforderung muß dann vom Controller als „in Bearbeitung" registriert werden. Tritt während der Ausführung der ISR eine höherpriore Interrupt-Anforderung ein, so muß sie sofort dem Prozessor gemeldet werden. Die ISR der höherprioren Interrupt-Anforderung unterbricht die Ausführung der gerade laufenden ISR. Tritt hingegen eine niederpriore Interrupt-Anforderung auf, so wird ihre Meldung bis zum Ende der Ausführung der gerade laufenden ISR hinausgeschoben.
- **Datenaustausch mit dem Prozessor**. Der Interrupt-Controller muß imstand sein, Daten mit dem Prozessor auszutauschen, etwa zum Melden der Interrupt-Nummer oder zur Initialisierung des Controllers.
- **Kaskadierung**. Für manche Anwendungen reichen die Anzahl der Interrupt-Eingänge eines Controllers nicht aus, so daß zwei Controller hintereinander in

Kaskade geschaltet werden müssen. In diesem Fall müssen die beiden Controller untereinander Informationen austauschen und insgesamt sich gegenüber dem Prozessor wie ein alleinstehender Controller verhalten.

2.4.1 Der Interrupt-Controller in PCs

Die Interrupt-Verarbeitung soll exemplarisch anhand des Interrupt-Controllers 82C59A-2 (im Folgenden kurz „Controller" genannt) der Firma Intel [Intel 88], der in den Rechnern des Typs IBM-AT eingesetzt wird, erläutert werden (s. Abb. 2.18). Es handelt sich um einen programmierbaren Controller, der in verschiedenen Modi arbeiten kann.

In den folgenden Ausführungen werden nicht alle Arbeitsmodi dieses Controllers beschrieben. Aus Umfanggründen werden lediglich die Grundfunktionen des Controllers in dem standardmäßig in MS-DOS eingestellten Arbeitsmodus erläutert.

Registerbeschreibung

Interrupt Request Register (IRR). Interrupt-Anforderungen entstehen an den Interrupt-Request-Eingängen (IR0-IR7 in Abb. 2.18, die sog. IR-Pins). Das IRR dient dazu, alle Interrupt-Anforderungen festzuhalten, deren Bearbeitung noch aussteht. Es besteht aus 8 D-Flipflops, die jeweils einem IR-Pin zugeordnet sind.

In Service Register (ISReg). Das ISReg dient dazu, die Interrupt-Anforderung(en) festzuhalten, die dem Prozessor gemeldet worden sind und aufs Ende ihrer Bearbeitung durch den Prozessor warten. Das ISReg besteht aus 8 D-Flipflops, die jeweils einem IR-Pin zugeordnet sind.

Interrupt Mask Register (IMR). Das IMR dient dazu, die Bearbeitung einer Interrupt-Anforderung zu sperren (*Interrupt-Sperre*) oder wieder freizugeben. Jedes Bit in IMR korrespondiert mit einem Bit im IRR. Maskierung einer höherprioren Interrupt-Anforderung beeinflusst die Bearbeitung einer niederprioren Interrupt-Anforderung nicht. Dieses Register besteht ebenfalls aus 8 D-Flipflops. Ein gesetztes Flipflop sperrt die entsprechende Interrupt-Anforderung.

Priority Resolver (PR). Den Interrupt-Anforderungen IR0-IR7 werden Prioritäten zugeordnet, die bei gleichzeitigem Vorliegen mehrerer Interrupt-Anforderungen die Reihenfolge ihrer Bearbeitung bestimmen. IR0 hat die höchste Priorität (Wert 0) und IR7 die niedrigste Priorität (Wert 7). Die logische Einheit „Priority Resolver" wählt unter den im IRR gesetzten, jedoch nicht gesperrten Bits dasjenige mit der höchsten Priorität aus und bestimmt so die nächste zu dem ISR weiterzuleitende Anforderung.

Data Bus Buffer (DBB). Dieser bidirektionale Puffer bildet die Schnittstelle des Interrupt-Controllers zum Datenbus. Kommandos und Status-Informationen werden über diesen Puffer übertragen.

Read / Write Control Logic (RWCL). Diese logische Einheit dient dazu, Kommandos von der CPU zu übernehmen oder den Status des Interrupt-Controllers auf den Datenbus zu legen. Die Einheit enthält weiterhin 4 Register. Sie dienen dazu, den Arbeitsmodus und -parameter des Controllers einzustellen. Die 4 Register dienen zur Programmierung des Controllers. Bei der Initialisierung des Controllers werden die entsprechenden Werte von der CPU an den Controller gesendet. Interrupt-Anforderungen werden nicht über diese Einheit an die CPU gemeldet, sondern über den separaten „Interrupt"-Ausgang des Controllers (INT-Pin), der mit dem gleichnamigen Pin der CPU verbunden ist. Die CPU quittiert dann den Empfang der Anmeldung mit einem Signal auf dem „Interrupt-Acknowledge"-Eingang des Controllers (INTA-Pin).

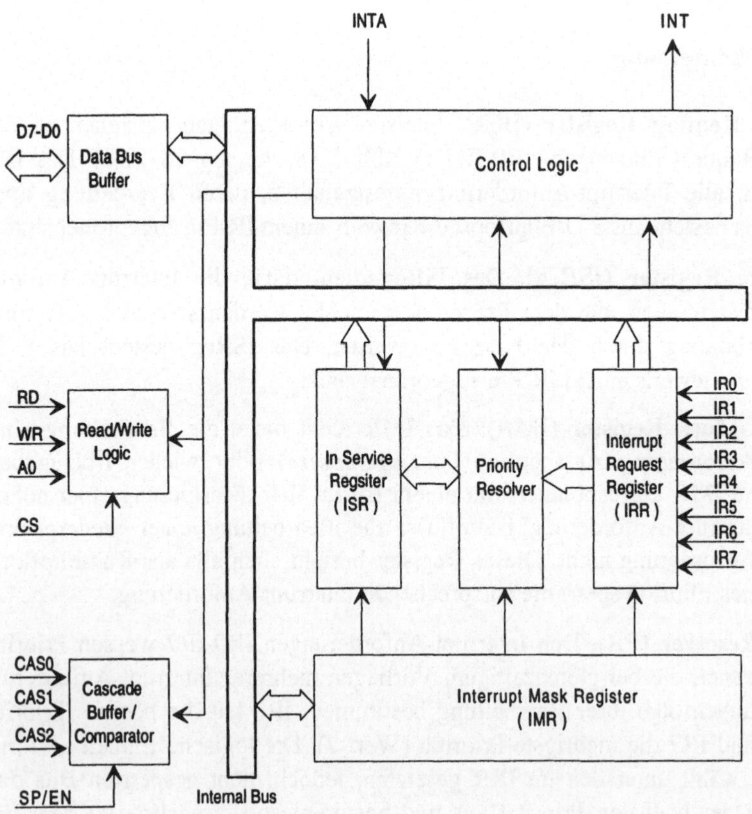

Abb. 2.18: Block-Diagramm des Interrupt-Controllers 82C59A-2 [Intel 88].

Abarbeitung einer singulären Interrupt-Anforderung: Hier sei angenommen, daß beim Eintreffen von Interrupt-Anforderungen die CPU gerade keine Interrupt-Anforderung bearbeitet, d.h., die Bearbeitung aller zuvor eingetroffenen Interrupt-Anforderungen sei abgeschlossen.

1. Ein oder mehrere IR-Pins (IR0–IR7) gehen auf logisch 1 (positive Flanke) und setzen die entsprechenden Bits im Register IRR.
2. Sind die entsprechenden Bits im Register IMR nicht gesetzt, laufen die Anforderungen durch das IMR ungehindert hindurch. Die Interrupt-Anforderungen gelten dann als angenommen.
3. Ist die CPU gerade nicht mit einer Interrupt-Bearbeitung beschäftigt, so wird ein INT zu der CPU geschickt.
4. Die CPU führt den sich gerade in Bearbeitung befindlichen Assembler-Befehl vollends aus und quittiert anschließend das INT-Signal durch Aussenden des ersten INTA-Impulses.
5. Der Priority Resolver stellt die höchste Priorität der angenommenen Interrupt-Anforderungen fest, löscht das entsprechende Bit im Register IRR und setzt das entsprechende Bit im Register ISReg. Der Controller wartet dann auf das zweite INTA-Signal von der CPU.
6. Die CPU sendet ein zweites INTA-Signal an den Controller. Während des INTA-Impulses legt der Controller einen 8-Bit-breiten *Interrupt-Vektor* auf den Datenbus. Der Interrupt-Vektor wird von der CPU eingelesen. Die Bedeutung des Interrupt-Vektors wird später erläutert.
7. Arbeitet der Controller im „Automatic End of Interrupt Mode“ (AEOI), so wird das entsprechende Bit im Register ISReg am Ende des zweiten INTA-Impulses zurückgesetzt. Vom Controller aus betrachtet ist die Bearbeitung dieser Interrupt-Anforderung abgeschlossen.
   Wenn der Controller nicht in dem Modus AEOI arbeitet, bleibt das entsprechende Bit im Register ISReg gesetzt, bis die „Interrupt Service Routine“ explizit das Kommando „End Of Interrupt“ (EOI) an den Controller sendet und so das Ende der Abarbeitung dieser Interrupt-Anforderung signalisiert. Erst jetzt wird das entsprechende Bit im Register ISReg gelöscht und mit der Abarbeitung der nächsten Interrupt-Anforderung begonnen.

Abarbeitung geschachtelter Interrupt-Anforderungen: Hier sei angenommen, daß beim Eintreffen einer neuen Interrupt-Anforderung die CPU gerade eine „Interrupt Service Routine“ abarbeitet und das explizite Kommando „End of Interrupt“ noch nicht an den Controller gesendet hat. Vom Controller aus betrachtet, ist also die Abarbeitung der letzten an die CPU gesendeten Interrupt-Anforderung noch nicht abgeschlossen und daher das entsprechende Bit im Register ISReg noch gesetzt.

Trifft nun eine neue Interrupt-Anforderung ein und ist das entsprechende Bit im Register IMR nicht gesetzt, passiert die Anforderung das IMR und gilt somit als angenommen.

Der Priority Resolver bestimmt die Priorität der neuen Interrupt-Anforderung und vergleicht sie mit der Priorität der gerade in Bearbeitung befindlichen Interrupt-Anforderung, deren Bit im Register ISReg noch gesetzt ist.

Ist die Priorität der neuen Interrupt-Anforderung niedriger, so wird diese nicht an die CPU weitergeleitet. Dies entspricht der dynamischen Maskierung niederpriorer Interrupts, solange höherpriore Interrupts abgearbeitet werden.

Ist dagegen die Priorität der neuen Interrupt-Anforderung höher, so wird sie mit einem INT-Signal an die CPU gemeldet. Mit dem Empfang des ersten INTA-Signals wird das entsprechende Bit im Register IRR gelöscht und das entsprechende Bit im Register ISReg gesetzt. Nun sind zwei Bits im Register ISReg gesetzt, die der alten und der neuen Interrupt-Anforderung entsprechen.

Das Eintreffen des ersten EOI-Kommandos signalisiert dann das Ende der Abarbeitung der neuen höherprioren Interrupt-Anforderung. Daraufhin wird das höherwertige Bit im Register ISReg gelöscht. Mit dem Eintreffen des zweiten EOI-Kommandos wird das noch verbleibende Bit im Register ISReg gelöscht. Damit sind beide „Interrupt Service Routine"s abgearbeitet.

Programmierung des Interrupt-Vektors: Der Interrupt-Controller meldet jede Interrupt-Anforderung zunächst mit einem INT-Signal an die CPU. Sie ist nicht imstande, allein aus diesem Signal die gemeldete Anforderung zu identifizieren. Erst wenn die CPU den zweiten INTA-Impuls ausgesendet hat, wird der Interrupt-Controller einen eindeutigen der zuvor gemeldeten Anforderung zugeordneten *Interrupt-Vektor* auf den Datenbus legen. Daraus kann die CPU erkennen, welche Anforderung gemeldet wurde.

Der Interrupt-Vektor, der der Interrupt-Anforderung mit höchster Priorität (nämlich IR0 mit der Priorität 0) entspricht, wird in einem der 4 Register der Read/Write Control Logic (RWCL) gespeichert. Die gewünschten Werte für die 4 Register der RWCL werden bei der Initialisierung des Controllers von der CPU an den Controller gesendet.

Ein weiterer Wert, der in den Registern der RWCL abgespeichert wird, ist die Differenz der Interrupt-Vektor-Werte von der Priorität n zur Priorität n+1. Sie kann die Werte 4 bzw. 8 annehmen. Der Interrupt-Vektor für die Interrupt-Anforderung 1 ergibt sich aus dem Interrupt-Vektor für die Interrupt-Anforderung 0 plus 4 bzw. 8. Die Berechnung des Interrupt-Vektors für die Anforderungen mit der Priorität 1 bis 7 erfolgt automatisch durch den Controller.

Abarbeitung eines Interrupts in der CPU: Mit dem Assembler-Befehl „Disable Interrupt" (DI) kann man den Zugang der Interrupts zur CPU sperren, so daß ein vom Interrupt-Controller gesendetes INT-Signal nicht mehr erkannt und auch nicht mit einem INTA-Signal quittiert wird. Mit dem Befehl EI (Enable Interrupt) kann die *Interrupt-Sperre* für die CPU wieder aufgehoben werden. Ein Bit im „Control Status Register" der CPU zeigt zu jedem Zeitpunkt an, ob gerade eine Interrupt-Sperre wirksam ist oder nicht.

Ausgangssituation sei hier, daß die CPU keine „Interrupt Service Routine" (ISR), sondern einen Assembler-Befehl eines Programms ausführt, und daß alle zuvor eingetroffenen Interrupts abgearbeitet sind. Außerdem sei die CPU mit dem Befehl „Enable Interrupt" (EI) in die Lage versetzt worden, Interrupts anzunehmen.

Ausgehend von diesem Ausgangszustand erfolgt nun die Abarbeitung eines Interrupts in folgenden Schritten:

1. Es trifft ein INT-Signal vom Interrupt-Controller ein.
2. Die CPU führt die Ausführung des momentanen Assembler-Befehls vollends zu Ende, ehe sie das INT-Signal annimmt. Ein Assembler-Befehl ist also nicht unterbrechbar. Daher wird er als *atomar* bezeichnet.
3. Der nächste Assembler-Befehl kommt nicht zur Ausführung, denn jetzt beginnt die Abarbeitung des eingetroffenen Interrupts. Hierzu sendet die CPU zwei INTA-Signale aus.
4. Im Anschluß an das zweite INTA-Signal liest die CPU den vom Controller auf den Datenbus gelegten Interrupt-Vektor ein.
5. Anschließend führt die CPU den folgenden Befehl aus:

   ```
   CALL      far  < Interrupt-Vector >
   ```

   Der Inhalt der Speicherzelle mit der Adresse „Interrupt-Vector" (IV) wird als eine Unterprogramm-Adresse interpretiert und aufgerufen. Unter dieser Adresse muß die „Interrupt Service Routine" für den eingetroffenen Interrupt stehen.
6. Unter MS-DOS befindet sich die „*Interrupt Vector Table*" (IVT) im Arbeitsspeicher ab Adresse 0. In den Speicherzellen mit den Adressen 0 bis 3 steht die Adresse (Segment und Offset) der „Interrupt Service Routine" für den Interrupt-Vektor 0 und in den darauffolgenden 4 Speicherzellen die Adresse der „Interrupt Service Routine" für den Interrupt-Vektor 1 usw. (s. Abb. 2.19).
7. Solange die „Interrupt Service Routine" den Befehl EOI (End of Interrupt) nicht ausgeführt hat, ist die dynamische Maskierung wirksam und es kommen daher die niederprioren Interrupt-Anforderungen nicht durch.
8. Die Ausführung des Befehls EOI durch die „Interrupt Service Routine" führt dazu, daß der Controller das entsprechende Bit in seinem ISR-Register löscht und die dynamische Maskierung aufhebt. Die Löschung bezieht sich auf das Bit im ISR-Register, das zeitlich betrachtet als letztes Bit gesetzt wurde. Zu einem Zeitpunkt können mehrere Bits im ISR-Register gesetzt sein. Dies tritt dann auf, wenn vor der Ausgabe des Befehls EOI durch eine „Interrupt Service Routine" eine höherpriore Interrupt-Anforderung eintrifft.
9. Sind noch Bits im IRR-Register des Controllers gesetzt, so beginnt der Ablauf wieder von vorne.

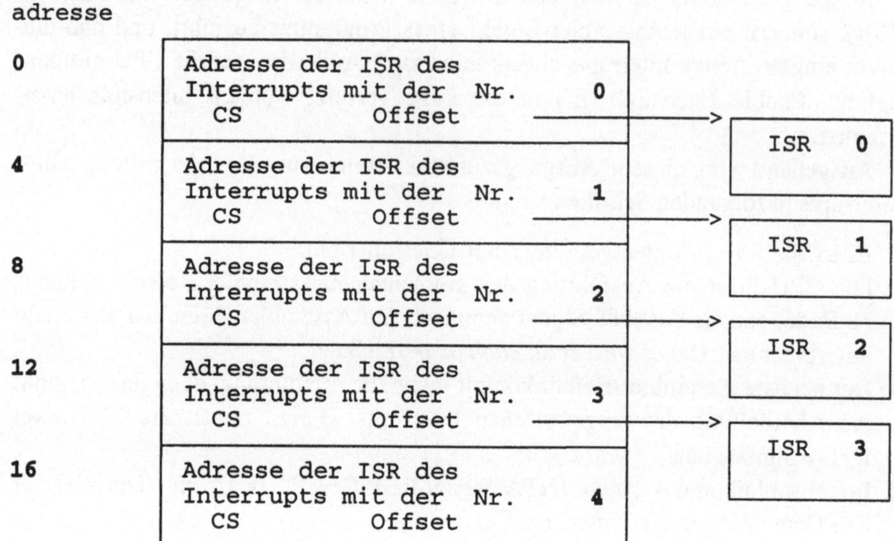

Abb. 2.19: Aufbau der Interrupt Vector Table (IVT) bei MS-DOS

Der Signalaustausch zwischen der CPU und dem Interrupt-Controller ist in Abb. 2.20 dargestellt.

Kaskadierung von Interrupt-Controllern: Reichen die 8 Interrupt-Anforderungseingänge eines Controllers nicht aus, so kann an jedem Eingang ein weiterer Controller in Kaskade geschaltet werden. Damit kann man bei Interrupt-Eingabesystemen bis zu 64 Eingänge aufbauen, so daß insgesamt 8 *Interrupt-Level* mit jeweils 8 Interrupt-Prioritäten bearbeitet werden können.

Ein kaskadiertes Interrupt-Eingabesystem hat einen Master- und bis zu acht Slave-Controller. Unter den Controllern sind folgende Pin-Verbindungen notwendig:

- Der INT-Ausgang eines Slaves wird mit einem Interrupt-Request-Pin IRx des Masters verbunden. Damit erhält dieser Slave die Priorität x beim Master.
- Die INTA-Pins aller Slaves und der des Masters werden mit dem INTA-Pin der CPU verbunden. Damit gelangen die von der CPU kommenden INTA-Impulse gleichzeitig zu allen Controllern.
- CAS0, CAS1 und CAS2 aller Controller werden miteinander verbunden.
- Der Pin SP/EN des Masters wird auf High gesetzt.
- Der Pin SP/EN der Slaves wird auf Low gesetzt.

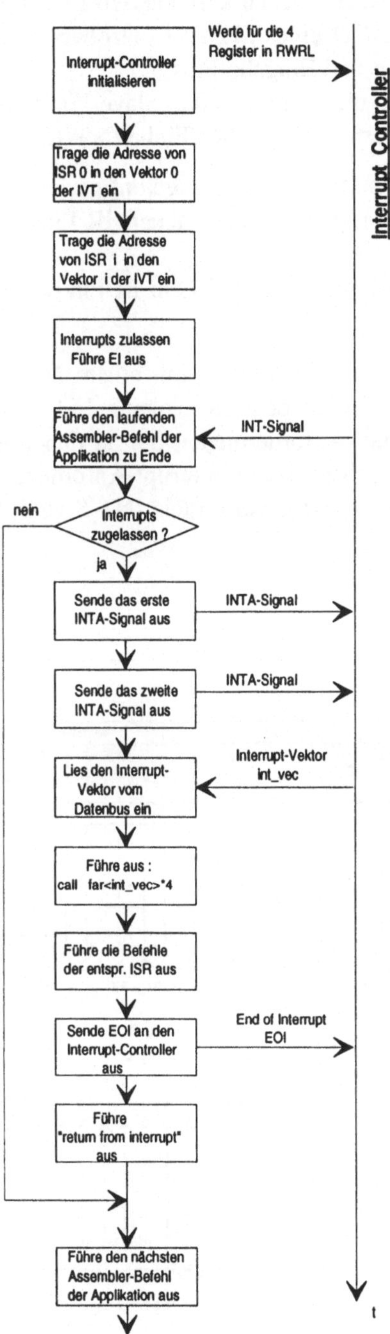

Abb. 2.20: Signalaustausch zwischen der CPU und dem Interrupt Controller

Die logische Einheit **Cascade Buffer/Comparator (CBC)** (s. Abb. 2.18) übernimmt die Steuerung eines solchen kaskadierten Interrupt-Systems. Die drei Pins (CAS0, CAS1 und CAS2) eines Master-Controllers sind Ausgabe-Pins, und die eines Slave-Controllers sind Eingabe-Pins.

Informationen über die Master- oder Slave-Funktionalität eines Controllers sind in seinen 4 Registern der logischen Einheit RWCL enthalten, nämlich:

- Ob der Controller als Master oder Slave konfiguriert ist.
- Falls als Master konfiguriert, an welchen IR-Pins die Slaves angeschlossen sind.
- Falls als Slave konfiguriert, an welchem IR-Pin des Masters er angeschlossen ist.

Abbildung 2.21 zeigt eine Anordnung mit einem Master und zwei Slaves. Der INT-Pin von Slave A ist an dem IR-Eingang M3 des Masters angeschlossen. Damit sind die Interrupt-Anforderungen, die an den Pins M0, M1 und M2 des Masters eintreffen, wichtiger als die Interrupt-Anforderungen, die an den Pins IR0 bis IR7 des Slave A eintreffen und mittels INT-Signal des Slave an den Master gemeldet werden.

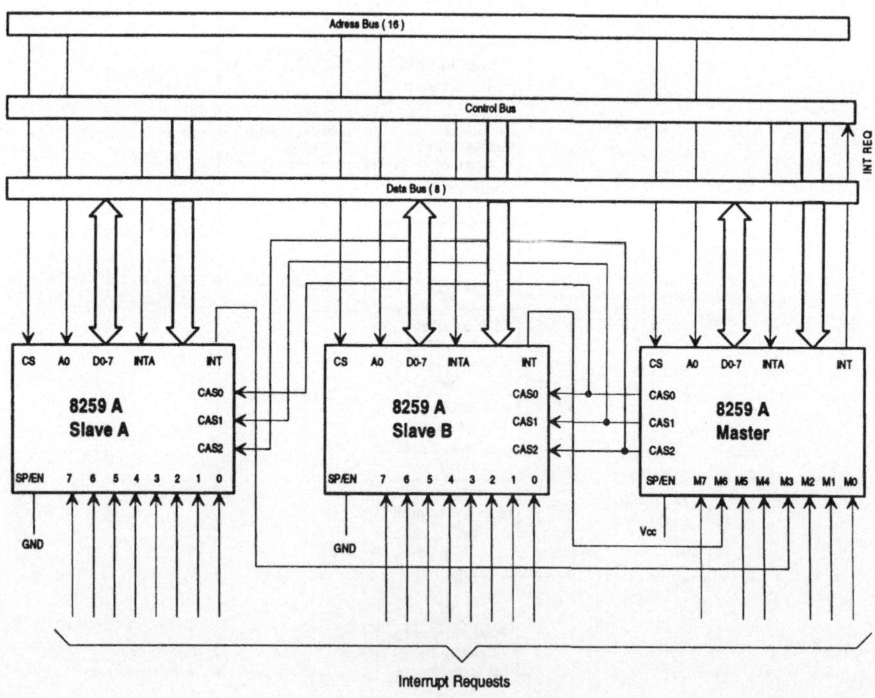

Abb. 2.21: Kaskadierung von Interrupt-Controllern [Intel 88]

Berücksichtigt man die Priorität der übrigen Interrupt-Anforderungen in derselben Weise, so ergibt sich die folgende Reihenfolge für die Priorität der Interrupt-Anforderungen dieses Interrupt-Eingabesystems:

```
0  1  2  3  4  5  6  7  8  9  10 11 12 13 14 15 16 17 18 19 20 21
M0 M1 M2 A0 A1 A2 A3 A4 A5 A6 A7 M4 M5 B0 B1 B2 B3 B4 B5 B6 B7 M7
```

Grundsätzlich bearbeitet jeder Controller, unabhängig von seiner Master- oder Slave-Rolle, eine Interrupt-Anforderung in der oben beschriebenen Art und Weise. Im folgenden werden die Schritte beschrieben, die zusätzlich zur Koordinierung zwischen dem Master und einem Slave, dessen Interrupt-Anforderung an die CPU weitergeleitet wurde, notwendig sind:

1. Am Ende des ersten INTA-Impulses gibt der Master auf seinen CAS-Pins die Nummer desjenigen Slave-Controllers aus, dessen Anforderung an die CPU weitergeleitet wurde. Damit ist ein Slave angewählt und darüber informiert, daß seine Anforderung an die CPU gemeldet wurde.
2. Nun gibt die CPU den zweiten INTA-Impuls aus.
3. Der angewählte Slave berechnet für die Interrupt-Anforderung, die er an den Master gemeldet hatte, den Wert des Interrupt-Vektors und legt diesen auf den Datenbus. Für die CPU bleibt unsichtbar, wer den Interrupt-Vektor gesendet hat.

PIN-Beschreibung des Controllers (s. Abb. 2.18)

IR0–IR7: Interrupt Request (Input)
Eine Interrupt-Anforderung wird ausgelöst, wenn am Eingang IR eine steigende Flanke (Low to High) angelegt wird.

INT: Interrupt (Output)
Dieser Pin geht auf logisch 1 (High), wenn eine gültige Interrupt-Anforderung ansteht. Er wird benutzt, um die Arbeit der CPU zu unterbrechen. Daher ist er mit dem gleichnamigen Pin der CPU verbunden.

INTA: Interrupt Acknowledge (Input)
Dieser Pin wird von der CPU mehrfach pulsförmig angesteuert, um den Interrupt-Controler zu veranlassen, den Interrupt-Vector auf den Datenbus anzulegen.

D0–D7: Bidirectional Data Bus (Input & Output)
Kontroll-, Status- und Interrupt-Vector-Informationen werden über diesen Bus ausgetauscht.

CS: Chip Select (Input)
Eine logische 0 auf diesem Pin ermöglicht Schreib- und Lese-Kommunikation zwischen der CPU und dem Interrupt-Controller. Die durch INTA realisierte Kommunikation ist unabhängig von CS.

WR: WRITE (Input)
Eine logische 0 auf diesem Pin (wenn auch am CS-Pin eine logische 0 ansteht) bringt den Controller dazu, über den Datenbus (D0-D7) Kommandos von der CPU zu empfangen.

RD: READ (Input)
Eine logische 0 auf diesem Pin (wenn auch am CS-Pin eine logische 0 ansteht) bringt den Controller dazu, den Status des Interrupt Request Registers (IRR), des In Service Registers (ISReg), des Interrupt Mask Registers (IMR) oder den Interrupt Level auf den Datenbus (D0–D7) anzulegen.

CAS0–CAS2: Cascade Line (Input & Output)
Die CAS-Pins stellen einen privaten Bus des Interrupt-Controllers dar, über den mehrere in Kaskade geschalteten Interrupt-Controller miteinander kommunizieren können.

SP/EN: Slave Programm / Enable Buffer (Output & Input)
Hier geht es um einen Pin mit doppelter Funktionalität. Wenn der Controller im „buffered mode“ arbeitet, kann dieser Pin als Output benutzt werden, um Pufferübertragungen zu kontrollieren (EN). Wenn der Controller nicht im „buffered mode“ arbeitet, wird dieser Pin als Input benutzt, um einen Master (SP auf High) oder einen Slave (SP auf Low) zu kennzeichnen.

A0: A0 Adress Line (Input)
Dieser Pin arbeitet in Verbindung mit CS, WR und RD. Dieser Pin wird vom Controller dazu benutzt, um die verschiedenen Kommando-Wörter, die die CPU an den Controller ausgibt, und die verschiedenen Status-Wörter, die die CPU vom Controller lesen möchte, zu entschlüsseln. Dieser Pin wird in der Regel mit dem A0-Pin der CPU verbunden.

2.4.2 Aufbau einer „Interrupt Service Routine“ (ISR)

Ein solches Programm (s. Abb. 2.22) wird in der Regel teilweise in Assembler (etwa „isr“ und „stackarea“) und teilweise in einer höheren Programmiersprache (etwa „einplanung“) geschrieben, die dann zu einem Lademodul zusammengebunden werden. Daher wurde für die Darstellung des Programms eine Pseudocode-Notation gewählt, um die Semantik der auszuführenden Operationen zu beschreiben.

Die Prozedur „einplanung“ trägt die Adresse der gewünschten ISR (Prozedur „isr“) in den zugehörigen Platz der Interrupt Vector Table ein und gibt Interrupts frei. An dieser Stelle darf sich „einplanung“ nicht wie ein gewöhnliches Programm beenden und seinen Code- und Datenbereich im Arbeitsspeicher freigeben. „einplanung“ muß vielmehr dafür sorgen, daß zwar ihre Abarbeitung beendet und die Kontrolle über die CPU an das Betriebssystem zurückgegeben wird, aber der Code- und Datenbereich dieses Programms im Arbeitsspeicher erhalten bleibt.

Damit soll die Prozedur „isr" zu einem residenten Unterprogramm gemacht werden, so daß beim Eintreffen des zugehörigen Interrupts „isr" sofort ausgeführt werden könnte. Hierzu erteilt „einplanung" den entsprechenden Auftrag an das Betriebssystem (Terminate and Stay Resident).

Bei der Ausführung eines Applikationsprogramms werden die Register der CPU dazu benutzt, um Zwischenergebnisse des Applikationsprogramms abzulegen. Unterbricht ein Interrupt die Ausführung eines Applikationsprogramms, so darf die zwischenzeitlich ausgeführte „isr" die Inhalte der CPU-Register nicht verändern, damit das Applikationsprogramm seine nächsten Anweisungen mit denselben Register-Inhalten fortsetzen kann, wie sie bei der Unterbrechung bestanden. Da aber die „isr" auf die Benutzung der CPU-Register angewiesen ist, muß die „isr" den Inhalt derjenigen CPU-Register auf den Stack retten, die sie für ihre Ausführung benötigt. Am Ende muß „isr" die ursprünglichen Register-Inhalte wieder restaurieren.

```
einplanung
   1. Adresse der „isr" auf den entsprechenden Platz der
      Interrupt Vector Table (IVT) eintragen.
   2. Mit der Ausführung EI (Enable Interrupt) Interrupts
      freigeben.
   3. An das Betriebssystem den Auftrag erteilen, das
      „program" zu beenden, jedoch den Datenbereich
      „stackarea" und den Codebereich für „isr" als residente
      Bereiche zu behandeln und sie nach der Beendigung von
      „program" nicht freizugeben. (Diese Funktion heißt
      unter MS-DOS: Terminate and Stay Resident, TSR).
end einplanung

isr:  //  Interrupt Servive Routine
   1. Im Datenbereich mit dem Namen „stack" einen neuen Stack
      anlegen.
   2. Alle Register der CPU auf den neuen Stack retten.
   3. Die eigentlichen Befehle zur Reaktion auf den Interrupt
      ausführen (ein Unterprogramm aufrufen).
   4. Alle Register der CPU wieder restaurieren.
   5. Den alten Stack wieder herstellen.
   6. End of Interrupt (EOI) an den Controller ausgeben.
   7. Den Befehl „return from interrupt" (IRET) ausführen.
end isr

Daten
   var stackarea     // Stackbereich zum Retten der Register
                        des unterbrochenen Programms
   var dataarea      // Datenbereich für die „isr"
end Daten
```

Abb. 2.22: Aufbau einer „Interrupt Service Routine" (in Pseudocode-Notation)

Dabei dürfen die CPU-Register von „isr" nicht auf den Stack des Applikationsprogramms gerettet werden, da dieser bei Eintreffen mehrerer Interrupts überlaufen könnte.Um dies zu vermeiden, muß die „isr" selbst einen neuen Stack anlegen und dorthin die Inhalte der CPU-Register retten („stackarea"). „dataarea" ist für die temporären Daten vorgesehen, die während der Ausführung von „isr" anfallen.

Da die „isr" mit dem Befehl „call" zur Ausführung kommt, müßte sie dementsprechend ihre Ausführung mit dem Befehl „return" beenden. Da aber dieser „call" von einem Interrupt verursacht wurde, muß „isr" anstelle eines normalen „return" den Befehl „return from interrupt" (IRET) ausführen.

3. Realzeit-Programmierverfahren

3.1 Merkmale von Realzeitsystemen

Realzeitsysteme müssen auf parallel sich abspielende Vorgänge in ihrer „Umwelt" reagieren. Jeder sequentielle Vorgang im technischen Prozeß wird von einem sequentiellen Programm mit spezifischen Realzeitanforderungen gesteuert. Genau genommen, wird der Vorgang von einer Task (Rechenprozeß) gesteuert; nämlich die Task, die durch die Ausführung des Programms entsteht.

Ein Realzeitsystem kann also gegenüber einem System ohne Realzeitanforderungen hinsichtlich zweier Kriterien abgegrenzt werden; nämlich hinsichtlich *Zeit* und *Parallelität*. In einem System ohne Realzeitanforderung wird zu jedem Zeitpunkt ein Programm ohne Realzeitanforderungen ausgeführt, während in einem Realzeitsystem zu einem Zeitpunkt mehrere Tasks unter Einhaltung ihrer jeweiligen zeitlichen Anforderungen auszuführen wären. Die Programmierung von Realzeitsystemen heißt *Realzeitprogrammierung*.

Hinsichtlich Zeit

Betrachtet man ein Programm ohne Realzeitanforderungen, so beeinflußt der Zeitpunkt und die Dauer der Programmausführung das Ergebnis nicht, z.B. die Berechnung von Statistiken aus Erfassungsdaten. Hingegen beeinflussen bei einem Programm mit Realzeitanforderungen der Zeitpunkt und die Dauer der Programmausführung das Ergebnis. Die Nichteinhaltung der zeitlichen Anforderungen würde zu falschen Ergebnissen führen. Beispiel für solche Systeme sind: Automatisierung der Heizungsanlage eines Wohnhauses, Motorsteuerung in einem Kraftfahrzeug, Regelung der Bandgeschwindigkeit in einer Kamera.

Die zeitlichen Anforderungen lassen sich nach [Lauber 99] in zwei Klassen einteilen: Rechtzeitigkeit und Gleichzeitigkeit.

Rechtzeitigkeit. Beim Eintreffen eines bestimmten Ereignisses müssen innerhalb einer bestimmten Zeitspanne die Eingabedaten abgerufen, die Ergebnisse daraus verfügbar gemacht und durch Ausgabe von Signalen (Daten) darauf reagiert werden. Erreicht z.B. ein Paket in einer Paketsortieranlage eine bestimmte Position vor einer Weiche, so muss abhängig vom Paketziel die Weiche in die entsprechende Stellung gestellt werden; und zwar bevor das Paket die Weiche erreicht hat.

Gleichzeitigkeit. Realzeitsysteme müssen gleichzeitig mehrere parallel ablaufende Vorgänge im technischen Prozeß automatisieren. Die Automatisierungsaufgaben müssen in dem Rechensystem so gelöst und die Ausführung der Automatisierungsprogramme so organisiert werden, daß sie einem außenstehenden Beobachter als gleichzeitig ablaufend erscheinen. In einem Einprozessorsystem kann zu jedem Zeitpunkt nur ein Rechenprozeß ausgeführt werden, daher liegt in diesem Fall nur eine scheinbare Parallelität der Rechenprozesse vor. In einem Mehrprozessorsystem mit n Prozessoren können gleichzeitig n Rechenprozesse parallel ausgeführt werden. In diesem Fall liegt eine echte Parallelität vor. In einer Paketsortieranlage stellen zum Beispiel die Weichensteuerung für ein Paket und die Geschwindigkeitsregelung des das Paket befördernden Fahrzeugs zwei Aufgaben dar, die gleichzeitig vom Automatisierungsrechner wahrgenommen werden müssen.

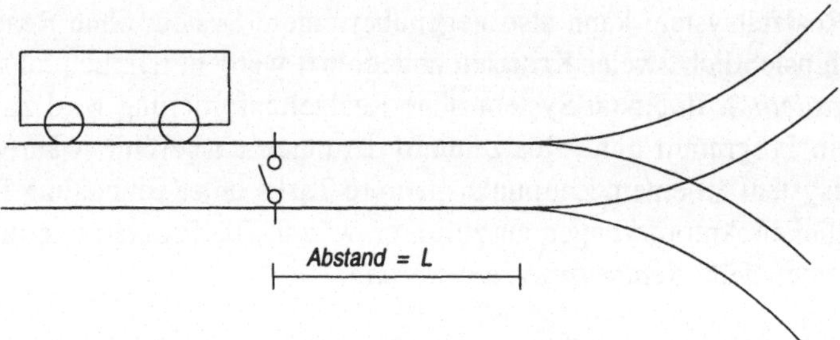

Abb. 3.1: Weichensteuerung für ein Paket als Beispiel für die Rechtzeitigkeit der Ausführung eines Automatisierungsprogramms

Hinsichtlich der logischen Folge (Kausalität)

Kausalität in einem Singletasking-System. In einem Singletasking-System kann zu jedem Zeitpunkt nur eine Task aktiv sein. Mit der Beendigung einer Task wird die nachfolgende Task aktiviert. Die Operationen der aktiven Tasks werden sequentiell ausgeführt und stehen in keinerlei Relation zu den Operationen der anderen Tasks. Die Kausalität beschränkt sich also auf die Operationen einer Task.

Der *Programmablaufplan* einer Task stellt ihren Kontrollfluß dar, d.h. die Reihenfolge der Ausführung der Operationen der Task in Abhängigkeit von den erzeugten/erfaßten Daten. Die Ausführung der Operationen kann durch Wandern einer Ablaufmarke in dem zugehörigen Programmablaufplan dargestellt werden. Die Ablaufmarke beschreibt den aktuellen Stand der Programmausführung, d.h. welche Anweisung zuletzt ausgeführt wurde und welche Anweisung als nächste auszuführen ist. Betrachtet man die Abarbeitung des Programms durch die CPU, so entspricht die Ablaufmarke dem Inhalt des Programm-Counter-Registers.

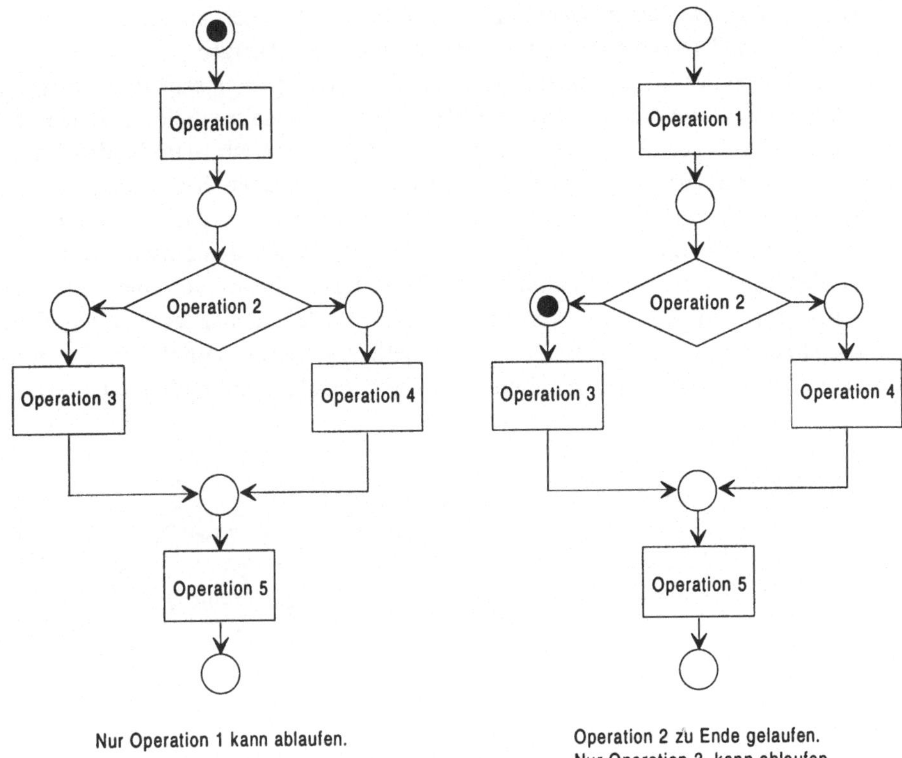

Abb. 3.2: Wandern einer Ablaufmarke in dem Programmablaufplan einer Task

Das Diagramm gemäß Abb. 3.2. ähnelt einem sog. Petri-Netz, das zur Darstellung von Kausalitäten in einem bzw. zwischen mehreren Prozessen dient. Dies wird später behandelt.

Kausalität in einem Realzeitsystem. Realzeitsysteme sind in der Regel Multitasking-Systeme. Jede Task steuert den Ablauf eines Vorgangs im technischen Prozeß. Die Vorgänge wirken aufeinander und erfüllen gemeinsam einen Zweck, nämlich die Automatisierung der Gesamtanlage. Die Parallelität der Vorgänge setzt zwar voraus, daß sie voneinander unabhängig sind. Da sie aber in ihrer Gesamtheit einen gemeinsamen Zweck erfüllen, besteht eine gegenseitige - wenn auch eine geringfügige - logische Abhängigkeit zwischen ihnen. Die Abhängigkeit zwischen den Vorgängen überträgt sich auch auf die sie steuernden Tasks. Die Kausalität drückt sich praktisch so aus, daß die parallel ablauffähigen Operationen mehrerer Tasks miteinander synchronisiert werden müssen. Die Kausalität in einem Realzeitsystem beschränkt sich also nicht mehr auf die Operationen einer Task, sie erstreckt sich vielmehr auf die Operationen mehrerer Tasks.

Die Abhängigkeiten zwischen zwei parallel zueinander ablaufenden Tasks werden in zwei Klassen eingeteilt: *Kooperation* und *Konkurrenz*.

Eine Kooperation liegt dann vor, wenn die Tasks gemeinsam eine Aufgabe erledigen, z.B. wenn die eine Task ein Werkstück teilweise bearbeitet und dann an die andere Task zur abschließenden Bearbeitung weiterreicht. Die beiden Tasks können parallel zueinander zwei verschiedene Werkstücke bearbeiten, für die Übergabe eines Werkstücks müssen sie sich aber miteinander synchronisieren.

Eine Konkurrenz liegt dann vor, wenn die beiden Tasks gemeinsame Betriebsmittel benutzen. Ein Betriebsmittel kann entweder im Besitz der einen oder der anderen Task sein. Ansonsten können die Tasks parallel zueinander ablaufen. Eine Förderstrecke in einer Paketverteilanlage stellt ein Betriebsmittel dar. Sie wird jeweils an eine Task vergeben, damit Pakete miteinander nicht kollidieren.

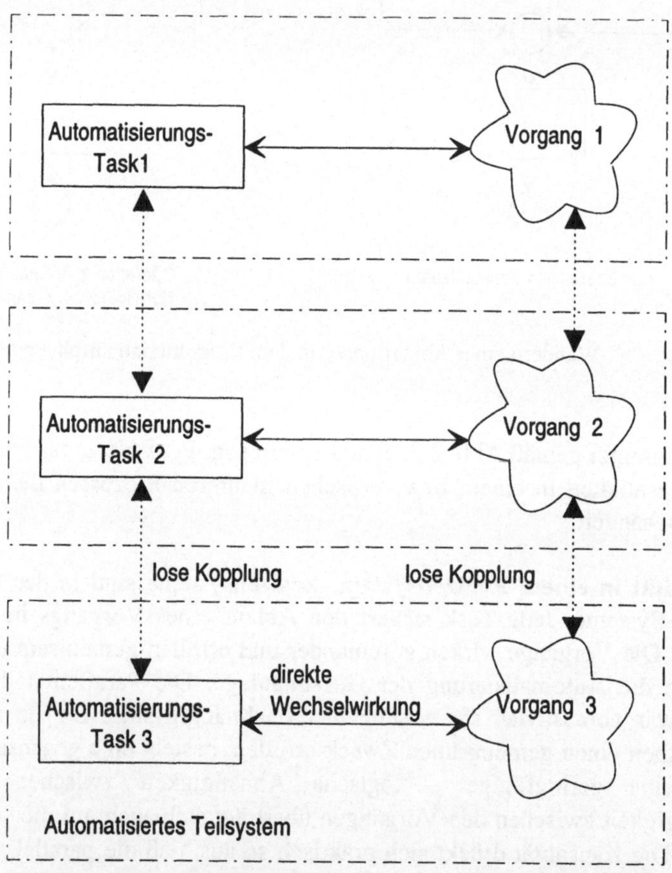

Abb. 3.3: Parallelität der Vorgänge im technischen Prozeß, ihre Steuerung durch parallele Tasks in der Automatisierungseinrichtung sowie der logische Zusammenhang zwischen ihnen

Die Synchronisierungen zwischen zwei parallelen Tasks beschränken sich auf wenige Stellen. Daher spricht man auch von *lose gekoppelten* Prozessen (loosely coupled processes). Den Gegensatz hierzu bilden die *eng gekoppelten* Prozesse (tighly coupled processes). Sie kommen in Rechensystemen vor, die aus einem mehrdimensionalen Feld von parallel geschalteten Prozessoren bestehen, die über Datenkanäle miteinander verbunden sind, z.B. Transputer oder Supercomputer. Die eng gekoppelten Systeme werden in dieser Arbeit nicht behandelt.

Als Beispiel für lose gekoppelte parallele Vorgänge betrachtet man zwei Maschinen zur Produktion von Schrauben und Muttern sowie eine dritte Maschine zum Zusammensetzen einer Schraube und einer Mutter. Alle drei Maschinen können parallel arbeiten, sofern die zwischen den Maschinen befindlichen Behälter für Schrauben bzw. für Muttern nicht leer bzw. nicht (ganz) voll sind.

Regalförderzeug als Beispiel für ein Realzeitsystem

Beschreibung des technischen Prozesses. Das Lager eines Versandhauses soll auf ein Hochregal umgestellt werden. Vor dem Hochregal befindet sich ein Regalförderzeug (RFZ), das die Paletten aus den einzelnen Fächern der Hochregals herausholt oder sie in die Fächer ablegt. Das Regalförderzeug kann:

- Auf Schienen vor dem Hochregal hin- und herfahren (x-Achse).
- Mit Hilfe eines Hubzylinders die Paletten hoch- und herunterfahren (y-Achse).
- Seine Gabel zur Ablage bzw. Entnahme von Paletten aus einem Hochregal-Fach vor- und zurückfahren (z-Achse).

Die Automatisierungsaufgabe. Die Steuerung des Regalförderzeugs bildet den Kern der Automatisierungsaufgaben. Nach Eintreffen eines Auftrages muß das Regelförderzeug ein Fach anfahren, seine Palette ins Fach absetzen und wieder zurückfahren. Zum Anfahren des Faches muß sich das Regalförderzeug gleichzeitig in x- und y-Richtung bewegen. Beim Absetzen der Palette werden die z- und y-Achse einzeln und auf der Rückfahrt die x- und y-Achse gleichzeitig angesteuert. Für die Achsen des Regalförderzeugs ist eine Bahnsteuerung zu realisieren.

Ist in einem Auftrag lediglich das Ziel (x2) vorgeschrieben, wobei x(t) frei gewählt werden kann, spricht man von *Positionssteuerung*. Ist hingegen in einem Auftrag x(t) bis zum Ziel (x2) vorgeschrieben, spricht man von *Bahnsteuerung*.

Das Automatisierungskonzept. Beim Entwurf des Automatisierungssystems werden die drei Achsen (x , y und z) konzeptionell als voneinander unabhängig betrachtet, d.h., sie alle könnten parallel zueinander angesteuert werden. Bei der Auftragsgenerierung für das RFZ müßte dann berücksichtigt werden, welche Achsen tatsächlich parallel zueinander angesteuert werden müssen, z.B. die z-Achse dürfte nicht parallel zur x-Achse angesteuert werden.

Bahnsteuerung einer Achse. Es sei angenommen, daß das RFZ von der Position x1 zu der Position x2 fahren müßte, die max. Anfahr- und Bremsbeschleunigung gleich b wäre und das RFZ nach der Beschleunigungsphase mit der konstanten Geschwindigkeit v fahren müßte. Aus diesen Angaben läßt sich x(t) berechnen.

Zur Realisierung der Bahnsteuerung muß die Position des RFZ auf jeder Achse geregelt werden. Typisch für eine Regelung ist die zyklische Ausführung des Regelalgorithmus. Bei der regelungstechnischen Untersuchung des RFZ hinsichtlich Regelgüten werden die Abtastperiode T (Zykluszeit für die Ausführung des Regelprogramms) und der Regelalgorithmus festgelegt.

Zur programmtechnischen Realisierung werden die Sollwerte w_i, die x bei dem i-ten Abtastzeitpunkt annehmen müßte, berechnet und in ein Datenfeld (w_i) abgelegt.

$$w_i = x(i*T), \quad \text{mit} \quad i = 0,1,2,...$$

Die Aufgabe des Teilprogramms zur Regelung der x-Achse besteht nun darin, den für den aktuellen Zyklus gültigen Sollwert w_i aus dem Datenfeld zu holen, die aktuelle Position auf der x-Achse einzulesen, aus der Differenz der beiden Werte die *Regeldifferenz* (*Regelabweichung*) zu bilden, daraus gemäß dem Regelalgorithmus den Wert des *Stellsignals* zu berechnen und schließlich diesen Wert an den Antrieb der x-Achse auszugeben.

Die zeitlichen Anforderungen an die Automatisierungseinrichtung. Es sei angenommen, bei der regelungstechnischen Untersuchung des Regalförderzeugs hätten sich folgende Forderungen für die Abtastperiode und Ausführungsdauer der Teilprogramme zur Regelung der drei Achsen ergeben:

Achse	*Abtastperiode*	*Ausführungsdauer des Regelungsprogramms*	
	[msec]	*min.[msec]*	*max.[msec]*
x	T_x = 20	5	6
y	T_y = 40	3	5
z	T_z = 100	4	5

Abb. 3.4: Darstellung der zeitlichen Anforderungen zur Ausführung von Regelprogrammen der drei Achsen eines Regalförderzeugs in tabellarischer Form

Die Regelungen der drei Achsen sind voneinander unabhängig. Dies bedeutet z.B., daß die zyklische Regelung der x-Achse (alle 20 msec) gegenüber der zyklischen Regelung der y-Achse (alle 40 msec) um eine beliebige Zeit verschoben sein kann. Die in Abb. 3.5 wiedergegebene graphische Darstellung der zeitlichen Anforderung soll also nicht fälschlicherweise dahingehend interpretiert werden, daß die Regelung aller drei Achsen zu demselben Zeitpunkt (nämlich zum Zeitpunkt 0) beginnen soll. Die drei zeitlichen Anforderungen für die drei Achsen kann man in Abb. 3.5 also horizontal beliebig gegeneinander verschieben.

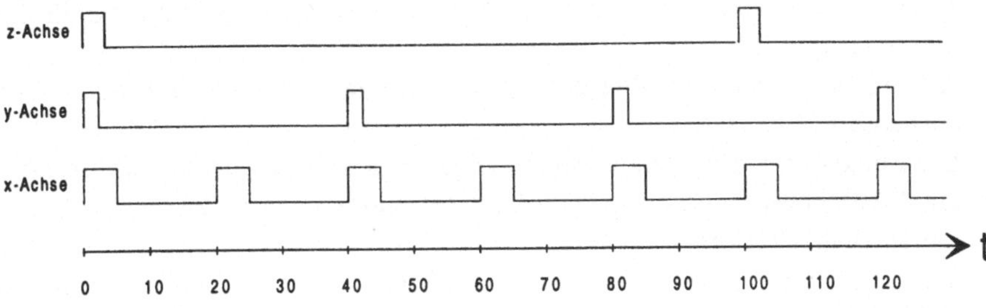

Abb. 3.5: Darstellung der zeitlichen Anforderungen zur Ausführung von Regelprogrammen der drei Achsen eines Regalförderzeugs in graphischer Form (Sollverhalten)

Synchrone und asynchrone Programmierung

Zur Erfüllung der Anforderungen an Rechtzeitigkeit und Gleichzeitigkeit der Programmabläufe gibt es zwei Verfahren:

1. **Synchrone Programmierung**. Planung des zeitlichen Ablaufs der Teilprogramme vor ihrem Lauf. Die Planung erfolgt in der Software-Entwurfsphase. Die Teilprogramme werden in einem im voraus festgelegten Zeitraster zyklisch ausgeführt.

2. **Asynchrone Programmierung**. Hier gibt es keine Planung in der Entwurfsphase. Die Ausführungen der Teilprogramme stehen in keinerlei Bezug zueinander. Die Organisation des zeitlichen Ablaufs der Teilprogramme erfolgt während ihrer Ausführung (at run time), falls es zu Überlappungen kommen sollte.

3.2 Synchrone Programmierung

3.2.1 Vorgehensweise

Die prinzipielle Vorgehensweise bei der synchronen Programmierung ist wie folgt:

- Jedes Teilprogramm übernimmt die Automatisierung eines Vorgangs im technischen Prozess.
- Alle Teilprogramme werden mit einem Zeitraster synchronisiert, d.h. zyklisch ausgeführt.
- Die Reihenfolge des Ablaufs der verschiedenen Teilprogramme wird fest durch ein Steuerungsprogramm vorgegeben. Es entstehen also keine Konfliktfälle zwischen den Teilprogrammen.
- Voraussetzung für die Einhaltung der Synchronität ist, daß alle für einen Zyklus vorgesehenen Teilprogramme in dem betreffenden Zyklus beendet werden. Es darf also nicht zu Überholvorgängen kommen, die eine Abweichung von der Vorausplanung darstellen.
- Das Steuerungsprogramm wird als eine „Interrupt Service Routine“ (ISR) ausgelegt, die auf das Eintreffen des zyklischen Zeit-Interrupts zur Ausführung gelangt.

3.2.2 Beispiel: Bahnsteuerung eines Regalförderzeugs

Für das Beispiel Regalförderzeug wurde im vorausgehenden Absch. 3.1 der Aufbau des technischen Prozesses, die Aufgabenstellung und die konzeptionelle Lösung beschrieben. Für die Programmierung nach der synchronen Methode ergeben sich folgende Schritte:

- Die drei Regelprogramme werden als drei Teilprogramme ausgelegt, die durch das Steuerungsprogramm aufgerufen werden.
- Der gemeinsame Teiler der drei Abtastperioden beträgt 20 msec. Daher wird ein Timer eingesetzt, der alle 20 msec einen Interrupt erzeugt.
- Das Steuerungsprogramm wird als „Interrupt Service Routine“ (ISR) ausgelegt, die auf das Eintreffen eines zyklischen Zeit-Interrupts (d.h. alle 20 msec) zur Ausführung gebracht wird.
- Die Häufigkeit der Ausführung des Steuerungsprogramms im Verhältnis zur Ausführung eines Teilprogramms ist in Abb. 3.6 dargestellt.

Erläuterungen zu dem Programmablaufplan (Abb. 3.7): Der oben links angesiedelte Teil des Programmablaufplans besagt, daß ein Interrupt während der Ausführung eines Assembler-Befehls irgendeiner Applikation eintrifft. Die CPU registriert das Eintreffen des Interrupts, unterbricht aber den Assemblerbefehl nicht. Nach der Beendigung des Assemblerbefehls wird nicht der nächste Assemblerbefehl derselben Applikation aufgenommen. Es wird vielmehr als Reaktion auf das Eintreffen des Interrupts der Befehl „call isr“ davor ausgeführt.

Häufigkeit der Ausführung des Steuerungsprogramms	Häufigkeit der Ausführung des Teilprogramms einer Achse
1	1 für die x-Achse
2	1 für die y-Achse
5	1 für die z-Achse

Abb. 3.6: Häufigkeit der Ausführung des Steuerungsprogramms und der Teilprogramme

Mit der Ausführung der Anweisung „call isr“ gelangt die CPU zu der „Interrupt Service Routine“ (Progammablaufplan oben rechts). Nach Anlegen eines neuen Stacks und nach Retten der Register wird die Anweisung „call steuerung“ ausgeführt. Damit gelangt die CPU zu dem Steuerungsprogramm „steuerung“ (Programmablaufplan unten). Nach Beendigung des Steuerungsprogramms „steuerung“ wird zu der „isr“ zurückgesprungen. Am Ende von „isr“ wird der Befehl „iret“ ausgeführt und damit die Abarbeitung des Interrupts beendet. Nun kann die nächste Anweisung der Applikation, dessen Ablauf wegen des Interrupts unterbrochen wurde, wieder fortgesetzt werden.

Beurteilung hinsichtlich der Einhaltung der Forderung nach Rechtzeitigkeit (s. Abb. 3.9)

- Die Forderung nach Rechtzeitigkeit für das Teilprogramm zur Regelung der x-Achse (zyklische Ausführung alle 20 msec) ist voll erfüllt.
- Die Forderung nach Rechtzeitigkeit für das Teilprogramm zur Regelung der y-Achse (zyklische Ausführung alle 40 msec) wird nicht voll erfüllt, denn die Schwankung der Ausführungsdauer des Teilprogramms x (um 1 msec) geht in die Zykluszeit des Teilprogramms y ein. Die tatsächliche Zykluszeit des Teilprogramms zur Regelung der y-Achse schwankt also zwischen 39 und 41 msec.
- Die Forderung nach Rechtzeitigkeit für das Teilprogramm zur Regelung der z-Achse (zyklische Ausführung alle 100 msec) wird noch weniger erfüllt, denn in diese Zykluszeit gehen ein: die Schwankungen der Ausführungsdauer der Teilprogramme x und y (insgesamt 3 msec) und die Ausführungsdauer des Teilprogramms y (min. 3 msec). Die Zykluszeit des Teilprogramms zur Regelung der z-Achse schwankt also zwischen 94 und 106 msec.
- Es kann nur aus regelungstechnischer Sicht beurteilt werden, ob diese Schwankungen toleriert werden können oder nicht. Sollte dies nicht der Fall sein, muß das Steuerungsprogramm umgestaltet werden.

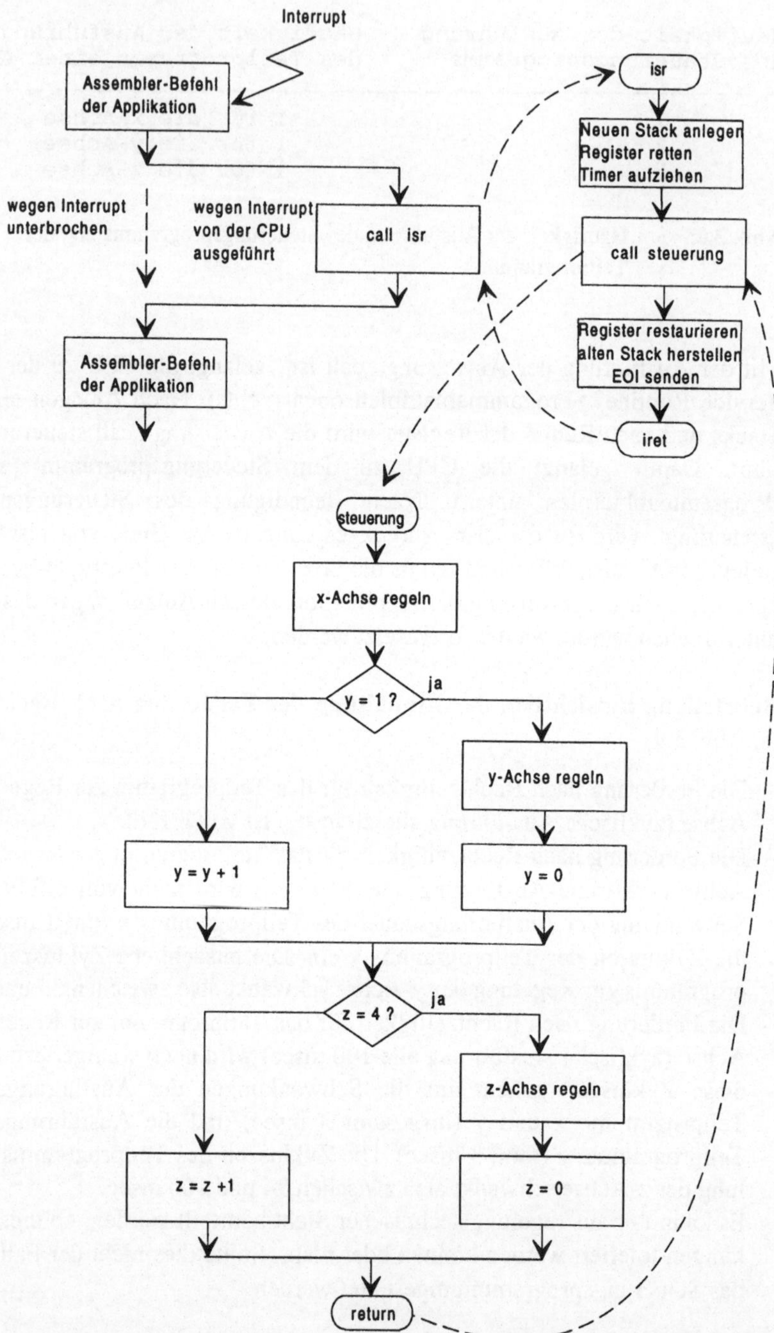

Abb. 3.7: Programmablaufplan des Steuerungsprogramms für ein dreiachsiges Regalförderzeug nach der Methode der synchronen Programmierung

Das Steuerungsprogramm

```
program
      die im Interrupt Vector des Timers enthaltene
      Prozedur-Adresse holen und in vector abspeichern
      Adresse von isr in den Interrupt Vector des Timers
      abspeichern
      Timer mit 20 msec aufziehen
      Timer Interrupt freigeben (ausmaskieren)
      Interrupts zulassen
      Steuerungsprogramm (Prozedur steuerung) aufrufen
      Programm beenden aber im Arbeitsspeicher belassen
   data
      vector  Def  DWord       0
      y       Def  Byte        1
      z       Def  Byte        4
      stack   Def  DWord       0
              Def  DWord       n times
   isr: procedure   //   „Interrupt Service Routine"
      für die Ausführung von „isr" und „steuerung" einen
      neuen Stack im Bereich „stack" anlegen
      CPU-Register auf den neuen Stack retten
      Timer mit 20 msec aufziehen
      steuerung aufrufen
      Register wieder restaurieren
      den alten Stack wiederherstellen
      End of Interrupt (EOI) ausgeben
      return from interrupt procedure
   steuerung: procedure
      x-Achse regeln
      if y = 1 then
                     y-Achse regeln
                     y = 0
                else y = y + 1
      end ;
      if z = 4 then
                     z-Achse regeln
                     z = 0
                else z = z + 1
      end ;
   return
   x-Achse regeln: procedure
        ...
   return
   y-Achse regeln: procedure
        ...
   return
   z-Achse regeln: procedure
        ...
   end ;
```

Abb. 3.8: Steuerungsprogramm für ein dreiachsiges Regalförderzeug nach der Methode der synchronen Programmierung (in Pseudocode-Notation)

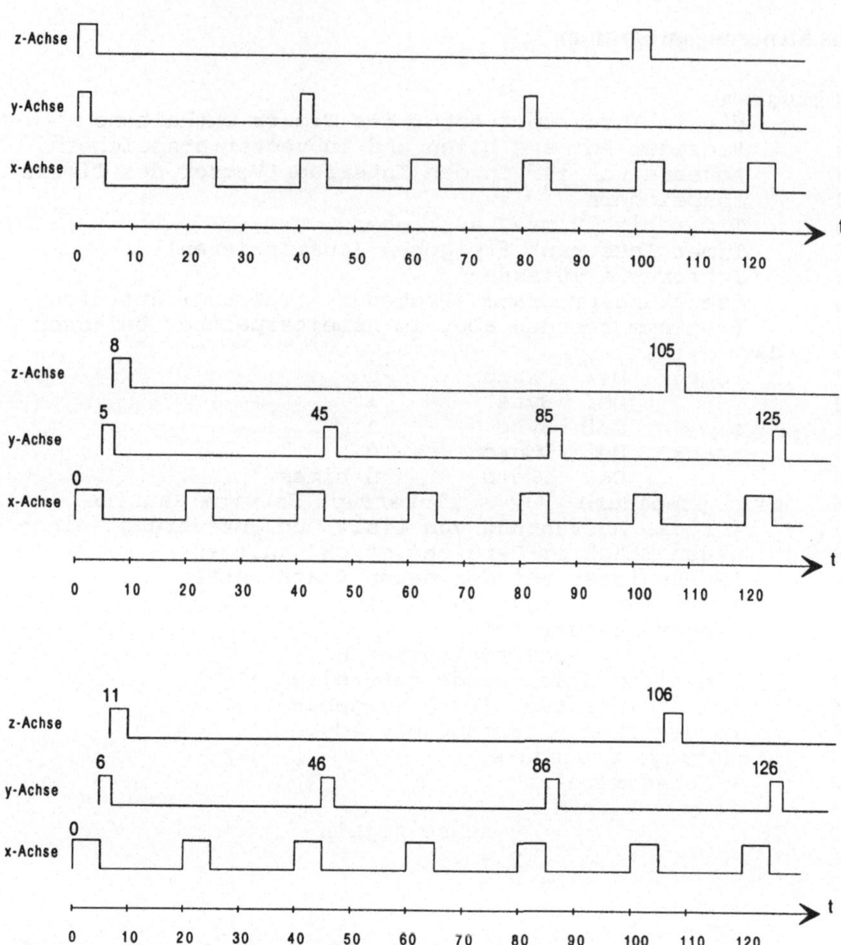

Abb. 3.9: Das tatsächliche zeitliche Verhalten der drei Regelprogramme
Oben: Soll-Verhalten
Mitte: Ist-Verhalten, wobei min. Ausführungszeit vorausgesetzt
Unten: Ist-Verhalten, wobei max. Ausführungszeit vorausgesetzt

Alternative Lösung zur vollständigen Einhaltung der Rechtzeitigkeit für alle drei Teilprogramme

Die Forderung nach Rechtzeitigkeit für ein Teilprogramm kann nur dann voll erfüllt werden, wenn das Teilprogramm unmittelbar auf das Eintreffen eines Zeit-Interrupts hin zur Ausführung kommt.

In der vorhergehenden Lösung wurde das Teilprogramm x unmittelbar nach Eintreffen des Zeit-Interrupts ausgeführt. Daher wurde die Forderung nach Rechtzeitigkeit lediglich für dieses Teilprogramm vollständig erfüllt. Möchte man aber, daß die Forderung nach Rechtzeitigkeit für die Teilprogramme y und z ebenfalls vollständig erfüllt wird, so muß man den Zeit-Interrupt häufiger eintreffen lassen und auf jeden Zeit-Interrupt hin lediglich ein Teilprogramm ausführen.

Würden T_y und T_z durch mehrfache Verdopplung von T_x entstehen, so könnte man einen Zeittakt von 10 msec einführen und nach einem binär aufgebauten Zuordnungsbaum die Teilprogramme bestimmten Knoten zuordnen (s. Abb. 3.10).

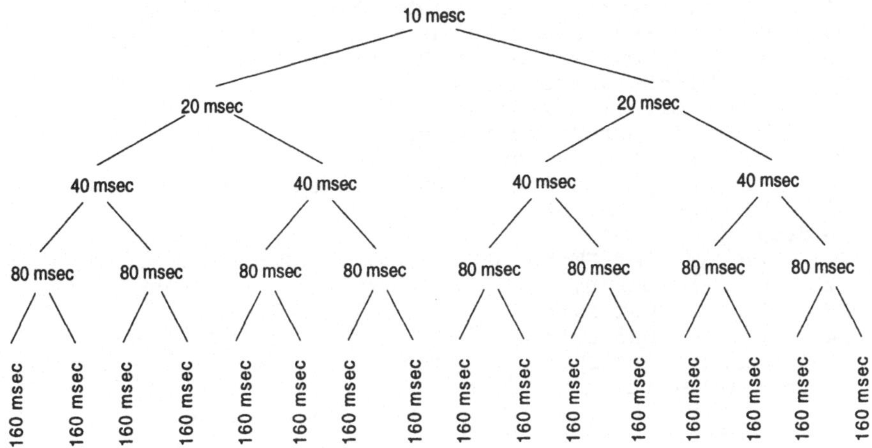

Abb. 3.10: Beispiel für die symmetrische Zuordnung von zyklisch auszuführenden Teilprogrammen zu den Zeit-Interrupts

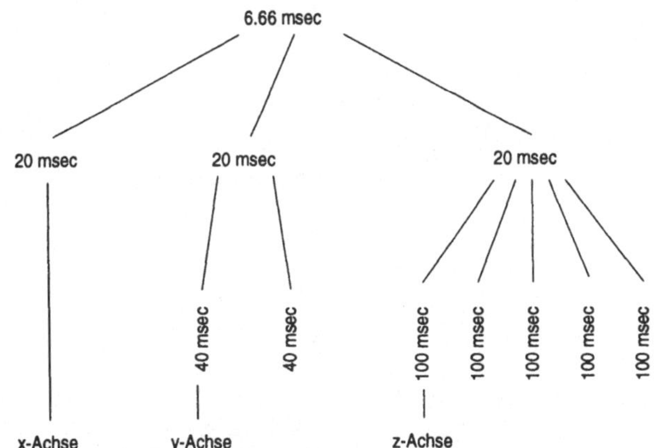

Abb. 3.11: Beispiel für die unsymmetrische Zuordnung von zyklisch auszuführenden Teilprogrammen zu den Zeit-Interrupts

Der Zuordnungsbaum muß nicht symmetrisch strukturiert sein, er kann vielmehr von beliebiger Struktur und Aufbau sein; d.h., von jedem Knoten können beliebig viele Äste ausgehen (s. Abb. 3.11). Hierbei darf die max. Ausführungszeit keines Teilprogramms die Dauer des Zeittaktes, nämlich 6,66 msec, überschreiten.

Es empfiehlt sich, dem Steuerungsprogramm dieselbe Struktur zu geben wie die des Zuordnungsbaumes. Dies kann mit Hilfe von switch-Anweisungen einfach erreicht werden.

```
programm
   die im Interrupt Vector des Timers enthaltene
   Prozedur-Adresse holen und in vector abspeichern
   Adresse von isr in den Interrupt Vector
   des Timers abspeichern
   Timer mit 6,66 msec aufziehen
   Timer-Interrupt freigeben
   Interrupts zulassen
   Steuerungsprogramm (Prozedur steuerung) aufrufen
   Terminate and Stay Resident
data
   vector  Def DWord  0
   i       Def Byte     0
   j       Def Byte     0
   k       Def Byte     0
   stack   Def DWord  n times
isr: interrupt procedure
   im Bereich stack den neuen Stack anlegen
   Register auf den Stack retten
   Timer mit 6,66 msec aufziehen
   steuerung aufrufen
   Register wieder restaurieren
   alten Stack wiederherstellen
   End of Interrupt ausgeben
   return from interrupt procedure (iret)
steuerung: procedure
   switch (i)
      case 0: x-Achse regeln ;
            i = (i+1) mod 3 ;
            break ;
      case 1: switch (k)
                case 0 : y-Achse regeln
                          k = (k+1) mod2
                          break ;
                default: k = (k+1) mod 2
                          break ;
            end switch ;
            i = (i+1) mod 3 ;
            break ;
      case 2: switch (j)
                case 0 : z-Achse regeln
                          j = (j+1) mod 5
                          break ;
                default: j = (j+1) mod 5
                          break ;
            end switch ;
            i = (i+1) mod 3 ;
            break ;
      end switch ;
   return
```

```
x-Achse regeln: procedure
          ...
    return

y-Achse regeln: procedure
          ...
    return

z-Achse regeln: procedure
          ...
    return
```

Abb. 3.12: Steuerungsprogramm zur genauen Einhaltung der zeitlichen Anforderungen bei der Regelung der drei Achsen eines Regalförderzeugs

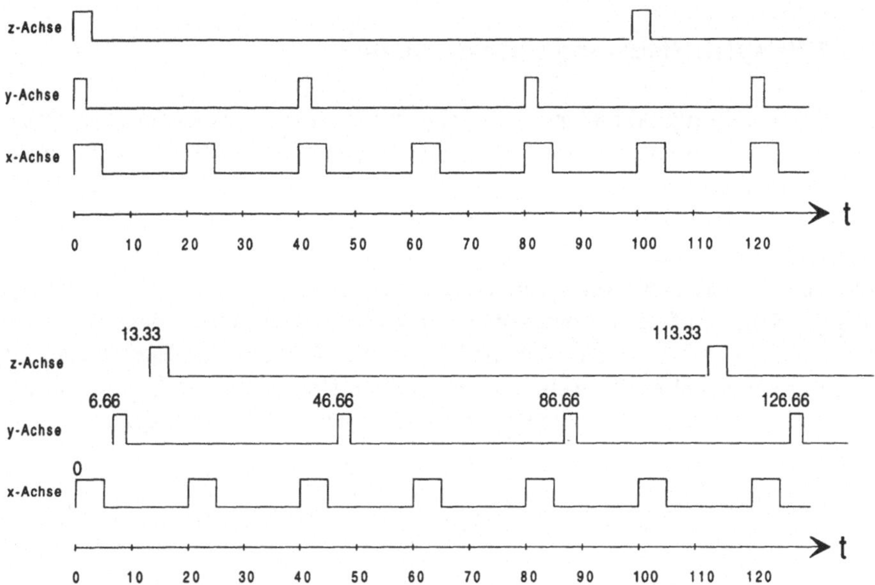

Abb. 3.13: Genaue Einhaltung der Forderung nach Rechtzeitigkeit durch Ausführung eines einzigen Teilprogramms beim Eintreffen eines Zeit-Interrupts. **Oben**: Soll-Verhalten. **Unten**: Ist-Verhalten

Wie aus Abb. 3.13 hervorgeht, ist die Rechnerbelastung sehr hoch, denn alle 6,66 msec muß ein Teilprogramm zur Regelung einer Achse mit einer Ausführungsdauer von 3 bis 6 msec ausgeführt werden. Es gibt jedoch kleine Lücken in einem Zyklus, in denen ein zeitunkritisches Programm ausgeführt werden könnte, und zwar nach der Ausführung des Teilprogramms der x-Achse für die Dauer von 0.66 – 1.66 msec oder nach der Ausführung des Teilprogramms der y-Achse für die Dauer von 3.66 – 1.66 msec und nach der Ausführung des Teilprogramms für die z-Achse für die Dauer von 2.66 – 1.66 msec. Das zeitunkritische Teilprogramm läuft im Vordergrund ab und wird alle 6.66 m sec vom Timer-Interrupt unterbrochen, dessen „Interrupt Service Routine" jeweils ein Teilprogramm für die Regelung einer Achse aufruft.

Bei dieser Organisation dürfen die Teilprogramme zur Regelung der Achsen nicht unterbrochen werden, sonst würde der geplante Ablauf durcheinander kommen. Demnach darf auch kein Interrupt die Ausführung eines Teilprogramms unterbrechen, d.h., wenn keine totale Interrupt-Sperre verhängt wird, müssen zumindest Interrupts, die eine höhere Priorität als der Timer-Interrupt haben, gesperrt werden.

Vergleich mit anderen Methoden. Diese Aufgabe wird in Absch. 3.3.3 nach der Methode der asynchronen Programmierung realisiert.

3.2.3 Beispiel: Steuerung von zwei Läufern

Aufgabenstellung: Abbildung 3.14 zeigt den Aufbau eines technischen Prozesses, der aus zwei unabhängigen Vorgängen besteht. Der Läufer L1 soll auf dem Schlitten S1 zwischen den beiden Endschaltern E11 und E12 hin- und herbewegt werden. L1 wird über das Stellsignal A1 angetrieben. Da der Schlitten nicht waagerecht angeordnet ist, beträgt die Aufwärtsgeschwindigkeit (v_{min}) 3 m/sec und die Abwärtsgeschwindigkeit (v_{max}) 3.2 m/sec. Der Läufer 2 verhält sich analog. Seine Auf- und Abwärtsgeschwindigkeit ist um 60% höher als die des Läufers 1. Die Länge des Schlittens und der Abstand der Endschalter vom Schlittenende sind in der Abb. 3.14 angegeben. Der technische Prozeß soll nach dem Verfahren der synchronen Programmierung automatisiert werden.

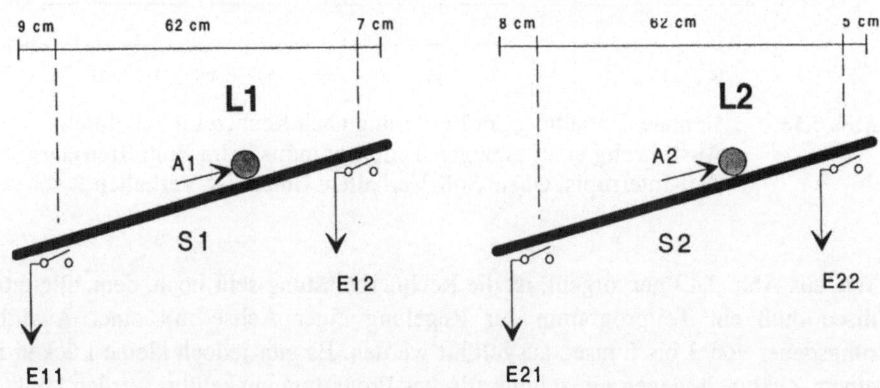

Abb. 3.14: Aufbau eines technischen Prozesses

Anzahl der Vorgänge: Betrachtet man die Vorgänge nach der Automatisierung des Systems, so erkennt man zwei sequentielle und voneinander unabhängige Vorgänge, nämlich Läufer 1 und Läufer 2. Daher müssen auch zwei Tasks L1 und L2 vorgesehen werden, die jeweils einen Läufer steuern.

Problemorientierter Entwurf für die Steuerung eines Läufers: Die Steuerung eines Läufers wird mit Hilfe eines endlichen Automaten modelliert (s. Kap. 11). Diese Modellierung orientiert sich nur an der Problemstellung und ist von der späteren Implementierung unabhängig, d.h., das Modell kann dann später hard- oder software-mäßig realisiert werden (problemorientierter und implementierungsunabhängiger Entwurf).

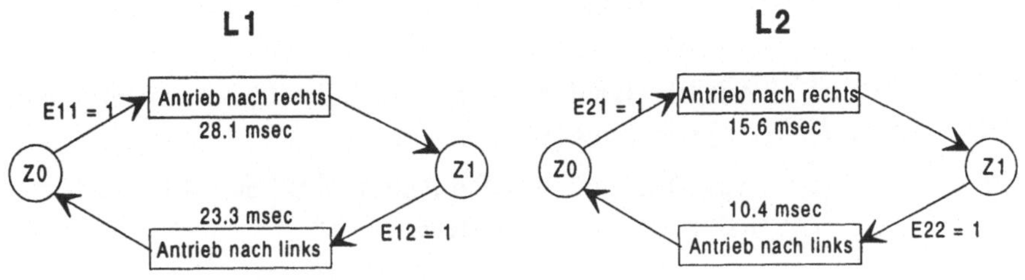

Abb. 3.15: Abstrakte Modellierung der Steuerung eines Läufers mit Hilfe eines endlichen Automaten

Für eine Task zur Steuerung eines Läufers werden zwei Zustände Z0 und Z1 unterschieden. Hat die Task den Antrieb nach links eingestellt, so geht sie in den Zustand Z0 und wartet darauf, bis der Läufer den linken Endschalter E1 erreicht hat, d.h., bis das Signal E1 auf 1 geht. Auf diese Änderung hin stellt die Task den Antrieb auf rechts, geht in den Zustand Z1 und wartet, bis der Läufer den rechten Endschalter E2 erreicht hat.

Ein Zustand einer Task stellt einen Wartezustand für sie dar. Sie wartet darauf, bis der technische Prozeß einen bestimmten Stand erreicht hat und dies mit einem Ereignis zurückmeldet. Während sich die Task im Wartezustand befindet, ist der technische Prozeß aktiv. Er reagiert auf das letzte Stellsignal, das die Task ausgegeben hat.

Zeitliche Anforderung jedes Vorgangs: Es wird angenommen, daß der Läufer 1 punktförmig ist. Er würde die Strecke S1 verlassen, wenn sein Antrieb innerhalb von 23.3 msec (7 cm : 3 m/sec = 70 : 3 msec = 23.3 msec) nach dem Erreichen des Endschalters E12 nicht nach links umgepolt werden könnte. Dies bestimmt die zeitliche Anforderung an die Task im Zustand Z1. Im Zustand Z0 wird die Zeitanforderung von 28.1 msec (9 cm : 3.2 m/sec = 90 : 3.2 msec = 28.1 msec) an die Task gestellt.

Analog lassen sich die zeitlichen Anforderungen an die Task zur Steuerung des Läufers 2 bestimmen. Sie betragen 15.6 msec und 10.4 msec und sind in Abb. 3.15 bei den jeweiligen Aktionen eingetragen.

Prozeßsignale

E11: Binäres Eingabesignal, das anzeigt, ob der Läufer L1 über dem unteren Endschalter steht ('1') oder nicht ('0').

E12: Binäres Eingabesignal, das anzeigt, ob der Läufer L1 über dem oberen Endschalter steht ('1') oder nicht ('0').

E21: Binäres Eingabesignal, das anzeigt, ob der Läufer L2 über dem unteren Endschalter steht ('1') oder nicht ('0').

E22: Binäres Eingabesignal, das anzeigt, ob der Läufer L2 über dem oberen Endschalter steht ('1') oder nicht ('0').

A1: Ausgabesignal, das den Antrieb des Läufers L1 nach rechts ('1') oder links ('0') ansteuert.

A2: Ausgabesignal, das den Antrieb des Läufers L2 nach rechts ('1') oder links ('0') ansteuert.

Die Eingabesignale stehen an den Eingängen des Rechners an. Ihr Wert muß bei Bedarf eingelesen werden.

Implementierung des Modells nach DIN 61131-3 für SPS

In Abb. 3.16 ist die Realisierung des Modells aus Abb. 3.15 in der Ablaufsprache (AS) und in Abb. 3.17 die im Kontaktplan (KOP) dargestellt.

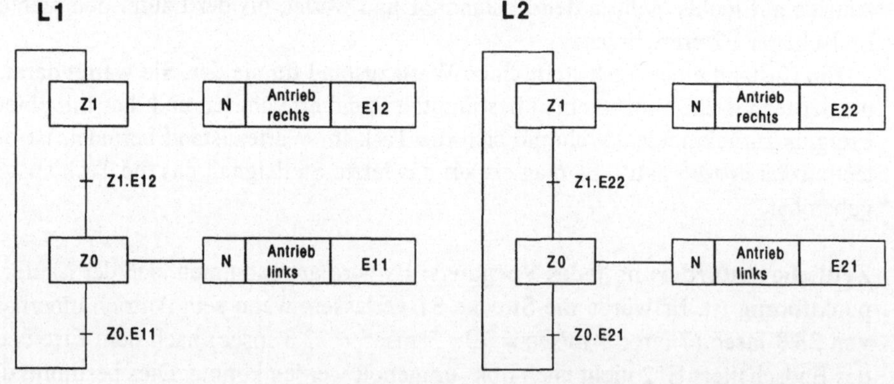

Abb. 3.16: Implementierung der Task zur Steuerung eines Läufers in Ablaufsprache

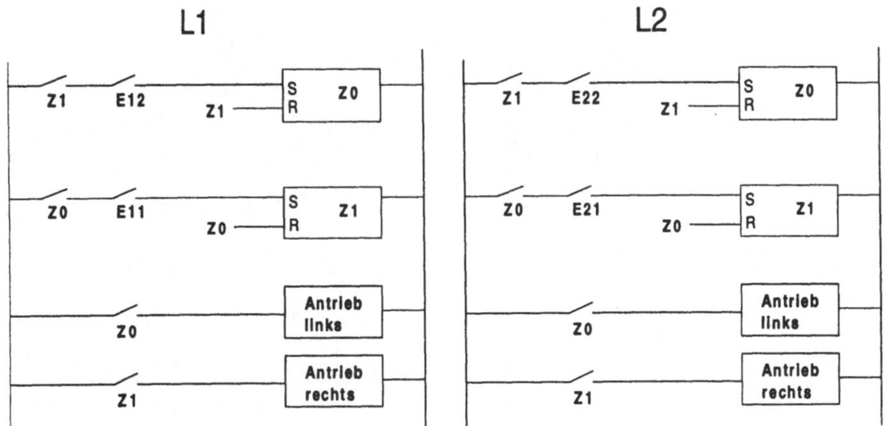

Abb. 3.17: Implementierung der Task zur Steuerung eines Läufers im Kontaktplan

Festlegung der Zykluszeiten für eine Implementierung: Die Reaktionszeit der Task L1 muß im Zustand Z0 maximal 28.1 msec und im Zustand Z1 23.3 msec betragen. Soll der aus der Implementierung (Abb. 3.16 oder 3.17) generierte Code zyklisch ausgeführt werden, so muß für die Zykluszeit die kleinere Reaktionszeit gewählt werden. Diese beträgt für L1 23 msec und für L2 10 msec.

Implementierung des Modells mit Hilfe eines Programmablaufplans

Bei der synchronen Programmierung übernimmt ein Steuerungsprogramm die Zuteilung des Prozessors an die verschiedenen Tasks (Teilprogramme), indem das Steuerungsprogramm die Teilprogramme aufruft. Die Tasks müssen allerdings den Prozessor nach einer max. zulässigen Zeit wieder an das Steuerungsprogramm abgeben. Dies schlägt sich im Programmablaufplan der Tasks so nieder, daß der Progammablaufplan bei jedem Zyklus bei seiner Eingangsmarke neu begonnen wird und auch sein Ende erreicht.
Abbildung 3.18 zeigt den Programmablaufplan zur Steuerung der beiden Läufer nach der Methode der synchronen Programmierung und Abb. 3.19 das zugehörige Programm. Die Prozedur „steuerung“ wird auf den Zeit-Interrupt hin, der zyklisch alle T msec eintrifft, ausgeführt. Sie ruft ihrerseits die Prozeduren „L1“ und „L2“ auf.

Auslegung des Steuerungsprogramms: Die Reaktionszeit des Teilprogramms L1 muß bei 23 msec und die des Teilprogramms L2 bei 10 msec liegen. Es wird angenommen, daß sich das Teilprogramm L1 im Zustand z1 befindet und während

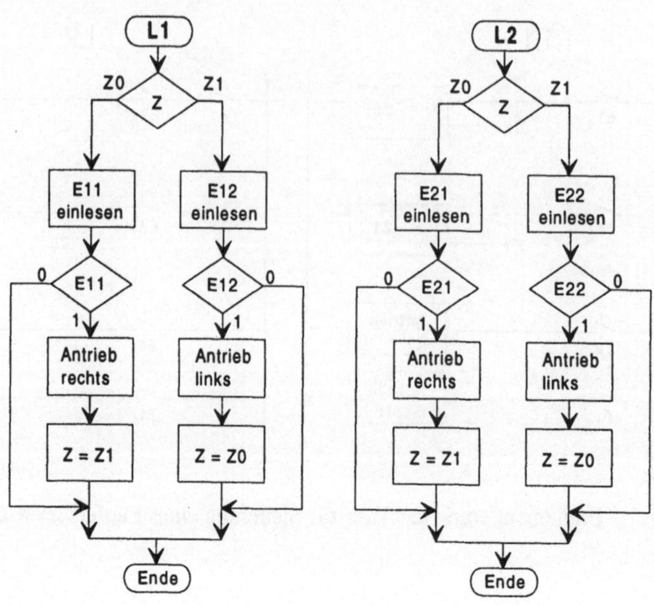

Abb. 3.18: Programmablaufplan der Tasks zur Steuerung der Läufer

der letzten Zykluszeit E11 erreicht wurde. Kommt nun das Teilprogramm L1 zur Ausführung, so müssen die folgenden Anweisungen ausgeführt werden, bis der Antrieb umgeschaltet werden kann:

```
L1 () {
   switch ( z1 ) {
     case Z0: Erfasse E11 ;
              if ( E11 == 1 ) {
                 Antrieb nach rechts ;
```

Die Reaktionszeit von L1 verlängert sich also um die Ausführunsgszeit der obigen Anweisungen. Man würde auf der sicheren Seite liegen, wenn man für die Verlängerung der Reaktionszeit die gesamte Laufzeit von L1 ansetzen würde.

Die tatsächliche Reaktionszeit eines Teilprogramms L1 setzt sich wie folgt zusammen:

```
Reaktionszeit von L1 =
          Zykluszeit +
          Ausführungszeit der Prozedur „steuerung" +
          Ausführungszeit der Prozedur L1 +
          [ Ausführungszeit der Prozedur L2 ]
```

Der in [] eingeschlossene Ausdruck muß noch zu der Reaktionszeit von L1 hinzugefügt werden, wenn das Steuerungsprogramm vor dem Aufruf der Prozedur L1 die andere Prozedur L2 aufruft, d.h., wenn es möglich ist, daß beide Teilprogramme während eines Zyklus ausgeführt werden.

```
typedef enum ( Z0 , Z1 ) Zustand ;
Zustand   z1 ;      // Zustand der Task L1
Zustand   z2 ;      // Zustand der Task L2
int       x = 0 ;

L1 () {
      switch ( z1 ) {
         case Z0: Erfasse E11 ;
                  if ( E11 == 1 ) {
                           Antrieb nach rechts ;
                           z1 = Z1 ;
                  }
                  break ;
         case Z1: Erfasse E12 ;
                  if ( E12 == 1 ) {
                           Antrieb nach links ;
                           z1 = Z0 ;
                  }
                  break ;
      }
}
L2 () {
      switch ( z2 ) {
         case Z0: Erfasse E21 ;
                  if ( E21 == 1 ) {
                           Antrieb nach rechts ;
                           z2 = Z1 ;
                  }
                  break ;
         case Z1: Erfasse E22 ;
                  if ( E22 == 1 ) {
                           Antrieb nach links ;
                           z2 = Z0 ;
                  }
                  break ;
      }
}
steuerung () {                    // Kommt auf das Eintreffen eines
                                  // Zeit-Interrupts zur Ausführung
      switch ( x ) {              // zyklisch, alle 4 msec
         case 0: L2 () ;
                 x = x + 1 ;
                 break ;
         case 1: L1 () ;
                 x = x + 1 ;
                 break ;
         case 2: L2 () ;
                 x = x + 1 ;
                 break ;
         case 3: // frei
                 x = 0 ;
                 break ;
      }
}
```

Abb. 3.19: Programm zur Steuerung von zwei Läufern nach der Methode der synchronen Programmierung (in C-Notation)

Für die weiteren Betrachtungen gehen wir aber davon aus, daß während eines Zyklus jeweils nur ein Teilprogramm ausgeführt wird, damit sich die zeitlichen Anforderungen jedes Teilprogramms voll erfüllen lassen.

Mit der Annahme, daß die Ausführung des Steuerungsprogramms 1 msec und die eines Teilprogramms (L1 bzw. L2) ebenfalls 1 msec dauert, kommt man zu einer gesamten Ausführungszeit von 2 msec während eines Zyklus. Dies führt zu einer Zykluszeit von 21 msec (23 msec – 2 msec) für das Teilprogramm L1 und zu einer von 8 msec (10 msec - 2 msec) für das Teilprogramm L2. Das Steuerungsprogramm muß also folgende Anforderungen erfüllen:

	Zyklus	max. Ausführungszeit
L1	21 msec	2 msec
L2	8 msec	2 msec

Es muß nun ein gemeinsamer Takt so gefunden werden, daß die Teilprogramme bei unterschiedlichen Zyklen zur Ausführung kommen. Der größte Takt, der diese Anforderung erfüllt, liegt bei 4 msec. Dieser Fall ist in Abb. 3.19 realisiert.

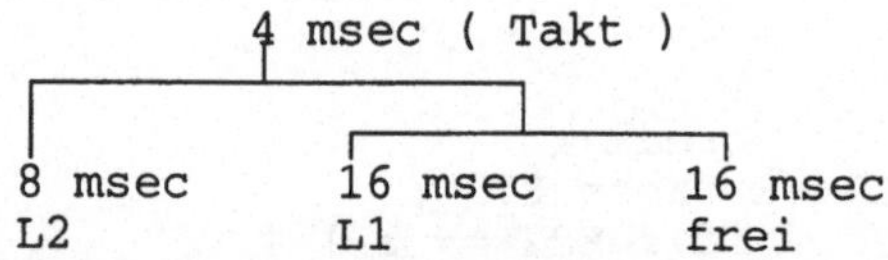

Die Programmausführungszeit bestimmt den kleinst möglichen Takt. Dies liegt in diesem Fall bei 2 msec. Es ist aber auch ein Takt von 8/3 msec (2.6 msec) denkbar. Abbildung 3.20 zeigt mehrere mögliche Varianten der Realisierung.

Rechnerbelastung für die Realisierung nach Abb. 3.19: Die synchrone Programmierung hat den Vorteil, daß die zeitlichen Forderungen voll eingehalten werden, die Rechnerbelastung aber relativ hoch ist.

Betrachtet man eine Zeitspanne von 16 msec, so wird L1 einmal und L2 zweimal ausgeführt. Da die Ausführung jedes Teilprogramms 2 msec dauert, führt dies insgesamt zu 6 msec Ausführungszeit. Die Rechnerbelastung beträgt also 37.5 % (6 msec / 16 msec).

Nutzung der freien Rechenkapazität: Das Steuerungsprogramm (nach Abb. 3.19) gestattet die Automatisierung eines weiteren Läufers mit 16 msec Zykluszeit. Dies würde zu einer Rechnerbelastung von 50 % führen.

Die restlichen 50 % der Rechenkapazität können für Aufgaben genutzt werden, deren zeitliche Anforderungen nicht mehr vollständig eingehalten werden müssen. Zum Beispiel Teilprogramme, die in einem Zyklus (von 4 msec Dauer) nach den Teilprogrammen L1 oder L2 zur Ausführung kämen und max. 2 msec andauern würden.

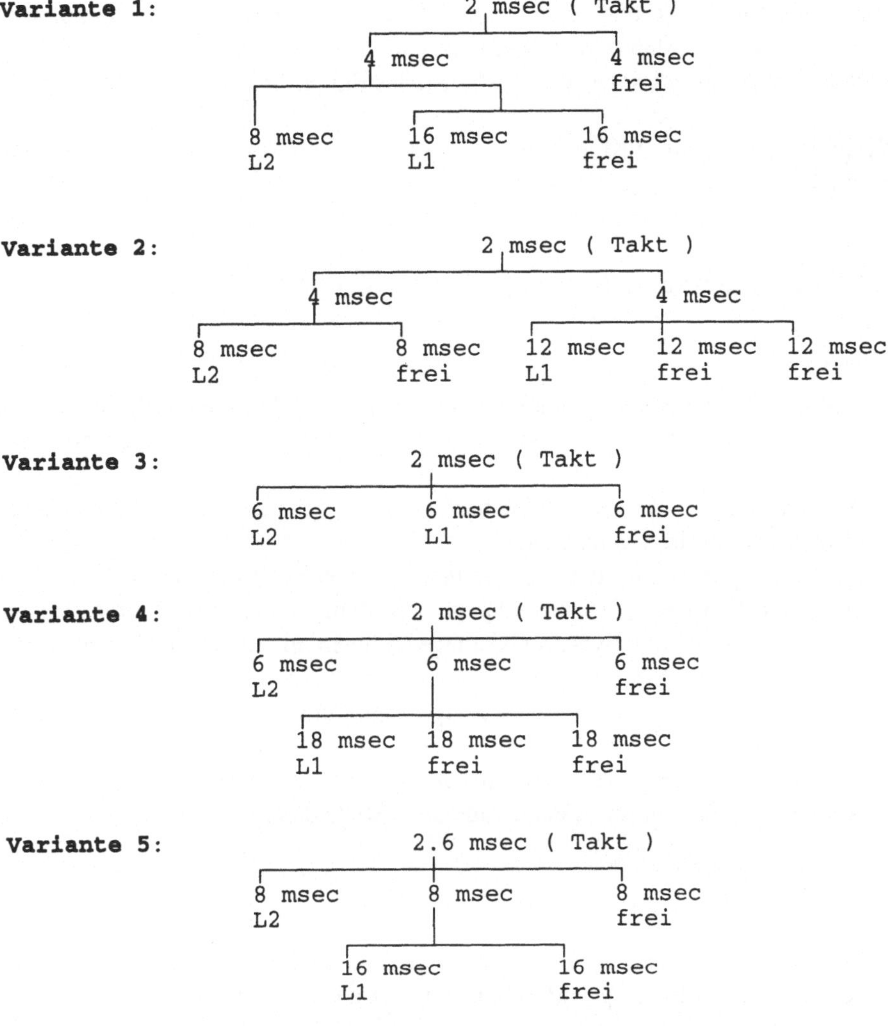

Abb. 3.20: Mehrere Möglichkeiten für die Realisierung des gemeinsamen Taktes zur Steuerung zweier Läufer

Man kann auch ein zeitunkritisches Programm im Vordergrund laufen lassen, das dann vom Zeit-Interrupt unterbrochen wird. Auf diese Weise kann man den Rechner bis zu 100% belasten und trotzdem die zeitlichen Anforderungen der Läufer vollständig einhalten.

Zulassen von weiteren Interrupts: Außer dem Timer-Interrupt können keine weiteren Interrupts zugelassen werden, die die Ausführung der Prozeduren „steuerung", „L1" oder „L2" unterbrechen. Ansonsten würde dies die Reaktionszeit der Teilprogramme L1 und L2 um die Ausführungszeit der entsprechenden „Interrupt Service Routine" erhöhen. Im vorliegenden Fall darf die Reaktionszeit von L2 nicht weiter erhöht werden, wobei die Reaktionszeit von L1 bis um max. 5 msec verlängert werden darf. Dabei muß man allerdings beachten, daß das Eintreffen eines Interrupts sowie die Häufigkeit des Eintreffens unvorhersehbar ist.

Vergleich mit anderen Mehoden: Diese Aufgabe wird im Absch. 3.3.4 nach der Methode der asynchronen Programmierung gelöst.

3.2.4 Vor- und Nachteile der synchronen Programmierung

Vorteile:

- Einfaches Steuerungsprogramm zur Steuerung des Ablaufs der Teilprogramme.
- Garantierte Reaktions- und Antwortzeiten für alle Teilprogramme und Vorgänge im technischen Prozeß.
- Ausnutzungsgrad des Rechensystems kann sehr hoch sein, da die Maximalbelastung im voraus bestimmbar ist.
- Da die Teilprogramme synchron zueinander ablaufen, bedarf die Berücksichtigung der logischen Zusammenhänge aus dem technischen Prozeß keinen besonderen Aufwand. Synchronisierungen können mit einfachen Variablen und Abfragen realisiert werden.
- Wegen der Einfachheit des Steuerungsprogramms läßt sich die Korrektheit eines Programmsystems überhaupt nachweisen. Daher kommt bei Systemen mit extrem hoher Zuverlässigkeit (geringe Ausfallsrate) oder bei sicheren Systemen (gefahrenlose Systeme) nur diese Methode in Frage.

Nachteile:

- Die max. Ausführungsdauer der Teilprogramme muß im voraus bestimmt werden. Dies ist aufwendig und kompliziert, da die tatsächliche Ausführungszeit von Teilprogrammen Schwankungen unterliegt, und zwar wegen des dynamischen Verhaltens des Programms infolge von Abfragen und Schleifen oder wegen Schwankungen der Ein-/Ausgabezeiten.
- Einbeziehung von nicht vorhersehbaren Ereignissen (Interrupts) ist schwierig, wenn nicht sogar unmöglich.
- Die Planung des zeitlichen Ablaufs der Teilprogramme erfolgt aus der Summe der max. zeitlichen Anforderungen der einzelnen Teilprogramme.
- Das Steuerungsprogramm wird so ausgelegt, daß es imstande ist, nicht abhängig vom jeweiligen Prozeßzustand, sondern ständig die absolut strengste zeitliche Forderung aller Teilprogramme einzuhalten. Dies ist jedoch in den meisten Fällen gar nicht nötig, so daß dann die Rechnerbelastung als zu hoch eingestuft wird.
- Die zyklische Erfassung aller Prozeßsignale (Polling) kann bei Ablaufsteuerungen zu sehr hohen Rechnerbelastungen führen.

3.2.5 Übungen

Programmablaufplan des Steuerungsprogramms (Syn1)

Der Ablauf von 6 Teilprogrammen P1 ... P6 soll nach dem Verfahren der synchronen Programmierung gesteuert werden. In der folgenden Tabelle 1 sehen Sie die geforderten Zykluszeiten und die Ausführungsdauer der Teilprogramme.

Bitte lösen Sie die folgenden Aufgaben:

a. Das Steuerprogramm wird (ausgelöst durch ein Unterbrechungssignal) alle 10 msec bearbeitet. Zeichnen Sie den Programmablaufplan des Steuerprogramms.
b. Zeichnen Sie den zeitlichen Ablauf der Teilprogramme im Intervall 0 msec < t < 60 msec. Das Steuerprogramm wird zum Zeitpunkt 0 gestartet und das erste Unterbrechungssignal erfolgt bei t = 10 msec. Die Ausführungsdauer des Steuerprogramms kann vernachlässigt werden.
c. Bewerten Sie die Forderung nach Rechtzeitigkeit für die einzelnen Teilprogramme.
d. Zur genauen Einhaltung der Zykluszeiten werden an verschiedenen Stellen des Steuerungsprogramms Programmteile eingefügt, die ausschließlich die Aufgabe haben, eine festgelegte Zeit „zu verbrauchen“. An welchen Stellen müssen diese Programmteile eingefügt werden?

Die Ausführungszeit des „zeitverbrauchenden“ Programmteils kann bei dessen Aufruf (durch Übergabe eines Faktors als aktueller Parameter) in Einheiten von 0.1 msec eingestellt werden. Wie sind die Faktoren Yi zu wählen, um die Zykluszeiten genau einzuhalten.

Tabelle 1: Charakteristische Daten der Teilprogramme

Teilprogramm	Ausführungsdauer in msec	Zykluszeit in msec
P1	2	20
P2	1	20
P3	2	20
P4	6	30
P5	7	30
P6	5	30

Takt-Festlegung (Syn2)

Der Ablauf von 5 Teilprogrammen P1, P2, ..., P5 soll nach dem Verfahren der synchronen Programmierung durch ein Steuerungsprogramm gesteuert werden. Die folgende Tabelle 2 gibt die Ausführungszeiten sowie die geforderten Zykluszeiten der 5 Teilprogramme wieder.

Tabelle 2: Charakteristische Daten der Teilprogramme

Teilprogramm	Ausführungszeit min. [msec]	max. [msec]	Zykluszeit [msec]
P1	2	3	32
P2	1	2	48
P3	3	4	48
P4	4	4	64
P5	3	5	64

Bitte lösen Sie die folgenden Aufgaben:

a. Legen Sie den Takt T (Periodendauer des Zeittaktes für die Ausführung des Steuerungsprogramms) so fest, daß die Forderung nach Rechtzeitigkeit für alle Teilprogramme vollständig erfüllt ist; d.h., die geforderten Zykluszeiten der Teilprogramme sind genau einzuhalten und dürfen keinen Schwankungen unterliegen.
b. Erstellen Sie das Flußdiagramm des Steuerungsprogramms.
c. Erstellen Sie das Steuerungsprogramm.
d. Zeichnen Sie die tatsächliche Ausführung der Teilprogramme im Intervall 0msec < t < 25T, wobei das Steuerungsprogramm zum Zeitpunkt Null gestartet wird und der erste Zeitinterrupt nach der von Ihnen festgelegten Taktzeit erfolgt.
e. Beschreiben Sie alle notwendigen Schritte sowie Ergänzungen des Steuerungsprogramms, damit dieses als Interrupt-Routine ausgeführt wird.
f. Das Steuerungsprogramm wird gemäß Teilaufgabe e.) auf einem Rechner installiert und gestartet. Dürfen neben dem Timer-Interrupt des Steuerungsprogramms andere Interrupts zugelassen und bei deren Eintreffen andere Routinen ausgeführt werden? Begründen Sie Ihre Antwort.
g. Wie hoch ist die prozentuale Auslastung des Rechners durch das Steuerungsprogramm? Wie kann die restliche Zeit sinnvoll genutzt werden?

Kausale Zusammenhänge (Syn 3)

Der Ablauf von 6 Teilprogrammen A, B, C, D, E und F soll nach dem Verfahren der synchronen Programmierung gesteuert werden. In Tabelle 3 stehen die Ausführungsdauer und die Zykluszeiten der Teilprogramme.

Tabelle 3: Charakteristische Daten der Teilprogramme

Teilprogramm	Ausführungsdauer	Zykluszeit
A	12 msec	60 msec
B	5 msec	60 msec
C	17 msec	60 msec
D	7 msec	60 msec
E	11 msec	60 msec
F	4 msec	60 msec

Der kausale Zusammenhang, in dem die Teilprogramme zueinander stehen, ist in Form eines Petri-Netzes in der folgenden Abb. 3.21 dargestellt. Bezüglich der Interpretation dieses Petri-Netzes s. Kap. 6.

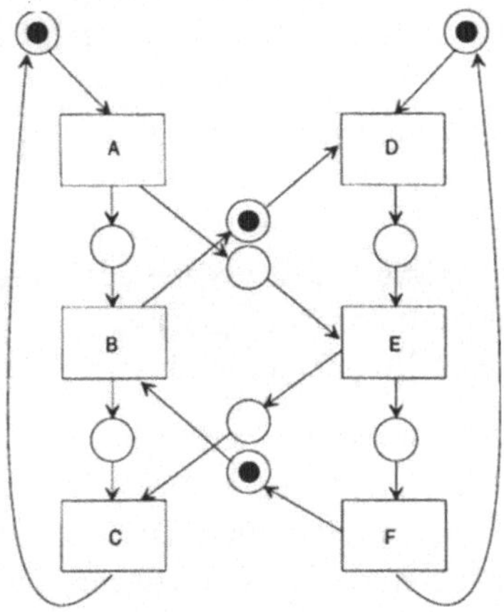

Abb. 3.21: Kausale Zusammenhänge zwischen den Teilprogrammen

Bitte lösen Sie die folgenden Aufgaben:

a. Die synchrone Programmierung erfordert die Sequentialisierung der Teilprogramme. Geben Sie eine (der mehreren zulässigen) Reihenfolge(n) für die Ausführung der Teilprogramme an.
b. Das Steuerprogramm soll zyklisch (ausgelöst durch ein Unterbrechungssignal) alle T = 20msec zur Ausführung kommen. Geben Sie für jeden Zyklus an, welche Teilprogramme in welcher Reihenfolge ausgeführt werden.
c. Erstellen Sie den Programmablaufplan des Steuerprogramms.
d. Geben Sie das Programm an.
e. Ergänzen Sie das Programm so, daß es als eine Interrupt-Routine laufen kann.

Acustic Mail (Syn 4)

Gegeben ist ein Gerätesystem, das imstande ist, akustische Nachrichten entgegenzunehmen, diese zu speichern und sie in akustischer Form wiederzugeben. Damit die Sprachqualität der eines ISDN-Gespräches entspricht, muß die Sprache mit 8-kHz abgetastet werden (4-kHz-Sprach-Frequenzband). Das Gerätesystem besteht aus:

- einem PC mit 1 MByte RAM-Speicher,
- einer Festplatte mit einer Zugriffszeit von 10 msec und einer Transferrate von 100 kByte/sec,
- einem Mikrophon mit anschließendem Analog/Digital-Wandler mit einer Wandlungszeit von 1 Mikrosekunde und
- einem Lautsprecher mit vorgeschaltetem Digital/Analog-Wandler mit einer Wandlungszeit von 1 Mikrosekunde.

Ablauf für die Hinterlegung von Nachrichten:

- Das Programm „Acustic Mail" für Eingabe wird gestartet.
- Es wird der Name des Senders und des Empfängers eingegeben.
- Nun kann eine akustische Nachricht mit einer max. Dauer von 5 min eingegeben werden.
- Die Nachrichten werden auf der Festplatte abgelegt.

Ablauf für das Abholen von Nachrichten:

- Das Programm „Acustic Mail" für Ausgabe wird gestartet.
- Es wird der Name des Empfängers eingegeben.
- Eine Nachricht für diesen Empfänger wird abgespielt.

Von dem Software-System ist nur das Bedienprogramm vorhanden. Der Realzeit-Teil soll von Ihnen erstellt werden. Bei der zeitlichen Analyse sollen nur die Wandlungszeiten sowie die Zugriffs- und Transferzeit der Platte berücksichtigt werden. Die Programmausführungszeiten können vernachlässigt werden. Bitte lösen Sie die folgenden Aufgaben:

1. Zur Lösung dieser Aufgabe soll die Methode der synchronen Programmierung angewandt werden. Zählen Sie die Vorteile dieses Verfahrens für diesen Fall auf.
2. Legen Sie ein Konzept fest und beschreiben Sie es in Worten und Bildern.
3. Aus wievielen sequentiellen Vorgängen besteht die Hinterlegung bzw. die Abholung von Nachrichten?
4. Geben Sie die Ablaufsteuerung für jeden Vorgang an, d.h., auf welches Ereignis hin wird der Vorgang gestartet, beendet, unterbrochen oder fortgesetzt.
5. Legen Sie die Taktdauer für die Ausführung des Steuerungsprogramms fest.
6. Wie sieht die Datenschnittstelle zwischen den Vorgängen aus? Geben Sie an, wie die Vorgänge miteinander kollisionsfrei Daten austauschen.

7. Mit einer zeitlichen Analyse sollen die Größen der Datenobjekte festgelegt werden.
8. Geben Sie das vollständige Programm (Anweisungen und Daten) für die Hinterlegung von Nachrichten in Pseudocode oder C für jeden Vorgang sowie für das Steuerungsprogramm an.

3.3 Asynchrone Programmierung

Es wird versucht, die Forderung nach Rechtzeitigkeit und Gleichzeitigkeit der Rechenprozesse zu erfüllen, ohne Voraussetzungen über den jeweiligen Zeitpunkt der Ausführung zu machen. Die dabei angewandten Grundprinzipien sind:

- Es wird zugelassen, daß Rechenprozesse „*asynchron*" zueinander ablaufen, d.h., zu beliebigen Zeiten in bezug auf die Echtzeit-Uhrimpulse.
- Die zeitliche Reihenfolge, in der die Automatisierungsprogramme ablaufen, wird nicht fest vorgegeben.

Der asynchronen Programmierung können zwei verschiedene Modelle zugrunde liegen: quasiparalleles Modell und paralleles Modell.

3.3.1 Das Modell der „Quasiparallelität"

Das Modell der Quasiparallelität liegt z.B. dem *Schachspiel* zugrunde und wird durch folgende Regeln charakterisiert:

- Es sind zwei Spieler (zwei Prozesse) und ein Schiedsrichter (der dritte Prozess) daran beteiligt.
- Zu jedem Zeitpunkt ist nur ein Spieler am Zug.
- Zunächst übergibt der Schiedsrichter die Kontrolle an einen Spieler durch Betätigung der Spieluhr.
- Sobald der eine Spieler gezogen hat, gibt er durch Betätigung der Spieluhr die Kontrolle an seinen Mitspieler weiter. In anderen Worten, wer im Besitz der Spieluhr (des Prozessors) ist, kann Veränderungen am Schachbrett vornehmen.
- Hat ein Spieler gewonnen, hält er die Spieluhr an und gibt die Kontrolle an den Schiedsrichter zurück. Damit werden beide Spieler-Prozesse beendet.

Merkmale des Modells der „Quasiparallelität"

- Es gibt mehrere Prozesse.
- Diesem Modell liegt ein Einprozessor-System zugrunde.

- Zu jedem Zeitpunkt kann nur ein Prozeß ablaufen. Die Kontrolle über die CPU hat dann dieser Prozeß.
- Der Prozeß, der die Kontrolle hat, wird nicht unterbrochen und verdrängt (*non-preemption*). Er selbst gibt vielmehr die Kontrolle explizit an einen anderen Prozeß weiter.
- Die Prozesse übernehmen also selbst die Kontrollzuteilungsfunktion (*Scheduling*, *Dispatching*), d.h., die Vergabe der CPU an einen Prozeß.

Implementierung des Modells Quasiparallelität

Auf einem Einprozessor-System: In diesem Fall stimmt das Modell mit der Realität überein. Die verschiedenen Prozesse der Applikation werden einzeln in den Besitz des realen Prozessors gelangen und ihn nach Ausführung gewisser Operationen an irgendeinen anderen Prozess weiterreichen.

Auf einem Mehrprozessor-System: Man kann sich gut vorstellen, daß eine Erhöhung der Prozessor-Anzahl bei einem Schachspiel keinen Vorteil mit sich bringt.

In diesem Fall kann nur ein Prozessor des Systems tatsächlich genutzt werden. Denn es ist nicht zulässig, zwei Prozesse der Applikation in echter Parallelität zueinander ablaufen zu lassen, insbesondere wenn sie gemeinsame Daten miteinander teilen.

Betrachtet man z.B. zwei Tasks, die nach dem Modell der Quasiparallelität konzipiert sind und über gemeinsame Daten verfügen, so werden die Tasks nicht gleichzeitig, sondern hintereinander auf die gemeinsamen Daten zugreifen. Würde man aber nun die Tasks parallel zueinander ablaufen lassen, so könnten sie doch gleichzeitig auf die gemeinsamen Daten zugreifen. Dadurch können Inkonsistenzen entstehen.

3.3.2 Das Modell der „Parallelität"

Dem **8er-Rudern** liegt ein ganz anderes Modell zugrunde, das mit dem Modell der Parallelität bezeichnet und durch folgende Merkmale charakterisiert wird:

- Es gibt 8 Ruderer (Prozesse), die jeweils im Besitz eines eigenen Ruders (Prozessors) sind.
- Die Ruderer arbeiten parallel zueinander.
- Wären weniger Ruder (Prozessoren) als Ruderer (Prozesse) vorhanden, so würden die Ruderer miteinander um die Ruder konkurrieren und sich gegenseitig verdrängen. In diesem Fall würde eine Instanz benötigt werden, die aufgrund einer vordefinierten Strategie die Zuteilung der Ruder an die Ruderer übernimmt.

Merkmale des Modells der „Parallelität“

- Es gibt mehrere Prozesse.
- Diesem Modell liegt ein Mehrprozessor-System zugrunde.
- Jedem Prozess wird ein *virtueller Prozessor* zugeteilt, so daß zu jedem Zeitpunkt alle Prozesse ablauffähig sind.
- Die Prozesse können sich gegenseitig verdrängen, wenn weniger reale Prozessoren als Prozesse vorliegen. In diesem Fall kann ein Prozeß an jeder beliebigen Stelle unterbrochen und zu einem späteren Zeitpunkt fortgesetzt werden (*Verdrängung*, *preemption*).
- Die Prozesse übernehmen selbst keine Kontrollzuteilungsfunktion (scheduling). Dies wird von einer unabhängigen Instanz (*Betriebssystem*) ausgeführt.

Implementierung des Modells Parallelität

Auf einem Mehrprozessor-System: Verfügt das Zielsystem über genügend viele Prozessoren, so kann jeder virtuelle Prozessor des Modells auf einen realen Prozessor abgebildet werden. Die Prozesse würden in *echter* (*genuine*) *Parallelität* zueinander ablaufen. Merkmale dieser Implementierung sind:

- Die Prozesse werden miteinander um die Prozessor-Benutzung weder konkurrieren noch kooperieren. Sie sind voneinander unabhängig.
- Jedem Prozeß muß zu Beginn ein Prozessor zugeteilt werden. Ansonsten wird keine weitere Kontrollzuteilungsfunktion benötigt, da jeder Prozess seinen Prozessor bis zum Ende beibehält.
- Keine Verdrängung von der Prozessor-Benutzung (non-preemption).
- Zu jedem Zeitpunkt können alle Prozesse parallel ablaufen.

Auf einem Einprozessor-System: In diesem Fall weicht die Realität sehr stark vom Modell ab. Das ist aber die in der Realität am häufigsten anzutreffende Konstellation.

Da weder die Zeitpunkte noch die Reihenfolge des Ablaufs der Prozesse vorgeschrieben sind, wird es *Konfliktfälle* geben, in denen mehrere Anforderungen zur Verwirklichung parallel ablaufender Prozesse zeitlich zusammenfallen. Es muß daher eine *Strategie* zur Vorgehensweise bei den Konfliktfällen festgelegt werden.

Das Steuerungsprogramm, das in Konfliktfällen die Reihenfolge der Programmabläufe gemäß der gewählten Strategie organisiert, wird *„Betriebssystem“* genannt.

Anders ausgedrückt: Die vielen virtuellen Prozessoren des Modells müssen auf einem einzigen realen Prozessor abgebildet werden. Dies wird die Aufgabe des Betriebssystems sein, nach einer bestimmten Konfliktlösungsstrategie den realen Prozessor einem Prozess zuzuteilen bzw. ihm den Prozessor wieder zu entziehen und einem anderen Prozess zuzuteilen. Dies wird als *Scheduling* bzw. *Dispatching* bezeichnet. In einem Einprozessorsystem gibt es also nur eine *scheinbare Parallelität.*

Bei dieser Implementierung ist es wesentlich, daß die Prozesse selbst nicht wissen, wann sie in den Besitz des realen Prozessors gelangen und wann er ihnen wieder entzogen wird. In anderen Worten: Die Prozesse müssen davon ausgehen, daß sie zu jedem beliebigen Zeitpunkt unterbrochen und zu einem anderen beliebigen Zeitpunkt wieder fortgesetzt werden können (preemption).

Das Betriebssystem wird aber tatsächlich nur dann einen Prozessorwechsel von einem Prozess zu einem anderen vornehmen, wenn entweder ein Interrupt eingetroffen ist oder der Prozess, der gerade im Besitz des Prozessors ist, einen Task-Zustandswechsel für sich oder einen anderen Prozeß veranlaßt, z.B. wenn der laufende Prozeß sich selbst suspendiert oder einen anderen Prozeß startet.

Das Eintreffen eines Interrupt signalisiert entweder den Ablauf einer Zeitspanne oder das Entstehen eines Ereignisses im technischen Prozeß. In beiden Fällen kann eine schnelle Reaktion erforderlich sein, die nur durch einen Prozessorwechsel eingeleitet werden kann.

Merkmale dieser Implementierung sind:

- Konkurrenz der Prozesse um den einzigen Prozessor (concurrency).
- Verdrängung eines Prozesses von der Prozessor-Benutzung (preemption).
- Das Betriebssystem übernimmt die Kontrollzuteilung über den Prozessor (dispatching by operating system).
- Zu jedem Zeitpunkt wollen mehrere Prozesse laufen, wobei nur einer zum Zuge kommt.

Beispiele für Konfliktlösungsstrategien sind:

- *Prioritätsvergabe* für jeden Prozeß. Eine höherpriore Task verdrängt eine niederpriore Task.
- *Time Slicing* für die Tasks gleicher Priorität. Alle Prozesse mit derselben Priorität teilen sich die CPU-Kapazität.
- *Methode der kürzesten Restzeit.* Organisation des Ablaufs der konkurrierenden Rechenprozesse nach der jeweils zulässigen maximalen Bearbeitungszeit.

Die Aufeinanderfolge der Automatisierungsprogramme in Konfliktfällen wird je nach Wahl dieser Strategie unterschiedlich sein.

Programme, die nach der Methode der synchronen Programmierung erstellt worden sind, laufen deterministisch ab. Hingegen laufen Programme, die nach dem Modell der Parallelität der asynchronen Programmierung erstellt worden sind, wegen der Entstehung von Konfliktfällen und deren Lösung durch Verdrängung undeterministisch ab.

Tabellarische Gegenüberstellung zweier Implementierungen auf einem Einprozessorsystem

Auf einem Einprozessorsystem kann sowohl das Modell der Quasiparallelität als auch das Modell der Parallelität implementiert werden. Die Implementierungen unterscheiden sich aber fundamental voneinander. Abb. 3.22 zeigt ihre Unterschiede in tabellarischer Form.

	Quasi-parallelität	Implementierung des Modells Parallelität auf einem Einprozes-sorsytem
Bei der Benutzung des Prozessors	Kooperation der Prozesse	Konkurrenz der Prozesse
Verdrängung von der Prozessorbenutzung	nein	ja
Unterbrechbarkeit der Prozesse	nein	ja
Zuteilung des Prozessors (Dispatching)	selbst	durch das Betriebssystem

Abb. 3.22: Vergleich der Implementierungen der beiden Modelle Quasiparallelität und Parallelität auf einem Einprozessorsystem

3.3.3 Beispiel: Bahnsteuerung eines Regalförderzeugs

Für das Beispiel Regalförderzeug wurde in Absch. 2.1 der Aufbau des technischen Prozesses, die Aufgabenstellung und die konzeptionelle Lösung beschrieben. Die Programmierung nach der Methode der synchronen Programmierung erfolgte im Absch. 3.2.2. Zum Vergleich soll nun dieselbe konzeptionelle Lösung nach der Methode der asynchronen Programmierung realisiert werden.

Die Realisierung nach dem Modell der Parallelität der asynchronen Programmierung erfolgt entweder durch den Einsatz einer Realzeit-Programmiersprache (z.B. Modula-2, Pearl oder Ada) oder durch den Einsatz einer Programmiersprache ohne Realzeit-Eigenschaften (z.B. C, C++ oder Pascal) zusammen mit einem Realzeit-Betriebssystem, dessen Funktionen direkt aufgerufen werden können. Diese Möglichkeiten werden in den nächsten Abschnitten ausführlich behandelt.

Das Programm zur Steuerung des Regalförderzeuges wird in Pearl (s. Absch. 4.2) vorgenommen. Pearl setzt das Modell der Parallelität voraus und zieht zur Konfliktlösung die Prioritäten der Tasks heran. Dabei soll die niedrigste Zahl der höchsten Priorität entsprechen.

```
00 module (m) ;
01
02    problem ;
03
04       dcl T1 invariant duration init ( 20 msec) ;
05       dcl T2 invariant duration init ( 40 msec) ;
06       dcl T3 invariant duration init (100 msec) ;
07
08       init: task sys priority 5 ;
09            all T1 activate x priority 6 ;
10            all T2 activate y priority 7 ;
11            all T3 activate z priority 8 ;
12       end ;
13
14       x: task ;
15            dcl ... ;
16            Anweisungen zur Regelung der x-Achse
17            ...
18       end ;
19
20       y: task ;
21            dcl ... ;
22            Anweisungen zur Regelung der y-Achse
23            ...
24       end ;
25
26       z: task ;
27            dcl ... ;
28            Anweisungen zur Regelung der z-Achse
29            ...
30       end ;
31 modend ;
```

Abb. 3.23: Steuerungsprogramm für ein dreiachsiges Regalförderzeug nach der Methode der asynchronen Programmierung (in Pearl-Notation)

Erläuterungen zu diesem Programm

04 Festlegung des symbolischen Namens T1 für die konstante Zeitdauer von 20 msec.

08–12 Definition einer Task mit dem Namen init.

14–18 Definition der Task zur Regelung der x-Achse.

08 Task init hat die Priorität 5.

09 Auftrag an das Betriebssystem, die Task x sofort und dann **zyklisch** alle 20 msec mit der Priorität 6 zu **aktivieren**. Am Ende dieser Anweisung sind zwei Tasks aktiv, die miteinander um die CPU konkurrieren: init und x. Da init die Priorität 5 und x die Priorität 6

hat, setzt init ihre Ausführung mit der nächsten Anweisung (10) fort.

10 Auftrag an das Betriebssystem, die Task y sofort und dann alle 40 msec mit der Priorität 7 zu aktivieren. Am Ende dieser Anweisung sind drei Tasks aktiv, die miteinander um die CPU konkurrieren: init, x und y. Da init die Priorität 5, x die Priorität 6 und y die Priorität 7 hat, setzt init ihre Ausführung mit der nächsten Anweisung (11) fort.

11 Auftrag an das Betriebssystem, die Task z sofort und dann alle 100 msec mit der Priorität 8 zu aktivieren. Am Ende dieser Anweisung sind vier Tasks aktiv, die miteinander um die CPU konkurrieren: init, x, y und z. Da init die Priorität 5, x die Priorität 6, y die Priorität 7 und z die Priorität 8 hat, setzt init ihre Ausführung mit der nächsten Anweisung (12) fort.

12 Mit dem Erreichen des logischen Endes der Task init wird der Auftrag an das Betriebssystem erteilt, Task init zu beenden. Es bleiben drei aktive Tasks übrig: x mit der Priorität 6, y mit der Priorität 7 und z mit der Priorität 8. Da x die höchste Priorität hat, wird deren Ausführung aufgenommen. Erreicht x ihr logisches Ende (18), so wird sie vom Betriebssystem passiviert. Es gibt nur noch zwei aktive Tasks: y mit der Priorität 7 und z mit der Priorität 8. Da y die höhere Priorität hat, wird ihr die CPU vom Betriebssystem zugewiesen. Damit beginnt ihre Ausführung. Nach der Passivierung von y wird noch z ausgeführt. 20 msec nach dem Beginn des Programmsystems wird x wieder vom Betriebssystem aktiviert. x läuft dann zu Ende. 40 msec nach dem Beginn des Programmsystems wird x und sofort danach y aktiviert. Da x eine höhere Priorität hat, wird sie zuerst ausgeführt und anschließend y.

Auswirkung der Priorität auf den Ablauf: Würde man die Priorität der Task init ändern, würde sich zwar derselbe zeitliche Rhythmus der drei Tasks x, y und z einstellen, aber die Reihenfolge für die Ausführung der Anweisungen während des Ablaufs von init wäre ganz anders. Würde man der Task init die Priorität 9 verleihen, etwa mit:

```
08    init: task sys priority 9 ;
09       all T1 activate x priority 6 ;
10       all T2 activate y priority 7 ;
11       all T3 activate z priority 8 ;
12    end ;
```

so würde sich die folgende Reihenfolge ergeben:

```
09       Auftrag: x sofort und dann alle 20 msec aktivieren
14-18    x ausführen
10       Auftrag: y sofort und dann alle 40 msec aktivieren
20-24    y ausführen
11       Auftrag: z sofort und dann alle 100 msec aktivieren
26-30    z ausführen
```

Dies hätte zur Folge, daß zu jedem Zeitpunkt nur eine Task aktiv wäre, wenn die Laufzeit der Tasks nicht schwanken würde.

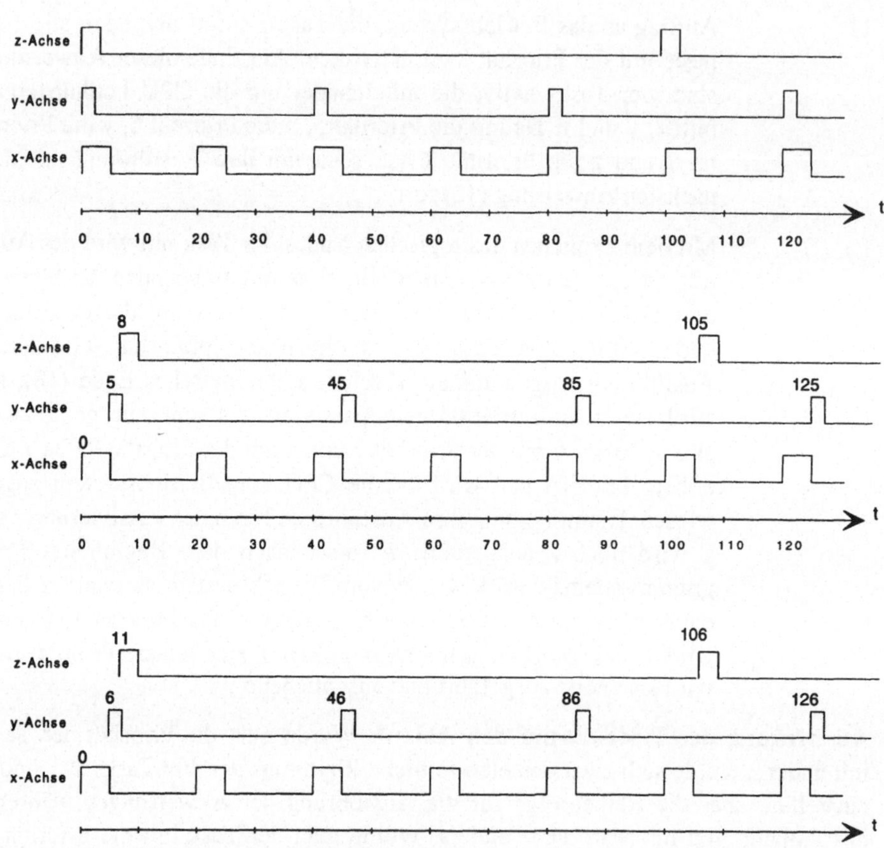

Abb. 3.24: Das tatsächliche zeitliche Verhalten bei der Bahnsteuerung eines Regalförderzeugs nach der Methode der asynchronen Programmierung mit Hilfe von Prioritätsvorgaben
Oben: Sollverhalten. **Mitte / Unten**: Istverhalten, das infolge der Prioritäten entsteht, wobei min. / max. Ausführungszeit der Tasks vorausgesetzt wurde.

Zusammengefaßt kann man sagen: Die drei Tasks sind voneinander unabhängig. Sofern die Ausführungsaufträge für die drei Tasks zeitlich nicht zusammenfallen, kann jede Task sofort ablaufen. Fallen zwei oder drei Ausführungsaufträge zusammen, so entsteht ein *Konfliktfall*. Er wird so gelöst, daß zunächst die höchstpriore Task ausgeführt wird, anschließend die Task mit der zweithöchsten Priorität und so weiter. Die niederprioren Tasks werden also verdrängt, bis die höherprioren Tasks zu Ende gelaufen sind. Wenn also die Ausführungen der Tasks x, y und z zusammenfallen, so wird zunächst x ausgeführt, dann y und anschließend z.

3.3.4 Beispiel: Steuerung von zwei Läufern

In Absch. 3.2.3 wurde ein aus zwei Läufern bestehender technischer Prozeß (Abb. 3.14) sowie die Aufgabenstellung zur Steuerung der Läufer beschrieben. Ebenso wurde dort die Lösung nach der Methode der synchronen Programmierung vorgestellt. Im folgenden soll die Lösung dieser Aufgabe nach der Methode der asynchronen Programmierung erläutert werden, um beide Methoden besser miteinander vergleichen zu können.

Abbildung 3.15 zeigt die *abstrakte Modellierung* der Steuerung eines Läufers mit Hilfe eines *endlichen Automaten*. Sie bildet auch hier den Ausgangspunkt der Implementierung. Genauso behalten die dort angestellten Überlegungen hinsichtlich der zeitlichen Anforderungen für jede Task auch für hier ihre Gültigkeit bei. Die Eingangssignale müssen jedoch einer Modifikation unterzogen werden. Aus ihnen müssen die Ereignisse (Interrupts) abgeleitet werden, die der technische Prozeß auslöst, wenn gewisse Zustände erreicht werden.

Interrupts und Service-Routinen

E11: Interrupt, der eine Betätigung des unteren Endschalters durch den Läufer L1 meldet (die positive Flanke des Signals von '0' auf '1').

E12: Interrupt, der eine Betätigung des oberen Endschalters durch den Läufer L1 meldet.

E21: Interrupt, der eine Betätigung des unteren Endschalters durch den Läufer L2 meldet.

E22: Interrupt, der eine Betätigung des oberen Endschalters durch den Läufer L2 meldet.

Jedem dieser vier Interrupts entspricht ein Vektor in der Interrupt Vector Table (IVT). Im Vektor des Interrupts E_{ij} steht die Adresse der zugehörigen „Interrupt Service Routine“ (ISR_{ij}). Was die Aufgabe der ISR_{ij} ist, kann aus Abb. 3.15 abgeleitet werden. Betrachtet man z.B. den Läufer L1, so sind auf das Eintreffen des

Interrupts E11 in der ISR11 folgende drei Operationen in der angegebenen Reihenfolge auszuführen:

- Interrupt E11 ausplanen, indem die Adresse von ISR11 aus dem Vektor des Interrupts E11 entfernt wird. Das Eintreffen dieses Interrupts wird ab nun ignoriert.
- Für den Interrupt E12 die ISR12 einplanen.
- Antrieb nach rechts umstellen.

Analog hierzu lassen sich die Operationen der ISR12 herleiten. Es wird außerdem eine ISR eingeführt, die keine Operationen ausführt. Abb. 3.25 zeigt die Einträge der IVT für den Läufer L1 im Zustand Z0 und Z1 sowie den Code der drei an der Steuerung des Läufers L1 beteiligten ISR.

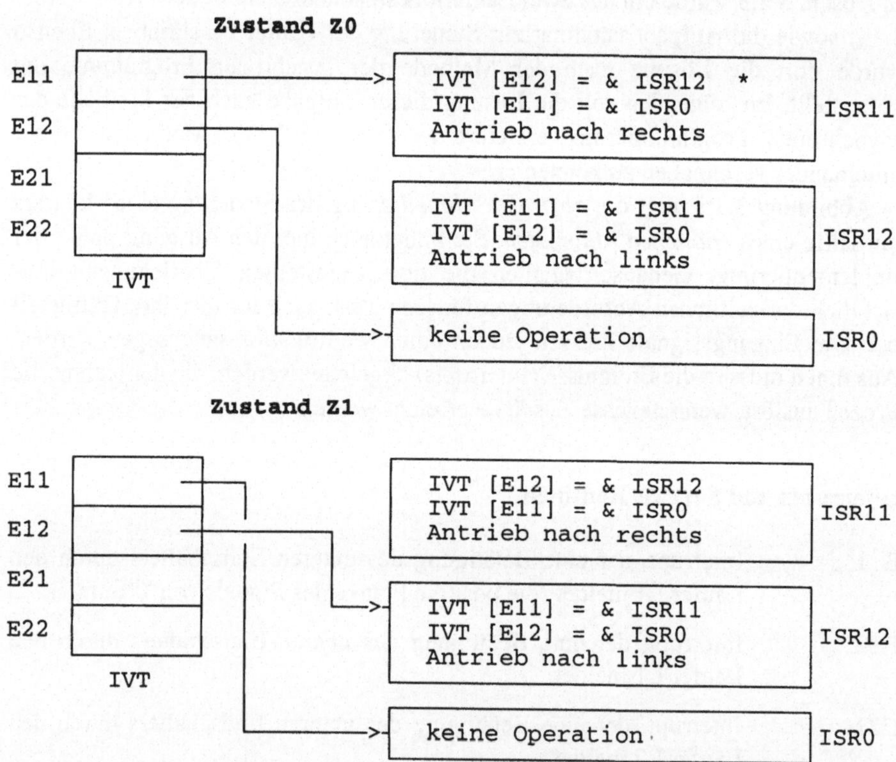

Abb. 3.25: Aufbau der Interrupt Vector Table im Zustand Z0 und Z1 für den Läufer L1

Die mit * gekennzeichnete Operation in Abb. 3.25 bedeutet: Trage die Adresse der ISR12 in den Vektor auf dem Platz E11 ein.

Erfüllung der zeitlichen Anforderungen: Aus Abb. 3.15 läßt sich die Reaktionszeit der einzelnen ISR ablesen. Sie sind:

Interrupt	ISR	Reaktionszeit
E11	ISR11	28 msec
E12	ISR12	23 msec
E21	ISR21	15 msec
E22	ISR22	10 msec

Zu jedem Zeitpunkt kann von jedem Läufer nur ein Interrupt eintreffen, der eine Reaktion erfordern würde. Da aber zwei Läufer unabhängig voneinander laufen, können zwei Interrupts gleichzeitig eintreffen. Dies bedeutet, daß auf einem Einprozessorsystem zwei ISR miteinander um den Prozessor konkurrieren. Es ist daher damit zu rechnen, daß jede ISR an einer beliebigen Stelle unterbrochen und später wieder fortgesetzt wird.

Hat eine ISR eine Ausführungszeit von 1 msec und treffen zwei Interrupts gleichzeitig ein, so werden beide ISR spätestens nach 2 msec abgeschlossen sein. Die Reaktionszeit jeder ISR beträgt höchstens (Worst Case) 2 msec. Im vorliegenden Fall wird die strengste zeitliche Anforderung an ISR22 gestellt, und zwar mit einer Reaktionszeit von 10 msec. Daher können bis zu 10 Läufer parallel zueinander gesteuert werden.

Rechnerbelastung: Der Läufer L1 benötigt 206 msec (62 cm : 3 m/sec) bzw. 193 msec (62 cm : 3.2 m/sec), um die Strecke S1 auf- bzw. abwärts zurückzulegen, also insgesamt 399 msec für eine Schleife. Dabei treten zwei Interrupts auf, die insgesamt 2 msec Rechenzeit erfordern. Die Rechnerbelastung durch den Läufer L1 beträgt dann 0.5% (2 msec : 399 msec).

Da sich der Läufer L2 um 60% schneller als L1 bewegt, verursacht er eine Rechnerbelastung von 0.8%. Die gesamte Rechnerbelastung beträgt also nur 1.3%. Man könnte die restlichen 98.7% der Rechenkapazität durch eine zeitunkritische Task benutzen, die im Vordergrund läuft und durch die Interrupts unterbrochen wird.

Zulassen weiterer Interrupts: Man kann weitere Interrupts zulassen, sofern die Summe der Ausführungszeiten ihrer ISR 8 msec nicht übersteigt.

Eine alternative Lösung: Abbildung 3.26 zeigt das Programm zur Steuerung der beiden Läufer in Pearl. Einige Erläuterungen hierzu:

01 Im sog. Systemteil eines Pearl-Programms werden die Anschlüsse des technischen Prozesses an den Rechner beschrieben.

02 Signal E11 ist am Kanal 0 des Interrupt-Controllers angeschlosssen.

03 Im sog. Problemteil wird der Code der Programme spezifiziert.

04 E11 wird als ein Objekt vom Typ „INTERRUPT“ ins Problemteil eingeführt.

05	Die Task INIT aktiviert die beiden Tasks L1 und L2 zur Steuerung der Läufer.
06 bis 13	Code der Task L1 zur Steuerung des ersten Läufers.
07 bis 12	Eine Endlosschleife.
08	Task L1 suspendiert sich und plant ihre Fortsetzung nach dem Eintreffen des Interrupts E11 ein.
09	Wird ausgeführt, wenn Interrupt E11 eingetroffen ist.
10	Task L1 suspendiert sich und plant ihre Fortsetzung nach dem Eintreffen des Interrupts E12 ein.
11	Wird ausgeführt, wenn Interrupt E12 eingetroffen ist.
14 bis 15	Code der Task L2.

```
00  MODULE ( M ) ;
01     SYSTEM ;
02        E11: -> INTERRUPT_CONTROLLER * 0 ;
          E12: -> INTERRUPT_CONTROLLER * 1 ;
          E21: -> INTERRUPT_CONTROLLER * 2 ;
          E22: -> INTERRUPT_CONTROLLER * 3 ;
03     PROBLEM ;
04             DCL E11 INTERRUPT ;
               DCL E12 INTERRUPT ;
               DCL E21 INTERRUPT ;
               DCL E22 INTERRUPT ;
05        INIT: task SYS ;
               ACTIVATE L1 ;
               ACTIVATE L2 ;
          END ;
06        L1: TASK ;
07             WHILE ('1'B1) REPEAT ;
08              Z0 : WHEN E11 RESUME ;
09                   Antrieb nach rechts
10              Z1 : WHEN E12 RESUME ;
11                   Antrieb nach links
12             END ;
13        END ;
14        L2: TASK ;
               WHILE ('1'B1) REPEAT ;
                Z0 : WHEN E21 RESUME ;
                     Antrieb nach rechts
                Z1 : WHEN E22 RESUME ;
                     Antrieb nach links
               END ;
15        END ;
    MODEND ;
```

Abb. 3.26: Programm zur Steuerung von zwei Läufern nach der Methode der asynchronen Programmierung (in Pearl-Notation)

Ein Merkmal dieser Lösung: Ein Merkmal der asynchronen Programmierung ist, daß die Tasks (im Gegensatz zu der synchronen Programmierung) den Prozessor nicht abgeben müssen. In diesem Fall sind L1 und L2 als Endlosschleifen programmiert. Daher erreichen sie nie ihr Ende. Sie suspendieren sich, möchten aber sofort wieder fortgesetzt werden, sobald der entsprechende Interrupt eingetroffen ist. Der Prozessor wird nur bis zum unvorhersehbaren Eintreffen des nächsten Interrupts freigegeben.

3.3.5 „Task Control Block" (TCB)

Ein Task Control Block (TCB) enthält alle Daten einer Task, die zu ihrer Verwaltung durch das Betriebssystem benötigt werden. Beispiele für solche Daten sind:

```
Startadresse der Task (auch Task Entry Point genannt)
Länge des Code-Bereichs
Anfangsadresse des Daten-Bereiches
Länge des Daten-Bereiches
Anfangsadresse des Stack-Bereiches
Länge des Stack-Bereiches
Stack-Pointer
Anzahl der offenen Dateien
Pfad und Name der offenen Dateien
Zeiger auf den aktuellen Satz der Dateien
Priorität der Task
Zustand der Task
Register-Abbild (Register-Inhalte bei einer
Unterbrechung der Task)
```

Abb. 3.27: Beispiel für die Einträge in einem Task Control Block (TCB)

Diese Daten können in zwei Klassen aufgeteilt werden: *statische* und *dynamische Daten*. Die statischen Daten bleiben während der gesamten Lebensdauer einer Task unverändert, wobei sich die dynamischen Daten jederzeit ändern können.

Manche Daten gehören unabhängig vom Betriebssystem zu den statischen Daten (etwa die Länge des Code-Bereiches) bzw. zu den dynamischen Daten (etwa der Stack-Pointer). Für manche Daten gibt es keine feste Zuordnung, sie werden abhängig vom Betriebssystem zu den statischen oder zu den dynamischen Daten gehören; z.B. die Anfangsadresse des Code-Bereichs gehört in einem System mit residenten (d.h., im Arbeitsspeicher fest abgelegten) Programmen zu den statischen Daten und in einem System mit ladbaren und bei einer Unterbrechung auslagerbaren Programmen (*Swaping*) zu den dynamischen Daten.

Zur Erklärung der Operationen, die auf einen TCB angewandt werden können, wird einfachheitshalber ein System mit folgenden Eigenschaften vorausgesetzt:

- Programme liegen auf festen Adressen im Arbeitsspeicher; z.B. die Programme befinden sich auf EPROM und werden beim Systemstart in fester Reihenfolge in den RAM-Bereich kopiert.
- Beim Eintritt in einen Block werden die lokalen Daten des Blocks auf den Stack abgelegt, d.h., der Daten- und Stack-Bereich fallen zusammen.
- Die Länge des Stacks wird beim Anlegen (Create) der Task festgelegt und bleibt dann konstant.

Operationen auf TCB beim Anlegen einer Task

Unter *Anlegen* bzw. *Kreieren* (Create) versteht man den Vorgang, eine Task dem Betriebssystem bekannt zu machen, ohne sie zur Ausführung zu bringen. Beim Kreieren einer Task werden zumindest der „*Task Entry Point*“ (Startadresse der Task) und die Stack-Länge angegeben. Dann werden folgende Operationen vom Betriebssystem ausgeführt:

- Ein neuer TCB wird angelegt.
- Die Startadresse der Task und die Länge des Code-Bereichs werden in den TCB eingetragen. Aus der Startadresse werden die entsprechenden Werte für das Code Segment Register und den Instruction Pointer berechnet und in die entsprechenden Felder des Abschnitts „Register-Abbild“ im TCB eingetragen.
- Ein Stack mit der angegebenen Länge wird angelegt und dessen Anfangsadresse und Länge in den TCB eingetragen. Der zugehörige Wert des Stack Segment Registers und des Stack-Pointers werden in das entsprechende Feld des Abschnitts „Register-Abbild“ im TCB eingetragen.
- Für den Datenbereich ist keine Tätigkeit erforderlich, da die Daten über das Stack-Register adressiert werden.
- Die übrigen Felder des Abschnitts „Register-Abbild“ werden mit voreingestellten Werten besetzt, die systemspezifisch für den Start einer Task vorgegeben sind.
- Die übrigen Werte im TCB (wie etwa Priorität) werden auf voreingestellte Werte (Default Values) gesetzt.
- Der Zustand der Task wird auf „bekannt“ gesetzt; d.h., die Task ist kreiert und ihr TCB vollständig angelegt.
- Das Betriebssystem generiert einen eindeutigen *Task-Identifier* (*TaskId*) und teilt dies als Rückgabewert dem Aufrufer mit.

Operationen auf TCB beim Aktivieren einer Task

Unter *Aktivieren* versteht man den Vorgang, eine bereits kreierte Task zur Ausführung zu bringen. Beim Aktivieren wird zumindest der „TaskId“ angegeben. Dann werden folgende Operationen vom Betriebssystem ausgeführt:

- Anhand des TaskId wird der zugehörige TCB ermittelt. Die bis dahin laufende Task und die neu zu aktivierende Task konkurrieren miteinander um die CPU. Die Priorität der beiden Tasks entscheidet darüber, welche Task *verdrängt* wird und welcher Task die CPU zugeteilt wird.
- Es sei angenommen, die neue Task habe eine höhere Priorität als die bisher laufende Task. Die bisher laufende Task wird verdrängt und die neue Task bekommt die CPU.
- Der Zustand der bisher laufenden Task wird in ihrem TCB auf „unterbrochen" gesetzt.
- Die aktuellen Inhalte der CPU-Register werden in die entsprechenden Felder des Abschnitts „Register-Abbild" im TCB der bisher laufenden Task gerettet, denn sie enthalten die Zwischenwerte der Berechnungen sowie Kontroll-Informationen. Bei einer späteren Fortsetzung dieser Task werden die geretteten Register-Inhalte wieder restauriert, damit die Task an derselben Stelle und mit denselben Werten und Informationen ihre Ausführung fortsetzen kann.
- Der Zustand der neuen Task wird in ihrem TCB als „laufend" gekennzeichnet.
- Die CPU-Register werden mit Werten geladen, die im Abschnitt „Register-Abbild" im TCB der neuen Task stehen. Damit kommt die neue Task zur Ausführung.

3.3.6 Übung

Verständnisfrage zu dem Regelförderzeug

Erläutern Sie den Unterschied zwischen der zyklischen Ausführung der drei Teilprogramme bei der synchronen Programmierung und der zyklischen Aktivierung der drei Tasks bei der asynchronen Programmierung in Pearl.

Verdrängung (Asyn 1)

In Abb. 3.28 ist das zeitliche Soll-Verhalten von 4 Rechenprozessen RP1 bis RP4 dargestellt. Die Ausführungsdauer und Prioritäten der Rechenprozesse sind in der folgenden Tabelle 4 dargestellt. Der Rechenprozeß RP1 hat die höchste Priorität.

Tabelle 4: Charakteristische Daten der Prozesse

Prozeß	Priorität	Ausführungsdauer
RP1	1	0.75 T
RP2	2	0.25 T
RP3	3	0.5 T
RP4	4	0.75 T

Tragen Sie in die nächste Abb. die tatsächliche Abarbeitung der Rechenprozesse nach dem Verfahren der asynchronen Programmierung auf einem Einprozessorsystem ein, wenn höherpriore Tasks niederpriore Tasks verdrängen.

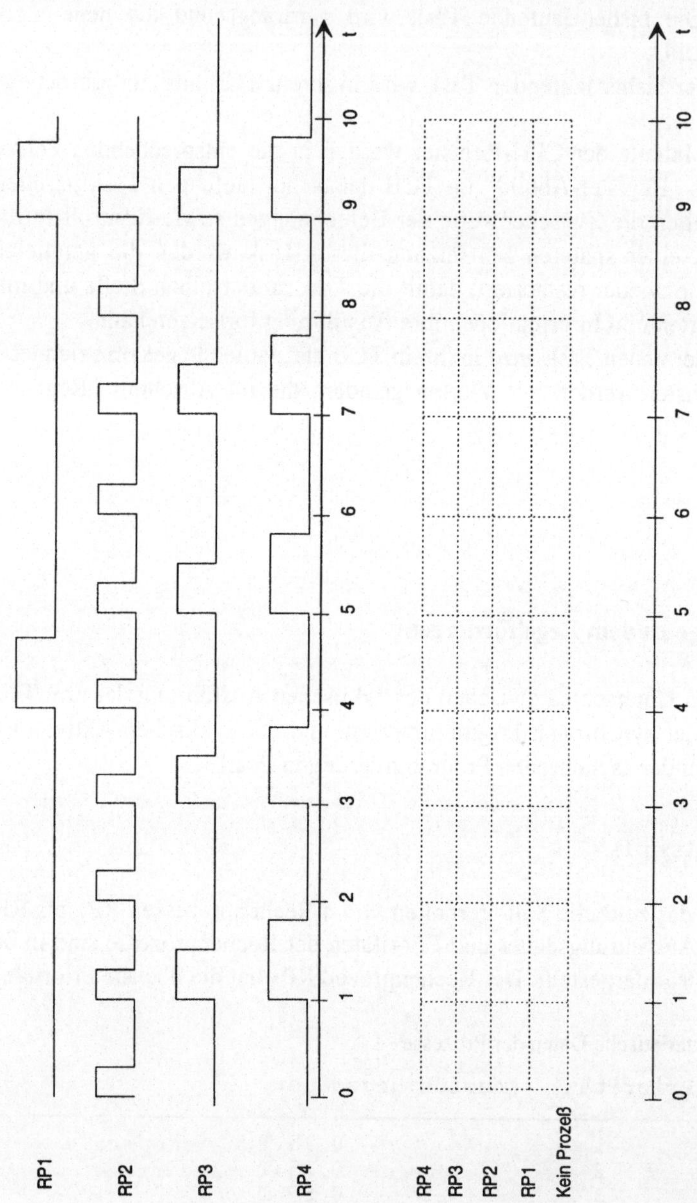

Abb. 3.28: Zeitliches Soll-Verhalten der Rechenprozesse

3.4 Gegenüberstellung der synchronen und asynchronen Programmierung

	Synchrone Programmierung	Asynchrone Programmierung
Organisation des zeitl. Ablaufs der Teilprogramme	vor dem Lauf	während des Laufs
Ausführung der Teilprogramme	zyklisch, mit einem Zeitraster synchronisiert	zu beliebigen Zeiten, keine Voraussetzung über den jeweiligen Zeitpunkt
Reihenfolge des Ablaufs der Teilprogramme	fest, deterministisch	nicht fest, nicht deterministisch
Realisierung	Steuerungsprogramm	Konfliktauflösungsstrategie im Betriebssystem

Abb. 3.29: Gegenüberstellung der synchronen und asynchronen Programmierung

4. Realzeit-Programmiersprachen

In den 60er bis Mitte der 80er Jahre wurden viele Programmiersprachen, darunter auch viele Sprachen mit Realzeiteigenschaften entwickelt. Beispiele hierfür sind: PL/I [DIN 66255], Coral-66, Realtime-Basic [DIN 60755] und Prozeß-Fortran. Manche dieser Sprachen haben neue Konzepte in sich aufgenommen und dadurch Meilensteine in der Sprachentwicklung gesetzt. Beispiele hierfür sind:

- **Modula-2** [Wirth 82]. Modula-2 bot erstmals ein vollständiges Konzept zur Beschreibung von externen und internen Modulen. Dieses Konzept ist in seinen Grundzügen bis heute in den neueren Sprachen gleichgeblieben. Eine weitere Neuerung in Modula-2 war das Monitor-Konzept, das das Prinzip von „Information-Hiding" auf die Synchronisierung von parallelen Tasks anwendete. Dieses Konzept wird in neueren Sprachen, wie etwa Java, weiterhin angeboten.
- **Pearl** [DIN 66253-2]. Pearl bot erstmals ein umfassendes und benutzerfreundliches Tasking-Konzept. Tasks konnten in Abhängigkeit von Ereignissen gestartet, suspendiert, fortgesetzt oder beendet werden. Eine weitere Neuerung in Pearl war die Aufnahme von Sprachelementen zur Ein-/Ausgabe von Prozeßsignalen. Für die Synchronisierung von Tasks bot Pearl Semaphoren.
- **Ada** [DIN 8652]. Ada bot erstmals Sprachelemente zur Beschreibung von Software für verteilte Systeme. Eine weitere Neuerung war die Aufnahme von Sprachelementen zur objektorientierten Beschreibung von Realzeitsystemen. Für die Synchronisierung von Tasks bot Ada das Rendezvous-Konzept, das ein mächtiges Modell zur Beschreibung von Synchronisierungen in verteilten Systemen darstellt.

Die neuen Konzepte, die diese drei Sprachen boten, haben die Entwicklungen auf dem Gebiet der Realzeit-Programmierung stark beeinflußt und haben sich bis zum heutigen Tag erhalten. Sie haben große Bedeutung für die Arbeit von Automatisierungsingenieuren erlangt. Daher werden in diesem Abschnitt die besonderen Stärken dieser drei Sprachen vorgestellt. Auf eine vollständige Vorstellung der Sprachen wird verzichtet. Die Beispielprogramme sind jedoch in der Syntax dieser Sprachen geschrieben.

Ein Prozeßrechner kann in einer höheren Realzeit-Sprache programmiert werden, wenn es für diesen Prozeßrechner einen Compiler und ein darauf abgestimmtes Realzeit-Betriebssystem gibt, die zusammen die Sprachsemantik erfüllen. Der Compiler löst eine Anweisung der höheren Realzeit-Sprache in einer Reihe Maschinenbefehle des Prozeßrechners und evtl. Betriebssystem-Aufrufe auf. Auf dieser Art generiert der Compiler aus dem *Source Code* einen *Object Code*. Der Object Code wird dann auf dem Prozeßrechner (auch *Zielrechner* genannt) ausgeführt. Der Compiler läuft in der Regel auf einem anderen Rechnersystem, dem sog. *Entwicklungsrechner*. Der Compiler gehört neben anderen Tools (wie etwa Editor, Binder usw.) zu der sog. *Entwicklungsumgebung*. Ein Debugger zur Diagnose und Fehlersuche von Automatisierungsprogrammen gehört zum Lieferumfang eines Herstellers. Ein Teil des Debuggers läuft auf der Zielmaschine, um Informationen über Prozeßgeschehen zu sammeln und dieses entsprechend zu beeinflussen. Er wird Ziel-Debugger genannt. Der andere Teil des Debuggers läuft auf dem Entwicklungsrechner, um dem Benutzer eine höhere Debug-Schnittstelle anzubieten, wie etwa die Verwendung von symbolischen Namen aus dem Programm. Er wird *symbolischer Debugger* oder „Source Level Debugger" genannt.

Der Hersteller eines in einer Realzeit-Sprache programmierbaren Prozeßrechners muß also folgende Komponenten liefern: den Prozeßrechner, das Realzeit-Betriebssystem für den Zielrechner und den Compiler für den Entwicklungsrechner sowie den Ziel-Debugger und den „Source Level Debugger". Der Hersteller muß weiterhin angeben, welche Peripheriegeräte an den Prozeßrechner angeschlossen werden können und Treiber zur Verfügung stellen, die unter dem Realzeit-Betriebssystem für den Datenaustausch zwischen den Peripheriegeräten und den Tasks sorgen.

4.1 Die Realzeit-Programmiersprache Modula-2

In diesem Abschnitt werden die Realzeit-Elemente von Modula-2 vorgestellt. Es sind Co-Routinen für die Programmierung nach dem Modell der Quasiparallelität, Prozesse für die Programmierung nach dem Modell der Parallelität und das Monitor-Konzept für Synchronisierungen zwischen Prozessen. Da der Aufbau eines Monitors dem eines Moduls entspricht, wird zunächst das Modulkonzept von Modula-2 vorgestellt.

4.1.1 Das Modulkonzept

Modula-2 ist die erste Sprache, die ein vollständiges Modulkonzept anbietet. Sie eröffnet die Möglichkeit, die Modul-Schnittstellen zur Übersetzungszeit denselben Prüfungen zu unterziehen wie die lokalen Objekte eines Moduls.

Ein Programm-Modul besteht aus einem „Definition Module" und einem „Implementation Module". Das *„Definition Module"* enthält die exportierte Schnittstelle des Moduls, d.h., die Beschreibung der von dem Modul nach außen angebotenen (exportierten) Dienste in Form von Daten und Prozeduren. Das *„Implementation Module"* enthält die Implementierung der Modul-Schnittstelle.

Ein „Implementation Module" kann selbst durch „*Local Modules*" strukturiert werden. „Definition Module" und „Implementation Module" werden auch als „*Global Modules*" bezeichnet, da sie getrennt übersetzbar sind, „Local Modules" hingegen nicht.

```
                                    Global Definition Module

definition module module_name ;
     (* exported objects are: *)
     Constant Declaration
     Type Declaration
     Var Declaration
     Procedure Heading
end module_name.
```

```
                               Global Implementation Module

implementation module module_name ;
     import module_name ;
     from module_name import id_list ;
     (* local hidden objects are: *)
     Constant Declaration
     Type Declaration
     Var Declaration
     Proc Declaration
     begin (* of statements *)
     statements
end name.
```

Abb. 4.1: Aufbau eines „Definition Module" und eines „Implementation Module" als ein zusammengehörendes Paar in Modula-2

Semantik des „Definition Module":

- Alle von einem Programm-Modul exportierten Objekte müssen in dessen „Definition Module" stehen.
- Im „Definition Module" können Konstanten-, Datentypen- und Variablen-Deklarationen sowie Prozedur-Spezifikationen stehen. Unter Variablen-Deklaration wird in Modula-2 das Anlegen eines Speicherplatzes für die Variable verstanden und unter Prozedur-Spezifikation die Vereinbarung eines Namens zusammen mit der Beschreibung der Parameter der Prozedur.
- Bietet ein Modul keine Dienste an, so exportiert es keine Objekte nach außen und sein „Definition Module" ist leer.
- Die Deklarationen im „Definition Module" gehören automatisch zum entsprechenden „Implementation Module".

Semantik des „Implementation Module"

- Nimmt ein Modul die Dienste fremder Programm-Module in Anspruch, so müssen alle diese Dienste im „Implementation Module" importiert werden.
- Mit „import module_name" werden alle vom „module_name" exportierten Objekte importiert.
- Mit „from module_name import id_list" wird nur „id_list", das vom Modul „module_name" exportiert wurde, importiert.
- Die in einem „Implementation Module" deklarierten Objekte sind lokal. Sie sind für fremde Module nicht sichtbar. Nur Prozeduren, die im selben „Implementation Module" deklariert sind, können auf die lokalen Daten des Moduls zugreifen.

Aufbau eines Programmsystems: In einem Programmsystem gibt es ein Programm-Modul, das keine Dienste und damit auch keine Schnittstelle nach außen anbietet. Dieses Modul ist *das Hauptprogramm*. Das Hauptprogramm hat also kein „Definition Module". Es hat denselben Aufbau wie ein „Implementation Module". Zur besseren Kennzeichnung wird sein „Implementation Module" einfach mit „*Module*" bezeichnet. Ein Programmsystem besteht aus einem „Module" und mehreren „Definition-" / „Implementation-Module"-Paaren.

Übersetzungseinheit: Eine Übersetzungseinheit (Compile Unit) ist entweder ein „Implementation Module" oder ein „Definition Module" oder ein „Module". Für die Compilierung der Übersetzungseinheiten gibt es eine Reihenfolge. Zunächst müssen alle „Definition Modules" übersetzt werden. Der Compiler legt die Schnittstellen-Definitionen in einer besonderen Bibliothek ab. Erst danach können die „Implementation Modules" übersetzt werden. Der Compiler ist nun imstande, die Benutzung der Schnittstellen fremder Module durch Vergleich mit den Eintragungen in der Schnittstellen-Bibliothek zu kontrollieren.

```
module module_name [priority] ;                    Local Module
      export id_list_1 ;
      export qualified ident_list_2 ;
      import id_list_3 ;
      from module_name import id_list_4 ;
      (* local hidden objects are: *)
      Constant Declaration
      Type Declaration
      Var Declaration
      Procedure Declaration
      begin
      statement
end modul_name.
```

Abb. 4.2: Aufbau eines lokalen Moduls

Semantik des lokalen Moduls:

- Mit der Anweisung „**module** module_name“ wird ein lokales Modul innerhalb eines Geltungsbereiches (scope) geschaffen. Das lokale Modul wird durch eine undurchsichtige Hülle von seinem umgebenden Geltungsbereich getrennt, so daß die Daten des lokalen Moduls im umgebenden Geltungsbereich nicht sichtbar sind und umgekehrt.
- Mit „import“ wird ein Objekt aus dem umgebenden Bereich (scope) in dem lokalen Modul sichtbar gemacht.
- Mit „export“ wird ein Objekt des lokalen Moduls in dem umgebenden Bereich (scope) sichtbar gemacht.
- Ein lokales Modul bildet keinen neuen Block. Seine internen Objekte gehören zu dem übergeordneten Block und haben dieselbe Lebensdauer.
- Ist für ein „module“ eine Priorität angegeben, so handelt es sich um einen „*monitor*“. Ihre Semantik wird später erläutert.
- In einem lokalen Modul können wiederum ein oder mehrere lokale Module eingeführt werden.
- Wird ein Objekt als „qualified“ exportiert, so kann es von anderen lokalen Modulen nur dann importiert werden, wenn der zugehörige Modulname angegeben wird.

```
definition module TableHandler
    const     Linewidth = 80 ; WordLength = 24 ;
    type      Table ;
              Item: integer ;
    var       Overflow: integer ;
    procedure InitTable (var t: Table ) ;
    procedure Record ( t: Table ; var x: array of char ;
                                          n: integer ) ;
    procedure Tabulate  (t: Table) ;
end TableHandler.
```

Abb. 4.3: Beispiel für ein „Definition Module“

Erläuterungen zu Abb. 4.3:

- Alle aufgeführten Größen werden exportiert.
- Der Typ Item wird **transparent** exportiert. Andere Module können Datenstrukturen definieren, die Item enthalten oder Prozeduren erstellen, die auf Item operieren.
- Der Typ Table wird *opaque* exportiert. Andere Module dürfen nur Zeiger auf diesen Typ definieren (Pointer of Item).
- Der Aufbau des Typs Table wird in dem zugehörigen „Implementation Module“ angegeben.
- Der Rumpf der Prozeduren wird ebenfalls im zugehörigen „Implementation Module“ definiert.

---

1. globales Modul
Hauptprogramm

```
module production ;
  from system import startprocess ;
  from process import producer , consumer ,
                     elements , products ;
  var costs , time , order , profit integer ;

  procedure initialisation ;
     begin
        ...
  end initialisation ;

  procedure statistics ;
     begin
        ...
  end statistics ;

begin /* of production */
     initialisation ;
     startprocess ( producer   , ...) ;
     startprocess ( consumer   , ...) ;
     startprocess ( statistics , ... ) ;
end production.
```

---

2. globales Modul

```
DEFINITION MODULE process ;
  var elements, products integer ;
  procedure producer ;
  procedure consumer ;
END process.
```

---

3. globales Modul

```
IMPLEMENTATION MODULE process ;
  var a, b, c integer ;

  PROCEDURE producer ;
     var j integer ;
     begin
        produce a new element j ;
        elements = elements + 1 ;
        if nonfull then put (j) ; end
  END producer ;

  PROCEDURE consumer ;
     var k integer ;
     begin
        if nonempty then get (k) ; end
        consume the element k ;
        produce a new product ;
        products = products + 1 ;
  END consumer ;
```

```
     |  MODULE buffer ;
l    |     export nonempty , nonfull , put , get ;
o    |
k    |     const N = 100 ;
a    |     var  nonempty , nonfull boolean ;
l    |          in , out: [0 .. 100] ;
e    |          n: [0 .. N] ;
s    |          buf: array [0 .. N-1] of integer ;
     |
     |     PROCEDURE put (x: integer) ;
M    |        begin
o    |           if n<N then       buf [in]:= x ;
d    |                             in:= (in + 1) mod N ;
u    |                             n:= n + 1 ;
l    |                             nonfull:= n < N ;
     |                             nonempty:= TRUE
     |                 end
     |     END put ;
b    |
u    |     PROCEDURE get (var x: integer) ;
f    |        begin
f    |           if n>0 then       x:= buf [out] ;
e    |                             out:= (out+1) mod N ;
r    |                             n:= n -1 ;
     |                             nonempty:= n > 0 ;
     |                             nonfull:= TRUE
     |                 end
     |     END get ;
     |
     |  BEGIN /* statements of buffer */
     |     n:= in:= out:= 0 ;
     |     nonempty:= FALSE ;
     |     nonfull:= TRUE
     |  END buffer.

BEGIN /* statements of process */
      a:= 0 ; .... ;
END process.
```

Ende des 3. globalen Moduls

Abb. 4.4: Ein Modula-2-Programm als Beispiel für Sprachen mit globaler und lokaler Modularisierung

Praktischer Umgang mit den Modulen:

- Zuerst werden alle „Definition Module" übersetzt. Der Compiler legt die von jedem Modul exportierte Schnittstelle in eine entsprechende Bibliothek ab. Hier findet keine wirkliche Übersetzung statt, die Schnittstelle wird in Quellform (source file) abgelegt.
- Anschließend werden alle „Implementation Modules" übersetzt. Der Compiler behandelt das zugehörige „Definition Module", das denselben Namen trägt, als

Vorspann des zu übersetzenden „Implementation Module". Das Ergebnis des Übersetzungsvorgangs ist ein *Objektfile* (object file).

- Aufgrund dieser zweiphasigen Übersetzung ist der Compiler imstande nachzuprüfen, ob die in einem „Implementation Module" importierten Schnittstellen fremder Module so spezifiziert und benutzt wurden, wie sie von den fremden Modulen festgelegt und exportiert worden waren.
- Dann wird das Hauptprogramm übersetzt, das die Bezeichnung „Module" trägt.
- Der Bindevorgang generiert aus einem Hauptprogramm und den zugehörigen Modulen ein ausführbares Ladeobjekt. Aus den im Hauptprogramm importierten Objekten stellt der Binder fest, welche anderen übersetzten „Implementation Modules" (object files) hinzu gebunden werden müssen. Da diese „Implementation Modules" wiederum importierte Objekte aus anderen „Implementation Modules" enthalten können, wird der Bindevorgang so lange wiederholt, bis solche „Implementation Modules" erreicht sind, die keine Objekte aus anderen „Implementation Modules" importieren.
- Nimmt ein Modul die Dienste eines anderen Moduls in Anspruch, so ist das erste Modul in der Abstraktion eine Stufe höher anzusiedeln als das zweite Modul. Das Hauptprogramm ist auf höchster Abstraktionsstufe und die Module ohne importierte Schnittstellen auf tiefster Abstraktionsstufe. Damit steht die Abstraktions- und Zugriffs-Hierarchie fest.
- In einem großen System braucht der Bearbeiter eines Moduls die Struktur der „Zugriffs-Hierarchie" über seiner Abstraktionsstufe nicht zu kennen, d.h., er braucht nicht zu wisssen, welche Module die von ihm gebotenen Dienste benutzen.
- Die Anzahl der importierten Objekte soll möglichst klein gehalten werden.
- Der Export von Variablen sollte als Ausnahme betrachtet werden und importierte Variablen nur als „read-only"-Objekte behandelt werden.
- Es gibt keine Ein-/Ausgabe-Anweisungen in Modula-2. In jeder Implementierung gibt es aber eine Reihe „low-level facilities" (auch „device driver" genannt) zur Kommunikation mit den peripheren Geräten, auf denen mit Hilfe des Modulkonzepts beliebig mächtige und abstrakte Ein-/Ausgabe-Operationen aufgebaut werden können.

4.1.2 Konzepte der asynchronen Programmierung

Leitgedanken bei der Konzeption der Sprachelemente für die Parallelprogrammierung: Die Sprachelemente für die Parallelprogrammierung sollen speziell zugeschnitten sein auf lose gekoppelten parallelen Tasks. Die Tasks laufen weitestgehend parallel zueinander ab. Ihre Operationen müssen nur an wenigen und genau definierten Stellen miteinander synchronisiert werden. Die Sprachelemente für die Parallelprogrammierung sollen hauptsächlich auf Einprozessor-Systeme zugeschnitten sein.

Unterstützung der beiden Modelle der asynchronen Programmierung: Modula-2 bietet Sprachkonstrukte sowohl für die Parallelprogrammierung nach dem Modell der Quasiparallelität als auch für die Parallelprogrammierung nach dem Modell der Parallelität.

4.1.3 Co-Routinen

Aufbau und Semantik der Co-Routinen

- Das Teilprogramm, dessen Ausführung eine Co-Routine darstellt, wird in Modula-2 durch eine parameterlose Prozedur mit lokalen Daten dargestellt.
- Mehrere Co-Routinen werden gemeinsam nach dem Modell der Quasiparallelität ausgeführt.
- Die Kontrolle wird explizit von einer Co-Routine (Sender) mit Hilfe der „transfer"-Anweisung an eine andere Co-Routine (Empfänger) übergeben.
- Mit der Ausführung der „transfer"-Anweisung wird die Sender-Co-Routine suspendiert, ihre Zustandsdaten im zugehörigen Task Control Block (TCB) gerettet und die Bearbeitung der Empfänger-Co-Routine aufgenommen.
- Würde die Empfänger-Co-Routine mit Hilfe der „transfer"-Anweisung wieder die Kontrolle an die Sender-Co-Routine zurückgeben, so würden die Zustandsdaten der Empfänger-Co-Routine in ihren TCB gespeichert und die Zustandsdaten der Sender-Co-Routine aus ihrem TCB geholt und wieder restauriert. Die Ausführung der Sender-Co-Routine würde mit der Anweisung fortgefahren werden, die unmittelbar nach der zur Suspendierung geführten „transfer"-Anweisung steht.
- Jede Co-Routine hat einen Datenbereich, in dem ihre lokalen Daten sowie ihre Zustandsdaten gespeichert werden.
- Der Datenbereich der Co-Routine muß explizit angefordert werden.
- Jede Co-Routine wird durch eine Prozeß-Variable repräsentiert. Sie zeigt auf den TCB der Co-Routine.
- Alle Referenzen auf eine Co-Routine erfolgen über ihre Prozeß-Variable.
- Das Zusammenspiel mehrerer Co-Routinen wird beendet, wenn eine der Co-Routinen das Ende ihrer Prozedur (Code-Bereiches) erreicht. In diesem Fall werden alle Co-Routinen beendet.

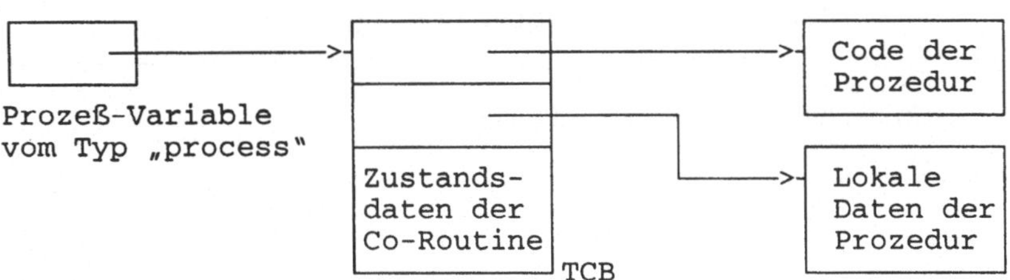

Abb. 4.5: Schematischer Aufbau einer Co-Routine

```
procedure newprocess ( p: proc, a: address, n: cardinal,
                       var new: process ) ;

p:     parameterlose Prozedur, die das Programm der
        Co-Routine darstellt
a:     Startadresse des Datenbereiches (lokale Daten und
        Zustandsdaten während der Suspendierung)
n:     Die Länge des Datenbereiches der Co-Routine
new:   Variable vom Typ „process", die den Task Control
        Block der neu kreierten Co-Routine darstellt.
```

Abb. 4.6: Kreieren einer Co-Routine

Semantik des Kreierens einer Co-Routine

- Mit dem Aufruf der Prozedur „newprocess" wird eine neue Co-Routine kreiert (aber nicht zur Ausführung gebracht).
- Die Co-Routine würde den Code der Prozedur „p" ausführen.
- Beim Kreieren wird ein Datenbereich spezifiziert (mit der Adresse „a" und der Länge „n"), in den die Prozedur „p" ihre Daten ablegen kann.
- „newprocess" erzeugt einen „Task Control Block" (TCB) in dem spezifizierten Datenbereich.
- Beim Kreieren wird auch eine Variable („new") vom Typ „process" spezifiziert, in die „newprocess" die Adresse des erzeugten TCB hineinschreibt.
- Kontrollübergabe an die Co-Routine erfolgt über „new", d.h., über den TCB.
- Bei Co-Routinen liegt die gesamte Verwaltung beim Programmierer. Er ist verantwortlich für das Anlegen des Datenbereichs sowie für die Definition der Prozeß-Variablen.

```
transfer ( var source: process,
           var destination: process );

source:      eine Variable vom Typ „process", die auf
              die zu suspendierende Co-Routine zeigt
              (TCB des Aufrufers).
destination: eine Variable vom Typ „process", die auf
              die fortzusetzende  Co-Routine zeigt
              (TCB der fortzusetzenden Co-Routine).
```

Abb. 4.7: Kontrollübergabe an eine Co-Routine

Semantik der Kontroll-Übergabe:

- Mit der Ausführung der Anweisung „transfer" wird die laufende Co-Routine suspendiert, indem ihre aktuellen Zustandsdaten in ihrem TCB gerettet werden und ihre Abarbeitung unterbrochen wird. Der TCB der laufenden Co-Routine erscheint anstelle des formalen Parameters „source".
- Anschließend werden die Zustandsdaten der Co-Routine, deren TCB anstelle des formalen Parameters „destination" angegeben ist, restauriert und die Fortsetzung ihrer Abarbeitung wieder aufgenommen.

```
definition module system ;
    type  address ; word ; process;
    var   cp: process ;
    procedure newprocess ( p: proc , a: address ,
                           n: cardinal ,
                           var new: process ) ;
    procedure transfer   ( var source: process ;
                           var destination: process );
end system ;
```

Abb. 4.8: Dienste zur Handhabung von Co-Routinen

In dem Modul „system" sind alle Betriebssystem-Aufrufe untergebracht. Der oben wiedergegebene Teil stellt den Abschnitt aus dem „definition module" dar, der importiert werden muß, wenn in einem Programm Co-Routinen verwendet werden.

Schachspiel als Beispiel für Co-Routinen

In Abb. 4.9 ist das Programm für zwei Schachspieler in Modula-2 und in Abb. 4.10 das zugehörige Speicherabbild dargestellt.

```
MODULE chess_players ;
   from storage import allocate ;
   from system  import address, word, process,
                       newprocess, transfer, cp ;

   const LENGTH = 1000;
   type data: array [0..LENGTH-100] of word;
   var wsp1: address ;
       wsp2: address ;
       p_player1: process ;
       p_player2: process ;
```

```
  | procedure player1 ;
C |    var  won: cardinal;
o |         mydata: data;
r |
o |     | procedure strategy ( var x: data, var w: cardinal );
u |     |    begin
t |     |    .....
i |     | end strategy ;
n |
e | begin
  |    won:= 0;
  |    repeat
  |       strategy ( mydata , won )
  |       if (won = 0)
  |          then transfer ( p_player1, p_player2 );
  |    until won = 1;
  | end player1;

  | procedure player2 ;
  |    var  won: cardinal ;
C |         mydata: data;
o |
r |     | procedure strategy ( var x: data, var w: cardinal );
o |     |    begin
u |     |    .....
t |     | end strategy ;
i |
n | begin
e |    won:= 0;
  |    repaet
  |       strategy ( mydata, won )
  |       if (won = 0)
  |          then transfer ( p_player2, p_player1 );
  |    until won = 1;
  | end player2;

BEGIN (* Hauptprogramm *)
   allocate ( wsp1, LENGTH );   // Datenbereich für die erste
                                // Co-Routine besorgen und
                                // dessen Adresse in wsp1
                                // abspeichern
   allocate ( wsp2, LENGTH );   // Datenbereich für die
                                // zweite Co-Routine besorgen
                                // und dessen Adresse in wsp2
                                // abspeichern
   newprocess ( player1 , wsp1, LENGTH , p_player1 ) ;
                                // Die erste Co-Routine wurde
                                // kreiert
   newprocess ( player2 , wsp2, LENGTH , p_player2 ) ;
                                // Die zweite Co-Routine
                                // wurde kreiert
   transfer ( cp, p_player1 ) ; // Das Hauptprogramm gibt
                                // die Kontrolle an die erste
                                // Co-Routine
END chess_player;
```

Abb. 4.9: Schachspiel als Beispiel für Co-Routinen

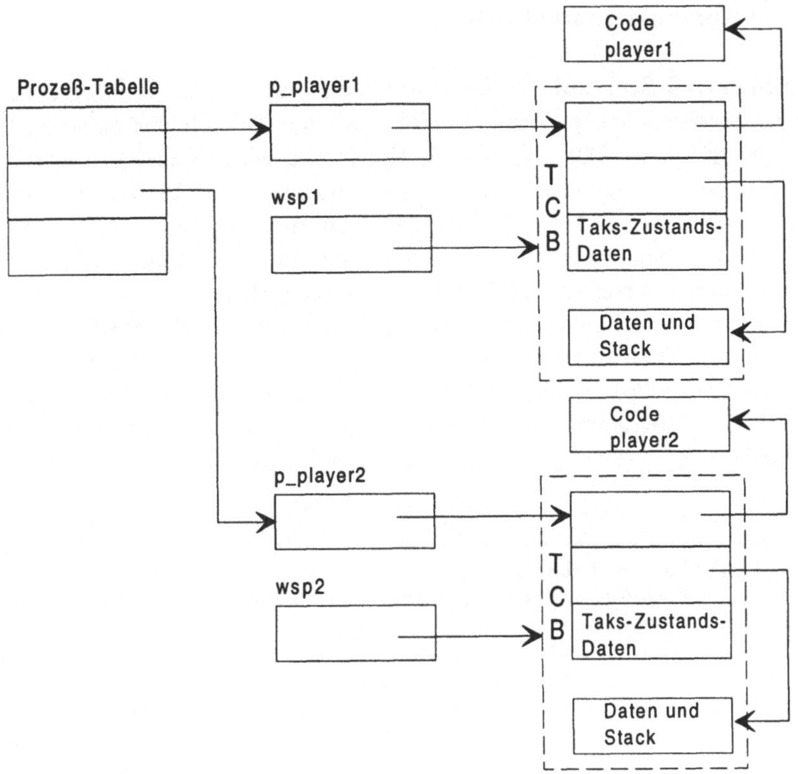

Abb. 4.10: Speicherorganisation des Beispielprogramms „Schachspiel"

Beurteilung von Co-Routinen:

- Parallele Aktivitäten werden hierbei durch Quasiparallelitäten beschrieben, da zu jedem Zeitpunkt nur eine Co-Routine aktiv ist.
- Besonders geeignet, wenn mehrere parallele Prozesse auf einem Einprozessor-System ablaufen.
- Die Co-Routinen müssen sich gegenseitig kennen, denn bei der transfer-Anweisung muß der Name der fortzusetzenden Co-Routine angegeben werden. Wegen dieser symmetrischen Ordnung der Co-Routinen ist die Implementierung von *Client-Server-Strukturen* nicht möglich. Bei einer Client-Server-Lösung kennt nur der Client den Namen des Servers, aber nicht umgekehrt.
- Die Co-Routinen bilden die Grundlage für die nachrichtenorientierten Mechanismen (message passing techniques).
- Co-Routinen wurden in vielen Sprachen für die diskrete Simulation (SIMULA, BLISS) aufgenommen.

4.1.4 Konkurrierende Prozesse

Aufbau und Semantik konkurrierender Prozesse: Das Teilprogramm, dessen Ausführung ein Prozeß darstellt, wird in Modula-2 durch eine parameterlose Prozedur mit lokalen Daten dargestellt. Ein Prozeß wird parallel zu anderen Prozessen ausgeführt. Sie kennen sich gegenseitig nicht und können sich daher auch nicht beeinflussen. Jeder Prozeß hat einen Arbeitsbereich. Dort werden seine lokalen Daten und seine Zustandsdaten gespeichert. Der Arbeitsbereich muß nicht vom Programmierer explizit angefordert werden. Beim Kreieren des Prozesses ist lediglich dessen Länge anzugeben. Mit einer einzigen Anweisung werden Prozesse kreiert und aktiviert. Ein Prozeß wird beendet, wenn die ihm zugeordnete parameterlose Prozedur zu Ende läuft. Die anderen Prozesse bleiben davon unberührt. Ein Programm kann mehrere Prozesse starten. Das Programm wird erst dann beendet, wenn alle von ihm gestarteten Prozesse abgeschlossen sind.

```
definition module process ;
      procedure startprocess ( p: proc , n: cardinal ) ;
end process ;
```

```
p:              Ist eine parameterlose Prozedur
startprocess:   Startet einen Prozeß mit der Prozedur p
                und einem Arbeitsbereich der Länge n
```

Abb. 4.11: Kreieren und Aktivieren eines Prozesses

Mit „startprocess" wird ein „Task-Control-Block" angelegt und ein Prozeß gestartet. Die Prozesse können sich lediglich über Objekte vom Typ „Signal" miteinander synchronisieren.

4.1.5 Signal

Ein Objekt vom Typ „*Signal*" stellt eine *Warteschlange* dar und dient zur Synchronisierung von Prozessen. Außer Initialisierung sind noch zwei Operationen bezüglich eines solchen Objektes zugelassen: „*send*" und „*wait*". Das Objekt stellt eine Warteschlange dar, in die sich Tasks mit der „wait"-Operation einreihen können. Wird eine „Send"-Operation auf die Warteschlange ausgeführt, so verläßt eine wartende Task die Warteschlange.

Aus der Sicht einer Task ist mit einem Objekt vom Typ „Signal" eine Bedingung verknüpft. Die Task, die die Erfüllung der genannten Bedingung zur Fortsetzung ihrer Arbeit braucht, prüft explizit die Bedingung. Ist diese erfüllt, so setzt die Task ihre Arbeit fort, ist sie nicht erfüllt, dann reiht sich die Task mittels der „wait"-Operation in eine Warteschlange ein. Irgendwann erfüllt eine andere

Task die Bedingung und führt die „send"-Operation auf die Warteschlange aus. Damit ist die Bedingung für eine wartende Task erfüllt. Sie verläßt die Warteschlange und setzt ihre Arbeit fort.

„Signal" stellt also einen effizienten Mechanismus für Tasks dar, die auf die Erfüllung einer Bedingung warten müssen. Anstelle einer leeren Schleife, in der ständig die Bedingung abgefragt würde (mit enormer Rechnerbelastung als Folge), wird die Task suspendiert und in eine Warteschlange eingereiht, bis die Bedingung erfüllt ist.

```
definition module process ;
     procedure startprocess ( p: proc ; n: cardinal ) ;
     type signal ;
     procedure send    ( var s: signal ) ;
     procedure wait    ( var s: signal ) ;
     procedure init    ( var s: signal ) ;
     procedure awaited (     s: signal ): boolean;
end process ;
```

```
p:             Ist eine parameterlose Prozedur
startprocess:  Starte einen Prozeß mit der Prozedur p
                und einem Arbeitsbereich der Länge n
awaited:       Bestimme, ob mindestens ein Prozeß in der
                Warteschlange des Signals s eingereiht ist
init:          Jedes „signal" muß vor der Benutzung
                initialisiert werden
```

Abb. 4.12: Datentyp „Signal" und die darauf anwendbaren Operationen

Semantik von „Signal":

- Ein Objekt vom Typ „Signal" stellt eine Warteschlange für Tasks dar.
- Mit der Anweisung „wait" reiht sich ein Prozeß in eine Warteschlange ein. Der Prozeß wird suspendiert, sein Zustand in den TCB gerettet und sein Name in die Warteschlange eingereiht.
- Die „Send"-Operation bewirkt die Wiederaufnahme einer wartenden Task aus der angegebenen Warteschlange.
- Ist die Warteschlange leer, so bleibt „send" wirkungslos.

4.1.6 Monitor

Monitor ist ein lokales „module", für das eine Priorität angegeben worden ist. Die Semantik von Monitor wird in Kap. 8 erläutert.

4.2 Die Realzeit-Programmiersprache Pearl

In diesem Abschnitt werden die Realzeit-Elemente von Pearl vorgestellt. Es sind Ein-/Ausgabe von Prozeßsignalen, Aufbau von Tasks und Anweisungen zur Steuerung der Taskzustände (Tasking), Behandlung von Interrupts und Semaphoren zur Synchronisierung von Tasks.

Zielsetzung bei der Definition von Pearl. Pearl wurde als Realzeit-Sprache für Automatisierungsingenieure konzipiert. Die Sprache sollte von praxisorientierten Entwicklern leicht erlernbar und für die Programmierung von Automatisierungsaufgaben wirkungsvoll einsetzbar sein. Die Sprache sollte vor allem die Software-Erstellung für übergeordnete Rechner in großen Systemen unterstützen und die damals gängige Programmierung solcher Systeme in Assemblersprachen ablösen.

Integration der Prozeßperipherie in die Sprache. Pearl bietet Sprachelemente, um den Anschluß der Prozeßperipherie an ein Rechensystem zu beschreiben, um den Wert der Prozeßsignale einzulesen, um Stellsignale an den technischen Prozeß auszugeben und um Interrupts zu verarbeiten. Hierfür benutzt Pearl ein Konzept, das trotz der Tatsache, daß die Prozeßperipherie eine große, herstellerabhängige Mannigfaltigkeit von Ausführungsformen aufweist, ein hohes Maß an Portabilität (Übertragbarkeit auf andere Rechner) der Programme erlaubt.

Sprachmittel zur Realzeitprogrammierung. Pearl bietet umfassende und leicht verständliche Sprachelemente zur Definition und Steuerung von Tasks und zur Verknüpfung dieser Anweisungen mit Zeitbedingungen oder Interrupts. Dabei unterstützt Pearl nur das Modell der Parallelität. Pearl bietet Semaphoren zur Synchronisierung von parallelen Tasks.

4.2.1 Sprachmittel zur Strukturierung eines Pearl-Programms

Ein Pearl-Programm besteht aus mehreren getrennt übersetzbaren Einheiten (Modulen). Jedes Pearl-Modul besteht aus einem optionalen Systemteil und einem obligatorischen Problemteil. Der *Systemteil* eines Pearl-Programms enthält eine Beschreibung der Hardware-Struktur einschließlich der Anschlüsse zum technischen Prozeß. Dabei werden die Prozeßsignale und die Hardware-Baugruppen mit frei wählbaren symbolischen Namen versehen. Der *Problemteil* stellt das eigentliche Automatisierungsprogramm dar. Darin werden nicht mehr spezielle Geräte- und Signalbezeichnungen verwendet, sondern ausschließlich die im Systemteil eingeführten symbolischen Namen.

Der Sinn dieser Aufteilung in einen System- und Problemteil besteht darin, die Hardware-Besonderheiten eines Prozeßrechensystems, das an einen technischen Prozeß angeschlossen ist, im Systemteil zusammenzufassen und den Problemteil weitgehend unabhängig davon zu machen. Durch diese Besonderheit von Pearl wird also eine gewisse Portabilität der Programme erreicht.

```
module (module_name) ;
   system ;
      Verbindungen zwischen den Geräten des Prozeßrechner
      systems
      Anschluß von Prozeßsignalen an die Prozeßperipherie
      Zuordnung von symbolischen Namen zu Prozeßsignalen
   problem ;
      Vereinbarung von Datenstationen auf Modulebene
      Vereinbarung von Daten auf Modulebene
      Vereinbarung von Tasks
      Vereinbarung von Prozeduren
modend ;
```

Abb. 4.13: Aufbau eines Pearl-Moduls

Semantik des Modulaufbaus:

- Ein Pearl-Programm kann in Module aufgeteilt werden.
- Ein Modul bildet eine Übersetzungseinheit.
- Der Systemteil eines Moduls beschreibt die angeschlossene Peripherie, die Prozeßsignale und die Interrupts, d.h., den anlagenabhängigen Teil des Systems.
- Der Problemteil eines Moduls enthält den eigentlichen ausführbaren Programmteil. Das Programmteil ist dann weitgehend anlagenunabhängig.
- Zu Beginn des Problemteils werden auf Modulebene Daten und Datenstationen vereinbart, die im ganzen Modul bekannt sein sollen.
- Durch die Vereinbarung von Tasks werden die den Rechenprozessen zugeordneten Programmteile definiert.
- Durch die Vereinbarung von bestimmten Programmteilen als Prozeduren können diese Programmteile an verschiedenen Stellen eines Programms aufgerufen werden.

Schnittstellen eines Pearl-Moduls: Ein Modul kann selektiv seine Objekte (Daten, Prozeduren, Tasks, usw.) nach außen bekanntgeben und so seine Schnittstelle nach außen festlegen. Auf der anderen Seite kann in einem Modul angegeben werden, welche von anderen Modulen bekanntgegebenen Objekte benutzt werden. Damit wird festgelegt, welche Dienste fremder Module in Anspruch genommen werden. Abbildung 4.14 zeigt ein Beispiel.

```
———————————————————— 1. Modul (Übersetzungseinheit)
module ( m1 ) ;
  problem ;
  dcl v1 fixed ;
  dcl s1 sema global ;

  | p1: procedure (x fixed) global ;
  |    dcl a fixed ;
  |    ...
  | end ;

  | t1: task ;
  |    ...
  |    release s1 ;
  |    ...
  | end ;
modend ;
———————————————————— 2. Modul (Übersetzungseinheit)
module ( m2 ) ;
  problem ;
  dcl v2 fixed ;
  spc s1 sema global modul m1 ;
  dcl s2 sema ;
  p1: entry (x fixed) global modul m1 ;

  | p2: procedure (y float) ;
  |    dcl b float ;
  |    ...
  | end ;

  | t2: task global sys ;
  |    ...
  |    v2:= v2 + 1 ;
  |    call p1 (3) ;
  |    request s1 ;
  |    ...
  | end ;
modend ;
————————————————————
```

Abb. 4.14: Beispiel für ein modularisiertes Programm in Pearl

Im Modul m1 sind lediglich die Objekte s1 und p1 durch das Attribut „global" nach außen bekanntgegeben (exportiert) worden. Damit sind sie von außen sichtbar und zugänglich. Die übrigen Objekte des Moduls m1 , nämlich v1 und t1, sind versteckte Objekte und damit von außen nicht sichtbar und nicht zugänglich. Durch die Spezifikation der Objekte s1 und p1 des Moduls m1 sind diese Objekte in das Modul m2 eingeführt und können daher an beliebigen Stellen innerhalb m2 benutzt werden.

Nachteile des Pearl-Modulkonzepts: Das Modulkonzept von Pearl hat den Nachteil, daß in einem Modul an jeder beliebigen Stelle ein Objekt nach außen bekanntgegeben werden kann, so daß die Schnittstelle des Moduls nicht zusammenhängend definiert ist, sondern über das gesamte Modul verteilt sein kann. Dies bedingt auch den zweiten Nachteil, nämlich daß nicht der Compiler, sondern erst der Binder einen Benutzungsfehler der Schnittstellen erkennen kann.

Blockstruktur von Pearl

```
Block =   Blockeinleitung
             [Vereinbarungen]
             Anweisungen
          END ;
```

```
Blockeinleitungen sind:
    task          für Tasks
    procedure     für Prozeduren
    begin         für BEGIN-Blöcke
    repeat        für Schleifenanweisung
```

Abb. 4.15: Blockstruktur von Pearl

Ein Block wird durch eine Blockeinleitung, eine beliebige Anzahl von Vereinbarungen und Anweisungen und das abschließende Schlüsselwort „END" gebildet. Während in „Basic Pearl" (Mindestsprachumfang) [DIN 66253-2 Teil 1] Tasks und Prozeduren nur auf Modulebene stehen und nicht verschachtelt sein dürfen, können BEGIN-Blöcke und Schleifenanweisungen nur in Tasks oder Prozeduren auftreten und dürfen zusätzlich verschachtelt sein.

4.2.2 Die algorithmischen Sprachmittel

Vereinbarung von Pearl-Objekten: Mit der Deklaration wird ein neues Datenobjekt angelegt, dafür Speicherplatz reserviert und evtl. mit einem Anfangswert belegt. Dies geschieht mit Hilfe des Schlüsselwortes „declare" oder „dcl". Anfangswerte werden mit dem Schlüsselwort „init" oder „initial" festgelegt. Konstante müssen durch das Schlüsselwort „invariant" oder „inv" gekennzeichnet sein und einen Anfangswert haben.
Die in einem Modul deklarierten Objekte können mit Hilfe des Attributs „global" nach außen bekannt gemacht (exportiert) und mit „specify" oder „spc" von einem anderen Modul importiert werden.

Tasks und Prozeduren werden durch ihren vorgeschriebenen Aufbau als Block deklariert.

fixed	ganze Zahl
float	Gleitkommazahl
bit (n)	Bitkette mit n Zeichen
char (n)	Zeichenkette mit n Zeichen
clock	Uhrzeit (Zeitpunkt)
duration	Zeitdauer

Abb. 4.16: Grunddatentypen für Variable und Konstante in Pearl

Eine Bitkette wird als Ganzes durch ihren Namen angesprochen. Der Zugriff auf ein einzelnes Bit einer Bitkette erfolgt durch „name.BIT(nummer)". Die Positionen in einer Bit- oder Zeichenkette werden von links nach rechts numeriert. Es wird mit der Position 1 begonnen.

Binäre Prozeßsignale werden jeweils an eine Klemme eines Eingabe-Peripheriegerätes angeschlossen (1 Bit). Der aktuelle Wert eines binären Signals kann nicht alleine für sich eingelesen werden. Die Prozeßperipherie liefert gleichzeitig den aktuellen Wert aller ihrer Eingangsklemmen als eine 8, 16 oder 32 Bit lange Bitkette. Durch Bit-Operationen muß dann der Wert der gewünschten Bit-Position berechnet werden.

Variable vom Typ „clock" enthalten absolute Uhrzeiten und Variable vom Typ „duration" Zeitspannen, z.B. 18:30:00 (18 Uhr 30) oder 2h 30min 18sec. Abbildung 4.17 zeigt ein Beispiel.

4.2.3 Ein-/Ausgabe

Beschreibung der Gerätekonfiguration im Systemteil: Jedem Sensor bzw. Aktor sowie jedem Standard-Peripheriegerät (Drucker, Tastatur und Bildschirm) wird im Systemteil des Pearl-Programms eine sog. *„Datenstation"* (kurz dation) zugeordnet. Diese Datenstationen sind nun die direkten Ansprechpartner des Problemteils des Pearl-Programms. Mittels Eingabe-Anweisungen werden Werte von den Datenstationen in die Datenobjekte des Problemteils eingelesen, mit Ausgabeanweisungen entsprechend Werte an die Datenstationen ausgegeben.

Abbildung 4.18 zeigt die *Gerätekonfiguration* für die Automatisierung einer Dosieranlage [Lauber 99]. Die folgenden Beispiele zur Beschreibung der Ein-/Ausgabe beziehen sich auf diese Konfiguration.

1. Modul

```
MODULE (heizung) ;
   SPC regle TASK GLOBAL (regelung);
   SPC a1 FLOAT GLOBAL (regelung) ;
   DCL PI INV FLOAT INIT (3.14) ;
   DCL (x1, y) FLOAT INIT (1.0, 3.6) GLOBAL;
   DCL zustand1 INV BIT(5) INIT ('01100'B1);
   DCL zustand2 BIT(4) INIT ('14'B3) ;
   DCL text CHAR(7) INIT ('Warnung') ;
   DCL zeit CLOCK INIT (10:45:00) ;
   DCL dauer DURATION INIT (2 HRS 25 MIN 30 SEC);
   DCL dauer INV DURATION INIT (13 SEC 245 MSEC);
   start: TASK  SYS ;
      DCL c FIXED ;
      a1:= 8.7 ;
      c:= 5 ;
      zustand2.BIT(2):= zustand1.BIT(4);
      AFTER 5 SEC ALL 7 SEC DURING 105 MIN
      ACTIVATE regle PRIORITY 2;
      AT 12:00:00 ALL 1 MIN UNTIL 12:59:00
      ACTIVATE messe ;
   END ;
   messe: TASK ;
      ...
   END ;
MODEND ;
```

2. Modul

```
MODULE (regelung) ;
   SPC  a1  FLOAT GLOBAL ;
   regle: TASK GLOBAL ;
      DCL  x  FLOAT ;
      ...
   END ;
MODEND ;
```

Abb. 4.17: Beispiel für ein Pearl-Programm

Der Hersteller eines in Pearl programmierbaren Prozeßrechners gibt an, welche Peripheriegeräte an den Prozeßrechner angeschlossen werden können. Jeder anschließbare Gerätetyp muß dann einen eindeutigen *Systemgerätenamen* erhalten, z.B. ASR33 für den Fernschreiber, DIGAUS für die Digitalausgabekarte oder IRPTEIN für das Interrupt-Eingabewerk. Im Systemteil werden die Geräteverbindungen beschrieben, z.B.

```
STEUERWERK  <->  ZENTRALEINHEIT * 0 ;
```

besagt: „Steuerwerk" ist am Kanal 0 der „Zentraleinheit" angeschlossen. Der Pfeil zwischen den beiden Systemgerätenamen gibt die Datenfluß-Richtung an. In diesem Fall kann die „Zentraleinheit" Daten an „Steuerwerk" senden oder Daten von ihm empfangen. Dem Systemgerätenamen können symbolische Namen zugeordnet werden, die dann im Problemteil angesprochen werden, z.B.

```
STOERMELDER: ASR33 <- ZENTRALEINHEIT * 27 ;
```

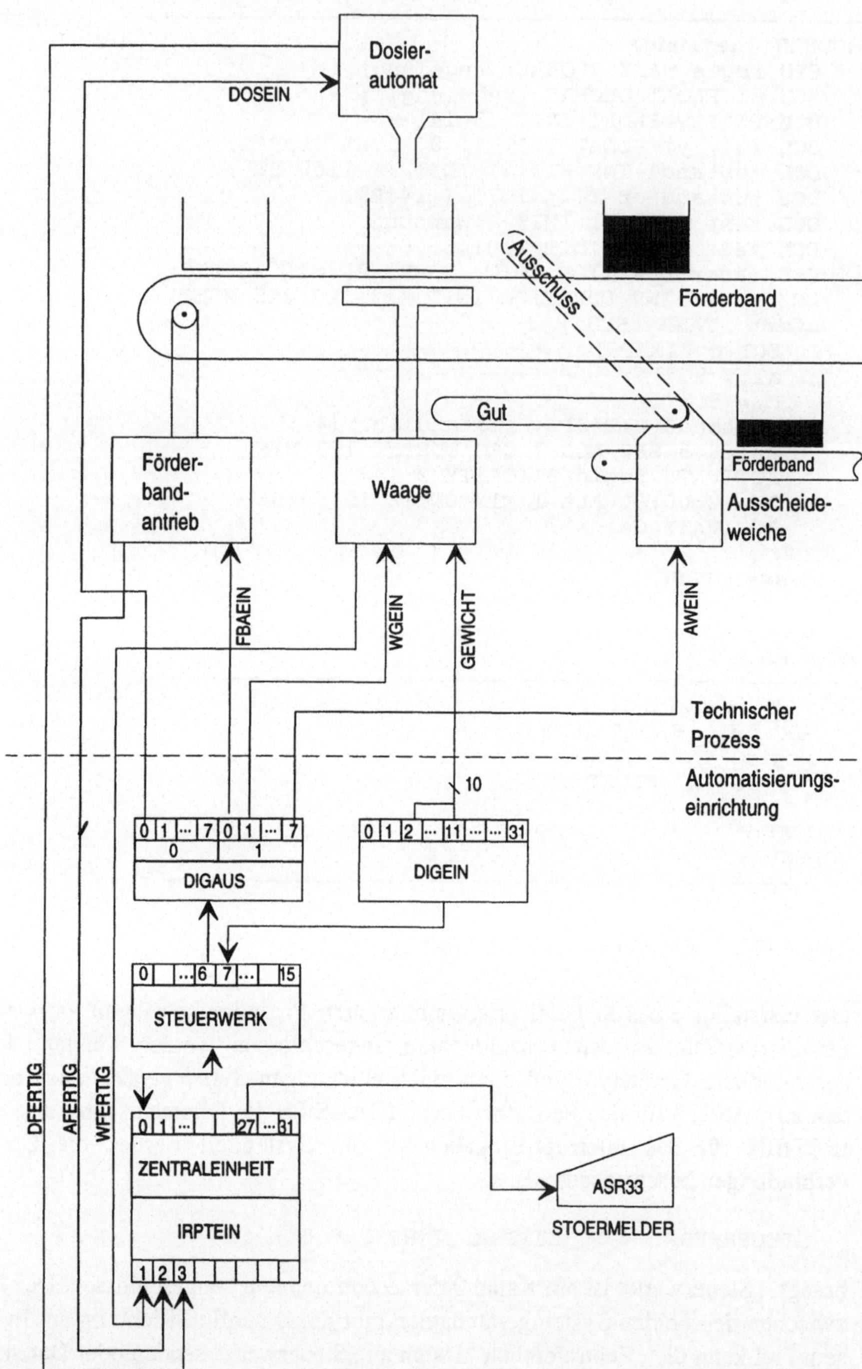

Abb. 4.18: Beispiel einer Gerätekonfiguration für die Automatisierung einer Dosieranlage [Lauber 99]

ordnet ASR33 den Namen „Stoermelder“ zu. Der Pfeil besagt, daß ASR33 nur für die Ausgabe von Daten benutzt werden darf. Falls im Systemteil mehrere Geräte desselben Typs (mit demselben Systemgerätenamen) verwendet werden, so werden diese Geräte durch ein Geräte-Index gekennzeichnet. Wären z.B. zwei Fernschreiber einzusetzen, dann müßte das Systemteil folgende zwei Anweisungen enthalten:

```
STOERMELDER: ASR33 (1) <-  ZENTRALEINHEIT * 27 ;
VORGABEN   : ASR33 (2)  -> ZENTRALEINHEIT * 26 ;
```

Die *Kanäle eines Gerätes* sind gegeneinander dadurch abgegrenzt, daß sie einzeln und unabhängig voneinander Daten mit dem Programmsystem austauschen können, z.B. die einzelnen Leitungen eines Interrupt-Eingabewerks bilden verschiedene Kanäle desselben Gerätes.

```
AFERTIG: -> IRPTEIN * 2 ;
DFERTIG: -> IRPTEIN * 3 ;
```

Sind mehrere Prozeßsignale an einem Kanal angeschlossen, so muß für jedes Prozeßsignal angegeben werden, an welchen Bits des Kanals es angeschlossen ist.

```
DOSEIN: <- DIGAUS * 0 * 1 , 1 ;
FBAEIN: <- DIGAUS * 1 * 0 , 1 ;
WGEIN : <- DIGAUS * 1 * 1 , 1 ;
AWEIN : <- DIGAUS * 1 * 7 , 1 ;
|        | |         |   |  Bitlänge
|        | |         |  Anfangsbit
|        | |        Kanalnummer
|        | Systemgerätename
|        Übertragungsrichtung
Symbolischer Name
```

Spezifikation von Datenstationen im Problemteil: Alle von Benutzer im Systemteil eingeführten Namen für Geräte, Prozeßsignale und Interrupt-Leitungen müssen zusammen mit ihren Attributen im Problemteil spezifiziert werden, z.B. „Stoermelder“ muß mit der Anweisung

```
SPECIFY STOERMELDER DATASTATION OUT ALPHIC ;
```

im Problemteil spezifiziert werden. Sie besagt, STOERMELDER ist ein Gerät (DATASTATION) zur Ausgabe (OUT) von alphanumerischen Zeichen (ALPHIC). Anhand dieser Angaben wird festgelegt, wie der Datentransfer mit diesem Gerät stattfinden soll. Die Einhaltung dieser Angaben kann vom Compiler überprüft werden. STOERMELDER darf nur als Datensenke in Ausgabe-Anweisungen für alphanumerische Zeichen (Standard-Ausgabe) stehen.

```
SPECIFY DOSEIN DATASTATION OUT BASIC ;
```

DOSEIN ist ein Gerät zur Ausgabe von binären Signalen. Es darf nur als Datensenke in Ausgabe-Anweisungen für Prozeßsignale (Prozeß-Ausgabe) stehen.

Geräteverbindung:: **Gerätebezeichnung** Übertragungsrichtung **Gerätebezeichnung**
Einfache **Gerätebezeichnung**:: Benutzername: Systemgerätename
Vollständige **Gerätebezeichnung**:: Benutzername: Systemgerätename [(Index)] [* Kanalnummer] [* Anfangsbit] [, Bitlänge]

Abb. 4.19: Aufbau des Systemteils in Pearl

Der Name für eine Interrupt-Leitung wird nicht als DATASTATION sondern als INTERRUPT in den Problemteil eingeführt, z.B.

```
SPECIFY AFERTIG INTERRUPT ;
```

AFERTIG darf nicht in Ein-/Ausgabe-Anweisungen, sondern nur in Interrupt-Anweisungen vorkommen oder als Bedingung für die Ausführung von Tasking-Anweisungen angegeben werden, wie etwa:

```
TRIGGER AFERTIG ;                    // AFERTIG wird simuliert
DISABLE AFERTIG ;                    // AFERTIG wird gesperrt
ENABLE AFERTIG ;                     // AFERTIG wird freigegeben
WHEN AFERTIG ACTIVATE TASK1 ;        // Wenn AFERTIG eintrifft,
                                        wird TASK1 gestartet
```

```
SPECIFY benutzername DATASTATION { OUT | IN | INOUT }
                               { ALPHIC | BASIC | FIXED };
SPECIFY benutzername INTERRUPT ;
```

Abb. 4.20: Spezifikation von Datenstationen und Interrupts im Problemteil

GET und PUT dienen zur Ein- und Ausgabe alphanumerischer Zeichen von und zur Datenstation vom Typ ALPHIC. TAKE und SEND dienen zur Ein- und Ausgabe binärer Daten von und zur Prozeßperipherie vom Typ FIXED oder BASIC, z.B.

```
PUT 'Anlage ausgefallen' TO stoermelder BY SKIP, A ;
TAKE rohgewicht          FROM GEWICHT ;
SEND '1'B1               TO   DOSEIN ;
```

```
Ein-/Ausgabe alphanumerischer Zeichen:
     GET   Variablenname   FROM   Gerätename ;
     PUT   Variablenname   TO     Gerätename ;
```

```
Ein-/Ausgabe binärer Zeichen (Prozeßperipherie):
     TAKE  Variablenname   FROM   Gerätename ;
     SEND  Variablenname   TO     Gerätename ;
```

Abb. 4.21: Ein-/Ausgabe-Anweisungen

4.2.4 Tasking-Anweisungen

Die Sprachmittel für die Realzeit-Programmierung lassen sich in 5 Gruppen einteilen:

- Vereinbarung von Tasks
- Steuerung der Übergänge zwischen den Zuständen der Tasks (Tasksteueranweisungen)
- Einplanung von Tasks
- Synchronisierung von Tasks
- Interrupt-Anweisungen

```
name: TASK [ PRIORITY prio ] [ GLOBAL ] ;
            [Task-interne Vereinbarungen]
            Anweisungen
END ;
```

Abb. 4.22: Vereinbarung von Tasks

Vereinbarung von Tasks: Durch die Vereinbarung wird eine Task in den Zustand „ruhend" versetzt und damit dem Betriebssystem bekannt gemacht. Ausgehend von diesem Zustand kann eine Task entweder durch explizite Tasksteueranweisungen oder durch Steuerung über das Betriebssystem verschiedene Zustände durchlaufen.

Durch die optionale Prioritätsangabe kann einer Task eine Dringlichkeitsstufe verliehen werden. Da ja durch das Konzept der parallelen Ablauffähigkeit der Tasks sozusagen jeder Task ein virtueller Prozessor zugeteilt wird, im realen System üblicherweise aber nur ein realer Prozessor vorhanden ist, kann die Vergabe des Prozessors an lauffähige Tasks durch das Betriebssystem unter Berücksichtigung der vereinbarten Priorität erfolgen.

Task-Zustände in Pearl: Die zeitliche Abwicklung der Tasks läßt sich durch die Einführung von sog. „Task-Zuständen" näher kennzeichnen. Eine Task in Pearl kann folgende Zustände annehmen:

ruhend / bekannt: (dormant)	Die Task ist dem Betriebssystem bekannt und für sie ist ein Task Control Block angelegt. Es liegt jedoch kein Auftrag vor, sie ausführen zu lassen.
laufend (running):	Die Task ist in Bearbeitung.
bereit (runnable):	Die Task müßte nach Erfordernissen des technischen Prozesses ablaufen, denn Zeitbedingungen sind erfüllt und Ereignisse eingetroffen. Es fehlt aber der Start durch das Betriebssystem.
blockiert (suspended):	Die Task wurde durch eine Anweisung für eine gewisse Zeit oder bis zum Eintreffen eines Ereignisses zurückgestellt.

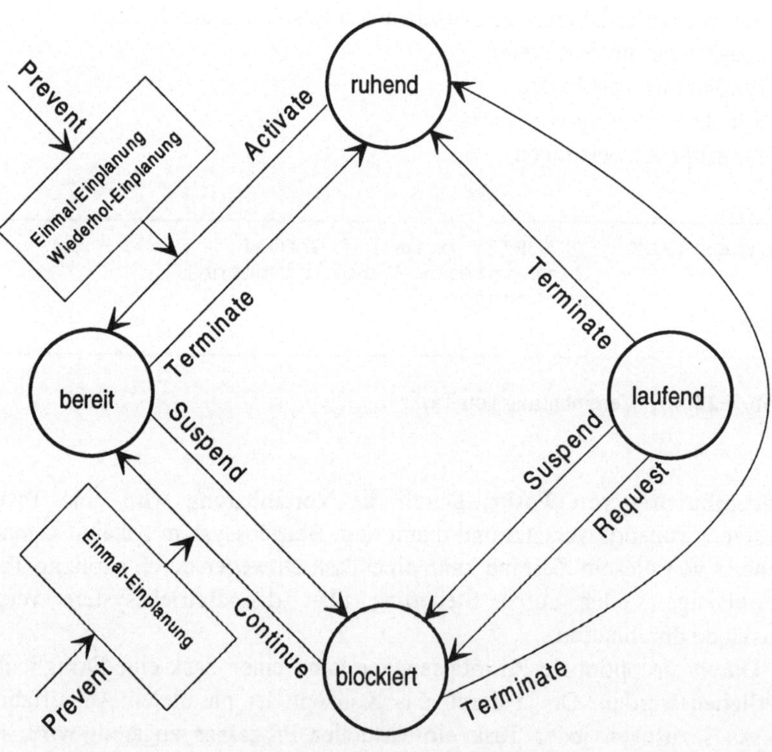

Abb. 4.23: Task-Zustandsdiagramm in Pearl

```
Aktivierungsanweisung:      [ Einmal-Einplanung ]
                            [ Wiederhol-Einplanung ]
                            activate task_name
                            [ priority prio ];

Beendigungsanweisung:       terminate [ task_name ] ;

Blockierungsanweisung:      suspend [ task_name ] ;

Fortsetzungsanweisung:      [ Einmal-Einplanung ]
                            continue [ task_name ] ;

Ausplanungsanweisung:       prevent [ task_name ] ;

Verzögerungsanweisung:      Einmal-Einplanung
                            resume ;
--------------------------------------------------------------
Einmal-Einplanung:            at Zeitpunkt-Ausdruck
                            | after Zeitdauer-Ausdruck
                            | when Interrupt-Name
--------------------------------------------------------------
Wiederhol-Einplanung:       all Zeitdauer-Ausdruck
                            [ until Zeitpunkt-Ausdruck
                            | during Zeitdauer-Ausdruck ]
```

```
Legende:    []   stellt eine Option dar
             |   stellt „Oder“ dar
```

Abb. 4.24: Tasksteueranweisungen in Pearl

Das in Abb. 4.23 dargestellte Task-Zustandsdiagramm dient zur Darstellung der durch die Tasksteueranweisungen verursachten Task-Zustandsübergänge. Die Tasksteueranweisungen werden dann im einzelnen erklärt.

Beispiel für activate und terminate (s. Abb. 4.25): Mit „activate“ wird eine Task vom Zustand „ruhend“ in den Zustand „bereit“ überführt. Dies wird auch als „Beauftragung“ bezeichnet. Damit kann die Ausführung der Task beginnen. Mit „terminate“ wird eine Task in den Zustand „ruhend“ überführt. Damit wird ihre Ausführung beendet. Es sei angenommen, die Task t1 würde laufen. Mit „activate t2“ (Anweisung 7) wird t2 aktiviert. t1 und t2 können parallel zueinander ablaufen. Erreicht t1 die Anweisung 10, so wird mit „terminate t2“ die Ausführung von t2 beendet.

```
module ( m ) ;

   problem ;

      t1: task sys ;
         ...
         activate t2 ;
         ...
         ...
         terminate t2 ;
         ...
         ...
      end t1 ;

      t2: task ;
         ...
         ...
      end t2 ;

modend ;
```

Abb. 4.25: Beispiel für activate und terminate

Beispiel für suspend und continue (s. Abb. 4.26): Mit „suspend" wird eine Task aus dem Zustand „bereit" oder „laufend" in den Zustand „blockiert" überführt und mit „continue" wieder in den Zustand „bereit" überführt. Es sei angenommen, die Task t1 würde laufen. Mit „activate t2" (Anweisung 7) wird t2 aktiviert. t1 und t2 können parallel zueinander ablaufen. Erreicht t1 die Anweisung 9, so wird mit „suspend t2" die Ausführung von t2 unterbrochen. Erreicht t1 die Anweisung 11, so wird mit „continue t2" die Ausführung von t2 wieder aufgenommen.

```
 1  module ( m ) ;
 2
 3     problem ;
 4
 5        t1: task sys ;
 6           ...
 7           activate t2 ;
 8           ...
 9           suspend t2 ;
10           ...
11           continue t2 ;
12           ...
13        end t1 ;
14
15        t2: task ;
16           ...
17           ...
18        end t2 ;
19
20  modend ;
```

Abb. 4.26: Beispiel für suspend und continue

Einplanung von Task-Operationen: Einplanungen sind zusätzliche Bedingungen, die erfüllt sein müssen, bevor ein Zustandswechsel einer Task stattfinden kann. „activate“ und „continue“ können mit einer Zeitbedingung oder mit dem Eintreffen eines Interrupts verknüpft werden.

Beispiel für Einplanung von activate (s. Abb. 4.27): Es sei angenommen, die Task t1 würde laufen. Mit der Anweisung 7 wird die Aktivierung von t2 eingeplant, d.h., es wird der Auftrag an das Betriebssystem erteilt, nach Ablauf von drei Sekunden t2 zu aktivieren. Mit der Anweisung 8 wird t3 eingeplant. t3 soll jedesmal beim Eintreffen von „interrupt“ aktiviert werden. Trifft „interrupt“ zweimal kurz hintereinander ein, so sind dann zwei *Instanzen* (Exemplare) *der Task* t3 gleichzeitig aktiv.

```
 1  module ( m ) ;
 2
 3     problem ;
 4
 5        t1: task sys ;
 6           ...
 7           after 3 sec activate t2 ;
 8           when interrupt activate t3 ;
 9           ...
10        end t1 ;
11
12        t2: task ;
13           ...
14           ...
15        end t2 ;
16
17        t3: task ;
18           ...
19           ...
20        end t3 ;
21
22  modend ;
```

Abb. 4.27: Beispiel für Einplanung von activate

Beispiel für Einplanung von continue (s. Abb. 4.28): Mit der Anweisung 7 erteilt die Task t1 dem Betriebssystem den Auftrag, sie beim Eintreffen von „interrupt“ vom Zustand „blockiert“ in den Zustand „bereit“ zu versetzen. t1 ist aber noch aktiv und bleibt zunächst im Zustand „bereit“. Dies entspricht einem Weckauftrag, bevor man sich schlafen legt. Mit der Anweisung 8 stößt t1 einen Vorgang im technischen Prozeß an, an dessen Ende „interrupt“ ausgelöst wird. Mit der Anweisung 9 legt sich die Task schlafen, sie wird in den Zustand „blockiert“ versetzt. Auf das Eintreffen von „interrupt“ wird t1 wieder in den Zustand „bereit“ versetzt und die Anweisung 10 ausgeführt.

```
module ( m ) ;

   problem ;

      t1: task sys ;
         ...
         when interrupt continue ;
         send '1'B1 to DOSEIN ;
         suspend ;
         ...
      end t1 ;

modend ;
```

Abb. 4.28: Beispiel für Einplanung von continue

Zwei Einplanungen für eine Task (s. Abb. 4.29): Für eine Task kann es zwei Einplanungen geben, eine für activate und eine für continue. Mit der Anweisung 7 wird dem Betriebssystem der Auftrag erteilt, in 30 min (ab diesem Zeitpunkt gemessen) eine neue Instanz der Task t1 zu aktivieren. Mit der Anweisung 8 ergeht der neue Auftrag an das Betriebssystem, t1 fortzusetzen, wenn „interrupt" eintrifft. Die beiden Aufträge werden im Betriebssystem getrennt voneinander verwaltet. t1 ist weiterhin aktiv und führt die Anweisungen 9 und 10 aus. Mit der Anweisung 10 wird t1 suspendiert. Mit dem Eintreffen von „interrupt" wird diese Instanz von t1 fortgesetzt und nach Ablauf der Zeitbedingung eine andere Instanz von t1 aktiviert.

```
 1   module ( m ) ;
 2
 3      problem ;
 4
 5         t1: task sys ;
 6            ...
 7            after 30 min activate t1 ;
 8            when interrupt continue ;
 9            send '1'B1 to DOSEIN ;
10            suspend ;
11            ...
12         end t1 ;
13   modend ;
```

Abb. 4.29: Beispiel für gleichzeitige Einplanung von activate und continue

Beispiel für resume (s. Abb. 4.30): Mit „resume" wird die ausführende Task in den Zustand „blockiert" überführt und nach der Erfüllung der Bedingung, die in der Einmal-Einplanung angegeben ist, wieder in den Zustand „bereit" überführt. Erreicht t1 die Anweisung 7, so wird ihre Ausführung unterbrochen und nach drei Sekunden wieder aufgenommen.

```
1   module ( m ) ;
2
3      problem ;
4
5         t1: task sys ;
6            ...
7            after 3 sec resume ;
8            ...
9            when interrupt resume ;
10           ...
11        end t1 ;
12
13  modend ;
```

Abb. 4.30: Beispiel für resume

Erreicht t1 die Anweisung 9, so wird ihre Ausführung so lange suspendiert, bis „interrupt" eintrifft. Die Anweisung 7 könnte ersetzt werden durch:

```
7a             after 3 sec continue ;
7b             suspend ;
```

Löschen von Einplanungen (s. Abb. 4.31): Mit „prevent" werden die Einplanungen einer Task gelöscht, und zwar sowohl die Einplanung für activate als auch die für continue. Mit der Anweisung 7 wird die Aktivierung von t1 in 30 min eingeplant und mit der Anweisung 9 wieder aufgehoben.

```
1   module ( m ) ;
2
3      problem ;
4
5         t1: task sys ;
6            ...
7            after 30 min activate t1 ;
8            ...
9            prevent t1 ;
10           ...
11        end t1 ;
12
13  modend ;
```

Abb. 4.31: Beispiel für prevent

Neue Einplanung überschreibt die bestehende Einplanung (s. Abb. 4.32): Eine neue Einplanung für eine Tasksteueranweisung überschreibt eine bestehende Einplanung für dieselbe Tasksteueranweisung. Mit der Anweisung 5 wird die Aktivierung von t1 in 30 min eingeplant. Die Anweisung 7 hebt sie auf und plant die Aktivierung von t1 auf das Eintreffen von „interrupt" ein. Die Anweisung 9 trägt eine Einplanung für continue ein. Dies beeinflusst die Einplanung für activate nicht.

```
module ( m ) ;
   problem ;
      t1: task sys ;
         ...
         after 30 min activate t1 ;
         ...
         when interrupt activate t1 ;
         ...
         after 3 sec resume ;
         ...
      end t1 ;

modend ;
```

Abb. 4.32: Beispiel für Überschreiben einer Einplanung

Eine Tasksteueranweisung ohne Einplanung löscht die bisher gültige Einplanung nicht (s. Abb. 4.33): Mit der Anweisung 5 wird die Aktivierung von t2 in 30 min eingeplant. Die Anweisung 7 veranlaßt die sofortige Aktivierung einer Instanz von t2. Anweisung 7 beeinflusst die bestehende Einplanung für t2 nicht. Die beiden folgenden Anweisungen sind also nicht gleich:

```
activate t2 ;
after 0 sec activate t2 ;
```

Während die zweite Anweisung die bereits bestehende Einplanung für Aktivierung von t2 löscht, läßt sie die erste Anweisung bestehen.

```
 1  module ( m ) ;
 2     problem ;
 3        t1: task sys ;
 4           ...
 5           after 30 min activate t2 ;
 6           ...
 7           activate t2 ;
 8           ...
 9        end t1 ;
10  modend ;
```

Abb. 4.33: Eine Tasksteueranweisung ohne Einplanungsbedingung beeinflußt die bestehenden Einplanungen nicht

Fehlt bei terminate, suspend, continue oder prevent der „task_name", so bezieht sich die Tasksteueranweisung auf die laufende Task selbst. Einige Beispiele für Tasksteueranweisungen sind:

```
at 10:45:00 activate feuchte ;
at 18:30:00 all 1 hrs until 23:00:00 activate messung;
when grenze all 5 sec during 3 min activate hupe ;
when ankunft continue strecke ;
after 2 min resume ;
```

Task-Namen: Eine Task-Vereinbarung besteht in Pearl aus einem Namen und den zugehörigen Anweisungen. Sie stellt einen *Tasktyp* dar. Mit „activate taskname" wird eine Task (Rechenprozeß) ins Leben gerufen, die dann weiterhin unter demselben Namen angesprochen werden kann. Da der Task-Name zur Compilezeit festgelegt wird, spricht man von *statischer Namensgebung*. Das hat den Vorteil, daß Tasks sich bereits zur Compilezeit gegenseitig kennen und daß sie den Namen einer anderen Task unmittelbar in eine Tasksteueranweisung einsetzen können. Der Nachteil dieses Verfahrens liegt aber darin, daß alle aktiven Instanzen eines Tasktyps denselben Namen haben. Zwei Instanzen eines Tasktyps würden dann entstehen, wenn die erste Instanz noch nicht zu Ende gelaufen ist und eine erneute „activate" auf den Tasktyp ausgeführt werden würde.

Haben alle Instanzen eines Tasktyps denselben Namen, so müßte sich eine Tasksteueranweisung (etwa „suspend" oder „terminate") gleichzeitig auf alle Instanzen auswirken, d.h die Instanzen könnten nicht mehr gezielt einzeln angesprochen werden. Um diesen groben Nachteil zu umgehen, sieht Pearl die Pufferung von Aktivierungsaufträgen für einen Tasktyp vor. Dies bedeutet, daß ein neuer Aktivierungsauftrag für einen Tasktyp vorgemerkt aber nicht ausgeführt wird, solange eine Instanz dieses Tasktyps bereits aktiv ist. Tasksteueranweisungen beziehen sich dann jeweils auf die aktive Instanz. In anderen Worten: Pearl läßt nur eine aktive Instantz eines Tasktyps zu.

Das hat enorme Konsequenzen für die Programmierung. Ist z.B. eine Task t1 mit der Anweisung „when interrupt1 activate t1" eingeplant und der Interrupt trifft zweimal kurz hintereinander ein, so kann auf das zweite Eintreffen des Interrupts nicht reagiert werden, falls die erste Reaktion noch nicht abgechlossen ist. Absch. 4.2.10 zeigt ein Beispiel, wie man mit dieser Problematik umgeht.

Für die Vergabe von Namen an Tasks gibt es auch das Verfahren der *dynamischen Namensgebung*, das in modernen Betriebssystemen angewandt wird. Bei der dynamischen Namensgebung wird erst bei der Aktivierung ein eindeutiger „Identifier" für die Task (TaskId) vom Betriebssystem festgelegt und der Task mitgeteilt, die die Aktivierung veranlaßt hat. Das hat den Nachteil, daß die anderen Tasks den „Identifier" der neu aktivierten Task nicht kennen. Die Bekanntgabe des „Identifiers" erfordert besondere Maßnahmen. Der Vorteil dieses Verfahrens besteht aber darin, daß mit einem „Identifier" genau eine Task referenziert wird, z.B. mit der Anweisung „terminate taskid" wird eine einzige Task beendet.

4.2.5 Bearbeitung von Interrupts

Wie in Abschnitt 4.2.3 bereits erwähnt, werden Interrupts im Systemteil mit frei wählbaren Benutzernamen vereinbart und im Problemteil mit dem Attribut INTERRUPT spezifiziert. Auf so einem Objekt sind dann folgende Operationen anwendbar.

```
Einplanungen:     when interrupt_name Task-Anweisung ;
Simulation:       trigger interrupt_name  ;

Sperren:          disable  interrupt_name  ;
Freigeben:        enable   interrupt_name  ;

Identifizierung: mit Hilfe der Funktionsprozedur origin()
```

Abb. 4.34: Anweisungen zur Bearbeitung von Interrupts in Pearl

Semantik bei der Bearbeitung von Interrupts:

- Interrupts können als Startbedingung in Einplanungen von Tasksteueranweisungen angegeben werden.
- Mit der Anweisung DISABLE wird der angegebene Interrupt gesperrt, so daß die sich darauf beziehenden Einplanungen nicht mehr wirksam werden können. Die anderen Interrupts bleiben davon unberührt. Die Verwendung der Disable-Anweisung kann bei Störungen im technischen Prozeß oder beim Test und bei der Integration von Programmen sinnvoll sein.
- Mit der Anweisung ENABLE wird die Interrupt-Sperre wieder aufgehoben.
- Der Test von Echtzeit-Programmen erfordert mitunter, die Wirkung von Interrupts zu simulieren, zumal der technische Prozeß noch nicht an den Rechner angeschlossen ist. Für solche Simulationen steht die Trigger-Anweisung zur Verfügung.
- Bei diskreten Prozessen tritt häufig das Problem auf, daß dieselbe Task durch den Eintritt mehrerer gleichartiger Interrupts gestartet werden soll. Jede Instanz der Task muß jedoch in der Lage sein, den eingetroffenen Interrupt (d.h., das sie auslösende Ereignis oder den Auftraggeber) zu identifizieren. Für diese Aufgabe kann die parameterlose Standard-Funktionsprozedur „ORIGIN" benutzt werden. Sie liefert als Resultat den Index desjenigen Interrupts in einem Interrupt-Feld, der den Start der Task ausgelöst hat.

Ein Beispiel für die Verwendung der Funktionsprozedur „origin" ist in Absch. 4.2.10 gegeben.

4.2.6 Synchronisierung von Tasks

Zur Synchronisierung von Tasks werden in Pearl Semaphoren angeboten. Die Architektur von Semaphoren und die darauf anwendbaren Operationen werden im Kap. 7 beschrieben.

4.2.7 Beispiel: Dosieranlage

Aufgabenstellung: Abbildung 4.18 zeigt den Aufbau einer Dosieranlage. In der Anlage werden Dosen mit einer Flüssigkeit abgefüllt. Die Anlage ist gemäß der nachfolgenden Funktionsbeschreibung zu automatisieren.

Funktionsweise:

- Ein leerer Behälter wird durch das Förderband unter den Dosierautomaten befördert.
- Sobald der leere Behälter unter dem Dosierautomaten angekommen ist, schaltet der Antrieb des Förderbandes selbständig ab und erzeugt den Interrupt AFERTIG.
- Die Waage wird eingeschaltet.
- Die Waage schwingt innerhalb von 2 Sekunden ein.
- Das Taragewicht wird eingelesen und die Waage ausgeschaltet.
- Durch Einschalten des Dosierautomaten wird eine fest eingestellte Flüssigkeitsmenge in den Behälter eingefüllt. Der Dosierautomat schaltet selbständig ab und erzeugt den Interrupt DFERTIG.
- Die Waage wird eingeschaltet.
- Die Waage schwingt innerhalb von 2 Sekunden ein.
- Das Bruttogewicht wird eingelesen und die Waage ausgeschaltet.
- Das Nettogewicht wird aus Bruttogewicht und Taragewicht ermittelt.
- Die Ausscheideweiche wird in die Stellung GUT gebracht, wenn das Nettogewicht größer als 850 g ist, ansonsten in die Stellung AUSSCHUSS.
- Das Förderband wird wieder eingeschaltet. Dadurch wird der gefüllte Behälter zur Ausscheideweiche befördert, gleichzeitig der nächste leere Behälter unter den Dosierautomaten transportiert. Der Abfüllvorgang beginnt von neuem.
- Zusätzlich soll eine Warnmeldung in der Form:

  ```
  WARNMELDUNG ZEIT xx LETZTE SOLLABWEICHUNG xx GRAMM
  ```

  auf dem Störmelder ausgegeben werden, wenn die Füllmenge kleiner gleich 850 g ist.

Prozeßsignale

FBAEIN	Beim Übergang dieses Prozeßsignals von '0'B1 (Low) auf '1'B1 (High) wird der Förderantrieb eingeschaltet.
WGEIN	Schaltet die Waage ein ('1'B1) und aus ('0'B1).
AWEIN	Die Ausscheideweiche wird in die Stellung GUT ('1'B1) bzw. AUSSCHUSS ('0'B1) gebracht.

DOSEIN	Beim Übergang von '0'B1 nach '1'B1 wird der Dosierautomat eingeschaltet.
GEWICHT	Liefert das durch die Waage gemessene Gewicht in Gramm als 10 Bit breite Dualzahl im Bereich 0 ... 1023.

Interrupts

AFERTIG	Tritt ein, wenn das Förderband abschaltet
DFERTIG	Tritt auf, wenn der Dosierautomat abschaltet

Bestimmung der sequentiellen Vorgänge im technischen Prozeß nach der Automatisierung: Betrachtet man den technischen Prozeß nach der Automatisierung, so erkennt man einen einzigen sequentiellen Vorgang. Er besteht aus folgenden Schritten in der angegebenen Reihenfolge:

- Förderband einschalten und auf AFERTIG warten.
- Taragewicht bestimmen (selbst ein sequentieller Vorgang).
- Dosierautomaten einschalten und auf DFERTIG warten.
- Bruttogewicht bestimmen.
- Das Ergebnis gut/schlecht ermitteln und in dessen Abhängigkeit die Weiche stellen.

Software-Struktur

Task START:

- Wird als erste Task des Programms über Bedienfunktion gestartet.
- Plant die Ausführung der Task STEUERUNG und DOSIERUNG ein.
- Startet den Prozeßablauf durch Einschalten des Förderbandantriebes.

Task STEUERUNG:

- Übernimmt die Steuerung des Prozeßablaufs.
- Wird beim Auftreten des Interrupts AFERTIG aktiviert.
- Setzt FBAEIN zurück.
- Schaltet die Waage ein.
- Wartet, bis die Waage eingeschwungen ist.
- Liest das Taragewicht ein und schaltet die Waage aus.
- Schaltet den Dosierautomaten ein.
- Blockiert sich und wartet auf die Fortsetzung durch den Interrupt DFERTIG.
- Setzt DOSEIN zurück.
- Schaltet die Waage ein.
- Wartet, bis die Waage eingeschwungen ist.

- Liest das Bruttogewicht ein und schaltet die Waage aus.
- Überprüft das Nettogewicht.
- Bringt die Ausscheideweiche in die entsprechende Stellung.
- Gibt, falls notwendig, eine Warnmeldung aus.
- Schaltet das Förderband wieder ein.

```
MODULE ( DOSIER ) ;

  SYSTEM ;
    STEUERWERK <-> ZENTRALEINHEIT * 0 ;
    STOERMELDER: ASR33 <- ZENTRALEINHEIT * 27 ;
    DIGAUS <- STEUERWERK * 6  ;
    DIGEIN  -> STEUERWERK * 7 ;
    GEWICHT: -> DIGEIN * 2 , 10 ;
    DOSEIN: <- DIGAUS * 0 * 1 , 1 ;
    FBAEIN: <- DIGAUS * 1 * 0 , 1 ;
    WGEIN: <- DIGAUS * 1 * 1 , 1 ;
    AWEIN: <- DIGAUS * 1 * 7 , 1 ;
    AFERTIG:  -> IRPTEIN * 2 ;
    DFERTIG:  -> IRPTEIN * 3 ;

  PROBLEM ;
    SPC STOERMELDER DATION OUT ALPHIC CONTROL ( ALL ) ;
    SPC GEWICHT DATION IN  FIXED ;
    SPC DOSEIN DATION OUT BASIC ;
    SPC FBAEIN DATION OUT BASIC ;
    SPC WGEIN DATION OUT BASIC ;
    SPC AWEIN DATION OUT BASIC ;
    SPC AFERTIG INTERRUPT ;
    SPC DFERTIG INTERRUPT ;

    DCL EIN INV BIT(1) INIT ( '1'B1 ) ;
    DCL AUS INV BIT(1) INIT ( '0'B1 ) ;
    DCL T1  INV DURATION INIT ( 2 SEC ) ;
    DCL GUT INV BIT(1) INIT ( '1'B1 ) ;
    DCL AUSSCHUSS INV BIT(1) INIT ( '0'B1 )

    DCL SOLL_GEWICHT INV FIXED INIT ( 850 ) ;
    DCL TARA_GEWICHT FIXED ;
    DCL BRUTTO_GEWICHT FIXED ;

    DCL NETTO_GEWICHT FIXED ;
    DCL SOLL_ABWEICHUNG FIXED ;
    DCL FORTSETZUNG SEMA PRESET ( 0 ) ;

    START: TASK SYS ;
        WHEN AFERTIG ACTIVATE STEUERUNG ;
        SEND AUS TO FBAEIN ;
        AFTER 1 SEC RESUME ;
        SEND EIN TO FBAEIN ;
    END ;
```

```
    STEUERUNG: TASK ;
        SEND AUS TO FBAEIN ;
        SEND EIN TO WGEIN ;
        AFTER T1 RESUME ;
        TAKE TARA_GEWICHT FROM GEWICHT ;
        SEND AUS TO WGEIN ;

        SEND EIN TO DOSEIN ;
        WHEN DFERTIG RESUME ;
        SEND AUS TO DOSEIN ;

        SEND EIN TO WGEIN ;
        AFTER T1 RESUME ;
        TAKE BRUTTO_GEWICHT FROM GEWICHT ;
        SEND AUS TO WGEIN ;

        NETTO_GEWICHT:= BRUTTO_GEWICHT - TARA_GEWICHT ;
        SOLL_ABWEICHUNG:= NETTO_GEWICHT - SOLL_GEWICHT ;
        IF SOLL_ABWEICHUNG > 0
             THEN SEND GUT TO AWEIN ;
             ELSE BEGIN ;
                  SEND AUSSCHUSS TO AWEIN ;
                  PUT ( 'WARNMELDUNG ZEIT', NOW ,
                        'LETZTE SOLLABWEICHUNG' ,
                        SOLL_ABWEICHUNG , 'GRAMM' )
                     BY ( SKIP , A , T , A , F(3) , A ) ;
                  END ;
        FIN ;

        SEND EIN TO FBAEIN ;
    END ;
MODEND ;
```

Abb. 4.35: Automatisierung einer Dosieranlage in Pearl

4.2.8 Beispiel: Erfassung der Lufttemperatur

Aufgabenstellung: Abbildung 4.36 zeigt den Anschluß eines technischen Prozesses an die Automatisierungseinrichtung zur Erfassung der Lufttemperatur. Gefordert wird ein vollständiges Pearl-Programm zur Realisierung der unten dargestellten Funktionsweise.

Funktionsweise

- Jeden Tag von 6:00:00 bis 20:00:00 wird bei jeder vollen Stunde die Erfassung gestartet.
- Zunächst wird ein Ventilator eingeschaltet.
- Nach 10 Minuten wird die Lufttemperatur zyklisch alle 3 Minuten erfaßt und angezeigt.
- Nach 8 Messungen wird der Ventilator ausgeschaltet und die Erfassung beendet.
- Nach dem Start des Programmsystems wird dieser Ablauf erstmalig um 6:00:00 gestartet.

Prozeß-Ein/Ausgabe

ventilator:	Schaltet den Ventilator ein ('1'B1) und aus ('0'B1).
temperatur:	Liefert die Temperatur in 0.1 Grad Celsius als eine 8-Bit-Dualzahl im Bereich 0 ... 255.
anzeige:	Zeigt die Temperatur in Grad Celsius als eine 8-Bit-Dualzahl im Bereich 0 ... 255.

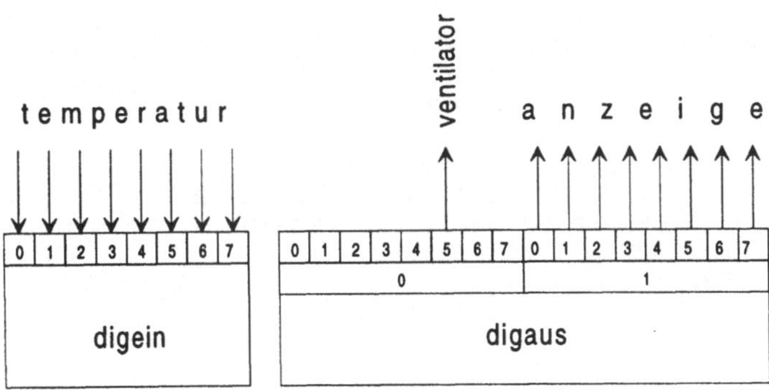

Abb. 4.36: Gerätekonfiguration für die Erfassung der Lufttemperatur

Anzahl der sequentiellen Vorgänge: Die Erfassung besteht aus einem einzigen sequentiellen Vorgang, denn die geforderten Erfassungszeitpunkte sind hintereinander angeordnet und sie überlappen sich nicht. Daher reicht eine einzige Task aus, um die Lufttemperatur zu erfassen.

```
MODULE ( LUFTTEMPERATUR ) ;

  SYSTEM ;
    TEMPERATUR: -> DIGEIN * 0 , 8 ;
    VENTILATOR: <- DIGAUS * 0 * 5 , 1 ;
    ANZEIGE: <- DIGAUS * 1 * 0 ,8 ;

  PROBLEM ;
    SPC TEMPERATUR DATION IN FIXED ;
    SPC ANZEIGE DATION OUT FIXED ;
    SPC VENTILATOR DATION OUT BASIC ;

    DCL EIN INV BIT(1) INIT ( '1'B1 ) ;
    DCL AUS INV BIT(1)  INIT ( '0'B1 ) ;
    DCL T1 INV DURATION INIT ( 3 MIN ) ;

    STEUERUNG: TASK SYS ;
        DCL I FIXED ;
        WHILE ('B'1) REPEAT ;// Endlosschleife
            AT 6:00:00 RESUME ;
            FOR I FROM 6 BY 1 TO 20 REPEAT ;
                CALL STUNDE ; // Die Prozedur STUNDE dauert
                              // (10+3*8)min = 34 min
                              // Bis 1 h fehlen noch 26 min
                AFTER 26 MIN RESUME ;
            END ;
        END ;
    END ;

    STUNDE: PROCEDURE ;
        DCL I FIXED ;
        DCL LUFTTEMP FIXED ;
        SEND EIN TO VENTILATOR ;
        AFTER 10 MIN RESUME ;

        FOR I FROM 1 BY 1 TO 8 REPEAT ;
            TAKE LUFTTEMP FROM TEMPERATUR ;
            SEND LUFTTEMP/10 TO ANZEIGE ;
            AFTER 3 MIN RESUME ;
        END ;
        SEND AUS TO VENTILATOR ;
    END ;
MODEND ;
```

Abb. 4.37: Erfassung der Lufttemperatur in Pearl

4.2.9 Beispiel: Bahnübergang

Aufgabenstellung: Abbildung 4.38 zeigt den Anschluß eines Bahnübergangs an einer Automatisierungseinrichtung. Gefordert wird ein vollständiges Pearl-Programm zur Realisierung der unten dargestellten Funktionsweise.

Aufbau der Anlage: Zur Sicherung eines Bahnübergangs werden drei Komponenten eingesetzt:

- Eine mechanische Schranke.
- Eine rote und eine weiße Signalanlage.

Das Rot-Signal warnt die Autofahrer. Das Weiß-Signal zeigt dem Lokführer an, daß die Schranke geschlossen ist. Solange dieses nicht blinkt, darf der Lokführer den Bahnübergang nicht überfahren.

Der Schrankenantrieb und die beiden Signalanlagen werden von der Automatisierungseinrichtung in Funktion gesetzt. Vier Schalter melden die Prozeßzustände an die Automatisierungseinrichtung. Sie sind an den Interrupt-Eingängen der Automatisierungseinrichtung angeschlossen.

- Die Schalter „kontakt_links“ und „kontakt_rechts“ werden vom durchfahrenden Zug ausgelöst.
- Die Schranke betätigt ihrerseits die Schalter „schranke_auf“ und „schranke_zu“.

Funktionsweise: Die Bahnstrecke wird nur von links nach rechts befahren. Solange ein Zug den Bahnübergangsbereich nicht verlassen hat, kann ein zweiter Zug nicht in diesen Bereich hineinfahren.

Rot-Signal:	Auf das Eintreffen des Interrupts „kontakt_links“ wird das Rot-Signal mit 2 Hz zum Blinken gebracht und auf „schranke_offen“ wieder ausgeschaltet.
Schranke:	10 sec nach dem Eintreffen von „kontakt_links“ wird die Schranke geschlossen und auf „kontakt_rechts“ wieder geöffnet.
Weiß-Signal:	Auf das Eintreffen des Interrupts „schranke_zu“ wird das Weiß-Signal mit 2 Hz zum Blinken gebracht und auf „kontakt_rechts“ wieder ausgeschaltet. Solange das Weiß-Signal nicht blinkt, darf der Zug den Übergang nicht überqueren.

Abbildung 4.39 zeigt das Impulsdiagramm der automatisierten Anlage.

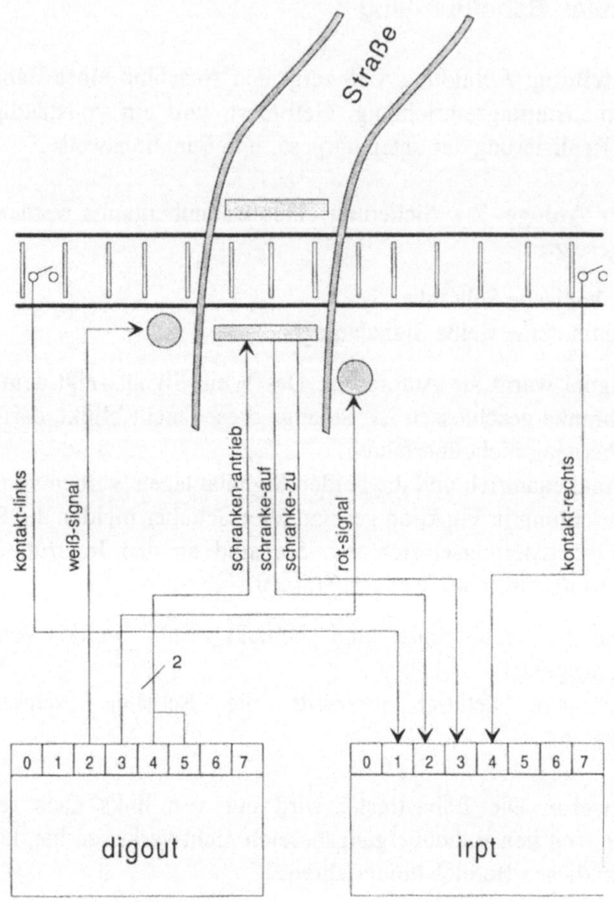

Abb. 4.38: Anschluß eines Bahnübergangs an eine Automatisierungseinrichtung

Interrupts:

kontakt_links: Wird ausgelöst, wenn die Spitze des Zuges über den linken Kontakt fährt.

kontakt_rechts: Wird ausgelöst, wenn die Spitze des Zuges über den rechten Kontakt fährt.

schranke_zu: Wird generiert, sobald die Schranke vollständig zugegangen ist.

schranke_offen: Wird generiert, sobald die Schranke vollständig aufgegangen ist.

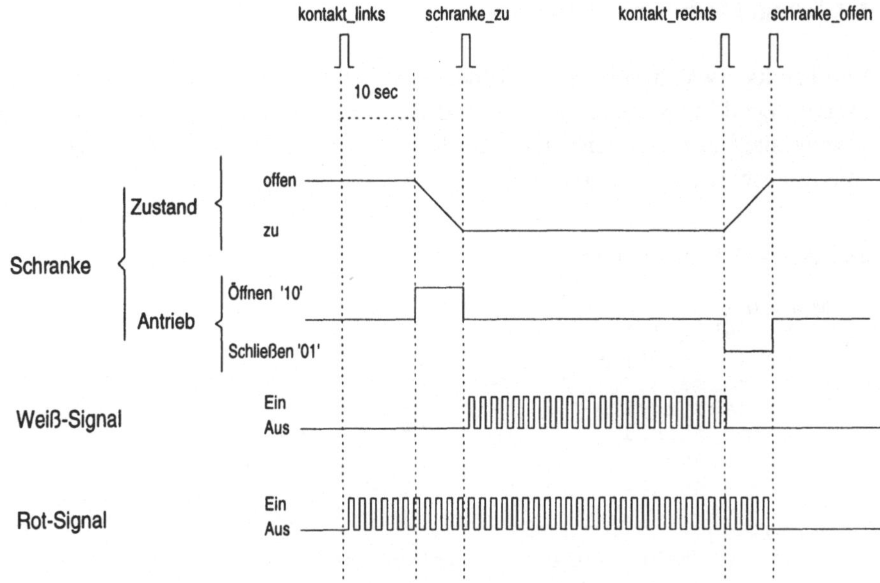

Abb. 4.39: Impulsdiagramm der automatisierten Anlage

Prozeß-Signale:

rot_signal:	Schaltet Rotlicht ein ('1'B1) und aus ('0'B1).
weiss_signal:	Schaltet Weißlicht ein ('1'B1) und aus ('0'B1).
schranken_antrieb:	Öffnet ('10'B1) und schließt ('01'B1) die Schranke. Der Antrieb schaltet sich selbsttätig ab.

Ansätze zur Lösung der Aufgabe: Zur Lösung der Aufgabe können zwei unterschiedliche Ansätze gewählt werden, nämlich:

- Einen *modulorientierten* Ansatz. Nach diesem Ansatz wird die Anlage in ihre Module (Komponenten) zerlegt und dann die Aufgaben jedes Moduls für sich automatisiert. Bei dem vorliegenden Beispiel bilden die rote Signalanlage, die Schranke und die weiße Signalanlage die drei Module des Bahnübergangs. Näheres hierzu finden Sie in Kap. 11.
- Einen *ablauforientierten* Ansatz. Nach diesem Ansatz wird das Geschehen betrachtet, das aufgrund des Eintritts eines neuen Objektes in die Anlage abläuft. Bei dem vorliegenden Beispiel geht es um den Ablauf zur Steuerung eines Zuges über den Bahnübergang.

1. Lösung: Modulorientierter Entwurf

Wie bereits erwähnt, gibt es drei Module in dieser Anlage, nämlich „Rot-Signal", „Weiß-Signal" und „Schranke". Aus der Aufgabenstellung geht unmittelbar die gewünschte Funktionsweise aller drei Module hervor. Die Module werden unabhängig voneinander automatisiert.

```
module ( bahnuebergang ) ;

  system ;
    kontakt_links      :  ->  irpt * 1 ;
    schranke_offen     :  ->  irpt * 2 ;
    schranke_zu        :  ->  irpt * 3 ;
    kontakt_rechts     :  ->  irpt * 4 ;
    weiss_signal       : <-   digout * 2 , 1 ;
    rot_signal         : <-   digout * 3 , 1 ;
    schranken_antrieb: <-   digout * 4 , 2 ;

  problem ;
    spc kontakt_links       interrupt ;
    spc schranke_offen      interrupt ;
    spc schranke_zu         interrupt ;
    spc kontakt_rechts      interrupt ;
    spc weiss_signal        dation out basic ;
    spc rot_signal          dation out basic ;
    spc schranken_antrieb   dation out basic ;

    dcl aus       inv  bit(1) init ('0'B1) ;
    dcl ein       inv  bit(1) init ('1'B1) ;
    dcl hinunter  inv  bit(2) init ('01'B1) ;
    dcl hinauf    inv  bit(2) init ('10'B1) ;

  init: task sys ;
    when kontakt_links  activate rot_task ;
    when schranke_offen activate rot_abbruch ;
    when schranke_zu    activate weiss_task ;
    when kontakt_rechts activate weiss_abbruch ;
    when kontakt_links after 10 sec activate
                                  schranke_hinunter ;
    when kontakt_rechts activate schranke_hinauf ;
  end ;

  rot_task: task ;                          /* auf kontakt_links */
    while ('1'B1) repeat
      send ein to rot_signal ;
      after 0.25 sec resume ;
      send aus to rot_signal ;
      after 0.25 sec resume ;
    end ;
  end ;

  rot_abbruch: task;                        /* auf schranke_offen */
    terminate rot_task ;
    send aus to rot_signal ;
  end ;
```

```
   weiss_task: task ;                  /* auf schranke_zu */
      while ('1'B1) repeat
         send ein to weiss_signal ;
         after 0.25 sec resume ;
         send aus to weiss_signal ;
         after 0.25 sec resume ;
      end ;
   end ;

   weiss_abbruch: task ;               /* auf kontakt_rechts*/
      terminate weiss_task ;
      send aus to weiss_signal ;
   end ;

   schranke_hinunter: task ;           /* auf kontakt_links */
      send hinunter to schranken_antrieb ;
   end ;

   schranke_hinauf: task ;             /* auf kontakt_rechts */
      send hinauf to schranken_antrieb ;
   end ;
modend ;
```

Abb. 4.40: Automatisierung des Bahnübergangs nach dem modulorientierten Modell in Pearl

2. Lösung: Ablauforientierter Entwurf

Der Ablauf, der durch die Überquerung des Bahnübergangs durch einen Zug entsteht, ist ein sequentieller Vorgang. Grundsätzlich gilt, daß die Bewegung eines Körpers auf einer bzw. um eine Achse einen sequentiellen Vorgang darstellt und daß die Bewegung eines Körpers auf bzw. um n Achsen n parallele und voneinander unabhängige Abläufe enthält. In dem vorliegenden Fall bewegt sich der Zug translatorisch auf einer Achse. Es geht also um einen sequentiellen Vorgang.

Auf dem Weg eines Zuges durch die Anlage treffen vier Interrupts hintereinander in der angegebenen Reihenfolge ein: „Kontakt_links", „Schranke_zu", „Kontakt_rechts" und „Schranke_offen". Aus der Aufgabenstellung läßt sich ableiten, welche Funktionen auf das Eintreffen eines Interrupts auszuführen sind (s. Abb. 4.41), nämlich:

- Auf das Eintreffen des Interrupts „Kontakt_links" ist die rote Signalanlage zum Blinken zu bringen und nach 10 sec die Schranke zu schließen.
- Auf das Eintreffen des Interrupts „Schranke_zu" ist die weiße Signalanlage zum Blinken zu bringen.
- Auf das Eintreffen des Interrupts „Kontakt_rechts" ist die weiße Signalanlage auszuschalten und die Schranke zu öffnen.
- Auf das Eintreffen des Interrupts „Schranke_offen" ist die rote Signalanlage auszuschalten.

Da die Fortbewegung des Zuges ein sequentieller Vorgang ist, kann er auch durch eine sequentielle Task gesteuert werden. Diese Task muß dann das Eintreffen der vier Interrupts in der angegebenen Reihenfolge abwarten und auf das Eintreffen jedes Interrupts die entsprechende Funktion ausführen bzw. anstoßen. Diese Task kann aber nicht die rote und weiße Signalanlage mit 2 Hz blinken lassen. Jeder Blinkvorgang ist selbst ein sequentieller Vorgang und erfordert daher eine eigene Task. Demnach ergeben sich drei sequentielle Vorgänge in diesem Prozeß und damit auch drei Tasks.

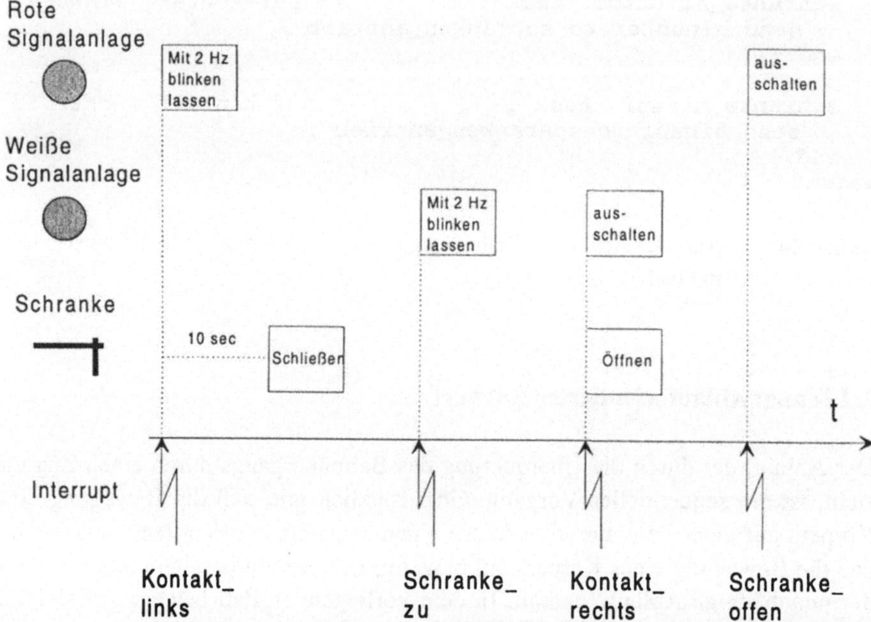

Abb. 4.41: Zuordnung von auszuführenden Operationen zu den Interrupts, die hintereinander bei der Steuerung eines Zuges über den Bahnübergang entstehen

```
module ( bahnuebergang ) ;

  system ;
      kontakt_links     :  ->  irpt * 1 ;
      schranke_offen    :  ->  irpt * 2 ;
      schranke_zu       :  ->  irpt * 3 ;
      kontakt_rechts    :  ->  irpt * 4 ;
      weiss_signal      : <-   digout * 2 , 1 ;
      rot_signal        : <-   digout * 3 , 1 ;
      schranken_antrieb: <-   digout * 4 , 2 ;
```

```
problem ;
   spc kontakt_links      interrupt ;
   spc schranke_offen     interrupt ;
   spc schranke_zu        interrupt ;
   spc kontakt_rechts     interrupt ;

   spc weiss_signal       dation out basic ;
   spc rot_signal         dation out basic ;
   spc schranken_antrieb  dation out basic ;

   dcl aus       inv  bit(1) init ('0'B1) ;
   dcl ein       inv  bit(1) init ('1'B1) ;
   dcl hinunter  inv  bit(2) init ('01'B1) ;
   dcl hinauf    inv  bit(2) init ('10'B1) ;
   dcl t1        inv  duration init (0.5 sec) ;

 init: task sys ;
   when kontakt_links activate steuerung ;
 end ;

 steuerung: task ;
   all t1 activate rot_blink ;
   after 10 sec resume ;
   send hinunter to schranken_antrieb ;
   when schranke_zu resume ;
   all 0.5 sec activate weiss_blink ;
   when kontakt_rechts resume ;
   prevent weiss_blink ;
   terminate weiss_blink ;
   send aus to weiss_signal ;
   send hinauf to schranken_antrieb ;
   when schranke_offen resume ;
   after 0 sec activate rot_blink ;
 end ;

 rot_blink: task ;
   send ein to rot_signal ;
   after t1/2 resume ;
   send aus to rot_signal ;
 end ;

 weiss_blink: task ;
   send ein to weiss_signal ;
   after t1/2 resume ;
   send aus to weiss_signal ;
 end ;
modend ;
```

Abb. 4.42: Automatisierung des Bahnübergangs nach dem ablauforientierten Modell in Pearl

4.2.10 Beispiel: Automatisierung einer Eisenbahnstrecke

Aufgabenstellung: In Abb. 4.43 ist der Aufbau einer einspurigen Gleisstrecke aus den beiden Strecken „Strecke 1" und „Strecke 2" dargestellt. Über „Weg 1" und „Weg 2" kommen Züge an der Fahrstraße an und können dort anhalten. Die Züge sind so über die beiden Strecken zu führen, daß sich gleichzeitig nur ein Zug auf einer Strecke (Strecke 1 oder Strecke 2) befindet.

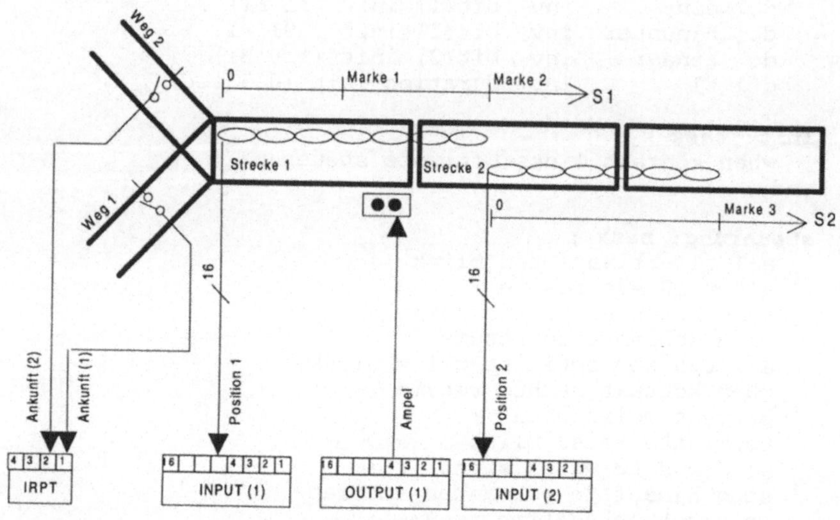

Abb. 4.43: Aufbau einer Eisenbahnstrecke

Positionserfassung eines Zuges: Zur Positionserfassung von Zügen werden Induktionsschleifen in die Gleisanlagen verlegt. Ein magnetischer Positionsmelder, in der Regel an der Spitze eines Zuges angebracht, erzeugt eine Induktionsspannung in der Schleife. Daraus kann die Position des Zuges ermittelt werden.

Es sei angenommen, daß die Strecke 1 und Strecke2 viel länger seien als ein Zug und daß die Position eines Zuges auf den beiden Strecken (gerade wegen ihrer Länge) getrennt voneinander erfaßt würden. Die Induktionsschleife für die Strecke 1 ragt um die Länge eines Zuges in die Strecke2 hinein (Marke2). Erst wenn die Spitze eines Zuges Marke2 erreicht hat, ist auch das Ende des Zuges aus der Strecke 1 herausgefahren. Genauso ragt die Induktionsschleife der Strecke2 um eine Zuglänge in die darauffolgende Strecke hinein (Marke3).

Anzahl der sequentiellen Vorgänge: Das Fahren eines Zuges über Strecke 1 und Strecke2 ist ein sequentieller Vorgang. Kommen zwei Züge gleichzeitig vor Strecke 1 an, so gibt es zwei sequentielle Vorgänge, die parallel zueinander ablaufen möchten. Weil die Strecke eingleisig ist, kann ein Vorgang ablaufen, während der andere Vorgang wartet. Es können sich max. vier Züge in der Anlage befinden: Ein Zug auf dem Weg1, einer auf dem Weg2, einer auf der Strecke 1 und einer auf der Strecke2.

Prozedur ZUG: Die Prozedur ZUG beschreibt den Algorithmus, wie ein Zug über die beiden Strecken zu führen ist. Sie erfaßt die Zugposition, erteilt Fahrkommandos an den Zugführer und stellt die Signalanlage (s. Abb. 4.44).

Tasks ZUG1 bis ZUG4: Da sich max. 4 Züge in der Anlage befinden können, werden auch vier Tasks eingeführt, die jeweils die Steuerung eines Zuges über die beiden Strecken übernehmen. Sie können parallel zueinander aktiv sein. Da der Algorithmus zur Führung eines Zuges in der Prozedur ZUG festgehalten ist, ruft jede Task ihrerseits die Prozedur ZUG auf.

Task VERTEILER: Diese Task wird aktiviert, wenn der Interrupt ANKUNFT(1:2) eintrifft. Sie stellt zunächst mit Hilfe der Funktionsprozedur ORIGIN fest, ob ANKUNFT(1) oder ANKUNFT(2) der Auslöser war und speichert diese Weg-Information in eine Variable (WEG) ab. Dann aktiviert sie der Reihe nach die Tasks ZUG1 bis ZUG4 und übergibt ihnen die Weg-Information in einer gemeinsamen Variable (WEGi für ZUGi mit i = 1 bis 4).

Hier könnte die Frage auftauchen, ob überhaupt die Task VERTEILER notwendig ist. Kann man nicht eine Task ZUGSTEUERUNG einführen, die auf den Interrupt ANKUNFT(1:2) zur Ausführung kommt? Die Antwort wäre nein, weil Pearl gleichzeitig vier Instanzen desselben Tasktyps nicht aktiv halten kann, was im vorliegenden Fall aber erforderlich sein könnte. Hätte man nur eine Task ZUGSTEUERUNG, so könnte man in Pearl zu jedem Zeitpunkt nur einen Zug in der Anlage steuern.

Funktionsweise der Prozedur ZUG: Der neue Zug darf erst dann auf die Strecke 1 geführt werden, wenn diese frei ist. Hierzu wird die Variable STRECKE1 eingeführt, die den Belegungszustand der Strecke 1 wiedergibt. Enthält sie den Wert '1'B1, so ist die Strecke 1 frei, ansonsten belegt. Ist Strecke 1 belegt, so wird ZUG zyklisch den aktuellen Wert von STRECKE1 abfragen (Polling-Verfahren), um ihre Freigabe festzustellen.

Irgendwo auf der Strecke 1 (Marke1) muß ZUG prüfen, ob die Strecke 2 frei ist. Die Variable STRECKE2 zeigt den Belegungszustand der Strecke 2 an. Stellt ZUG fest, daß die Strecke 2 nicht frei ist, muß die Ampel auf Rot geschaltet und der Zug angehalten werden, bis Strecke 2 freigegeben wird. Fährt der Zug mit der Geschwindigkeit v, so hat er den Bremsweg w. Damit läßt sich die Position von Marke1 berechnen, nämlich um den Bremsweg (w) und die Zuglänge (l) vor dem Ende der Induktionsschleife der Strecke 1.

ZUG muß die Ampel auf Grün schalten, bevor sie einen Zug auf die Strecke 2 führt. Hat ein Zug die Position Marke2 erreicht, so muß die Strecke 1 freigegeben werden. Genauso muß Strecke 2 freigegeben werden, wenn das Ende der Induktionsschleife der Strecke 2 (Marke3) erreicht ist.

Digital-Ein-/Ausgabe

POSITION1: Meldet die Position der Spitze eines Zuges auf Strecke 1 (Koordinate S1).

POSITION2: Meldet die Position der Spitze eines Zuges auf Strecke 2 (Koordiate S2). Nullpunkt der Koordinate S2 liegt auf Marke2 der Koordinate S1.

AMPEL: Schaltet Ampel auf Rot ('1'B1) bzw. Grün('0'B1).

Interrupts

ANKUNFT1: Wird ausgelöst, wenn über Weg1 ein Zug an der Fahrstraße ankommt.

ANKUNFT2: Wird ausgelöst, wenn über Weg2 ein Zug an der Fahrstraße ankommt.

```
MODULE ( STRECKE ) ;

  SYSTEM ;
      POSITION1         :  ->   INPUT  (1) * 1,16 ;
      POSITION2         :  ->   INPUT  (2) * 1,16 ;
      AMPEL:               <-   OUTPUT (1) * 4,1 ;
      ANKUNFT (1:2):       ->   INTRPT     * 1:2 ;

  PROBLEM;
      SPC  POSITION1 DATION IN  BASIC ;
      SPC  POSITION2 DATION IN  BASIC ;
      SPC  AMPEL DATION OUT BASIC ;
      SPC  ANKUNFT () INTERRUPT ;
      DCL  STRECKE1 BIT(1) INIT ( '1'B1 ) ;
      DCL  STRECKE2 BIT(1) INIT ( '1'B1 ) ;
      DCL  T INV DURATION INIT ( 1 SEC ) ;
      DCL  ROT INV BIT (1) INIT ( '1'B )
      DCL  GRUEN INV BIT (1) INIT ( '0'B ) ;
      DCL  ( MARKE1 , MARKE2 , MARKE3 ) INV FIXED INIT
           ( 2500   , 3500   , 3000   ) ;
      DCL  TURN FIXED INIT (1) ;
      DCL  HOCH INVARIANT FIXED INIT (20) ;
      DCL  NIEDRIG INVARIANT FIXED INIT (40) ;
      DCL  WEG1 , WEG2 , WEG3 , WEG4 FIXED ;
           /* WEGi ENTHÄLT DIE WEG-INFORMATION FÜR ZUGi */

   START: TASK SYS ;
      WHEN ANKUNFT ACTIVATE VERTEILER ;
   END ;
```

```
ZUG : PROCEDURE ( FIXED GLEIS ) ;
  DCL (S1,S2) FIXED ;
  CALL REQUEST_STRECKE1 ;          /* STRECKE 1 ANFORDERN */
  CALL FUEHREN ( GLEIS ) ;
  TAKE S1 FROM POSITION1;          /* WAGEN BIS ZUR MARKE 1
                                      FUEHREN*/
  WHILE S1 < MARKE1 REPEAT
     AFTER T RESUME ;
     TAKE S1 FROM POSITION1 ;
  END ;
  CALL REQUEST_STRECKE2 ;          /* STRECKE 2 ANFORDERN */
  TAKE S1 FROM POSITION1;          /* WAGEN BIS ZUR MARKE 2
                                      FUEHREN*/
  WHILE S1 < MARKE2 REPEAT
     AFTER T RESUME ;
     TAKE S1 FROM POSITION1 ;
  END ;
  CALL RELEASE_STRECKE1 ;          /* STRECKE 1 FREIGEBEN */
  TAKE S2 FROM POSITION2;          /* WAGEN BIS ZUR MARKE 3
                                      FUEHREN*/
  WHILE S2 < MARKE3 REPEAT
     AFTER T RESUME ;
     TAKE S2 FROM POSITION2 ;
  END ;
  CALL RELEASE_STRECKE2 ;          /* STRECKE 2 FREIGEBEN */
END ;

VERTEILER : TASK PRIOROTY HOCH ;
  DCL WEG FIXED ;
  WEG := ORIGIN(); /* DEN WEG FESTSTELLEN, AUF DEM EIN
                      WAGEN ANGEKOMMEN IST, DER DEN
                      INTERRUPT „ANKUNFT" AUSGELOEST HAT*/
  IF ( TURN = 1 ) THEN BEGIN
     WEG1 = WEG ;
     TURN = 2 ;
     ACTIVATE ZUG1 ;
     END ;
  ELSE IF ( TURN = 2 ) THEN BEGIN
     WEG2 = WEG ;
     TURN = 3 ;
     ACTIVATE ZUG2 ;
     END ;
  ELSE IF ( TURN = 3 ) THEN BEGIN
     WEG3 = WEG ;
     TURN = 4 ;
     ACTIVATE ZUG3 ;
     END ;
  ELSE IF ( TURN = 4 ) THEN BEGIN
     WEG4 = WEG ;
     TURN = 1 ;
     ACTIVATE ZUG4 ;
     END ;
  FIN; FIN, FIN; FIN;
END ;
```

```
ZUG1 : TASK  PRIOROTY NIEDRIG ;
   CALL ZUG ( WEG1 ) ;
END ;

ZUG2 : TASK PRIORITY NIEDRIG ;
   CALL ZUG ( WEG2 ) ;
END ;

ZUG3 : TASK PRIORITY NIEDRIG ;
   CALL ZUG ( WEG3 ) ;
END ;

ZUG4 : TASK PRIORITY NIEDRIG ;
   CALL ZUG ( WEG4 ) ;
END ;

PROCEDURE FUEHREN ( FIXED GLEIS );
   /* FAHRKOMMANDO AN DEN ZUGFÜHRER, DEN ZUG VOM „GLEIS"
   /* AUF DIE STRECKE1 ZU FÜHREN */
END ;

PROCEDURE REQUEST_STRECKE1 ;
1     IF (STRECKE1) BEGIN
                          STRECKE1 = '0'B1 ;
                      END ;
2     ELSE BEGIN
3                 WHILE (NOT STRECKE1) REPEAT
4                     AFTER T RESUME ;
                  END ;
5                 STRECKE1 = '0'B1 ;
             END ;
      FIN ;
6     RETURN ;
END ;

PROCEDURE REQUEST_STRECKE2 ;
   IF (STRECKE2) BEGIN
                       STRECKE2 = '0'B1 ;
                       SEND GRUEN TO AMPEL ;
                   END ;
   ELSE BEGIN
             SEND ROT TO AMPEL ;
             /* BREMSKOMMANDO AN DEN ZUGFÜHRER */
             WHILE (NOT STRECKE2) REPEAT
                 AFTER T RESUME ;
             END ;
             STRECKE2 = '0'B1 ;
             SEND GRUEN TO AMPEL ;
             /* FAHRKOMMANDO AN DEN ZUGFÜHRER */
        END ;
   FIN ;
END ;

PROCEDURE RELEASE_STRECKE1 ;
   STRECKE1 = '1'B1 ;
END ;
```

```
  PROCEDURE RELEASE_STRECKE2 ;
     STRECKE2 = '1'B1 ;
  END ;

MODEND ;
```

Abb. 4.44: Automatisierung einer Eisenbahn-Strecke in Pearl

Code Sharing: Die Tasks ZUG1 bis ZUG4 rufen die Prozedur ZUG auf. Dies wird, wie bereits erwähnt, als „Code Sharing" bezeichnet. In anderen Worten: Die Prozedur ZUG kann gleichzeitig unter der Kontrolle von mehreren Tasks ausgeführt werden. Jede Task hat dabei einen eigenen „Programm Counter" innerhalb der Prozedur ZUG. Alle Tasks teilen sich also nur das Codestück, sonst haben sie nichts gemeinsam. Eine Tasking-Anweisung in der Prozedur ZUG (z.B. AFTER T RESUME ;) bezieht sich auf die Task, die sie ausgeführt hat.

Ablauf-Szenarien: Zur Veranschaulichung der Abläufe werden zwei Szenarien betrachtet:

1. Beim Programmstart sind die beiden Strecken leer. Zwei Züge erreichen die Strecke 1 und lösen gleichzeitig die beiden Interrupts ANKUNFT(1) und ANKUNFT(2) aus. Damit gehen unmittelbar hintereinander zwei Aktivierungsaufträge für den Tasktyp VERTEILER ein. Eine Instanz wird sofort aktiviert und ein Aktivierungsauftrag gepuffert. Die Task VERTELER aktiviert ihrerseits die Task ZUG1 und beendet sich. Dann wird der gepufferte Aktivierungsauftrag für VERTEILER ausgeführt. Da die Task VERTEILER eine höhere Priorität als die Task ZUG1 hat, aktiviert VERTEILER diesmal die Task ZUG2 und beendet sich. ZUG1 und ZUG2 befinden sich beide in der Prozedur ZUG und konkurrieren miteinander um den Prozessor.

2. Ein Zug (Z1) wird auf der Strecke 1 von der Task ZUG1 gesteuert. Die Strecke 2 ist leer. Ein Zug (Z2) nähert sich auf dem Weg2 der Strecke und löst den Interrupt ANKUNFT(2) aus. ZUG2 übenimmt die Steuerung des Zuges Z2. ZUG2 ruft die Prozedur REQUEST_STRECKE1 auf, führt die Anweisung 1 aus und stellt fest, daß die Strecke 1 belegt ist. Dann führt sie die Anweisungen 2, 3 und 4 aus, womit sie sich für die Zeitdauer T suspendiert. Nun nähert sich ein Zug (Z3) auf dem Weg1 der Strecke und löst den Interrupt ANKUNFT(1) aus. Die Task ZUG3 übenimmt die Steuerung des Zuges Z3. ZUG3 ruft die Prozedur REQUEST_STRECKE1 auf, führt die Anweisung 1 aus und stellt ebenfalls fest, daß die Strecke 1 belegt ist. Dann führt sie die Anweisungen 2, 3 und 4 aus, womit sie sich ebenfalls für die Zeitdauer T suspendiert. Wird ZUG2 oder ZUG3 fortgesetzt, so führt sie die Anweisung 3 aus und falls die Strecke 1 noch nicht frei ist, wird sie wiederum für die Zeitdauer T suspendiert.

Eine Konstellation, die zu Kollisionen führt: Hier soll das 2. Szenarium näher betrachtet werden. Auf einem Mehrprozessorsystem laufen die Anweisungen von ZUG2 und ZUG3 parallel zueinander ab. Auf einem Einprozessorsystem konkurrieren die beiden Tasks miteinander um den Prozessor. Da sie aber dieselben Eigenschaften haben, ist es nicht vorhersehbar, in welcher Reihenfolge die Anweisungen der Tasks ausgeführt werden. Bei der Untersuchung, ob es bei diesem Programm zu einer Kollision der Züge kommen kann, muß man davon ausgehen, daß die Anweisungen der Tasks in beliebiger Reihenfolge ausgeführt werden. Die Untersuchung muß sich auf alle möglichen Konstellationen beziehen. Für die in Abb. 4.45 dargestellte Konstellation ist eine Kollision zweier Züge vorstellbar.

Anweisungen der Task ZUG2	**Anweisungen der Task ZUG3**
1 IF (STRECKE1) BEGIN	
	1 IF (STRECKE1) BEGIN
2 ELSE BEGIN	
	2 ELSE BEGIN
3 WHILE (NOT STRECKE1) REPEAT	
	3 WHILE (NOT STRECKE1) REPEAT
5 STRECKE1 = '0'B1 ;	
	5 STRECKE1 = '0'B1 ;
6 RETURN ;	
	6 RETURN ; t

Abb. 4.45: Diese Reihenfolge der Ausführung der Anweisungen von ZUG2 und ZUG3 aus Abb. 4.44 führt zu einer Kollision der beiden Züge.

ZUG2 und ZUG3 befinden sich in der Prozedur REQUEST_STRECKE1 und ihre Anweisungen kommen in der in Abb. 4.45 angegebenen Reihenfolge zur Ausführung. Nach dem Verlassen der Prozedur würden beide Tasks glauben, daß sie die Strecke 1 erfolgreich und alleine für sich reserviert hätten.

ZUG2 stellt in der Anweisung 3 fest, daß die Strecke 1 frei ist, bevor er aber in der Anweisung 5 die Strecke 1 für sich reserviert, macht ZUG3 mit seiner Anweisung 3 ebenfalls die Feststellung, daß die Strecke 1 frei ist. ZUG3 wird mit seiner Anweisung 5 ebenfalls die Strecke für sich reservieren. Dieses Problem könnte man lösen, wenn man die beiden Anweisungen 3 und 5 als eine atomare, nicht unterbrechbare Operation ausführen würde.

Strecke 1 und Strecke 2 stellen Betriebsmittel dar, um die die beiden Tasks ZUG2 und ZUG3 miteinander konkurrieren. Wer im Besitze des Betriebsmittels ist, darf fahren, der andere muß warten, bis das Betriebsmittel freigegeben wird. Zur Lösung solcher Probleme werden Semaphoren verwendet, auf denen die Betriebsmittel abgebildet werden. Semaphoren werden später in Absch. 7 beschrieben. Zur Veranschaulichung wird im folgenden die Lösung mit Hilfe von Semaphoren dargestellt (s. Abb. 4.46). Hier werden lediglich die Veränderungen gegenüber der Lösung in Abb. 4.44 dargestellt, die sich auf Einfürhung von Semaphoren und Modifikation der Prozedur ZUG beziehen.

```
MODULE ( STRECKE ) ;

   SYSTEM ;
         ...

   PROBLEM;
         ...
         DCL STRECKE1 SEMA PRESET ( 1 ) ;
         DCL STRECKE2 SEMA PRESET ( 1 ) ;

   ZUG: PROCEDURE ( FIXED GLEIS ) ;
      DCL (S1,S2) FIXED ;
      REQUEST STRECKE1 ;           // DIE STRECKE 1 ANFORDERN */
      CALL FUEHREN (GLEIS) ;
      TAKE S1 FROM POSITION1; // WAGEN BIS ZUR MARKE 1 FUEHREN
      WHILE S1 < MARKE1 REPEAT
         AFTER T RESUME ;
         TAKE S1 FROM POSITION1 ;
      END ;
      SEND ROT TO AMPEL ;
      REQUEST STRECKE2 ;                  // STRECKE 2 ANFORDERN
      SEND GRUEN TO AMPEL ;
      TAKE S1 FROM POSITION1; // WAGEN BIS ZUR MARKE 2 FUEHREN
      WHILE S1 < MARKE2 REPEAT
         AFTER T RESUME ;
         TAKE S1 FROM POSITION1 ;
      END ;
      RELEASE STRECKE1 ;                  // STRECKE 1 FREIGEBEN
      TAKE S2 FROM POSITION2; // WAGEN BIS ZUR MARKE 3 FUEHREN
      WHILE S2 < MARKE3 REPEAT
         AFTER T RESUME ;
         TAKE S2 FROM POSITION2 ;
      END ;
      RELEASE STRECKE2 ;                  // STRECKE 2 FREIGEBEN
   END ;

MODEND ;
```

Abb. 4.46: Modifikation der Lösung aus Abb. 4.44 zur Automatisierung einer Eisenbahn-Strecke durch Einführung von Semaphoren für Betriebsmittel

4.2.11 Beurteilung des Tasking in Pearl

Die Tasksteueranweisungen von Pearl (activate, terminate, suspend und continue) haben sich in der Praxis bewährt. Sie werden in vielen modernen Realzeit-Betriebssystemen dem Benutzer angeboten. Die Einplanung von Tasksteuer-Anweisungen erleichtert zwar einem Automatisierungs-Ingenieur die Lösung seiner Aufgaben sowie das Verständnis eines Programms, sie bedeutet aber einen hohen Kostenaufwand bei der Entwicklung eines solchen Betriebssystems und führt zu einer hohen Rechnerbelastung durch das Betriebssystem. Für didaktische Zwecke eignet sich Pearl hervorragend, da hier ihr Vorteil genutzt wird und ihr Nachteil nicht zur Geltung kommt.

Das Tasking in Pearl hat einige Besonderheiten, die im Folgenden erläutert werden. Sie führen dazu, daß Pearl nicht sehr *prozeßnah* eingesetzt werden kann, z.B. in der untersten Automatisierungsebene, die unmittelbar mit dem technischen Prozeß kommuniziert, Meßwerte erfaßt, Vorgänge steuert und Größen regelt. Pearl eigent sich vor allem zum Einsatz in höheren Automatisierungsebenen (*prozeßfern*), z.B. zur Überwachung und Koordinierung von prozeßnahen Rechnern oder zur Prozeßoptimierung.

Zur Lösung der Aufgaben im prozeßnahen Bereich kann es erforderlich werden, für eine kurze Zeitspanne die Unterbrechbarkeit der Anweisungen außer Kraft zu setzen, um eine Anweisungsfolge ohne Unterbrechung (d.h., als eine *atomare* Anweisung) auszuführen. Dies ist insbesondere wichtig bei der Eintragung bzw. Löschung von Einplanungen auf das Eintreffen von Interrupts. Pearl schließt so eine Möglichkeit aus. Moderne Realzeit-Betriebssysteme lassen dies aber zu.

Pearl kennt im Gegensatz zu vielen Realzeit-Betriebssystemen keine „Interrupt Service Routine“ (ISR), die eine weitgehende Ununterbrechbarkeit auf Grund folgender Eigenschaften aufweist:

- Eine ISR ist außerhalb der Task-Gefüge angesiedelt.
- Sie unterbricht die Ausführung aller Tasks.
- Sie wird privillegiert als Quasi-Betriebssystem-Routine ausgeführt.
- Sie kann nur von anderen ISR unterbrochen werden, die Infolge des Eintreffens eines höherprioren Interrupts zur Ausführung kommen müssen.

4.2.12 Übung

Ampelsteuerung (Pearl)

Aufgabenstellung: Es ist ein vollständiges Pearl-Programm zu erstellen, das den Verkehr an einer Straßenmündung regelt. Abbildung 4.47 zeigt:

- Wie eine Nebenstraße in eine Hauptstraße mündet.
- In welcher Richtung jeweils die Straßen befahren werden.
- Wo der Zebrastreifen angeordnet ist.
- Welche Ampel und welche Anforderungssignale vorhanden sind.
- Wie die Geräte an einem Rechner angeschlossen sind.

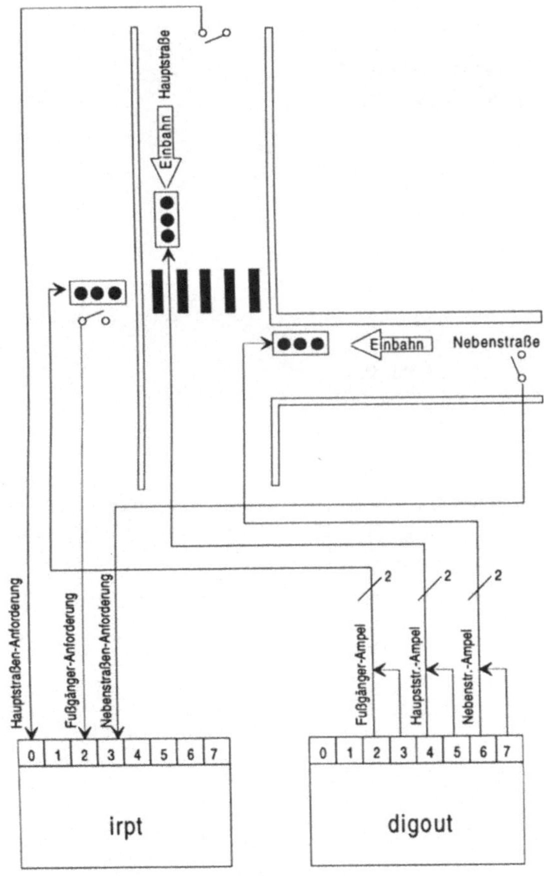

Abb. 4.47: Aufbau einer Straßenkreuzung

Verkehrsregeln

- Die Fußgänger- und Nebenstr.-Ampel werden immer gleichzeitig auf Rot bzw. Grün geschaltet.
- Die Hauptstr.-Ampel wird immer komplementär zur Fußgänger- und Nebenstr.-Ampel geschaltet. Vor jeder Umschaltung müssen jedoch alle Ampeln 5 sec lang auf Rot stehen (sog. Umschaltzeit).
- Beim Programmstart wird die Hauptstr.-Ampel auf Grün und die beiden anderen Ampeln auf rot geschaltet.
- Die Hauptstr.-Ampel bleibt bis zu 20 Sekunden nach dem Eintreffen einer Fußgänger-/Nebenstr.-Anforderung auf Grün, jedoch für mindestens 60 sec (die Umschaltzeit geht in die Mindestzeit nicht ein).
- Die Nebenstr.-Ampel bleibt bis zum Eintreffen einer Hauptstr.-Anforderung auf Grün, jedoch für mindestens 30 sec (die Umschaltzeit geht in die Mindestzeit nicht ein).

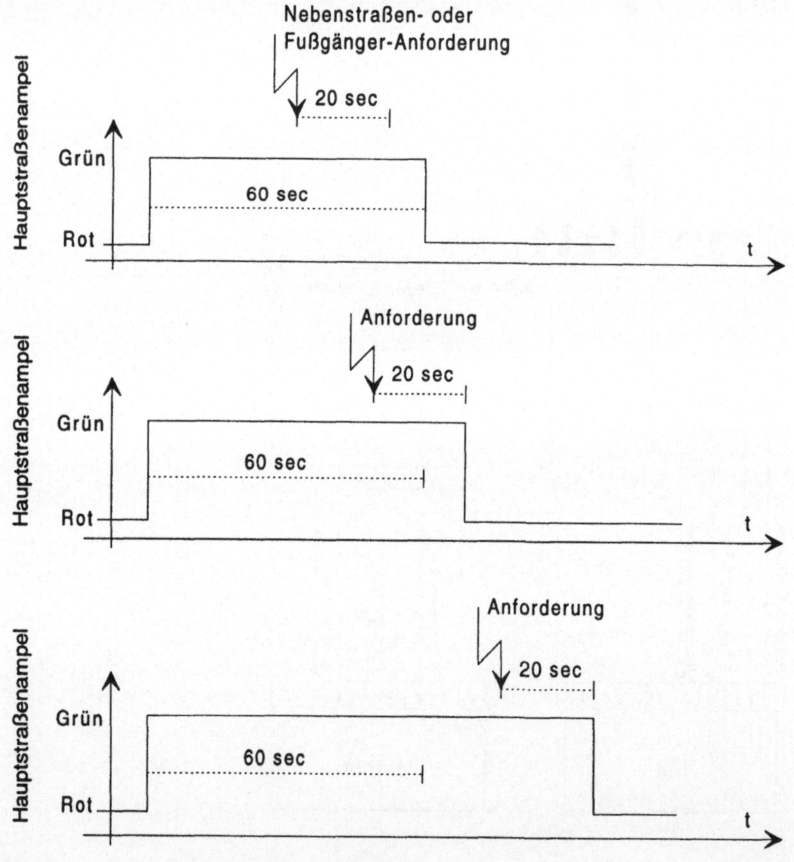

Abb. 4.48: Umschalten der Hauptstraßenampel von Grün auf Rot in Abhängigkeit von der Nebenstraßen- oder Fußgänger-Anforderung

4.3 Die Realzeit-Programmiersprache Ada

In diesem Abschnitt werden die Realzeit-Elemente von Ada vorgestellt. Es sind Tasks, Subtasks und Tasktypen sowie Rendezvous-Konzept zur Synchronisierung von Tasks.

Zielsetzung bei der Definition von Ada. Ende der 70er Jahre hat sich das US-Verteidigungsministerium das Ziel gesetzt, eine Realzeit-Sprache auszusuchen und sie zum Standard zu definieren, so daß alle verteidigungspolitischen Automatisierungsprojekte in dieser Sprache formuliert werden sollen. Nach langjährigen Analyse-, Ausschreibungs- und Untersuchungsphasen wurde unter vielen Kandidaten die Sprache Ada ausgewählt.

Die besonderen Merkmale von Ada. Besonderes Gewicht wurde auf die Lesbarkeit eines Programms gelegt, nicht jedoch auf eine einfache Schreibweise. Es werden englische Sprachkonstrukte, im Gegensatz zu kryptischen Abkürzungen, verwendet. Die starke Typbindung, daß für jede Variable ein Typ angegeben werden muß und daß keine automatischen Typkonvertierungen zugelassen sind, wurde in Ada aufgenommen. In Anlehnung an die mit Pascal eingeleitete Entwicklung wurde das Konzept der Datenabstraktion, daß die Details der Datendarstellungen von den auf Daten anwendbaren logischen Operationen getrennt werden, weiter verfolgt. Dies wurde mit dem neuen Konstrukt „Generic Units" ergänzt, das eine typunabhängige Operation darstellt, wobei der aktuelle Typ bei der Ausführung der Operation festgelegt wird. Zur Modularisierung eines großen Programms wurden „packages" eingeführt, die dem „module" in Modula-2 sehr ähnlich sind. Weiterhin wurde „Exception Handling" (Behandlung von Fehlern und Ausnahmebedingungen während der Ausführung eines Programms) in Ada aufgenommen.

4.3.1 Das Konzept der Parallel-Programmierung in Ada

```
task task_name is
     task-specification
end task_name ;
```

```
task body task_name is begin
     task-body
end task_name ;
```

Abb. 4.49: Task-Aufbau in Ada

Aufbau einer Task: Eine Task-Deklaration besteht aus zwei Teilen: „task-specification" und „task-body". Die „task-specification" stellt die Schnittstelle zu den anderen Tasks dar. „task-body" beschreibt die eigentliche Implementierung der Task.

Eine Task ist eine Programmeinheit. Sie ist in eine übergeordnete Programmeinheit eingebettet, die *„parent"* genannt wird. Der „parent" kann eine Prozedur, ein Block, ein „package" oder eine andere Task sein. Ist der „parent" eine Task, so wird die Task im „task-body" des „parent" deklariert (s. Abb. 4.50).

Aktivierung einer Task: Eine Task wird automatisch aktiviert, wenn die „begin"-Anweisung der übergeordneten Programmeinheit („parent") erreicht ist. Die Task wird dann parallel zu ihrem Parent ausgeführt. Sind mehrere Tasks im „task-body" desselben Parents deklariert, so laufen sie parallel zueinander und zu ihrem gemeinsamen Parent ab. Die Reihenfolge für die Aktivierung der Tasks eines Parents ist beliebig.

Eine Task läuft zu Ende, wenn sie ihre „end"-Anweisung erreicht und keine Subtasks enthält. Erreicht die übergeordnete Programmeinheit („parent") ihr abschließendes „end", so wird sie so lange dort angehalten, bis alle in ihr deklarierten Tasks („child processes") ihren Ablauf beendet haben. Das Hauptprogramm wird selbst von einem hypothetischen Hauptprozeß aufgerufen.

```
  | PROCEDURE program_name IS
  |   BEGIN
  |
  |        | TASK task_name_1 IS
H |   1.   |        specification
a | Task   | END task_name_1 ;
u |        | TASK BODY task_name_1 IS BEGIN
p |        |        statements
t |        | END task_name_1 ;
- |
T |        | TASK task_name_2 IS
a |        |        specification
s |        | END task_name_2 ;
k |        | TASK BODY task_name_2 IS BEGIN
  |   2.   |        statement_1
  | Task   |
  |        |       | TASK task_name_3 IS
  |        |  Sub- |         specification
  |        |  Task | END task_name_3 ;
  |        |       | TASK BODY task_name_3 IS BEGIN
  |        |       |         statements
  |        |       | END task_name_3 ;
  |        |
  |        |        statement_2
  |        | END task_name_2 ;
  |   statements
  | END program_name ;
```

Abb. 4.50: Bildung von Task-Hierarchien in Ada durch Definition von Subtasks in einer übergeordneten Task

Für die „Eltern-Kind"-Beziehungen unter den Tasks aus der Abb. 4.50 gilt:

Eltern		Kind
Hauptprogramm	=>	task_name_1
Hauptprogramm	=>	task_name_2
task_name_2	=>	task_name_3

Mit dem Start des Hauptprogramms werden parallel zu ihm seine beiden „Kinder", „task_name_1" und „task_name-2", aktiviert. Hat task_name_2 die Anweisung „statement_1" ausgeführt, so wird sein Kind, „task_name_3", parallel zu ihr aktiviert. task_name_2 muß auf das Ende von task_name_3 warten. Das Hauptprogramm muß auf das Ende seiner beiden Kinder, „task_name_1" und „task_name_2", warten.

Definition von Task-Typen: Wenn mehrere Abläufe desselben „task-body" benötigt werden, so kann ein „task-type" definiert und beliebig viele Instanzen (Exemplare) davon gestartet werden.

```
Definition des Tasktyps:
            task type task_type_name is
                  task-specification
            end task_type_name ;
            task body task_type_name is begin
                  task-body
            end task_type_name ;

Deklaration von Tasks:
            task_name: task_type_name ;
```

Abb. 4.51: Aufbau von „task-type" in Ada

„task_type_name" definiert einen Task-Typ. „task_name" ist die Deklaration einer Instanz dieses Task-Typs, die beim Erreichen der Deklaration aktiviert wird.

4.3.2 Synchronisierung mit Hilfe des Rendezvous-Konzepts

Das Rendezvous-Konzept wird später in Kap. 9 beschrieben, nachdem die Notwendigkeit von Synchronisierungen erläutert wurde.

5. Synchronisierung von Rechenprozessen

5.1 Problematik

Durch die Anforderungen an die Ausführung von Tasks zu vorgegebenen Zeitpunkten, in gewissen Zeitabständen oder beim Auftreten bestimmter Ereignisse soll gewährleistet werden, daß die Tasks synchron mit den Vorgängen im technischen Prozeß ablaufen. Bei der Steuerung der „gleichzeitigen" Durchführung werden sich jedoch zeitliche Verschiebungen gegenüber den Anforderungen nicht vermeiden lassen. Es kann sogar zu Überholvorgängen kommen. Dann entspricht die Reihenfolge des Ablaufs der Tasks nicht mehr den gestellten Anforderungen. Der Synchronismus wird gestört [Lauber 99]. Es werden zwei typische Aufgaben der logischen Synchronisierung unterschieden:

1. Die Prozesse *konkurrieren* miteinander um Betriebsmittel. Der Abschnitt in einer Task, in dem diese das gemeinsame Betriebsmittel benutzt, wird als ihr *„kritischer Abschnitt"* bezeichnet. Ist ein Betriebsmittel nur einmal vorhanden, so schließen sich die Tasks, bezogen auf ihren kritischen Abschnitt, wechselseitig aus (wechselseitiger Ausschluß, mutual exclusion). Ist ein Betriebsmittel n-fach vorhanden, so dürfen sich zu jedem Zeitpunkt maximal n Tasks in ihren kritischen Abschnitten befinden.
2. Die Prozesse *kooperieren* miteinander, um gemeinsam ein Ziel zu erreichen. Beispiele hierfür sind Erzeuger-Verbraucher-Prozesse oder Prozesse, die eine bestimmte Reihenfolge des Ablaufs einhalten müssen.

5.2 Herleitung der elementaren Anforderungen für die Synchronisierung von Tasks

Anhand eines typischen Beispiels, nämlich des wechselseitigen Ausschlusses, soll im Folgenden gezeigt werden, welche Probleme sich bei der Synchronisierung von Tasks ergeben und welche Anforderungen an die Synchronisierung deshalb gestellt werden müssen.

Aufgabenstellung: Auf einem Flughafen werden Gepäckstücke auf einem Schienensystem mit Hilfe von (Schienen-)Fahrzeugen zu den Flugzeugen transportiert. Die Aufgabe besteht darin, die Steuerung zweier Fahrzeuge, deren Wege sich kreuzen, in der Weise zu synchronisieren, daß eine Kollision ausgeschlossen ist, d.h., zu keinem Zeitpunkt dürfen zwei Fahrzeuge gleichzeitig auf die Kreuzung gelangen.

Programmtechnisch ausgedrückt heißt das: Jedes Fahrzeug wird von einer eigenen Task gesteuert. In Anknüpfung an die obige Abstraktion stellt die Kreuzung das gemeinsame Betriebsmittel und das Fahren über die Kreuzung den kritischen Abschnitt in den Steuerungs-Tasks dar. Die Synchronisieraufgabe besteht somit darin, zu vermeiden, daß die beiden kritischen Abschnitte zeitlich zusammenfallen.

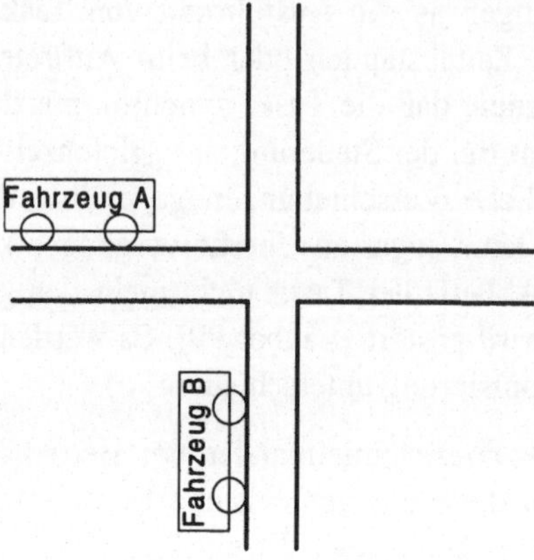

Abb. 5.1: Synchronisierung zweier Gepäckstücke an einer Kreuzung

Annahmen bei der Realisierung: Auf dem Automatisierungsrechner sei ein Realzeit-Betriebssystem eingesetzt, das den Ablauf der Tasks nach der Methode der asynchronen Programmierung steuert. Das Betriebssystem verfüge über keine Hilfsmittel zur Synchronisierung von Tasks, so daß der wechselseitige Ausschluß der beiden Fahrzeuge bei der Überquerung der Kreuzung explizit programmiert werden muß.

Bei Anwendung der Methode der asynchronen Programmierung können sich Tasks gegenseitig an beliebigen Stellen unterbrechen. Die Unterbrechbarkeit geht bis auf die Ebene eines Assembler-Befehles zurück. Ein Assembler-Befehl ist eine *elementare* (*atomare*) und *ununterbrechbare* (*unteilbare*) Operation. Zum Beispiel ist der Transfer eines Maschinenwortes aus einer Speicherzelle in ein Rechenregister nicht unterbrechbar.

Tauschen zwei Tasks über eine gemeinsam verwendete Variable, die höchstens ein Maschinenwort lang ist, Informationen aus, können keine Dateninkonsistenzen entstehen. Denn der Zugriff auf die gemeinsam verwendete Speicherzelle benötigt nur einen einzigen Assembler-Befehl, der in sich atomar ist. Hat eine Task ihren Zugriff auf die gemeinsam verwendete Speicherzelle begonnen, so kann sie von der anderen Task nicht unterbrochen werden.

In Abb. 5.2 ist „word1“ das von Task A und B gemeinsam verwendete Datum. Da dieses nur ein Speicherwort lang ist, sind die entsprechenden Lese- und Schreiboperationen unteilbar, d.h., das Schreiben durch die Task B wird vom

Anw.-Nr.	Code von Task A	Code von Task B	zeitl. Folge
A1	store 2 to word1		1
B1		load reg1 from word1	2
B2		...	3
B3		store 3 to word1	4
A2	load reg1 from word1		5
			t

word1: gemeinsame Variable der beiden Tasks

Abb. 5.2: Zugriff auf ein Speicherwort ist eine unteilbare (atomare) Operation

Lesen durch die Task A nicht unterbrochen, auch umgekehrt nicht. Es kann also nicht vorkommen, daß das gemeinsame Datum „word1" einen inkonsistenten Inhalt aufweist.

Wäre die gemeinsame Variable länger als ein Maschinenwort (z.B. drei Maschinenwörter), so könnten Dateninkonsistenzen entstehen. Denn der Zugriff auf die gemeinsame Speicherzelle würde mehrere Assembler-Befehle benötigen, die insgesamt nicht als atomar angesehen werden können. Hat eine Task mit ihrem Zugriff auf die gemeinsamen Speicherzellen begonnen, so kann sie mittendrin von der anderen Task unterbrochen werden. Abbildung 5.3 zeigt ein Beispiel für diesen Fall. Das gemeinsam verwendete Datum ist hier drei Speicherwörter lang, nämlich „word1", „word2" und „word3".

Anw.-Nr.	Code von Task A	Code von Task B	zeitl. Folge
A1	store 2 to word1		1
A2	store 5 to word2		2
A3	store 6 to word3		3
B1		load reg1 from word1	4
B2		load reg2 from word2	5
B3		load reg3 from word3	6
A4	store 3 to word1		7
B4		load reg1 from word1	8
B5		load reg2 from word2	9
B6		load reg3 from word3	10
A5	store 8 to word2		11
A6	store 1 to word3		12

```
word1: Maschinenwort   // gemeinsam verwendete Variable
word2: Maschinenwort   // bestehend aus drei Wörtern:
word3: Maschinenwort   // word1, word2, word3
```

Abb. 5.3: Entstehung von Dateninkonsistenzen infolge des gleichzeitigen Zugriffs mehrerer Tasks auf ein aus mehreren Speicherwörtern bestehendes gemeinsames Datum

Mit den Anweisungen A1–A3 schreibt die Task A den Wert 256 in das gemeinsam verwendete Datum der Speicherwörter „word1"–„word3". Mit den Anweisungen B1–B3 liest die Task B diesen aktuellen Wert 256 wieder aus. Hier entstehen keine Inkonsistenzen, da das Schreiben bzw. das Lesen aller drei Wörter zusammenhängend erfolgt und durch die andere Task nicht unterbrochen wird.

Eine Dateninkonsistenz würde im folgenden Fall entstehen. Die Task A möchte mit den Anweisungen A4, A5 und A6 den neuen Wert 381 in das gemeinsam verwendbare Datum schreiben. Bereits nach dem Schreiben des Wertes 3 in „word1" wird die Task A von der Task B unterbrochen. Task B liest mit den Anweisungen B4 bis B6 den Wert 356 als den aktuellen Wert des gemeinsamen Datums. In diesem Fall ist der gelesene Wert unkorrekt. Da die Schreiboperation nicht atomar blieb und durch die Leseoperation unterbrochen wurde, ist ein inkonsistenter Inhalt für das gemeinsame Datum entstanden.

Im Folgenden werden 4 Lösungsansätze auf ihre Tauglichkeit hin untersucht. In allen Lösungsansätzen werden Variable eingeführt, die zum Informationsaustausch zwischen Tasks dienen. Da der Wertebereich dieser Variablen begrenzt ist, können sie in ein Speicherwort untergebracht werden, so daß beim gleichzeitigen Zugriff keine Dateninkonsistenzen entstehen.

1. Lösungsansatz: Schutz des kritischen Bereiches durch eine gemeinsame Variable

Als erster Versuch wird eine gemeinsame Variable mit dem Namen „Kreuzung" eingeführt, die den Zustand der Kreuzung wiedergibt. Sie kann die Werte FREI und BELEGT annehmen. Der Wert BELEGT zeigt an, daß eine der beiden Tasks in ihren kritischen Abschnitt eingetreten ist, sich also ein Fahrzeug auf der Kreuzung befindet. Der Wert FREI zeigt an, daß sich kein Fahrzeug auf der Kreuzung befindet und daher eine der beiden Tasks bei Bedarf in ihren kritischen Bereich eintreten darf. Durch dieses Verfahren hat man also den kritischen Bereich in den Tasks durch die Variable „Kreuzung" zeitlich gegeneinander ausgegrenzt (s. Abb. 5.4).

Diese Lösung ist *nicht sicher*, d.h., es kann vorkommen, daß sich beide Fahrzeuge gleichzeitig auf der Kreuzung befinden. Dies trifft ein, wenn die Kreuzung frei ist und die Anweisungen der beiden Tasks in der in Abb. 5.5 dargestellen Reihenfolge ausgeführt werden. Die Ursache für die Entstehung der Kollision ist:

- Die gleichzeitige Abfrage der Variablen „Kreuzung" führt zu gleichen Reaktionen in den beiden Tasks, daß nämlich beide Tasks in ihren kritischen Bereich eintreten, falls die Kreuzung frei ist.
- Die Abfrage der Kreuzung und deren Belegung stellen gemeinsam keine unteilbare (ununterbrechbare, atomare) Operation dar, d.h., eine Task kann zwischen der Abfrage und der Belegung der Kreuzung durch die andere Task unterbrochen und verdrängt werden.

```
1  Program
2     var Kreuzung word:= FREI
3     Task A
4        repeat
5            after 1 msec resume
6        until Kreuzung = FREI
7        Kreuzung:= BELEGT
8        Fahre über Kreuzung (*kritischer Abschnitt*)
9        Kreuzung:= FREI
10       ...
11    end A
12    Task B
13       repeat
14           after 1 msec resume
15       until Kreuzung = FREI
16       Kreuzung:= BELEGT
17       Fahre über Kreuzung (*kritischer Abschnitt*)
18       Kreuzung:= FREI
19       ...
20    end B
21 end Program
```

Abb. 5.4: Steuerung zweier Fahrzeuge durch zwei Tasks über eine Kreuzung durch Einführung der gemeinsamen Variablen „Kreuzung"

```
5       die Task A wird fortgesetzt
6       until Kreuzung = FREI
14      die Task B wird fortgesetzt, sie unterbricht A
15      until Kreuzung = FREI
16      Kreuzung:= BELEGT
17      Fahre über Kreuzung (*kritischer Abschnitt*)
        Noch im kritischen Abschnitt gibt Task B den
        Prozessor frei, um etwa auf das Eintreffen eines
        Ereignisses zu warten
7       Kreuzung:= BELEGT
8       Fahre über Kreuzung (*kritischer Abschnitt*)
        Kollision
```

Abb. 5.5: Reihenfolge der Ausführung der Operationen des Programms aus Abb. 5.4, die zur Kollision der beiden Fahrzeuge auf der Kreuzung führt

Diese konzeptionelle Schwäche kann dadurch umgangen werden, daß eine Variable eingeführt wird, deren gleichzeitige Abfrage zu unterschiedlichen Reaktionen in den beiden Tasks führen würde.

2. Lösungsansatz: Einführung eines Entscheidungskriteriums

An der Kreuzung wird eine Tafel angebracht, auf der das Kennzeichen des Fahrzeugs notiert ist, das als nächstes die Kreuzung überqueren darf. Damit ist das konzeptionelle Problem des ersten Ansatzes beseitigt, denn die gleichzeitige

Abfrage der Tafelnotierung durch die beiden Tasks würde zu unterschiedlichen Reaktionen in den Tasks führen. Eine faire Lösung wird erreicht, wenn ein Fahrzeug beim Verlassen der Kreuzung das Kennzeichen des anderen Fahrzeugs auf der Tafel notiert.

```
Program
    var  Tafel word:= Fahrzeug-A
    Task A
        repeat
            after 1 msec resume
        until Tafel = Fahrzeug-A
        Fahre über Kreuzung
        Tafel:= Fahrzeug-B
        ...
    end A
    Task B
        repeat
            after 1 msec resume
        until Tafel = Fahrzeug-B
        Fahre über Kreuzung
        Tafel:= Fahrzeug-A
        ...
    end B
end Program
```

Abb. 5.6: Steuerung zweier Fahrzeuge über eine Kreuzung durch Einführung eines Entscheidungskriteriums

Diese Lösung ist *sicher* und *fair*. Sicher heißt, es ist ausgeschlossen, daß beide Fahrzeuge gleichzeitig auf die Kreuzung fahren und miteinander kollidieren. Fair heißt, beide Fahrzeuge kommen mit derselben Häufigkeit an die Reihe. Dieser Ansatz hat aber den Nachteil, daß es eine *feste Reihenfolge* für die Überquerung der Kreuzung gibt, nämlich Fahrzeug A, Fahrzeug B, Fahrzeug A, Fahrzeug B usw. Ein Fahrzeug kann nicht zweimal hintereinander die Kreuzung überqueren, auch dann nicht, wenn das andere Fahrzeug die Kreuzung gar nicht überqueren möchte und kein Konflikt vorliegt.

Dieser einfachste Versuch einer Synchronisierung zweier Vorgänge versagt aber bereits gänzlich, wenn eines der Fahrzeuge durch Defekt ausfällt. Die Gepäckbeförderung kommt dann nämlich insgesamt zum Stillstand; um so gravierender, wenn mehr als zwei Fahrzeuge involviert sind. Von einer brauchbaren Synchronisierungslösung muß also grundsätzlich gefordert werden, daß unter allen Tasks nur diejenigen in die momentane Synchronisierung einbezogen werden müssen, die eine solche auch fordern.

3. Lösungsansatz: Einführung einer Sicherheitszone vor der Kreuzung

Auf jeder Strecke wird vor der Kreuzung eine sog. *Sicherheitszone* eingeführt. Ein Fahrzeug fährt in die Sicherheitszone hinein, hält dort an und notiert in eine gemeinsame Variable, daß es sich in der Sicherheitszone befindet. Anschließend überprüft es anhand eines zweiten gemeinsamen Datums, ob sich das andere Fahrzeug ebenfalls in der Sicherheitszone befindet. Wenn ja, wartet es so lange, bis das andere Fahrzeug die Kreuzung überquert und anschließend die Sicherheitszone freigegeben hat. Wenn sich das andere Fahrzeug nicht in der Sicherheitszone befindet, fährt das Fahrzeug über die Kreuzung und gibt anschließend die Sicherheitszone frei (s. Abb. 5.7).

Auf diese Weise ist der aus dem 2. Lösungsansatz hergeleiteten Forderung Rechnung getragen, daß bei der Synchronisierung nur diejenigen Tasks berücksichtigt werden, die momentan über die Kreuzung fahren möchten und dies durch den Eintritt in ihre Sicherheitszone signalisieren.

```
Program

    var  Task-A word:= AUSSEN
         Task-B word:= AUSSEN

    Task A
       ...
       Task-A:= INNEN
       repeat
          after 20 msec resume
       until Task-B = AUSSEN
       Fahre über Kreuzung
       Task-A:= AUSSEN
       ...
    end A

    Task B
       ...
       Task-B:= INNEN
       repeat
          after 20 msec resume
       until Task-A = AUSSEN
       Fahre über Kreuzung
       Task-B:= AUSSEN
       ...
    end B

end Program
```

Abb. 5.7: Steuerung zweier Fahrzeuge über eine Kreuzung durch Einführung einer Sicherheitszone

Diese Lösung ist *sicher*, kann aber zu einer *Verklemmung* führen. Eine Verklemmung liegt dann vor, wenn beide Tasks an der Kreuzung stehen bleiben und jeweils auf eine Bedingung warten, die nicht erfüllt werden kann. Die Verklemmung entsteht in dem obigen Programm dann, wenn die beiden Tasks gleichzeitig in die Sicherheitszone hineinfahren und darauf warten, daß die andere Task die Sicherheitszone verläßt.

Der Fall, daß sich die beiden Tasks in der Sicherheitszone befinden, wird als *Konfliktfall* bezeichnet. Im Konfliktfall muß jede Task anhand einer Strategie entscheiden können, welches Fahrzeug zunächst die Kreuzung überqueren darf. Bei der oben präsentierten Lösung wird im Konfliktfall keine Entscheidung getroffen. Jede Task wartet darauf, bis die andere Task die Sicherheitszone verläßt. Dies führt zu *unendlichen Wartezeiten* (*Dead Lock*) für beide Tasks.
Die Strategie für den Konfliktfall kann nicht so ausgelegt sein, daß die beiden Tasks die gleiche Entscheidung treffen. Würde z.B. jede Task zu ihren eigenen Gunsten entscheiden und über die Kreuzung fahren wollen, würde dies zu einer Kollision führen. Würde jede Task zu Gunsten der anderen Task entscheiden, so würde dies zu einer Verklemmung führen. Die Strategie für den Konfliktfall muß so ausgelegt sein, daß die beiden Tasks zu komplementären Entscheidungen kommen, nämlich daß die erste Task zu ihren eigenen Gunsten entscheidet und die zweite Task zu Gunsten der ersten Task.

Die Entstehung von unendlichen Wartezeiten läßt sich programmtechnisch wie folgt erklären. Nach dem Modell der Parallelität sind die beiden Tasks voneinander unabhängig und laufen parallel zueinander ab. Tatsächlich aber kann auf einem Einprozessor-System entweder nur die eine oder nur die andere Task ablaufen, wobei sich diese allerdings gegenseitig an beliebigen Stellen unterbrechen können. Die Operationen der beiden Tasks können also, zeitlich betrachtet, ineinander verzahnt ablaufen. Abb. 5.8 zeigt eine solche Verzahnung, die zu unendlichen Wartezeiten führt. Die Wahrscheinlichkeit für das Entstehen der dargestellten Anweisungsfolge ist zwar sehr gering, es ist aber nicht auszuschließen.

```
7     Task-A:= INNEN
18    Task-B:= INNEN
8     repeat
9     after 20 msec resume
19    repeat
20    after 20 msec resume
10    until Task-B = AUSSEN
8     repeat
9     after 20 msec resume
21    until Task-A = AUSSEN
19    repeat
20    after 20 msec resume
```

Abb. 5.8: Beispiel für die Entstehung von unendlichen Wartezeiten (Dead Lock) durch Einführung von Sicherheitszonen gemäß Abb. 5.7

Würde man diesen Algorithmus dahingehend ändern, daß ein Fahrzeug im Konfliktfall rückwärts aus der Sicherheitszone herausfahren müßte, so würde dies nicht zur Auflösung der unendlichen Wartezeit führen. Denn es ist immer noch der Fall möglich, daß nach der Ausführung einer Operation der Task A die analoge Operation der Task B zur Ausführung kommt (s. Abb. 5.9).

```
1     Fahrzeug A fährt in die Sicherheitszone
2     Fahrzeug B fährt in die Sicherheitszone
3     Fahrzeug A überprüft, ob sich Fahrzeug B in der
      Sicherheitszone befindet
4     Fahrzeug B überprüft, ob sich Fahrzeug A in der
      Sicherheitszone befindet
5     Fahrzeug A fährt rückwärts aus der Sicher-
      heitszone heraus
6     Fahrzeug B fährt rückwärts aus der Sicher-
      heitszone heraus
7     ...
```

Abb. 5.9: Möglichkeit der Entstehung von unendlichen Wartezeiten (Dead Lock) auch für den Fall, daß beide Fahrzeuge die Sicherheitszone verlassen würden

Die Wahrscheinlichkeit für das Entstehen eines Dead Lock ist zwar noch geringer geworden, aber ausgeschlossen ist es immer noch nicht.

Dieser Ansatz weist dieselbe konzeptionelle Schwäche auf wie der erste Ansatz, wenn auch die Konsequenzen unterschiedlich sind. Das Problem liegt darin, daß die Operationen unterbrechbar sind und die gleichzeitige Abfrage der beiden Variablen zu gleichen Reaktionen in den beiden Tasks führen kann.

4. Lösungsansatz: Die Lösung von Dekker

Bei diesem Ansatz wird die Sicherheitszone und die Tafel beibehalten, um in Konfliktfällen abwechselnd zu Gunsten des einen oder anderen Fahrzeugs entscheiden zu können. Diese Lösung ist *sicher* und *fair*. Sie führt nicht zu unendlichen Wartezeiten (*kein Dead Lock*) und berücksichtigt nur die momentanen Anforderungen an der Kreuzung (s. Abb. 5.10).

Aus praktischer Sicht hat diese Lösung zwei Nachteile. Erstens ist sie zu umständlich und zu kompliziert. Zweitens führt der Wartemechanismus für eine Task, die in den kritischen Abschnitt eintreten möchte, zu einer sehr hohen Belastung des Rechners. Denn eine auf die freie Kreuzung wartende Task überprüft ständig den Austritt der anderen Task aus dem kritischen Abschnitt (*Busy Waiting*).

```
Program
    var  Task-A word:= AUSSEN
         Task-B word:= AUSSEN
         Tafel  word:= Fagrzeug-A
    Task A
   Task-A:= AUSSEN
   ...
   Task-A:= INNEN
   if Task-B = INNEN then
     begin
        if Tafel = Fahrzeug-B then
          begin
               Task-A:= AUSSEN
               repeat until Tafel:= Fahrzeug-A
               Task-A:= INNEN
          end
        repeat until Task-B:= AUSSEN
     end
   Fahre über Kreuzung
   Tafel:= Fahrzeug-B
   Task-A:= AUSSEN
   ...
   end A

    Task B
   Task-B:= AUSSEN
   ...
   Task-B:= INNEN
   if Task-A = INNEN then
     begin
        if Tafel = Fahrzeug-A then
          begin
               Task-B:= AUSSEN
               repeat until Tafel:= Fahrzeug-B
               Task-B:= INNEN
          end
        repeat until Task-A:= AUSSEN
     end
   Fahre über Kreuzung
   Tafel:= Fahrzeug-A
   Task-B:= AUSSEN
   ...
   end B

end Program
```

Abb. 5.10: Softwaretechnische Lösung des wechselseitigen Ausschlusses nach Dekker

Zusammenstellung der elementaren Anforderungen bei der Synchronisierung von Tasks

Dijkstra betrachtete 1968 den generalisierten Fall des wechselseitigen Ausschlusses für n Tasks. Auch bei seiner Lösung gibt es für jede Task eine Variable, die anzeigt, daß die Task in ihren kritischen Abschnitt eintreten möchte. Es gibt auch eine Tafel, die gewährleistet, daß nur eine Task in den kritischen Abschnitt eintritt. Dijkstra formulierte die Anforderungen, die jede Lösung des wechselseitigen Ausschlusses erfüllen muß, wie folgt:

a. Zu jedem Zeitpunkt darf sich höchstens eine Task in ihrem kritischen Bereich befinden (keine Kollisionen, Sicherheit).
b. Das Anhalten einer Task außerhalb ihres kritischen Abschnitts darf nicht die anderen Tasks beeinflussen, d.h., diese sollen weiterhin nach Bedarf synchronisiert werden können.
c. Es dürfen keine Bedingungen an die Ausführungsgeschwindigkeit der Tasks gestellt werden.
d. Tasks, die unmittelbar vor dem Eintritt in ihren kritischen Abschnitt stehen, dürfen sich nicht für immer blockieren (kein Dead Lock).
e. Die Synchronisierung muß unabhängig von der Strategie sein, nach der ein frei gewordenes Betriebsmittel an die wartenden Tasks vergeben wird (*Vergabestrategie*). Die Strategie soll jedoch fair sein, damit alle wartenden Tasks in den Besitz des Betriebsmittels gelangen.

5.3 Herleitung der zeitlichen Zusammenhänge bei der Synchronisierung

Aus den Lösungsansätzen des letzten Abschnitts lassen sich zwei zeitliche Zusammenhänge herausarbeiten, die für die Synchronisierung wichtig sind und damit in jedem Synchronisieransatz enthalten sein müssen: ein zeitlicher Zusammenhang für kurze Zeitspannen und einer für lange Zeitspannen.

Bei der Benutzung von Sprachmitteln bzw. Betriebssystem-Funktionen für die Synchronisierung ist besonders darauf zu achten, wie diese zeitlichen Zusammenhänge realisiert werden.

Zusammenhänge für kurze Zeitspannen (Short Time Scheduling): Eine Task kann zwischen der Abfrage, ob ein Betriebsmittel frei ist, und der Belegung des Betriebsmittels von einer anderen Task unterbrochen werden. Um dies zu vermeiden, werden die Abfrage und Belegung eines Betriebsmittels zusammen als eine unteilbare (atomare, elementare) Operation definiert und realisiert. Fordern also mehrere Tasks gleichzeitig ein Betriebsmittel an, so müssen die Anforderungen sequentialisiert und hintereinander ausgeführt werden. Die Tasks müssen für eine kurze Zeit angehalten werden, bevor sie das Betriebsmittel prüfen und belegen dürfen. Genauso ist die Freigabe eines Betriebsmittels eine unteilbare Operation.

Maßnahmen zur Realisierung der zeitlichen Zusammenhänge beim Anfordern und der Freigabe eines Betriebsmittels werden als „*short time scheduling*“ bezeichnet. Die Bezeichnung „short“ bezieht sich auf die kurze Ausführungsdauer der beiden elementaren Operationen.

Zusammenhänge für lange Zeitspannen (Long Time Scheduling): Während die Vergabe eines Betriebsmittels eine sehr kurze Zeit in Anspruch nimmt, dauert die Benutzung desselben durch eine Task relativ lange. Wenn aber während der Benutzungszeit eine andere Task das Betriebsmittel haben möchte, muß sie relativ lange auf seine Freigabe warten.

Maßnahmen zur Realisierung der zeitlichen Zusammenhänge beim Warten auf das Freiwerden des Betriebsmittels werden als „*long time scheduling*" bezeichnet. Die Bezeichnung „long" bezieht sich auf die lange Wartezeit bis zum Freiwerden des Betriebsmittels.

Busy Waiting: Bei allen Lösungsansätzen des letzten Abschnitts wurde für das „long time scheduling" eine sog. „*Busy-Waiting*"-Methode implementiert. Eine auf ein Betriebsmittel wartende Task war ständig mit der Abfrage beschäftigt, ob das Betriebsmittel freigegeben wurde. Dieser Mechanismus führt zu einer sehr hohen Belastung des Rechners, denn alle wartenden Tasks fordern Prozessor-Kapazität für ihre Abfrage.

Eine naheliegende Methode zur Realisierung von „long time scheduling" mit minimaler Rechnerbelastung wäre, die anfordernden Tasks zu suspendieren, sie in eine Warteschlange einzureihen und beim Freiwerden des Betriebsmittels eine der wartenden Tasks aus der Warteschlange zu entfernen, das Betriebsmittel an sie zu vergeben und ihre Abarbeitung fortzusetzen. Die Einhaltung dieser Methode wird von einer allgemein einsetzbaren Implementierung gefordert und, wie es den nächsten Kapiteln zu entnehmen ist, in allen Sprachen und Betriebssystemen erfüllt.

5.4 Einfache Methoden zur Realisierung des wechselseitigen Ausschlusses

5.4.1 Interrupt-Sperre

Betrachtet man ein Einprozessor-System, auf dem kein Betriebssystem eingesetzt ist, aber mehrere Tasks gleichzeitig aktiv sein können, so kann nur infolge des Eintreffens eines Interrupts ein Task-Wechsel stattfinden. Diese Tatsache kann dazu benutzt werden, eine Reihe von Operationen durch eine Interrupt-Sperre ununterbrechbar zu machen.

Der Einsatz des Betriebssystems wurde aus dem Grunde ausgeschlossen, da Realzeit-Betriebssysteme in der Regel den Applikationen keine totale Interrupt-Sperre erlauben. Die Interrupt-Sperre ist auf der gleichen Privilegebene angesiedelt wie das Betriebssystem selbst. Da aber Applikationen auf einer höheren Privilegebene als das Betriebssystem stehen, dürfen sie keine Interrupt-Sperre ausführen.

Betrachtet man nun den 1. Lösungsansatz (s. Abb. 5.4), so kann man ihn zu einer kollisionsfreien Lösung machen, wenn die Abfrage der Kreuzung und deren Belegung zusammen durch eine Interrupt-Sperre zu einer unteilbaren Operation gemacht werden.

Diese einfache Lösung ist zwar sicher aber nicht fair, denn die Task mit höherer Priorität könnte ständig das Betriebsmittel belegen. Außerdem wird „long time scheduling" durch „busy waiting" realisiert.

```
Program
   var Kreuzung word:= FREI

   Task A
      var Berechtigung word:= NEIN
      ...
      repeat
         Interrupts sperren
         if Kreuzung = FREI then
            begin Kreuzung = BELEGT
                  Berechtigung = JA
            end
         Interrupts freigeben
         x msec warten
      until Berechtigung = JA
      Fahre über Kreuzung (*kritischer Abschnitt*)
      Kreuzung:= FREI
      ...
   end A

   Task B
      var Berechtigung word:= NEIN
      ...
      repeat
         Interrupts sperren
         if Kreuzung = FREI then
            begin
               Kreuzung = BELEGT
               Berechtigung = JA
            end
         Interrupts freigeben
         x msec warten
      until Berechtigung = JA
      Fahre über Kreuzung (*kritischer Abschnitt*)
      Kreuzung:= FREI
      ...
   end B

end Program
```

Abb. 5.11: Realisierung des wechselseitigen Ausschlusses durch Interrupt-Sperre

5.4.2 Unteilbare „Exchange-Operation“

```
Program
    type range = 0..1 ;
    var Kreuzung: range:= 1 ;

    procedure exchange (var x: range , y: range);
       begin
          Interrupts sperren
          x:= y ;
          y:= 0 ;
          Interrupts freigeben
    end ;

    Task A
       var Berechtigung: integer ;
       begin
          .....
          Berechtigung:= 0 ;
          while (Berechtigung = 0) DO
             exchange (Berechtigung , Kreuzung);
             x msec warten
          end ;
          Eintritt in den kritischen Bereich
          ...
          Austritt aus dem kritischen Bereich
          Kreuzung:= 1 ;
          .....
    end A ;

    Task B
       var Berechtigung: integer ;
       begin
          .....
          Berechtigung:= 0 ;
          while (Berechtigung = 0) DO
             exchange (Berechtigung , Kreuzung);
             x msec warten
          end ;
          Eintritt in den kritischen Bereich
          ...
          Austritt aus dem kritischen Bereich
          Kreuzung:= 1 ;
          .....
    end B ;
end Program.
```

Abb. 5. 12: Wechselseitiger Ausschluß mit Hilfe der unteilbaren Exchange-Operation

Möchte man den Inhalt des CPU-Registers „reg1“ mit dem Inhalt eines Speicherwortes „word1“ vertauschen, so benötigt man in der Regel drei Assembler-Befehle (Maschinen-Operationen).

```
load    reg2 from word1
store   reg1 to   word1
load    reg1 from reg2
```

Die so realisierte Exchange-Operation ist keine atomare Operation, denn Maschinen-Operationen fremder Tasks können zwischen diese drei Maschinen-Operationen eindringen. Wollte man sie zusammen zu einer unteilbaren Operation machen, so müßte man sie unter Interrupt-Sperre ausführen.

```
di      // disable_interrupt
load    reg2 from word1
store   reg1 to   word1
load    reg1 from reg2
ei      // enable_interrupt
```

Manche CPUs bieten aber in ihrem Befehlsvorrat eine solche unteilbare Exchange-Operation. Auch manche Standard-Bus-Systeme (wie etwa VMEbus) bieten eine solche Operation unter der Bezeichnung „*Read Modify Write*“.

Die unteilbare Exchange-Operation kann man nun benutzen, um den Zustand der Kreuzung abzufragen. Diese Lösung ist in der Abb. 5.12 dargestellt.

Die Lösung in Abb. 5.12 hat immer noch den Nachteil, daß eine Task, die das Betriebsmittel haben möchte, so lange ihren Versuch wiederholt, bis sie erfolgreich ist und das Betriebsmittel erhält (Busy Waiting). Deswegen hat diese Lösung eine eingeschränkte Bedeutung für den praktischen Einsatz. Ihr Anwendungsbereich ist auf die Fälle beschränkt, bei denen die Verweildauer der Tasks im kritischen Bereich sehr kurz ist. Daher ist diese Lösung für die Steuerung der Tasks über die Kreuzung ungeeignet.

5.5 Praktische Regeln für die Realisierung von Synchronisierungen

1. Eine Synchronisierung muß **unabhängig von der Geschwindigkeit** sein, mit der die Tasks ausgeführt werden. Insbesondere darf nicht vorausgesetzt werden, daß irgendeine Task irgendeine Operationsfolge innerhalb einer bestimmten Zeitdauer ausführt. Eine Task kann für die Ausführung einer Operationsfolge eine unendlich lange oder unendlich kurze Zeitspanne benötigen. Ist die Synchronisierung abhängig von der Geschwindigkeit, so kann es bei einem Prozessorwechsel zu Synchronisierproblemen kommen, denn ein Prozessorwechsel bringt Geschwindigkeitsveränderungen mit sich.

2. Eine Synchronisierung muß **unabhängig von der Vergabestrategie** sein, nach der die Betriebsmittel an wartende Tasks vergeben werden. Das Konzept der Synchronisierung soll auf dem Zufälligkeitsprinzip beruhen und nicht auf einer Vergabestrategie. Wird eine bestimmte Vergabestrategie gewünscht, so soll

dies in die Konzeption der Synchronisierung aufgenommen werden und nicht dem jeweiligen Betriebssystem überlassen werden.

3. Eine Synchronisierung muß **unabhängig von der Priorität** sein, die den Tasks verliehen worden ist. Die Priorität einer Task gibt lediglich ihre Dringlichkeit wieder. Solange eine hochpriore Task nicht im Besitz aller von ihr benötigten System-Resources (z.B. Speicherplatz) ist, wird sie von niederprioren Tasks verdrängt, die über ihre System-Resources verfügen. Prioritätsvergabe ist lediglich ein Mittel, den Systemdurchsatz zu erhöhen. Sie dient also einem globalen Zweck und wird bei der System-Optimierung festgelegt. Daher dürfen lokale Entscheidungen nicht von der Priorität abhängen.

6. Petri-Netze zur Modellierung von Synchronisierungen

Petri-Netze werden zur Modellierung von organisatorischen Systemen (technisch, logistisch, rechnerintern) eingesetzt, in denen geregelte Flüsse von Gegenständen und Informationen von Bedeutung sind. Zum Beispiel zur Modellierung von Rechner-Hardware, von Kommunikationsprotokollen, von parallelen Programmen und von verteilten Datenbanken, aber auch bei Requirement Engineering (Anforderungsanalyse und Machbarkeitsuntersuchung von Projekten).

In diesem Buch werden Petri-Netze zur Modellierung von Synchronisierungen zwischen den parallelablauffähigen Tasks eingesetzt. Im Abschnitt 6.5 werden Petri-Netze auch für einen Systementwurf herangezogen. Die Ausführungen in den nächsten zwei Abschnitten 6.1 und 6.2 sind – mit Modifikationen – dem Buch [Reisig 85] entnommen.

6.1 Netze aus Bedingungen und Ereignissen

Zur Veranschaulichung soll ein Beispiel herangezogen werden, das in höchst verschiedenen Bereichen vorkommen kann: Es werden einfach Objekte erzeugt, auf einen Kanal abgelegt, dort später entnommen und schließlich verbraucht. Die Objekte könnten Güter, Nachrichten, Datenträger, Geld oder auch Dienstleistungen sein. Im konkreten Fall könnte „auf einen Kanal ablegen“ auch für „absenden“ oder „zur Verfügung stellen“ stehen. „Dem Kanal entnehmen“ könnte auch „empfangen“ oder „annehmen“ bedeuten.

In Abb. 6.1 sind „Absenden“, „Entnehmen“, „Erzeugen“ und „Verbrauchen“ *Ereignisse* des Systems, die wiederholt eintreten können. Das Ereignis „Absenden“ kann nur dann eintreten, wenn gewisse Voraussetzungen erfüllt sind, wenn nämlich der Erzeuger sendebereit und der Kanal leer ist. Wenn das Ereignis „Absenden“ dann tatsächlich eintritt, so ist hinterher der Erzeuger erzeugungsbereit und der Kanal belegt. „Entnehmen“ ist ein Ereignis, das ebenfalls an zwei Voraussetzungen geknüpft ist, nämlich an die Entnehmebereitschaft des Verbrauchers und daran, daß der Übertragungskanal belegt ist.

Die Voraussetzungen für den Eintritt eines Ereignisses werden mit Hilfe von *Bedingungen* formuliert. In einer gegebenen Situation ist jede Bedingung entweder erfüllt oder nicht erfüllt.

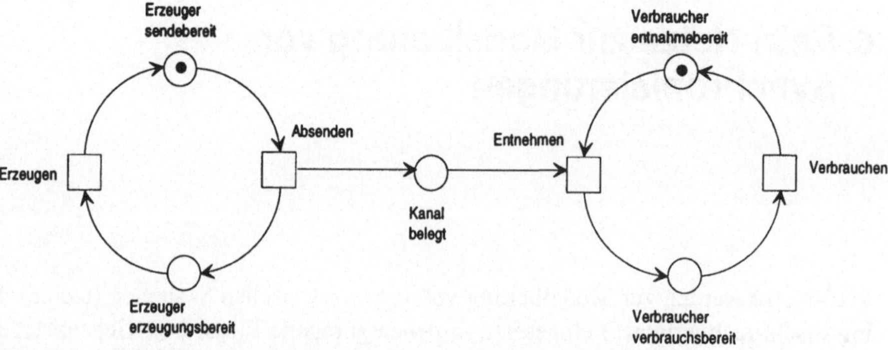

Abb. 6.1: Ein System zum Erzeugen und Verbrauchen

Da es in diesem Fall um einen einzigen Erzeuger geht, sind die Bedingungen „Erzeuger sendebereit" und „Erzeuger erzeugungsbereit" *komplementär* zueinander, d.h., ist die eine Bedingung erfüllt, so ist die andere unerfüllt. Genauso sind die Bedingungen „Verbraucher entnahmebereit" und „Verbraucher verbrauchsbereit" komplementär zueinander. Läßt man diese Besonderheit außer acht, so kann man die Bedingungen für die Ereignisse „Absenden" und „Entnehmen" wie folgt vervollständigen. Das Ereignis „Absenden" kann eintreten, wenn die Bedingung „Erzeuger sendebereit" erfüllt und die Bedingung „Kanal belegt" sowie „Erzeuger erzeugungsbereit" unerfüllt sind. Durch den Eintritt von „Absenden" wird die Bedingung „Erzeuger sendebereit" unerfüllt und die Bedingungen „Kanal belegt" und „Erzeuger erzeugungsbereit" erfüllt. Entsprechend verhält es sich mit dem Ereignis „Entnehmen", denn durch seinen Eintritt werden die Bedingungen „Kanal belegt" und „Verbraucher entnahmebereit", die zunächst erfüllt gewesen sein müssen, nun unerfüllt und umgekehrt wird die zunächst unerfüllt gewesene Bedingung „Verbraucher verbrauchsbereit" nun erfüllt. In Abb. 6.1 treten als Komponenten auf:

- Bedingungen (Kreise)
- Ereignisse (Rechtecke)
- Kausalitäten (Pfeile)

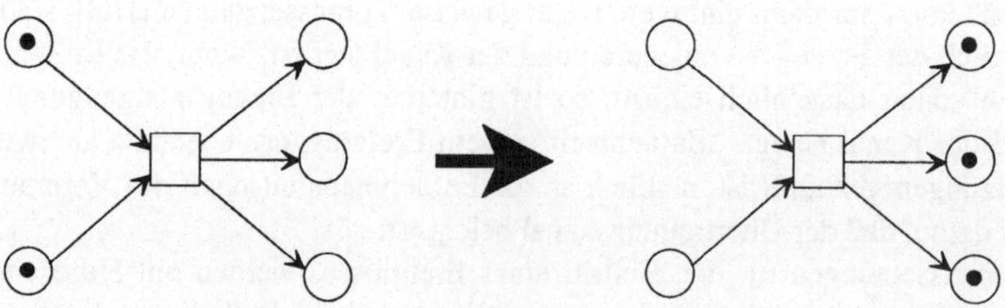

Abb. 6.2: Die Wirkung des Eintritts eines Ereignisses auf seine Vor- und Nachbedingungen

Ein Pfeil von einer Bedingung B zu einem Ereignis E besagt, daß B eine Vorbedingung von E ist. Ein Pfeil von E nach B besagt, daß B eine Nachbedingung von E ist. Die in einem gegebenen Fall erfüllten Bedingungen werden mit einer Marke (ein Punkt im Kreis) gekennzeichnet.

Tritt ein Ereignis ein, so werden seine (vorher erfüllten) *Vorbedingungen* unerfüllt und seine (vorher unerfüllten) *Nachbedingungen* erfüllt (s. Abb. 6.2).

Abbildung 6.1 zeigt somit zwei erfüllte und drei unerfüllte Bedingungen und das Ereignis „Absenden" (und nur dieses) kann eintreten. Tritt es ein, so entsteht die in Abb. 6.3 dargestellte Konfiguration. Jetzt können zwei weitere Ereignisse eintreten: „Erzeugen" und „Entnehmen", und dies völlig unabhängig voneinander. Durch „Verbrauchen" wird danach die Konfiguration aus Abb. 6.1 wieder erreicht.

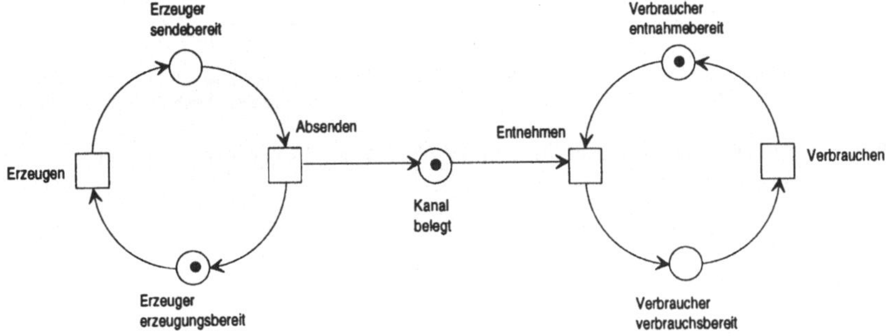

Abb. 6.3: Die aus Abb. 6.1 durch den Eintritt des Ereignisses „Absenden" entstehende Konfiguration

6.2 Netze aus Stellen und Transitionen

Das in Abb. 6.1 dargestellte System soll so geändert werden, daß im Kanal n Objekte (z.B. n = 4) liegen können.

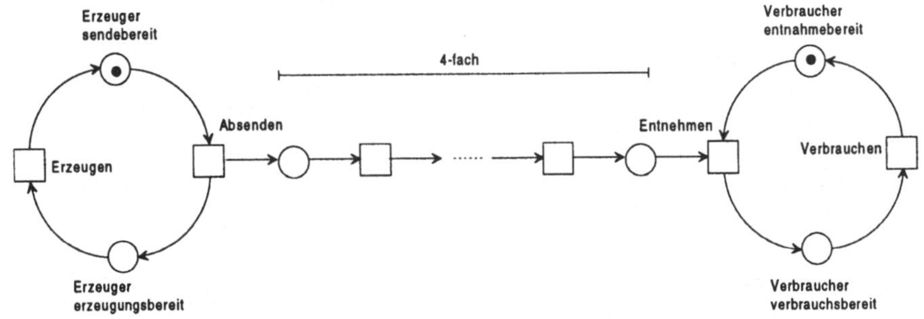

Abb. 6.4: Änderung der Kanalkapazität für das in Abb. 6.1 dargestellte System

Diese Darstellung wird nun so konzentriert, daß zwar weiterhin jedes abgeschickte Objekt im Speicher als Marke notiert wird, daß aber nun der Kanal selbst als ein einziger Kreis gezeichnet wird. Dabei lassen wir zu, daß bis zu n Marken in diesem Kreis liegen (s. Abb. 6.5).

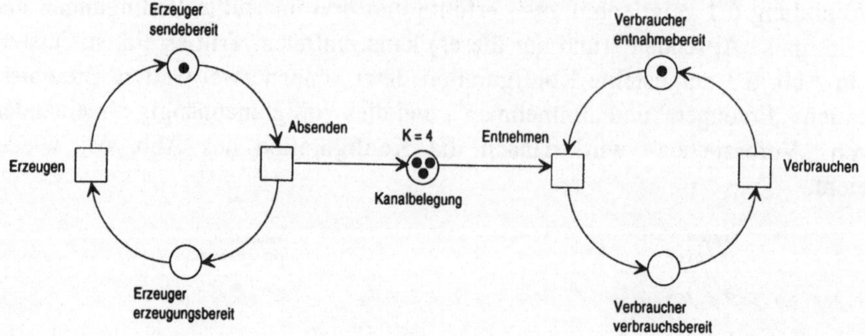

Abb. 6.5: Konzentrierte Darstellung von Abb. 6.4 mit 3 Objekten im Kanal

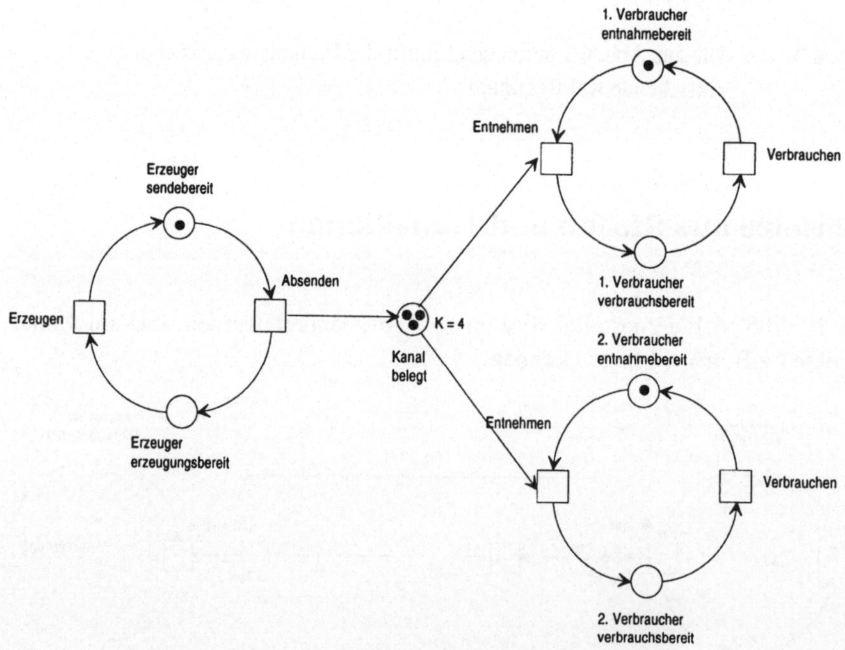

Abb. 6.6: Erweiterung von Abb. 6.5 um einen zweiten Verbraucher

Durch „Absenden“ erhöht sich die Markenzahl um 1, durch „Entnehmen“ vermindert sie sich um 1. Die genaue Lage der Objekte in Speicherzellen des Kanals ist in Abb. 6.5, im Gegensatz zu Abb. 6.4, nicht mehr sichtbar.

In Abb. 6.6 wird das System aus Abb. 6.5 um einen zweiten Verbraucher erweitert. Nun kann es sein, daß es bei den Verbrauchern (wie in Abb. 6.5 bei den erzeugten Objekten) nur auf die Anzahl ankommt, ohne daß sie im einzelnen unterschieden werden sollen. Dann können beide Verbraucher in einem Netzteil zusammengefaßt und die Anzahl der Marken in diesem Netzteil auf zwei erhöht werden (s. Abb. 6.7, „entnahmebereite Verbraucher“).

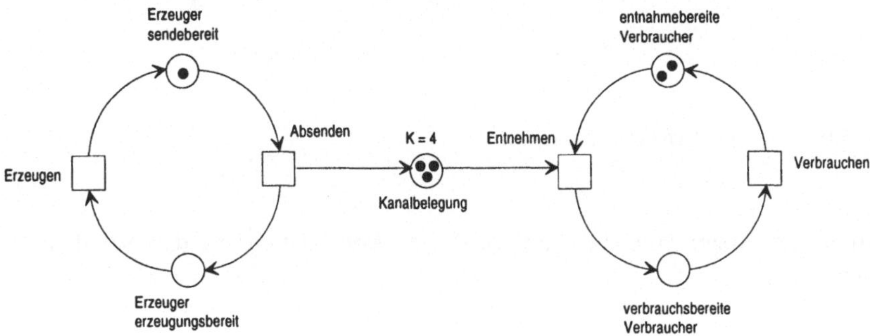

Abb. 6.7: Konzentration des Verbraucher-Teils von Abb. 6.6

Auf dieselbe Weise kann dargestellt werden, daß 2 Erzeuger und 3 Verbraucher an dem System beteiligt sind.

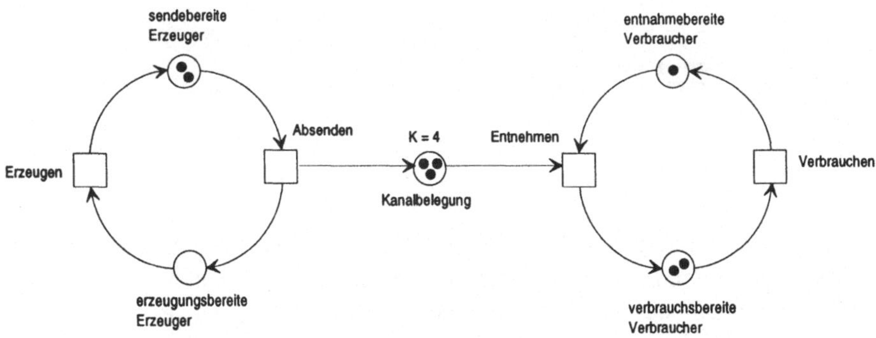

Abb. 6.8: Änderung des in Abb. 6.7 dargestellten Systems auf 2 Erzeuger und 3 Verbraucher

Man kann nun nicht mehr von Bedingungen und Ereignissen sprechen. Statt dessen werden allgemeinere und damit auch abstraktere Begriffe verwendet: *Stellen* (Kreise) und *Transitionen* (Balken). Die dynamischen Veränderungen lassen sich mit dem *Schalten* von Transitionen nach der in Abb. 6.9 an einem Beispiel dargestellten Regel erklären.

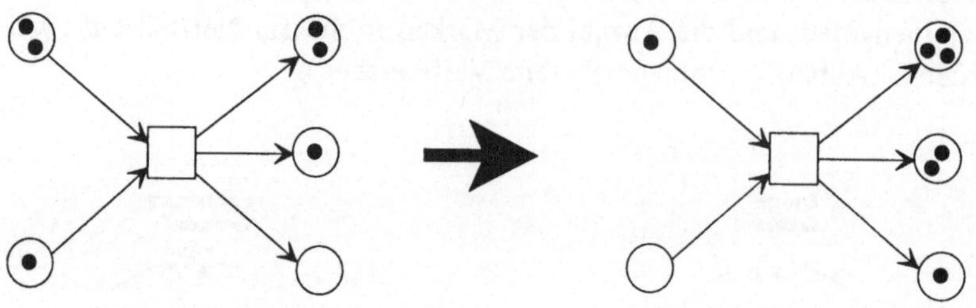

Abb. 6.9: Schalten einer Transition

Nach dieser Regel entsteht Abb. 6.10 aus Abb. 6.8 durch das Schalten von „Absenden".

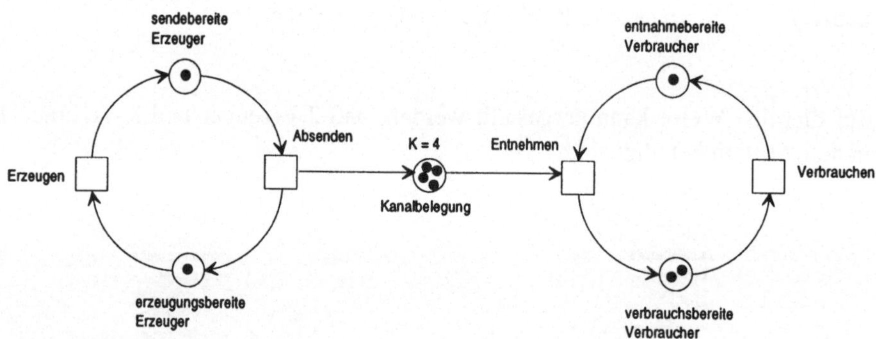

Abb. 6.10: Situation, nachdem in Abb. 6.8 die Transition „Absenden" geschaltet hat

Als weiteres Beispiel soll die folgende Konstellation betrachtet werden: Drei Prozesse lesen den Inhalt eines Speicherbereiches und ein weiterer Prozeß verändert den Inhalt des Speicherbereiches. Offensichtlich ist es sinnvoll, die leseberechtigten Prozesse unabhängig voneinander (d.h., parallel zueinander) auf den Speicher zugreifen zu lassen. Der schreibberechtigte Prozeß soll natürlich nur dann zugreifen können, wenn kein anderer Prozeß aus dem Speicher liest.

Abbildung 6.11 stellt dieses System dar. Es werden nun drei „Schlüssel" verwendet. Zum Lesen brauchen wir einen Schlüssel, zum Schreiben jedoch alle drei. Dies wird mit dem Pfeilgewicht 3 ausgedrückt. Eine Zahl an einem Pfeil (auch

Kante genannt) besagt, daß beim Schalten der dazugehörigen Transition so viele Marken „durch den Pfeil fließen", wie diese Zahl angibt.

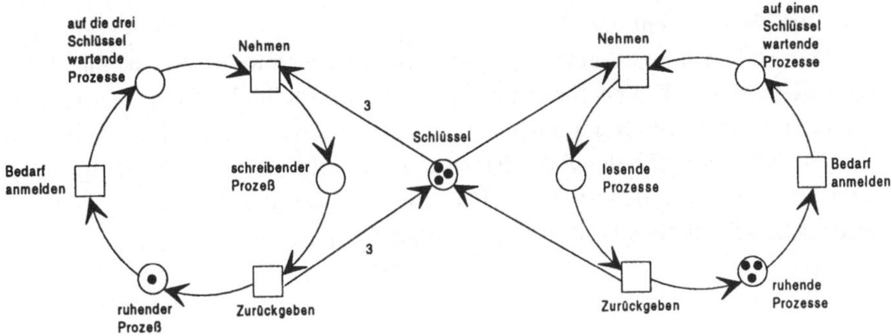

Abb. 6.11: Ein System aus einem schreib- und drei leseberechtigten Prozessen

Abbildung 6.12 zeigt an einem Beispiel, wie eine Transition schaltet, wenn Pfeilgewichte berücksichtigt werden.

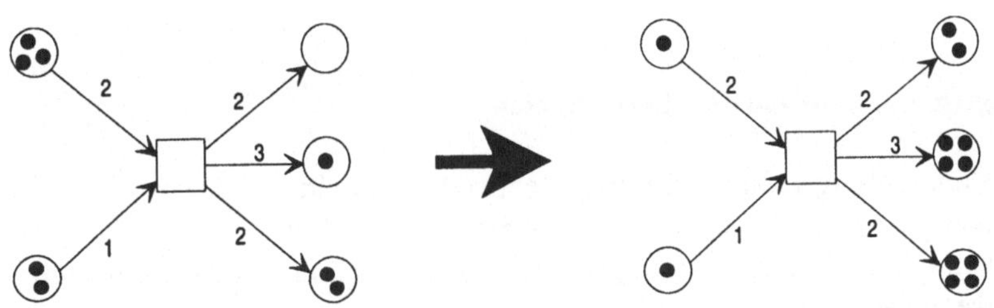

Abb. 6.12: Schalten mit Pfeilgewichten (Kantenbewertungen)

Formal sind die Netze aus Bedingungen und Ereignissen gleich denjenigen Netzen aus Stellen und Transitionen, die für jede Stelle die Kapazität 1 und für jeden Pfeil das Gewicht 1 haben.

6.3 Aufbau und Verhalten von Petri-Netzen

Elemente eines Petri-Netzes

Ein Petri-Netz besteht aus den Elementen: Stelle, Transition und Verknüpfungsrelation. Stellen können eine (un)beschränkte Kapazität aufweisen, ihr aktueller Zustand wird durch eine Stellenmarkierung dargestellt. Verknüpfungsrelationen (Kanten) zeigen die Relationen zwischen den Stellen und Transitionen. Die Kantenbewertung gibt die Zahl der Marken an, die von einer Eingangsstelle zu einer Transition und dann von der Transition zu ihrer Ausgangsstelle fließen. Die graphischen Symbole sind in Abb. 6.13 dargestellt.

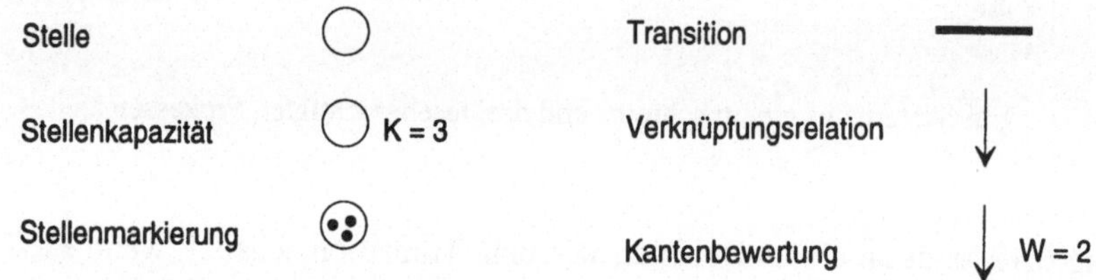

Abb. 6.13: Elemente eines Petri-Netzes

Regeln zum Aufbau von Petri-Netzen

- Verknüpfungsrelationen müssen entweder von einer Stelle zu einer Transition oder von einer Transition zu einer Stelle gehen. Für jede Verknüpfungsrelation kann eine Kantenbewertung angegeben werden. Die Kantenbewertung 1 kann weggelassen werden.
- Stellen, von denen Pfeile zu einer Transition gehen, heißen Eingangsstellen. Stellen, zu denen Pfeile von der Transition hinführen, heißen Ausgangsstellen.
- Für jede Stelle kann eine Stellenkapazität angegeben werden. Sie braucht allerdings nicht angegeben zu werden, wenn nie die Geafhr besteht, daß sie überschritten wird. Eine Stelle kann insbesondere eine unbeschränkte (unendliche) Kapazität besitzen.

Schaltregeln

Der Ablauf eines durch ein Petri-Netz modellierten Systems wird durch den Lauf der Marken durch das Netz bestimmt. Das Wandern der Marken ergibt sich durch die sog. *Schaltregeln*. Sie lauten:

- Eine Transition kann nur schalten, wenn alle Eingangsstellen mit mindestens der Anzahl der Marken belegt sind, die der Kantenbewertung der Verbindungsrelation zur Transition entspricht. Kann eine Transition schalten, nennt man sie *aktiviert* (enabled)
- Wann eine aktive Transition tatsächlich schaltet, ist unbekannt, d.h., es gibt keinen Bezug zu der Zeitachse.
- Beim Schalten einer Transition werden von allen Eingangsstellen jeweils so viele Marken entfernt, wie die jeweilige Kantenbewertung anzeigt.
- Allen Ausgangsstellen werden so viele Marken hinzugefügt, wie die Kantenbewertung der zu der jeweiligen Stelle hinführenden Verknüpfungsrelation anzeigt.
- Die Schaltoperation wird unendlich schnell ausgeführt. Dies bedeutet, daß die infolge des Schaltens verursachte Markenwanderung von den Eingangsstellen zu den Ausgangsstellen keine Zeit benötigt, d.h., die Markierungen der Eingangs- und Ausgangsstellen werden in demselben Moment modifiziert. Demnach ist Schalten eine *atomare* Operation.

Darstellung von „Aktionen" mit endlicher Ausführungszeit

Rechenoperationen oder Vorgänge in dem technischen Prozeß laufen mit endlicher Geschwindigkeit ab und brauchen eine Ausführungszeit größer Null. Sie werden – zur Unterscheidung von den unendlich schnell ablaufend gedachten „Transitionen" – als „*Aktionen*" bezeichnet und durch Rechtecke dargestellt. Das Rechteck soll ein bestimmtes Netz symbolisieren.

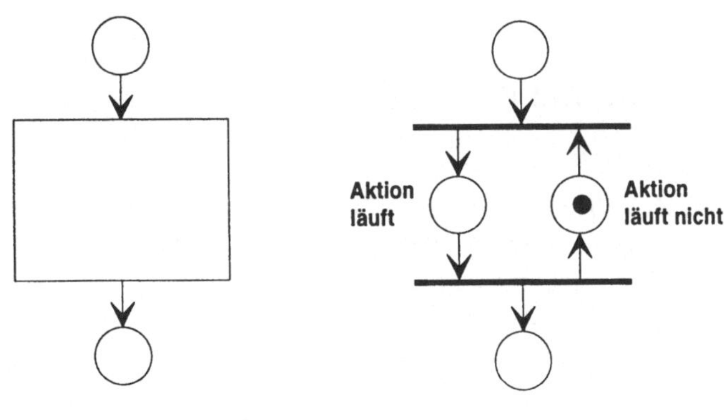

Abb. 6.14: Darstellung einer „Aktion", die eine gewisse Ausführungszeit benötigt, und ihr äquivalentes Netz

Unterschied zwischen Transitionen und Aktionen

Eine Aktion wird in drei Schritten ausgeführt und dauert eine endliche Zeit. Die drei Schritte sind:

- Die Markierungen aller Eingangsstellen der Aktion werden gleichzeitig modifiziert.
- Dann vergeht die Zeitspanne t.
- Dann werden die Markierungen aller Ausgangsstellen der Aktion gleichzeitig modifiziert.

Im Gegensatz zu einer Aktion wird eine Transition unendlich schnell in einem Schritt ausgeführt und gleichzeitig werden die Markierungen aller Ein- und Ausgangsstellen der Transition modifiziert.

Erreichbarkeitsanalyse eines Petri-Netzes

Die Erreichbarkeitsanalyse beruht auf der Ermittlung aller von einer Anfangsmarkierung aus durch Schalten von Transitionen erreichbaren Markierungen. Das Resultat der Erreichbarkeit ist ein Erreichbarkeitsbaum mit der Anfangsmarkierung M0 als Wurzel.

Eine Transition ist *lebendig*, falls sie aus allen erreichbaren Markierungen aktivierbar ist. Nicht lebendige Transitionen sind tot. Sie weisen auf *Systemverklemmungen* hin.

In dieser Arbeit wird auf den Lebendigkeitsnachweis von Petri-Netzen nicht eingegangen. Es wird auf die Fachliteratur verwiesen.

6.4 Konflikt und Kontakt

Konflikt: Zwei Transitionen eines Netzes aus Stellen und Transitionen stehen in Konflikt miteinander, wenn beide aktiviert sind und durch das Schalten einer von ihnen die andere nicht mehr aktiviert ist.

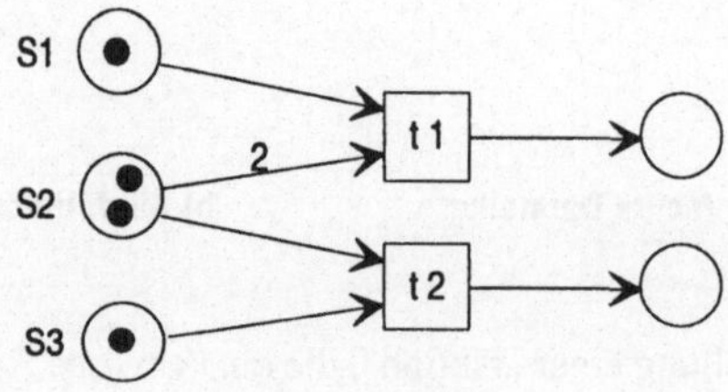

Abb. 6.15: Beispiel für Konflikt zwischen t1 und t2

Die Transitionen t1 und t2 haben eine gemeinsame Eingangstelle S2 und konkurrieren miteinander um Marken aus dieser Stelle.

Kontakt: Für eine Transition t liegt eine Kontakt-Situation vor, wenn zwar jede Eingangsstelle von t mit so vielen Marken belegt ist, wie dies ihrer Kantenbewertung entspricht, aber wegen zu geringer Kapazität einer Ausgangsstelle die Transition nicht schalten kann.

Eine Kontakt-Situation kann nur bei Stellen mit endlicher Kapazität auftreten. Man kann eine Stelle mit endlicher Kapazität auf zwei komplementäre Stellen mit unendlicher Kapazität abbilden und auf diese Weise Kontakt-Situationen vermeiden.

In Abb. 6.5 ist die Kapazität der Stelle „Kanalbelegung" auf 4 beschränkt worden. Um Kontakt-Situationen zu vermeiden, wird eine zusätzliche Stelle mit der Bezeichnung „Kanalfreiheit" eingeführt, die *komplementär* zu der Stelle „Kanalbelegung" ist. Dann werden die Kapazitäten der beiden Stellen auf unendlich erhöht.

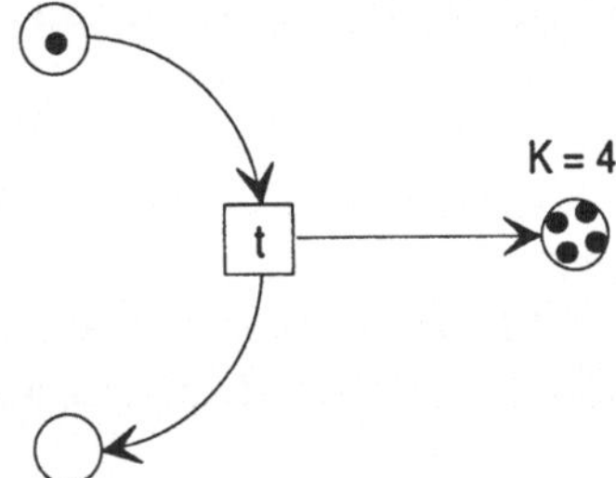

Abb. 6.16: Kontakt-Situation für die Transition t

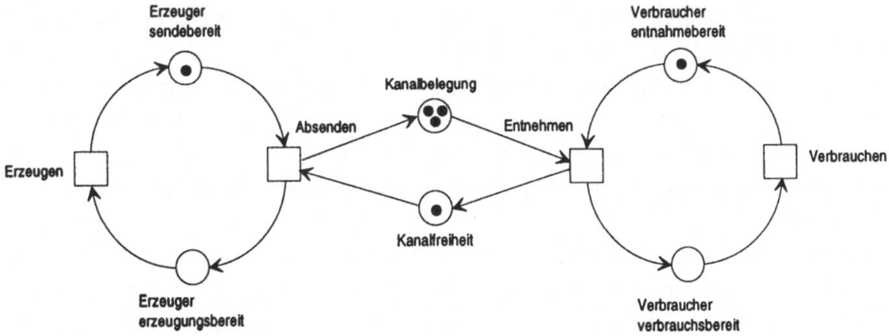

Abb. 6.17: Realisierung der beschränkten Stellenkapazität durch zwei komplementäre Stellen mit unendlicher Kapazität (Modifizierung der Abb. 6.5)

Die beiden Stellen „Kanalbelegung“ und „Kanalfreiheit“ werden als *komplementär* zueinander bezeichnet, weil eine aus einer dieser Stellen verschwundene Marke sofort in der anderen Stelle erscheint. Wird in dem vorliegenden Fall eine neue Nachricht auf den Kanal abgelegt, so steigt die Kanalbelegung um 1 an und nimmt die Kanalfreiheit um 1 ab. Möchte die Transition „Absenden“ eine Nachricht ablegen, so benötigt sie zunächst eine Marke aus der Stelle „Kanalfreiheit“ und legt sie sofort in die Stelle „Kanalbelegung“ ab. Möchte umgekehrt die Transition „Entnehmen“ eine Nachricht vom Kanal abholen, so benötigt sie eine Marke aus „Kanalbelegung“ und legt sie sofort in „Kanalfreiheit“ ab. Die Summe der Marken in „Kanalbelegung“ und in „Kanalfreiheit“ entspricht zu jedem Zeitpunkt der physikalischen Beschränkung der Kanalkapazität, nämlich 4.

6.5 Beispiel für Systementwurf mit Petri-Netzen

Ein Systementwurf mit Petri-Netzen soll an dem Entwurf eines Schokoladenautomaten demonstriert werden.

Ein Schokoladenriegel kostet 1,50 DM. Der Automat soll so konzipiert werden, daß der Kunde für einen Schokoladenriegel ein 1-Mark-Stück und ein 50-Pfennig-Stück in den Automaten einwerfen muß.

Im Netz aus Abb. 6.18 gibt es zwei Eingangstellen, eine Ausgangstelle und eine Transition. Da für die Stellen keine Kapazität angegeben ist, haben sie unendliche Kapazität.

Die Transition ist zunächst nicht aktiviert (Teil a. der Abb. 6.18). Wirft man eine oder mehrere 1-Mark-Münzen ein, gelangen sie auf die Stelle für 1-Mark-Stücke. Die Transition ist jedoch immer noch nicht aktiviert (Teil b. der Abb. 6.18).

Wirft man zusätzlich eine 50-Pfennig-Münze ein, gelangt sie auf die Stelle für 50-Pfennig-Stücke. Jetzt wird die Transition aktiviert (Teil c. der Abb. 6.18). Die Transition ist also nur dann aktiviert, wenn sich mindestens eine Münze auf der ersten und mindestens eine Münze auf der zweiten Eingangsstelle befindet. Die Anzahl der Riegel auf der Ausgangsstelle hat keinen Einfluss auf die Aktivierung der Transition, da die Ausgangsstelle eine unbeschränkte Kapazität aufweist.

Eine aktivierte Transition muss nicht sofort schalten. Zwischen Aktivierung und Schalten kann eine beliebige Zeitspanne liegen. Irgendwann schaltet die aktivierte Transition. Dadurch wird der Stelle für 1-Mark-Stücke und der Stelle für 50-Pfennig-Stücke jeweils eine Münze entnommen und ein Riegel Schokolade auf die Ausgangstelle ausgeworfen.

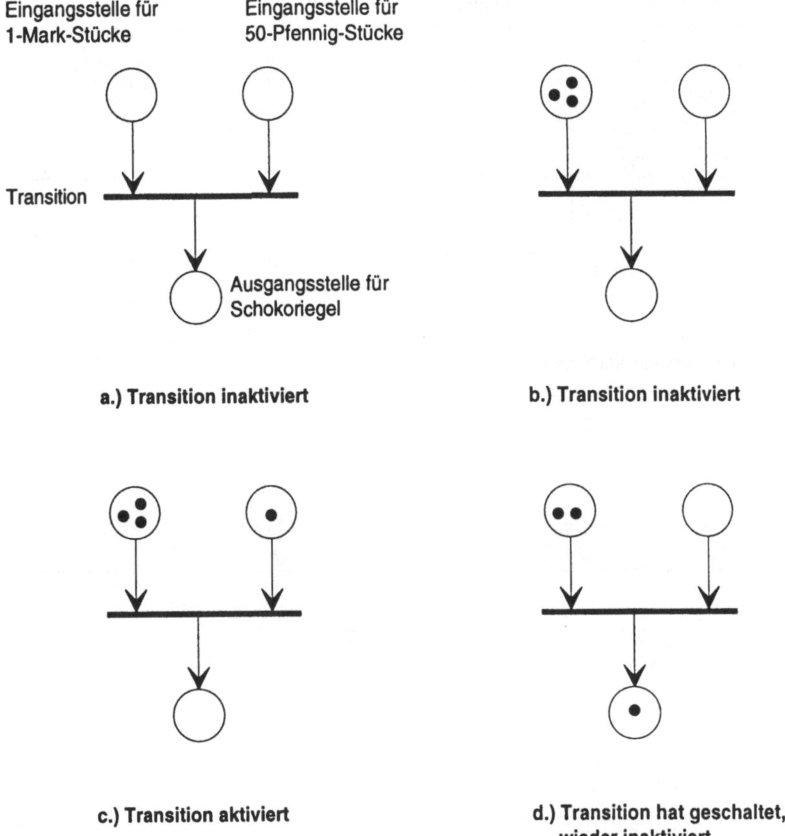

Abb. 6.18: Petri-Netz zur Modellierung der Funktionalität eines Schokoladenautomaten

Abbildung 6.19 zeigt einen Automaten, der 1-Mark-Münzen und 10-Pfennig-Münzen akzeptiert. Für alle Stellen ist eine Kapazitätsbeschränkung angegeben. Dieser Automat akzeptiert vor jeder Schokoladenausgabe lediglich eine 1-Mark-Münze. Würde man zwei 1-Mark-Münzen hintereinander einzuwerfen versuchen, so würde der Automat die Annahme der zweiten Münze verweigern. Analog hierzu würde der Automat eine sechste 10-Pfennig-Münze nicht akzeptieren. Die Transition dieses Automaten wird erst dann aktiviert, wenn:

- die erste Eingangsstelle mit einer 1-Mark-Münze belegt ist,
- die zweite Eingangsstelle mit fünf 10-Pfennig-Münzen belegt ist und
- sich kein Schokoladenriegel auf der Ausgangsstelle befindet.

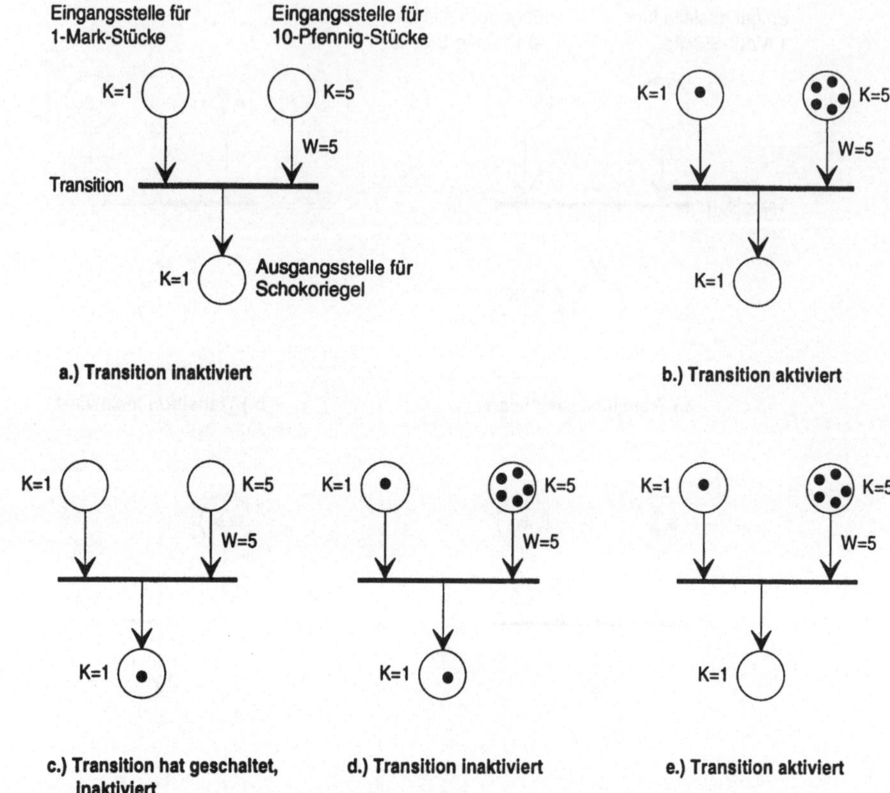

Abb. 6.19: Petri-Netz zur Modellierung der Funktionalität eines Automaten

Befindet sich bereits ein Schokoladenriegel auf der Ausgangsstelle, so würde eine aktive Transition wegen der beschränkten Kapazität keinen freien Platz für die Ablage eines neuen Riegels finden (s. Abb. 6.19 d).

Wie bereits erwähnt, ist eine Bedingung für das Aktivieren der Transition, daß sich fünf 10-Pfennig-Stücke auf der zweiten Eingangsstelle befinden. Der Grund hierfür liegt in der Kantenbewertung 5, die für die Relation zwischen dieser Eingangsstelle und der Transition angegeben ist.

Mit dem Schalten einer aktivierten Transition verschwinden eine 1-Mark-Münze und fünf 10-Pfennig-Münzen. Außerdem erscheint ein Schokoladenriegel auf der Ausgangsstelle.

Befindet sich eine Münze auf einer Eingangsstelle oder ein Riegel auf der Ausgangsstelle, so spricht man in der Petri-Netz-Terminologie von der *Markierung der Stellen.* Die Stellen können als Behälter aufgefaßt werden, in denen sich Marken befinden können. Wie das vorhergehende Beispiel zeigt, ist die Bedeutung einer Marke behälterspezifisch.

7. Semaphore

Semaphore sind Software-Objekte zur Synchronisierung von parallel ablauffähigen Tasks. Betriebsmittel werden auf Semaphoren abgebildet, die dann von Tasks mit der Request-Operation angefordert und mit der Release-Operation freigegeben werden. Eine Semaphore ist mit einem Behälter vergleichbar, in dem sich eine bestimmte Anzahl von Berechtigungsmarken befinden. Sie werden an anfordernde Tasks vergeben, bevor diese in ihren kritischen Bereich eintreten.

7.1 Die Entstehung von Semaphoren

Semaphoren gehen auf einen Vorschlag von Dijkstra [Dijkstra 68] zurück. Er hat Semaphoren in Anlehnung an die im Eisenbahnverkehr verwendeten Signalanlagen erfunden, die die sichere (kollisionsfreie) Fahrt von Zügen im Schienenverkehr gewährleisten. Im Spanischen heißen die Ampeln an Straßenkreuzungen „semáforo".

Es gibt viele eingleisige Eisenbahnstrecken in der Welt, die durch keine Signalanlage gesichert sind. Trotzdem muß ein kollisionsfreier Betrieb gewährleistet werden. Dies erfolgt z.B. durch ein rotes Tuch, das die Berechtigung für die Fahrt über eine bestimmte eingleisige Strecke anzeigt. Nur der Zugführer, der im Besitz des roten Tuches ist, darf über die eingleisige Strecke fahren. Natürlich gibt es für jede eingleisige Strecke nur ein rotes Tuch.

Nähert sich der Zug einer eingleisigen Strecke und ist von weitem ein Bahnwärter mit dem roten Tuch in der Hand erkennbar, so reduziert der Zugführer seine Geschwindigkeit und übernimmt während der Fahrt das rote Tuch vom Bahnwärter. Ist kein Bahnwärter zu sehen, so hält der Zug an und wartet vor der eingleisigen Strecke, bis der Bahnwärter erscheint. Ein Zugführer fährt nur dann auf die eingleisige Strecke, wenn er im Besitz des roten Tuches ist.

Nach dem Verlassen der eingleisigen Strecke reduziert der Zugführer seine Geschwindigkeit und übergibt während der Fahrt das rote Tuch an dortigen Bahnwärter.

Diese Synchronisiermethode (auch *Synchronisierprotokoll* genannt) ist sicher, d.h., es kann dabei zu keiner Kollision auf der eingleisigen Strecke kommen. Bei der eingleisigen Strecke handelt es sich um ein physikalisches Betriebsmittel, um das mehrere Zugführer miteinander konkurrieren. Die eingleisige Strecke wurde gewissermaßen auf das rote Tuch abgebildet, das nun das „logische Betriebsmittel" darstellt. Das physikalische und das logische Betriebsmittel ist jeweils nur einmal vorhanden. Das Protokoll besagt, wer im Besitze des logischen Betriebsmittels ist, darf das physikalische Betriebsmittel benutzen.

Das vorgestellte Protokoll gestattet allerdings nur eine feste Reihenfolge für das Befahren der Strecke, nämlich: Hin, Zurück, Hin, Zurück usw.

Das Protokoll funktioniert aber auch für solche Anlagen, wo zwei Gleise, die in derselben Richtung befahren werden, in eine eingleisige Strecke münden, die sich dann wieder verzweigt. Der Bahnwärter, der am Anfang der eingleisigen Strecke steht, hat ein rotes Tuch in der Hand. Beide Zugführer können gleichzeitig nach dem roten Tuch greifen, aber nur ein Zugführer gelangt in seinen Besitz. Der andere Zugführer muß anhalten. Der Bahnwärter am Ende der eingleisigen Strecke bringt das rote Tuch wieder zum Anfang der Strecke zurück. Nach diesem Protokoll können Züge, die auf einem der Gleise an die eingleisige Strecke ankommen, einzeln, aber in beliebiger Reihenfolge über diese Strecke fahren.

Bei der Synchronisierung von eingleisigen Strecken mit Hilfe von elektrischen Signalanlagen kann man mächtigere Protokolle implementieren, denn die Signallaufzeiten sind sehr kurz. Übertragen auf das Bahnwärter-Beispiel heißt es dann, beliebig viele und von beliebiger Richtung ankommende Zugführer können gleichzeitig nach dem roten Tuch greifen.

7.2 Architektur von Semaphoren

Eine Semaphore stellt man sich bildlich am besten als ein Gebäude vor (s. Abb. 7.1), in dem eine Verteilung von „Marken“ an Tasks stattfindet, welche um ein Betriebsmittel konkurrieren.

In dem Gebäude befindet sich ein Behälter mit n Marken, die an Tasks vergeben werden können. Im Gebäude ist auch eine Warteschlange untergebracht, in die sich Tasks einreihen und auf das Eintreffen von Marken warten können. Das Gebäude hat zwei Eingänge und zwei Ausgänge. Zwei Wege verbinden jeweils einen Eingang mit einem Ausgang.

Tasks treten gewissermaßen durch den Eingang „*Request*“ in das Gebäude ein, um sich eine *Marke* aus dem Behälter zu nehmen, oder durch den Eingang „*Release*“, um eine Marke in den Behälter abzulegen. Die beiden Eingänge sind gegeneinander verriegelt, d.h., sie können nicht gleichzeitig geöffnet werden. Demnach können Tasks nur einzeln in das Gebäude eintreten. Die beiden Eingänge bleiben aber so lange gesperrt, bis die zuletzt eingetretene Task das Gebäude verlassen oder sich in die Warteschlange eingereiht hat.

Tritt eine Task über den Request-Eingang in das Gebäude ein und befindet sich mindestens eine Marke im Behälter, so eignet sich die Task diese an und verläßt das Gebäude. Die Eingänge werden dann freigegeben. Tritt eine Task über den Request-Eingang in das Gebäude und ist keine Marke im Behälter, so reiht sie sich in die Warteschlange ein. Die Eingänge werden dann freigegeben.

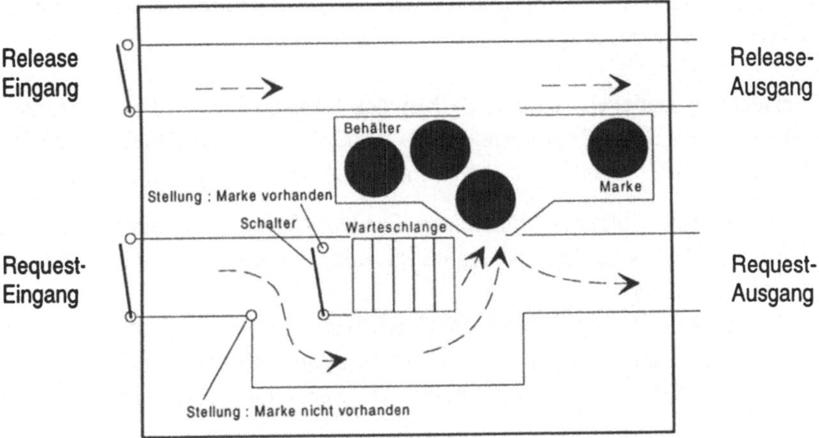

Abb. 7.1: Architektur von Semaphoren

Eine Task, die über den Release-Eingang in das Gebäude eintritt, wirft eine Marke in den Behälter und verläßt das Gebäude. Falls sich irgendwelche Tasks in der Warteschlange befinden, wird die neu eingetroffene Marke an eine wartende Task vergeben. Diese verläßt dann ebenfalls das Gebäude. Erst dann werden die Eingänge wieder freigegeben.

Die Anzahl der in der Warteschlange eingereihten Tasks und die Anzahl der vorhandenen Marken im Behälter sind für die Tasks außerhalb/innerhalb des Gebäudes unsichtbar.

7.3 Definition des Objekts „Semaphore"

Das Objekt Semaphore besteht – wie jedes andere Objekt auch – aus einer Datenstruktur und einer Anzahl von Funktionen (Operationen), die auf die Elemente der Datenstruktur angewandt werden können. Die Datenstruktur einer Semaphore wird dem Realzeit-Betriebssystem unterstellt und die Semaphore-Operationen stellen Betriebssystem-Funktionen dar.

Die Datenstruktur einer Semaphore besteht aus:

- Einer Integer-Variablen, die positive ganzzahlige Werte annehmen kann, vergleichbar mit einem Behälter, der Berechtigungsmarken enthalten kann.
- Einer Warteschlange, in die Tasks eingereiht werden, die auf Marken aus dem zugehörigen Behälter warten müssen.

Es sind zwei Operationen auf eine Semaphore zugelassen: Die P(assieren)-Operation und die V(erlassen)-Operation.

P-Operation (Passieren, Request): Mit der P-Operation wird eine Marke aus dem Behälter der Semaphore angefordert. Abhängig von der aktuellen Anzahl der Marken im Behälter kann dies zu zwei unterschiedlichen Ergebnissen führen:

- Ist der Wert der Integer-Variablen größer Null (d.h., es befinden sich Marken im Behälter), so wird sie um 1 erniedrigt, d.h., es wird eine Marke an die anfordernde Task vergeben.
- Ist der Wert der Integer-Variablen gleich Null (d.h., es sind keine Marken im Behälter vorhanden), so wird die Ausführung der anfordernden Task unterbrochen und die Task in die Warteschlange der Semaphore eingereiht.

V-Operation (Verlassen, Release): Mit der V-Operation wird eine Marke in den Behälter der Semaphore eingeworfen. Abhängig von der aktuellen Anzahl der in der Warteschlange eingereihten Tasks kann dies zu zwei unterschiedlichen Ergebnissen führen:

- Befindet sich keine Task in der Warteschlange, so wird der Wert der Integer-Variablen um 1 erhöht, d.h., die Marke wird in den Behälter eingeworfen.
- Befinden sich eine oder mehrere Tasks in der Warteschlange, so wird eine Task aus der Warteschlange herausgeholt (wie weiter unten erklärt), ihre P-Operation nun erfolgreich ausgeführt (d.h., die frei gewordene Marke an sie vergeben) und ihre Ausführung fortgesetzt.

Die P- und V-Operation implizieren *Suspendierung* bzw. *Fortsetzung* von Tasks. Deshalb sind sie sehr stark mit dem Tasking des Realzeit-Betriebssystems verwoben. Zum Beispiel kann die Ausführung der P-Operation zur Suspendierung einer Task führen. In diesem Fall muß das *Betriebssystem* die Ausführung einer anderen Task veranlassen, die im Besitz aller ihrer Betriebsmittel ist. In einem Realzeit-Betriebssystem sind die Tasking- und Semaphore-Operationen als Betriebssystem-Funktionen definiert.

Zeitliche Betrachtungen: Die Release-Operation und die Request-Operation dauern beim Vorhandensein einer Marke nur sehr kurz. Ihre parallele Ausführung kann zwar von mehreren Tasks gleichzeitig angefordert werden, wegen ihrer Unteilbarkeit können sie aber nicht gleichzeitig ausgeführt werden. Die Ausführung mehrerer gleichzeitig anfallender Semaphore-Operationen muß vom Betriebssystem sequentialisiert werden. Dies nennt man „*Short Time Scheduling*". Die Tasks müssen für eine kurze Zeit angehalten und wieder fortgesetzt werden. Die Sequentialisierung kann in einer beliebigen Reihenfolge erfolgen.

Die Ausführung der Request-Operation kann sehr lange dauern, wenn keine Marke vorhanden ist. Die Task muß auf die Freigabe des Betriebsmittels durch eine fremde Task, signalisiert durch eine entsprechende Release-Operation, warten. Dies nennt man „*Long Time Scheduling*". Es ist die Aufgabe des Betriebssystems, die anfordernde Task zu suspendieren und dann wieder fortzusetzen.

Vergabestrategie für die neu eingetroffenen Marken: In fast allen Betriebssystemen wird die neu eingetroffene Marke sofort an eine Task aus der Warteschlange vergeben, und zwar bevor eine neue Task in das Gebäude eintreten kann. Dies ist so zu begründen, daß die Release-Operation einen Betriebssystem-Funktionsaufruf darstellt. Während der Ausführung der Release-Operation ist der Prozessor im Besitz des Betriebssystems, so daß auf einem Einprozessorsystem die Abarbeitung aller Tasks unterbrochen ist. Die Release-Operation kann dazu führen, daß eine Task aus der zugehörigen Warteschlange befreit werden muß, so daß nun zwei Tasks um den CPU konkurrieren. In diesem Fall muß das Betriebssystem sofort entscheiden, welche Task ihre Abarbeitung fortsetzen darf und welche Task auf die CPU-Zuteilung noch warten muß.

In einem realen Betriebssystem erfolgt die Vergabe einer eingetroffenen Marke an wartende Tasks nicht nach dem Zufälligkeitsprinzip. Jedes Betriebssystem hat hierzu eine feste Strategie, z.B. die Vergabe nach dem:

- Prioritätsprinzip,
- First In, First Out (FIFO),
- FIFO mit Prioritätsanhebung.

Nach dem *Prioritätsprinzip* wird eine eingetroffene Marke an die Task aus der Warteschlange vergeben, die die höchste Priorität aufweist. Der Nachteil dieser Lösung besteht darin, daß die Tasks mit niedriger Priorität an der Benutzung des Betriebsmittels für längere Zeit gehindert werden könnten (eine unfaire Strategie).

Nach dem *FIFO-Prinzip* wird eine eingetroffene Marke an die Task aus der Warteschlange vergeben, die die längste Wartezeit hinter sich hat. Der Nachteil dieser Lösung besteht darin, daß hochpriore Tasks durch niederpriore Tasks aufgehalten werden. Das ist z.B. dann der Fall, wenn eine niederpriore Task das Betriebsmittel erhält, in ihren kritischen Abschnitt eintritt und dort von einer Task unterbrochen wird, deren Priorität zwar geringfügig höher ist, aber doch nicht so hoch wie die Priorität mancher Tasks, die in der Warteschlange des Betriebsmittels warten. Die Strategie ist zwar fair, beachtet aber die Dringlichkeiten nicht.

FIFO mit Prioritätsanhebung besagt, daß eine eingetroffene Marke zwar nach dem FIFO-Prinzip vergeben wird, aber die Priorität der Task, die in den Besitz des Betriebsmittels gelangt, auf die höchste Priorität der wartenden Tasks angehoben wird, so daß sie ihren kritischen Abschnitt mit dieser Priorität ausführt und nicht von unwichtigeren Tasks unterbrochen werden kann. Nach dem Austritt aus dem kritischen Abschnitt und der Rückgabe der Marke wird die Priorität der Task wieder auf den ursprünglichen Wert zurückgesetzt.

7.4 Abbildung von Petri-Netzen auf Semaphoren

Eine Semaphore hat logisch denselben Aufbau wie eine Stelle in einem Petri-Netz. Beide werden als ein Behälter aufgefaßt, in dem sich Marken befinden können. Auch die Operationen auf eine Semaphore können einfach auf Transitionen eines Petri-Netzes abgebildet werden. Die Request-Operation entspricht dem Schalten einer Transition, die eine Eingangsstelle hat und mit dieser über eine Kante mit der Bewertung 1 verbunden ist.

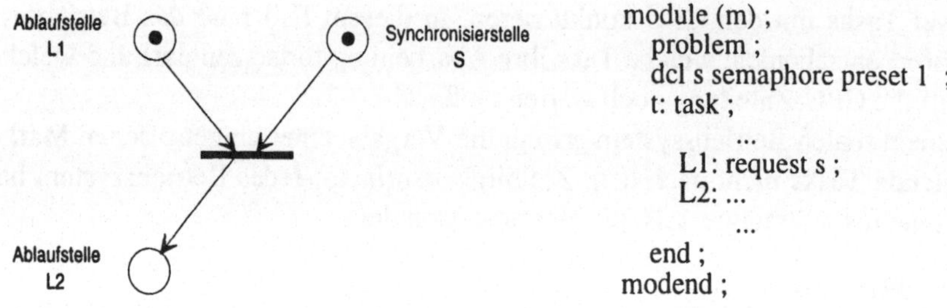

Abb. 7.2: Abbildung der Request-Operation auf ein Petri-Netz

Mit der „dcl"-Anweisung wird die Semaphore s angelegt und mit „preset" die Anzahl ihrer Initialmarken festgelegt. Hat die Task t das Label L1 erreicht, so fordert sie mit der Anweisung „request s" eine Marke aus der Semaphore s an. Ist eine Marke in s vorhanden, so gelangt t in den Besitz dieser Marke und schreitet zum Label L2 weiter. Ist hingegen keine Marke in s vorhanden, so wird t bis zum Eintreffen einer Marke in s suspendiert. Das äquivalente Petri-Netz hat genau dieselbe Semantik. Hat t die Ablaufstelle L1 erreicht, so wird die linke Eingangsstelle der Transition mit einer Marke belegt. Die Transition wird aber erst dann aktiviert, wenn auch die rechte Eingangsstelle S der Transition mit einer Marke belegt ist. Erst dann kann die Transition schalten und die Task t die Ablaufstelle L2 erreichen.

Die linke Eingangsstelle und die Ausgangsstelle der Transition stellen das Label dar, das die Task während ihres Ablaufs erreicht. Der Ablauf der Task entspricht dem Wandern *einer* Ablaufmarke durch viele solche Stellen in einem Netz. Sie werden mit *Task-Ablaufstellen* und *Task-Ablaufmarke* bezeichnet. In Gegensatz hierzu wird die Stelle s mit einer *Synchronisierstelle* bezeichnet, denn hier findet eine Synchronisierung von Tasks statt.

In Abb. 7.3 ist die Abbildung der Release-Operation auf ein Petri-Netz dargestellt. Entsprechend können alle mit Hilfe von Semaphoren realisierten Synchronisierungen auf Petri-Netze abgebildet und auf ihre Korrektheit untersucht werden.

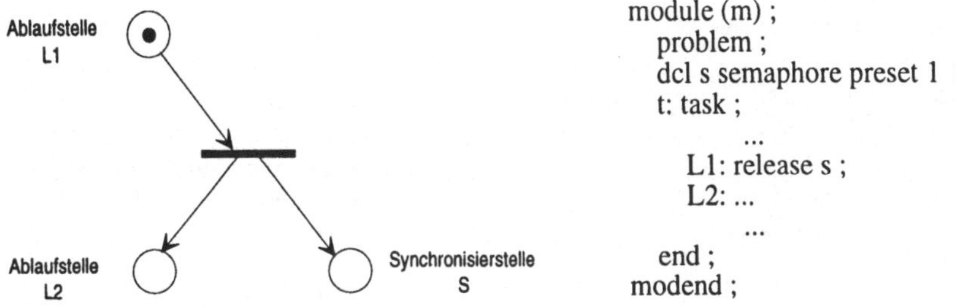

Abb. 7.3: Abbildung der Release-Operation auf ein Petri-Netz

Petri-Netze lassen sich nicht immer unmittelbar auf Semaphore abbilden. Der Grund liegt darin, daß mit einer Anweisung lediglich eine einzige Semaphore angefordert oder freigegeben werden kann, während mit einer Transition gleichzeitig viele Eingangsstellen angefordert und viele Ausgangsstellen besetzt werden können. Abb. 7.4 zeigt einen solchen Fall.

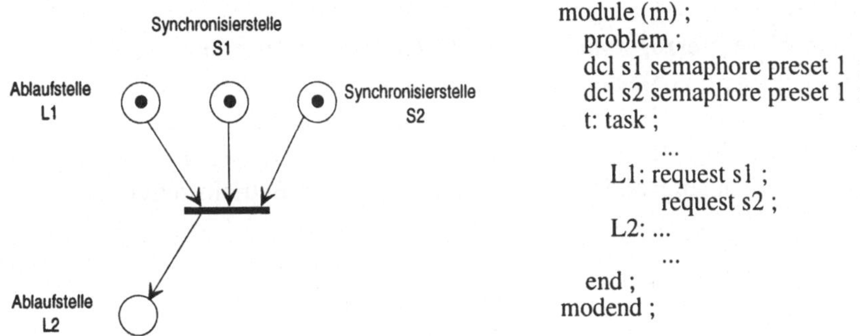

Abb. 7.4: Ungleichheit des Petri-Netzes und des Programms

Die Transition hat zwei Synchronisier-Eingangsstellen S1 und S2. Das Schalten der Transition ist eine *atomare* Operation, d.h., mit dem Schalten der Transition verschwindet zeitgleich jeweils eine Marke aus den beiden Eingangs-Synchronisierstellen. Bildet man dieses Netz auf zwei Semaphoren ab, so benötigt man für das Anfordern jeder Eingangs-Semaphore eine besondere Request-Anweisung. Sie können im Gegensatz zu der Transition nicht als eine atomare Operation ausgeführt werden. Die Task könnte zwischen den beiden Request-Anweisungen für eine beliebige Zeit unterbrochen werden. In Abb. 7.5 ist das Petri-Netz dargestellt, das dem Programm aus Abb. 7.4 entspricht.

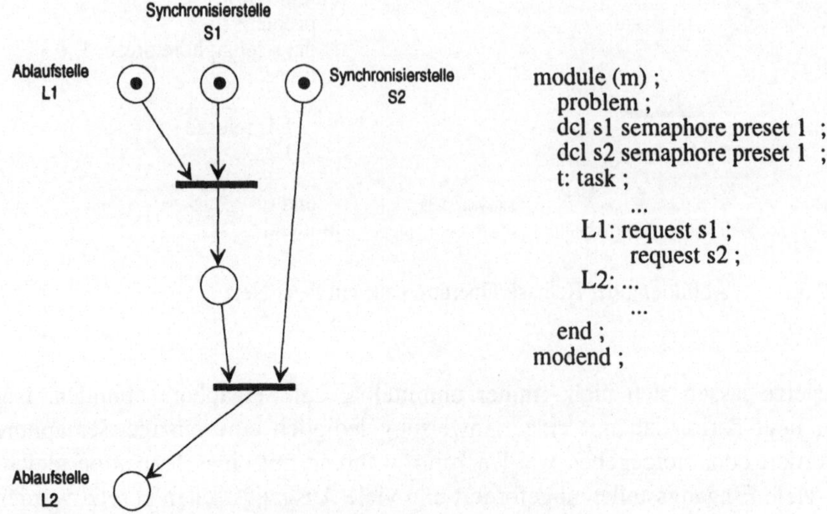

Abb. 7.5: Gleichheit des Petri-Netzes und des Programms

Ob nun diese Verzögerung die Logik der Synchronisierung beeinflußt oder nicht, muß in jedem konkreten Fall untersucht werden. Als Beispiel betrachte man zwei Tasks t_1 und t_2, die um zwei Betriebsmittel S_1 und S_2 miteinander *konkurrieren*. Abb. 7.6 zeigt das zugehörige Petri-Netz. Gemäß diesem Netz gelangt eine Task in demselben Augenblick in den Besitz der beiden Betriebsmittel.

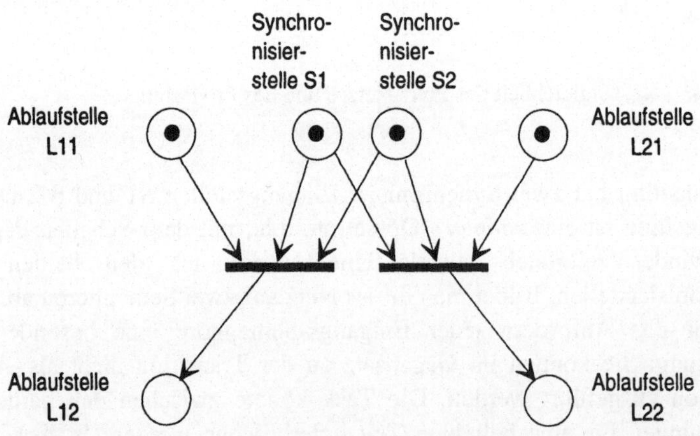

Abb. 7.6: Petri-Netz zur Vergabe von zwei Betriebsmitteln an zwei konkurrierende Tasks

In den gängigen Realzeit-Betriebssystemen und -Sprachen ist die Anweisung „request (s1 and s2)“ nicht zulässig, d.h., mit einer Programmanweisung können nicht zwei Semaphoren gleichzeitig angefordert werden. Daher kann das Petri-Netz der Abb. 7.6 nicht unmittelbar auf Semaphoren abgebildet werden. Im Programm müssen die Semaphoren getrennt voneinander angefordert werden. Da aber eine Task zwischen den beiden Anforderungen unterbrochen werden kann, gewinnt die Reihenfolge, in der die Tasks die Semaphoren anfordern, eine entscheidene Bedeutung. Fordern die beiden Tasks die Semaphoren in derselben Reihenfolge an, so wird die Synchronisierung korrekt ablaufen. Dieser Fall ist in Abb. 7.7. dargestellt. Fordern aber die Tasks die Semaphoren in unterschiedlicher Reihenfolge an, so kann eine Verklemmung (Dead Lock) entstehen. Dieser Fall ist in Abb. 7.8 dargestellt.

Eine Verklemmung entsteht, wenn die folgenden Anweisungen in der angegebenen Reihenfolge ausgeführt werden:

- t_1 fordert S_1 an (erfolgreich)
- t_2 fordert S_2 an (erfolgreich)
- t_1 fordert S_2 an (erfolglos)
- t_2 fordert S_1 an (erfolglos)

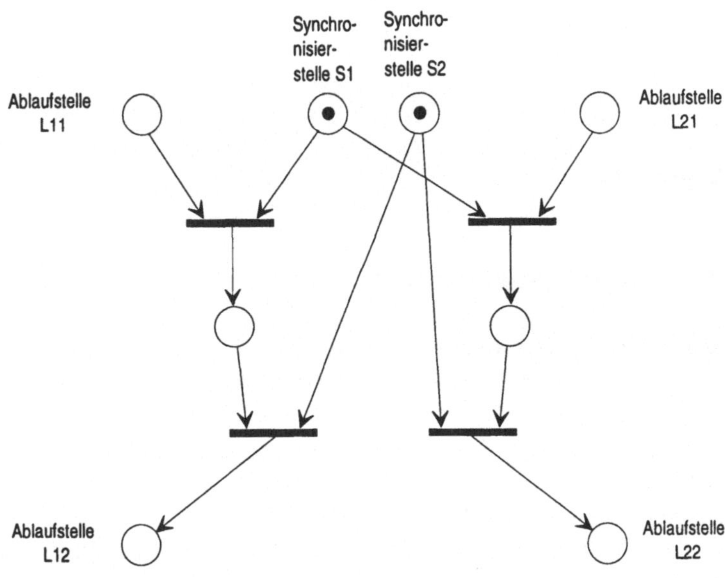

Abb. 7.7: Korrekte Abbildung des Petri-Netzes der Abb. 7.6. auf zwei Semaphoren, die in derselben Reihenfolge von den Tasks angefordert werden

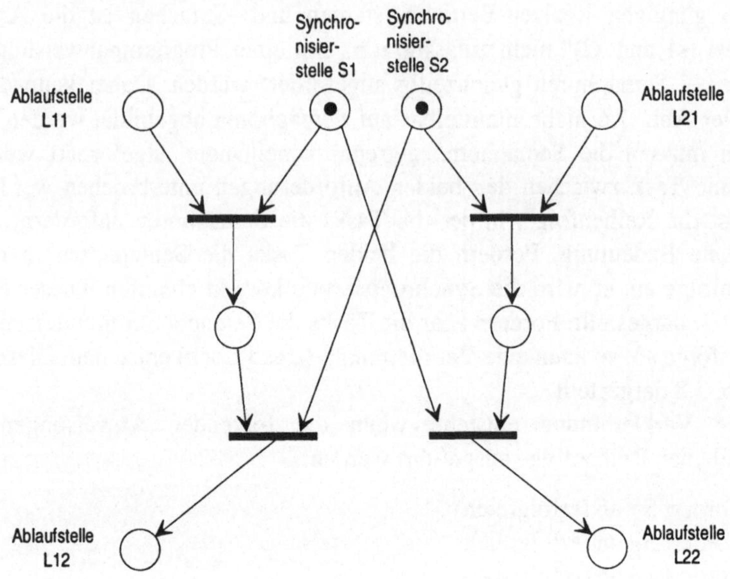

Abb. 7.8: Unkorrekte Abbildung des Petri-Netzes der Abb. 7.6. auf zwei Semaphoren, die in unterschiedlicher Reihenfolge von den Tasks angefordert werden (Gefahr einer Verklemmung)

7.5 Beispiele

7.5.1 Wechselseitiger Ausschluß

Im Absch. 5.2 wurde der wechselseitige Ausschluß anhand zweier Fahrzeuge, die eine Kreuzung überqueren müssen, demonstriert. Die Lösung dieser Aufgabe mit Hilfe von Semaphoren in Pearl-Notation ist in Abb. 7.9 dargestellt. Hier wird ein Semaphore-Objekt mit der Declare-Anweisung angelegt und ihr Anfangswert mit „preset“ festgelegt.

Das *Synchronisierprotokoll* schreibt das Verhalten der Tasks bei der Überquerung der Kreuzung vor. In diesem Fall besteht es aus den folgenden drei Anweisungen in der angegebenen Reihenfolge:

```
request kreuzung ;
Fahre über Kreuzung (*kritischer Abschnitt*)
release kreuzung ;
```

```
module ( application ) ;
    problem ;
        dcl kreuzung semaphore preset ( 1 ) ;

        A: task ;
             ...
             request kreuzung ;
             Fahre über Kreuzung (*kritischer Abschnitt*)
             release kreuzung ;
             ...
        end ;

        B: task ;
             ...
             request kreuzung ;
             Fahre über Kreuzung (*kritischer Abschnitt*)
             release kreuzung ;
             ...
        end ;

modend ;
```

Abb. 7.9: Realisierung des wechselseitigen Ausschlusses mit Hilfe einer Semaphore

```
module ( application ) ;
    problem ;
        dcl kreuzung semaphore preset ( 1 ) ;

        fahre: procedure ( fahrtparameter ) ;
             request kreuzung ;
             Fahre über Kreuzung gemäß der übergebenen
             Fahrtpameter
             release kreuzung ;
        end ;

        A: task ;
            dcl fahrtparameterA ... ;
            ...
            fahre ( fahrtparameterA ) ;
            ...
        end ;

        B: task ;
            dcl fahrtparameterB ... ;
            ...
            fahre ( fahrtparameterB ) ;
            ...
        end ;
modend ;
```

Abb. 7.10: Einführung der Prozedur „fahre" zum Zwecke der Konzentrierung des Synchronisierprotokolls an einer einzigen Stelle im Programm

Die Lösung nach Abb. 7.9 hat den strukturellen Nachteil, daß die einzelnen Anweisungen des Synchronisierprotokolls in den Applikations-Tasks untergebracht sind und dort sogar über den gesamten Code der Tasks verstreut sein können. Würde man bei der System-Integration einen Synchronsierfehler feststellen, so müßte man den Code derjenigen Applikations-Tasks einer Untersuchung unterziehen, die an der Synchronisierung beteiligt sind. Dies ist natürlich sehr aufwendig. Man strebt eine Lösung an, bei der das gesamte Synchronisierprotokoll zentral an einer Stelle (z.B. in einer Prozedur) implementiert ist. Bei Synchronisierfehlern müßte man dann nur diese eine Stelle einer Prüfung unterziehen.

Zu diesem Zweck werden die drei Anweisungen des Synchronisierprotokolls zu einer Prozedur (namens „fahre") zusammengefasst, die dann von den beiden Tasks aufgerufen wird (s. Abb. 7.10).

Diese Lösung hat den Nachteil, daß die Semaphore „kreuzung" immer noch für die Tasks A und B zugänglich ist. Programmtechnisch ist es also noch nicht ausgeschlossen, daß eine Applikations-Task direkt auf die Semaphore „kreuzung" zugreift. Um dies zu vermeiden, werden die Prozedur „fahre" und die Semaphore „kreuzung" zu einem Programm-Modul zusammengefaßt. Von diesem Modul wird dann nur noch die Prozedur „fahre" exportiert. Die übrigen Objekte in diesem Modul wären vor fremden Zugriffen geschützt (s. Abb. 7.11). Erst jetzt sind die Regeln von „*Information Hiding*" auf diese Synchronisierung angewandt.

```
                                                    1. Modul
module ( applications ) ;
   problem ;
      specify fahre ( fahrtparameter ) global ;
      A: task ;
         dcl fahrtparameterA .... ;
         fahre ( fahrtparameterA ) ;
         ... ;
      end ;
      B: task ;
         dcl fahrtparameterB .... ;
         fahre ( fahrtparameterB ) ;
         ... ;
      end ;
modend ;
                                                    2. Modul
module ( fahreKreuzung ) ;
   problem ;
      dcl kreuzung sema preset (1) ;
      fahre: procedure ( fahrtparameter ) global ;
         request kreuzung ;
         Fahre über Kreuzung mit den Fahrtparametern
         release kreuzung ;
      end ;
modend ;
```

Abb. 7.11: Anwendung von Information-Hiding auf die Synchronisierung aus Abb. 7.10

7.5.2 Automatisierung einer Eisenbahnstrecke

Die Aufgabenstellung wurde in Absch. 4.2.10 beschrieben und die Lösung mit Hilfe von Semaphoren in Abb. 4.44 vorgestellt.

7.5.3 Erzeuger-Verbraucher-Problem

In Abb. 6.1 wurde das Petri-Netz für die Synchronisierung eines Erzeugers und eines Verbrauchers, die über einen Kanal mit der Kapazität 1 Nachrichten austauschen, dargestellt. Die Realisierung dieses Netzes mit Hilfe von Semaphoren ist in Abb. 7.12 dargestellt.

```
module ( application ) ;
    problem ;
       dcl  Kanalbelegung  semaphore preset ( 0 ) ;
       dcl  Kanalfreiheit  semaphore preset ( 1 ) ;

       Erzeuger: task ;
            while (1) repeat ;
                Erzeugen ;
                request Kanalfreiheit ;
                Absenden ;
                release Kanalbelegung ;
            end ;
       end ;

       Verbraucher: task ;
            while (1) repeat ;
                request Kanalbelegung ;
                Entnehmen ;
                release Kanalfreiheit ;
                Verbrauchen ;
            end ;
       end ;
modend ;
```

Abb. 7.12: Realisierung des Erzeuger-Verbraucher-Problems aus der Abb. 6.17

7.5.4 Kanal mit beschränkter Kapazität (Bounded Buffer)

Erhöht man die Anzahl der Erzeuger und Verbraucher bei dem obigen Beispiel auf einen beliebigen Wert und die Kanalkapazität auf n, so wird dieser Fall als „bounded buffer“ bezeichnet. Hier geht es darum, zwei Prozeduren zum „Absenden“ und „Entnehmen“ bereitzustellen, die von jedem Erzeuger bzw. Verbraucher direkt aufgerufen werden könnten.

```
module ( BoundedBuffer ) ;
    problem ;
       dcl  Puffer (1:200) float ;
       dcl  Kanalbelegung  semaphore preset ( 0 ) ;
       dcl  Kanalfreiheit  semaphore preset ( 4 ) ;

       Senden: procedure ( Sendedaten ) global ;
                request Kanalfreiheit ;
                Absenden der Sendedaten in den Puffer
                release Kanalbelegung ;
       end ;

       Nehmen: procedure ( Empfangsdaten ) global ;
                request Kanalbelegung ;
                Entnehmen der Empfangsdaten aus dem Puffer
                release Kanalfreiheit ;
       end ;
modend ;
```

Abb. 7.13: Realisierung des Bounded-Buffer-Problems

Ein Erzeuger könnte dann den folgenden Aufbau haben:

```
spc Senden ( Sendedaten ) global ;
ErzeugerI: task ;
   dcl ErzeugerSendedaten ... ;
   while (1) repeat ;
      Erzeugen
      Senden (ErzeugerSendedaten) ;
   end ;
end ;
```

7.6 Anfordern mehrerer Betriebsmittel (Konjunktion)

Aufgabenstellung: In einer Produktionsanlage stehen zwei Maschinen verschiedenen Typs, die jeweils zwei Berarbeitungsschritte an Werkstücken ausführen. Die Maschine des Typs A benötigt für ihren ersten Bearbeitungsschritt das Werkzeug X und für ihren zweiten Schritt die Werkzeuge X und Y. Die Maschine des Typs B benötigt für ihren ersten Bearbeitungsschritt das Werkzeug Y und für ihren zweiten Schritt die Werkzeuge X und Y. Gefordert wird die Synchronisierung der Betriebsmittel X und Y.

1. Ansatz: Die Maschinen fordern ihre Betriebsmittel in beliebiger Reihenfolge an

Bei dieser Lösung, bei der die Reihenfolge der Werkzeuganforderung nicht geregelt ist, kann es sehr oft zu einer *Verklemmung* kommen. Eine solche tritt z.B. im folgenden Fall auf (s. Abb. 7.14): Angenommen die Task A sei im Besitz des Werkzeugs Y und führe ihren ersten Bearbeitungsschritt aus. Gleichzeitig hole sich die Task B das Werkzeug X und bearbeite ihren ersten Schritt. Wenn nun die Task A oder B für die Bearbeitung des zweiten Schrittes das andere Werkzeug anfordert, wird sie suspendiert, denn das andere Werkzeug ist im Besitz der anderen Task. Es entsteht die Situation, daß jede Task im Besitz eines Werkzeugs ist und zusätzlich auf das Werkzeug wartet, das im Besitz der anderen Task ist.

```
module ( application ) ;

    problem ;

        dcl X semaphore preset (1) ;
        dcl Y semaphore preset (1) ;

    A: task ;
        ...
        request X ;
        Werkzeug X holen
        Schritt 1 bearbeiten
        request Y ;
        Werkzeug Y holen
        Schritt 2 bearbeiten
        Werkzeug Y ablegen
        Werkzeug X ablegen
        release Y ;
        release X ;
        ...
    end ;

    B: task ;
        ...
        request Y ;
        Werkzeug Y holen
        Schritt 1 bearbeiten
        request X ;
        Werkzeug X holen
        Schritt 2 bearbeiten
        Werkzeug X ablegen
        Werkzeug Y ablegen
        release X ;
        release Y ;
        ...
    end ;
modend ;
```

Abb. 7.14: Abbildung des Petri-Netzes aus Abb. 7.15 auf Semaphoren

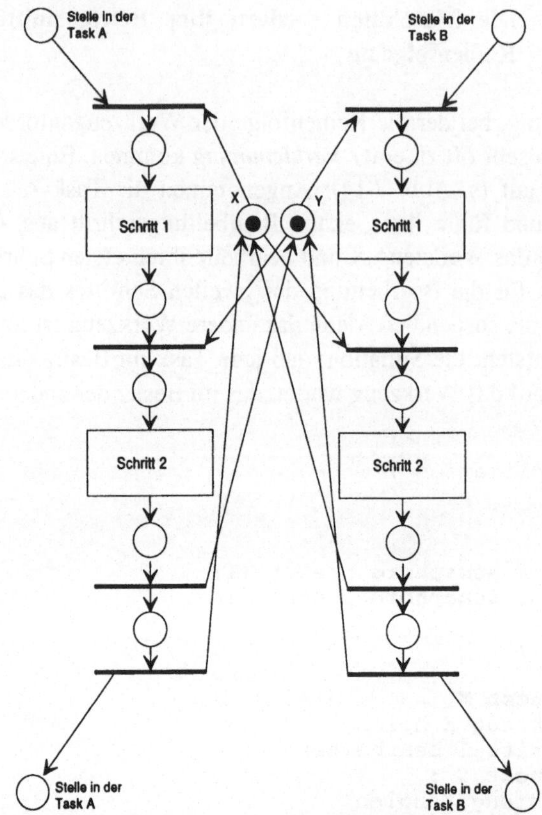

Abb. 7.15: Entstehen der „Dead-Lock"-Gefahr auf Grund der unterschiedlichen Reihenfolge für das Anfordern zweier Betriebsmittel durch zwei Tasks

Vergleicht man die beiden Werkzeuge mit zwei benachbarten Schienenblöcken B1 und B2 eines Eisenbahnnetzes, so kann man sich sehr anschaulich eine ähnliche Verklemmung vorstellen: Der Zug Z1 fordert den Block B1 an und fährt in ihn hinein. Während sich Z1 in B1 befindet, fordert der Zug Z2 den Block B2 an und fährt dort hinein. Nach kurzer Zeit stehen die beiden Züge am Übergang B1/B2 einander gegenüber und blockieren sich gegenseitig.

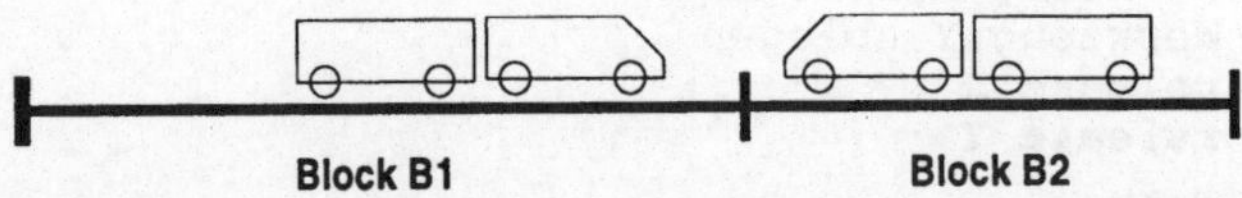

Abb. 7.16: Entstehen von „Dead Lock" infolge des Anforderns zweier Blöcke in unterschiedlicher Reihenfolge

2. Ansatz: Anfordern in fester Reihenfolge (Gerichtete Betriebsmittel)

Würden die beiden Tasks die Werkzeuge in fester, und zwar der *gleichen Reihenfolge* anfordern, so entstünde keine Verklemmung, z.B. Werkzeug X zuerst, dann erst Werkzeug Y.

Trägt man alle Betriebsmittel, die in einem System gleichzeitig im Besitz einer Task sein können, auf einer gerichteten Geraden auf, so müssen alle Tasks ihre Betriebsmittel in der Reihenfolge anfordern, in der sie auf der Geraden stehen. Daher bezeichnet man diesen Ansatz als „*Gerichtete Betriebsmittel*".

Im Beispiel mit den Zügen wird Z2 erst dann auf B2 fahren, wenn er im Besitz der Fahrberechtigung für die beiden Blöcke B1 und B2 ist. Der Zug Z1 kann weiterhin auf B1 fahren, auch wenn er nur im Besitz der Fahrberechtigung für B1 ist.

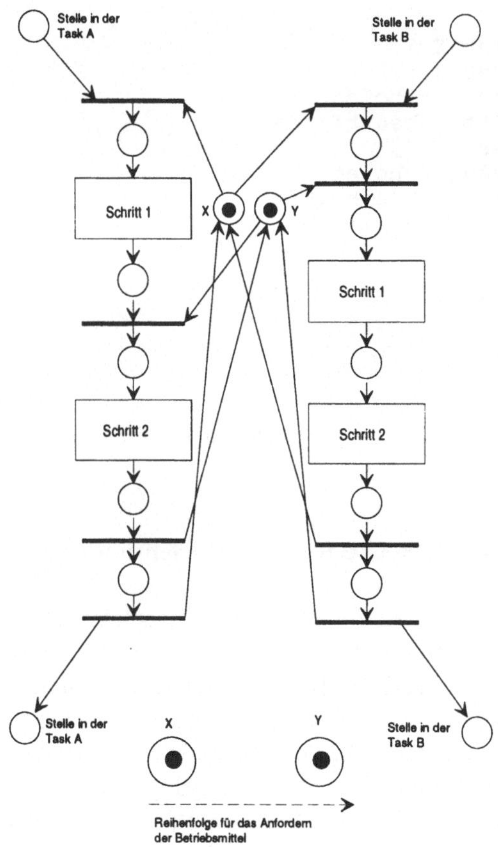

Abb. 7.17: Petri-Netz für das Anfordern mehrerer Betriebsmittel in fester Reihenfolge

```
module ( application ) ;
    problem ;
        dcl X semaphore preset (1) ;
        dcl Y semaphore preset (1) ;
    A: task ;
        ...
        request X ;
        Werkzeug X holen
        Schritt 1 bearbeiten
        request Y ;
        Werkzeug Y holen
        Schritt 2 bearbeiten
        Werkzeug Y ablegen
        Werkzeug X ablegen
        release Y ;
        release X ;
        ...
    end ;

    B: task ;
        ...
        request X ;
        request Y ;
        Werkzeug Y holen
        Schritt 1 bearbeiten
        request X ;
        Werkzeug X holen
        Schritt 2 bearbeiten
        Werkzeug X ablegen
        Werkzeug Y ablegen
        release X ;
        release Y ;
        ...
    end ;
modend ;
```

Abb. 7.18: Anfordern mehrerer Betriebsmittel in fester Reihenfolge

3. Ansatz: Hierarchische Ordnung der Betriebsmittel

Jedes Werkzeug wird weiterhin auf eine Semaphore abgebildet. Benötigt eine Task lediglich ein Betriebsmittel, so fordert sie die entsprechende Semaphore an.

Benötigen mehrere Tasks (z.B. A und B) dasselbe Betriebsmittelpaar (z.B. X und Y), so wird für das Betriebsmittelpaar zusätzlich eine übergeordnete Semaphore (XY) eingeführt, die von den Tasks A und B angefordert werden muß, bevor sie die Betriebsmittel X und Y in beliebiger Reihenfolge anfordern dürfen. So kann nur eine Task (A oder B) in Besitz der übergeordneten Semaphore und daher in Besitz des Betriebsmittelpaares gelangen.

```
module ( application ) ;

    problem ;
        dcl X  semaphore preset (1) ;
        dcl Y  semaphore preset (1) ;
        dcl XY semaphore preset (1) ;

    A: task ;
        ...
        request XY ;
        request X ;
        Werkzeug X holen
        Schritt 1 bearbeiten
        request Y ;
        Werkzeug Y holen
        Schritt 2 bearbeiten
        Werkzeug Y ablegen
        Werkzeug X ablegen
        release Y ;
        release X ;
        release XY ;
        ...
    end ;

    B: task ;
        ...
        request XY ;
        request Y ;
        Werkzeug Y holen
        Schritt 1 bearbeiten
        request X ;
        Werkzeug X holen
        Schritt 2 bearbeiten
        Werkzeug X ablegen
        Werkzeug Y ablegen
        release X ;
        release Y ;
        release XY ;
        ...
    end ;

modend ;
```

Abb. 7.19: Anfordern mehrerer Betriebsmittel nach dem Prinzip „hierarchische Ordnung der Betriebsmittel"

Beispiel: Block- und Fahrstraßen-Synchronisierung

Aufgabenstellung: Gegeben sei eine einspurige Eisenbahnstrecke und die Fahrtrichtungen mehrerer Züge. Jeder Zug wird durch eine Task gesteuert. Gefordert wird die Synchronisierung der Züge.

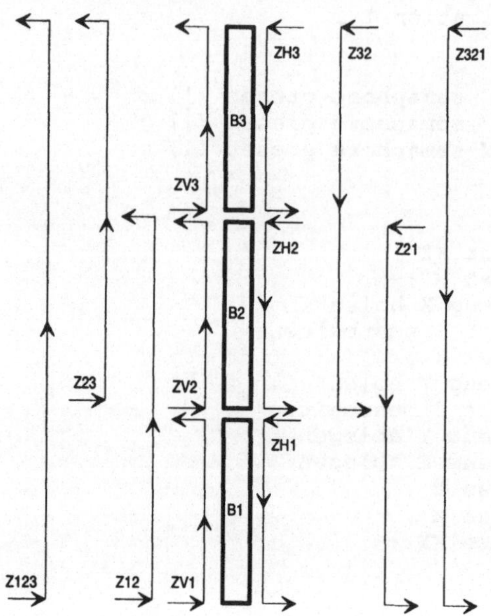

Abb. 7.20: Aufbau einer Eisenbahnstrecke sowie die Fahrtrichtungen der Züge

Block-Synchronisierung

Das Schienennetz wird in Blöcken aufgeteilt und jeder Block als ein Betriebsmittel definiert und auf eine Semaphore abgebildet. Bevor ein Zug mit seiner Spitze in einen Block hineinfährt, muß er den Block anfordern. Verlassen die Rücklichter des Zuges den Block, so muß der Zug den Block freigeben.

Fordert eine Zug-Task einen Block an und der Block ist gerade vergeben, so wird die Zug-Task laut Semantik von Semaphoren sofort suspendiert. Sie wird nicht mehr imstande sein, eine Bremsung einzuleiten. Dieses Problem kann nach dem Modell der konträren Betriebsmittel gelöst werden, das allerdings nicht Gegenstand der folgenden Erörterungen sein wird. Um jedoch den sehr anschaulichen Charakter dieses Beispiels für die Erläuterung der beiden Synchronisierverfahren heranziehen zu können, wird einfachheitshalber angenommen, daß eine Zug-Task unmittelbar vor der Anforderung einer Semaphore das Betriebssystem beauftragt, nach einer Sekunde eine Brems-Task zu aktivieren. Gelangt die Zug-Task innerhalb einer Sekunde in den Besitz der Semaphore, so storniert sie den Aktivierungsauftrag für die Brems-Task. Ist aber die Bremsung bereits eingeleitet, so fährt die Zug-Task den Zug wieder an. Um sich jedoch stärker auf die Synchronisierprobleme konzentrieren zu können, wird auf die Darstellung des Bremsvorganges verzichtet.

```
module ( application ) ;
  problem ;
  dcl ( B1, B2, B3 ) semaphore preset (1, 1, 1) ;

  ZV1: task ;
    ...  // Fahre bis zum Block B1
    request B1 ;
    Fahre bis zum Ende des Blocks B1
    Verlasse B1
    release B1 ;
    ...  // Fahren außerhalb des Blocks B1
  end ;

  Z12: task ;
    ... // Fahre bis zum Block B1
    request B1 ;
    Fahre bis zum Ende des Blocks B1
    request B2 ;
    Verlasse B1
    release B1 ;
    Fahre bis zum Ende des Blocks B2
    Verlasse B2
    release B2 ;
    ...  // Fahren außerhalb des Blocks B2
  end ;

  Z123: task ;
    ... // Fahre bis zum Block B1
    request B1 ;
    Fahre bis zum Ende des Blocks B1
    request B2 ;
    Verlasse B1
    release B1 ;
    Fahre bis zum Ende des Blocks B2
    request B3 ;
    Verlasse B2
    release B2 ;
    Fahre bis zum Ende des Blocks B3
    Verlasse B3
    release B3 ;
    ...  // Fahren außerhalb des Blocks B3
  end ;

modend ;
```

Abb. 7.21: Programm-Ausschnitt zur Veranschaulichung der Block-Synchronisierung für die Strecke nach Abb. 7.20

Solange die Strecke (B1–B2–B3) in einer Richtung befahren wird, reicht die Block-Synchronisierung aus. Es kommt zu keiner Kollision und es entsteht keine Verklemmung. Braucht ein Zug mehrere Blöcke, so fordert er sie naturgemäß in derselben Reihenfolge an wie die anderen Züge auch, nämlich in der Reihenfolge der Fahrtrichtung. Die Benutzung der Strecke in einer einzigen Fahrtrichtung für alle Züge impliziert das Anfordern der Betriebsmittel in fester Reihenfolge (Gerichtete Betriebsmittel).

Sobald aber die Strecke (B1–B2–B3) in zwei Richtungen befahren werden darf, kommt es zu Verklemmungen. Daher wird eine zusätzliche Synchronisierung gebraucht, die als Fahrstraßen-Synchronisierung bezeichnet wird.

Fahrstraßen-Synchronisierung nach dem Modell „Gerichtete Betriebsmittel"

Die Züge können zwar die Strecke in beiden Richtungen befahren, sie müssen aber die Blöcke in einer bestimmten Reihenfolge anfordern, z.B. müssen Z123 und Z321 die Blöcke in derselben Reihenfolge anfordern, nämlich B1, B2 und B3. Z123 fährt also in derselben Reihenfolge und Z321 in umgekehrter Reihenfolge in die Blöcke hinein, wie sie die Blöcke angefordert haben. Während Z123 mit der Blocksicherung auskommt, muß Z321 vor der Einfahrt auf die Strecke die gesamte Fahrstraße (B1–B2–B3) erfolgreich angefordert haben.

```
module ( verkehr ) ;    /*  Die Blöcke sind in der Reihenfolge
                            B1, B2, B3 anzufordern */
    problem ;
        dcl (B1, B2, B3) semaphore preset (1, 1, 1) ;

   ZV1: task ;
        ...  // Fahre bis zum Block B1
        request B1 ;
        Fahre bis zum Ende des Blocks B1
        Verlasse B1 ;
        release B1 ;
        ...  // Fahren außerhalb des Blocks B1
   end ;

   ZV2: task ;
        ...  // Fahre bis zum Block B2
        request B2 ;
        Fahre bis zum Ende des Blocks B2
        Verlasse B2
        release B2 ;
        ...  // Fahren außerhalb des Blocks B2
   end ;

   ZV3: task ;
        ...  // Fahre bis zum Block B3
        request B3 ;
        Fahre bis zum Ende des Blocks B3
        Verlasse B3
        release B3 ;
        ...  // Fahren außerhalb des Blocks B3
   end ;
```

```
Z12: task ;
      ... // Fahre bis zum Block B1
      request B1 ;
      Fahre bis zum Ende des Blocks B1
      request B2 ;
      Verlasse B1
      release B1 ;
      Fahre bis zum Ende des Blocks B2
      Verlasse B2
      release B2 ;
      ...  // Fahren außerhalb des Blocks B2
end ;

Z23: task ;
      ... // Fahre bis zum Block B2
      request B2 ;
      Fahre bis zum Ende des Blocks B2
      request B3 ;
      Verlasse B2
      release B2 ;
      Fahre bis zum Ende des Blocks B3
      Verlasse B3
      release B3 ;
      ...  // Fahren außerhalb des Blocks B3
end ;

Z123: task ;
      ... // Fahre bis zum Block B1
      request B1 ;
      Fahre bis zum Ende des Blocks B1
      request B2 ;
      Verlasse B1
      release B1 ;
      Fahre bis zum Ende des Blocks B2
      request B3 ;
      Verlasse B2
      release B2 ;
      Fahre bis zum Ende des Blocks B3
      Verlasse B3
      release B3 ;
      ...  // Fahren außerhalb des Blocks B3
end ;

ZH1: task ;
      ...  // Fahre bis zum Block B1
      request B1 ;
      Fahre bis zum Ende des Blocks B1
      Verlasse B1 ;
      release B1 ;
      ...  // Fahren außerhalb des Blocks B1
end ;
```

```
ZH2: task ;
       ...  // Fahre bis zum Block B2
       request B2 ;
       Fahre bis zum Ende des Blocks B2
       Verlasse B2
       release B2 ;
       ...  // Fahren außerhalb des Blocks B2
end ;

ZH3: task ;
       ...  // Fahre bis zum Block B3
       request B3 ;
       Fahre bis zum Ende des Blocks B3
       Verlasse B3
       release B3 ;
       ...  // Fahren außerhalb des Blocks B3
end ;

Z32: task ;
       ...  // Fahre bis zum Block B3
       request B2 ;
       request B3 ;
       Fahre bis zum Ende des Blocks B3
       request B2 ;          // Änderungen gegenüber der reinen
                             // Block-Synchronisierung
       Verlasse B3
       release B3 ;
       Fahre bis zum Ende des Blocks B2
       Verlasse B2
       release B2 ;
       ...  // Fahren außerhalb des Blocks B2
end ;

Z21: task ;
       ...  // Fahre bis zum Block B2
       request B1 ;
       request B2 ;
       Fahre bis zum Ende des Blocks B2
       request B1 ;            // Änderung gegenüber der reinen
                               // Block-Synchronisierung
       Verlasse B2
       release B2 ;
       Fahre bis zum Ende des Blocks B1
       Verlasse B1
       release B1 ;
       ...  // Fahren außerhalb des Blocks B1
end ;
```

```
Z321: task ;
        ...  // Fahre bis zum Block B3
        request B1 ;
        request B2 ;
        request B3 ;
        Fahre bis zum Ende des Blocks B3
        request B2 ;              // Änderung gegenüber der reinen
                                  // Block-Synchronisierung
        Verlasse B3
        release B3 ;
        Fahre bis zum Ende des Blocks B2
        request B1 ;              // Änderung gegenüber der reinen
                                  // Block-Synchronisierung

        Verlasse B2
        release B2 ;
        Fahre bis zum Ende des Blocks B1
        Verlasse B1
        release B1 ;
        ...  // Fahren außerhalb des Blocks B1
    end ;

modend ;
```

Abb. 7.22: Block-Sicherung und Fahrstraßen-Synchronisierung nach dem Modell „Gerichtete Betriebsmittel"

Diese Lösung gewährleistet *nicht die maximale Parallelität.* Betrachtet man zum Beispiel den Zug Z123, so fordert dieser Zug vor der Einfahrt in die Strecke B1–B2–B3 alle drei Blöcke an. Damit werden alle anderen Züge an der Benutzung aller drei Blöcke gehindert, obwohl sich Z123 zu jedem Zeitpunkt nur in einem Block befinden kann.

Fahrstraßen-Synchronisierung nach dem Modell „Hierarchische Betriebsmittel"

Die Anzahl der definierten Fahrstraßen bestimmt das *Ausmaß der Parallelität,* mit der die Züge die drei Blöcke befahren können. Würde man eine Fahrstraße B123 definieren, die von allen Zügen, die mehr als zwei Blöcke befahren wollen, angefordert werden müßte, so wäre die Lösung zwar sicher, würde aber zu stark die Parallelität einschränken, z.B. könnten die Züge Z12 und Z123 dann nicht mehr gleichzeitig auf der Strecke (B1–B2–B3) sein.

Die *maximale Parallelität* für alle Züge erreicht man dadurch, daß man für jedes Paar von Zügen, die *zwei oder mehr* Blöcke in unterschiedlichen Richtungen befahren, eine Fahrstraße definiert.

```
Strecke          übergeo.         um folgende Züge
                 Semaphore        gegeneinander zu
                                  synchronisieren
---------------------------------------------------------
B1-B2            B12-1            Z12  gegen Z21
                 B12-2            Z12  gegen Z321
                 B12-3            Z21  gegen Z123
B2-B3            B23-1            Z23  gegen Z32
                 B23-2            Z23  gegen Z321
                 B23-3            Z32  gegen Z123
B1-B2-B3         B123             Z123 gegen Z321
```

Abb. 7.23: Fahrstraßen für die maximale Parallelität

```
module ( verkehr ) ;
   problem ;
    dcl B1    , B2    , B3    ,
        B12-1 , B12-2 , B12-3 ,
        B23-1 , B23-2 , B23-3 ,
        B123
        semaphore preset (1,1,1,1,1,1,1,1,1,1) ;
  ZV1: task ;
       ...  // Fahre bis zum Block B1
       request B1 ;
       Fahre bis zum Ende des Blocks B1
       Verlasse B1 ;
       release B1 ;
       ...  // Fahren außerhalb des Blocks B1
  end ;
  ZV2: task ;
       ...  // Fahre bis zum Block B2
       request B2 ;
       Fahre bis zum Ende des Blocks B2
       Verlasse B2
       release B2 ;
       ...  // Fahren außerhalb des Blocks B2
  end ;
  ZV3: task ;
       ...  // Fahre bis zum Block B3
       request B3 ;
       Fahre bis zum Ende des Blocks B3
       Verlasse B3
       release B3 ;
       ...  // Fahren außerhalb des Blocks B3
  end ;
```

```
Z12: task ;
      ... // Fahre bis zum Block B1
      request B12-1 ;
      request B12-2 ;
      request B1 ;
      Fahre bis zum Ende des Blocks B1
      request B2 ;
      Verlasse B1
      release B1 ;
      Fahre bis zum Ende des Blocks B2
      Verlasse B2
      release B2 ;
      release B12-2 ;
      release B12-1 ;
      ...  // Fahren außerhalb des Blocks B2
end ;

Z23: task ;
      ... // Fahre bis zum Block B2
      request B23-1 ;
      request B23-2 ;
      request B2 ;
      Fahre bis zum Ende des Blocks B2
      request B3 ;
      Verlasse B2
      release B2 ;
      Fahre bis zum Ende des Blocks B3
      Verlasse B3
      release B3 ;
      release B23-2 ;
      release B23-1 ;
      ...  // Fahren außerhalb des Blocks B3
end ;

Z123: task ;
      ... // Fahre bis zum Block B1
      request B123 ;
      request B12-3 ;
      request B1 ;
      Fahre bis zum Ende des Blocks B1
      request B23-2 ;
      request B2 ;
      Verlasse B1
      release B1 ;
      Fahre bis zum Ende des Blocks B2
      request B3 ;
      Verlasse B2
      release B2 ;
      release B12-3 ;
      Fahre bis zum Ende des Blocks B3
      Verlasse B3
      release B3 ;
      release B23-3 ;
      release B123 ;
      ...  // Fahren außerhalb des Blocks B3
end ;
```

```
ZH1: task ;
      ...  // Fahre bis zum Block B1
      request B1 ;
      Fahre bis zum Ende des Blocks B1
      Verlasse B1 ;
      release B1 ;
      ...  // Fahren außerhalb des Blocks B1
end ;

ZH2: task ;
      ...  // Fahre bis zum Block B2
      request B2 ;
      Fahre bis zum Ende des Blocks B2
      Verlasse B2
      release B2 ;
      ...  // Fahren außerhalb des Blocks B2
end ;

ZH3: task ;
      ...  // Fahre bis zum Block B3
      request B3 ;
      Fahre bis zum Ende des Blocks B3
      Verlasse B3
      release B3 ;
      ...  // Fahren außerhalb des Blocks B3
end ;

Z32: task ;
      ...  // Fahre bis zum Block B3
      request B23-1 ;
      request B23-3 ;
      request B3 ;
      Fahre bis zum Ende des Blocks B3
      request B2 ;
      Verlasse B3
      release B3 ;
      Fahre bis zum Ende des Blocks B2
      Verlasse B2
      release B2 ;
      release B23-3 ;
      release B23-1 ;
      ...  // Fahren außerhalb des Blocks B2
end ;

Z21: task ;
      ...  // Fahre bis zum Block B2
      request B12-1 ;
      request B12-3 ;
      request B2 ;
      Fahre bis zum Ende des Blocks B2
      request B1 ;
      Verlasse B2
      release B2 ;
      Fahre bis zum Ende des Blocks B1
      Verlasse B1
      release B1 ;
      release B12-3 ;
      release B12-1 ;
      ...  // Fahren außerhalb des Blocks B1
end ;
```

```
Z321: task ;
        ... // Fahre bis zum Block B3
        request B123 ;
        request B23-2 ;
        request B3 ;
        Fahre bis zum Ende des Blocks B3
        request B12-2 ;
        request B2 ;
        Verlasse B3
        release B3 ;
        Fahre bis zum Ende des Blocks B2
        request B1 ;
        Verlasse B2
        release B2 ;
        release B23-2 ;
        Fahre bis zum Ende des Blocks B1
        Verlasse B1
        release B1 ;
        release B12-2 ;
        release B123 ;
        ... // Fahren außerhalb des Blocks B1
    end ;
modend ;
```

Abb. 7.24: Block-Sicherung und Fahrstraßen-Synchronisierung nach dem Modell „Hierarchische Betriebsmittel"

Diese Lösung gewährleistet die *maximale Parallelität.* Betrachtet man zum Beispiel den Zug Z123, so fordert dieser Zug vor der Einfahrt auf die Strecke B1–B2–B3 zunächst B123 und dann B12-3 an, damit es mit dem Zug Z321 bzw. Z21 nicht zu Verklemmungen kommt. Vor der Einfahrt in den Block B2 wird zunächst B23-3 angefordert, damit es mit dem Zug Z32 zu keiner Verklemmung kommt. Der Zug Z123 synchronisiert sich mit den in seiner Richtung fahrenden Züge nur über eine Block-Synchronisierung. Züge, die nur einen Block brauchen, sind von der Fahrstraßen-Synchronisierung in keinerlei Weise betroffen, denn Züge mit zwei oder mehr Blöcken fordern die Blöcke nur dann an, wenn sie sie unmittelbar befahren möchten.

7.7 Anfordern eines Betriebsmittels aus mehreren (Disjunktion)

Aufgabenstellung: In einer Produktionsanlage werden drei Werkzeugmaschinen M1, M2 und M3 eingesetzt. Die Werkzeugmaschine M1 produziert Werkstücke des Typs W1 und legt sie auf den Platz P1 mit der Kapazität 1 ab. Die Werkzeugmaschine M2 produziert Werkstücke des Typs W2 und legt sie auf den Platz P2 mit der Kapazität 1 ab. Die dritte Werkzeugmaschine M3 holt sich vom Platz P1 oder P2 ein Werkstück und führt abhängig von dessen Typ einen Bearbeitungsschritt aus. Die Werkzeugmaschinen arbeiten parallel zueinander und werden jeweils durch eine Task gesteuert. Gefordert ist die Synchronisierung der drei Werkzeugmaschinen, um maximalen Durchsatz zu erzielen.

Lösungskonzept: Wäre die Werkzeugmaschine M2 nicht im Einsatz, so würde es sich um ein Erzeuger-Verbraucher-Verhältnis zwischen M1 und M3 handeln. In diesem Fall bräuchte man zwei Semaphoren, „FreigabeP1" und „BelegungP1". Eine Marke in „FreigabeP1" würde der Maschine M1 signalisieren, daß der Platz P1 frei ist und dorthin ein Werkstück W1 abgelegt werden kann. Eine Marke in „BelegungP1" würde der Maschine M3 signalisieren, daß der Platz P1 belegt ist und von dort ein Werkstück W1 abgeholt werden kann. Wäre die Werkzeugmaschine M1 nicht im Einsatz, bräuchte man in Analogie zum obigen Beispiel die Semaphoren „FreigabeP2" und „BelegungP2".

Sind aber M1 und M2 im Einsatz, so muß M3 eine Marke aus „BelegungP1" oder „BelegungP2" anfordern. Da dies programmtechnisch nicht möglich ist, werden die beiden Semaphoren zu einer einzigen Semaphore mit dem Namen „Oder" zusammengefasst. Eine Marke in „Oder" signalisiert der Maschine M3, daß sich ein Werkstück entweder auf dem Platz P1 oder auf dem Platz P2 befindet. Nach erfolgreichem Anfordern einer Marke aus „Oder" weiß aber die Maschine M3 nicht, auf welchem Platz sich ein Werkstück befindet. Daher müssen die Maschinen M1 und M2 Zusatzinformationen anbieten, ob ein Platz belegt ist. Dies erfolgt durch zwei binäre Merker mit den Namen „MerkerP1" und „MerkerP2". Sie werden von M1 bzw. M2 nach Belegung des Platzes P1 bzw. P2 gesetzt und von M3 nach dem Entnehmen des Werkstückes gelöscht.

Abbildung 7.25 zeigt das Programm in Pearl. Der Zugriff auf die Variable „MerkerP1" (bzw. „MerkerP2") braucht nicht synchronisiert zu werden, da auf diese Variable im wechselseitigen Ausschluß zugegriffen wird, d.h., entweder von der Task M1 (bzw. M2) oder von der Task M3. Es könnten also auch werkstückspezifische Daten von den Maschinen M1 und M2 in die Variablen „MerkerP1" und „MerkerP2" abgelegt werden.

Task M3 räumt dem Ablageplatz P1 eine höhere Priorität ein, denn sie prüft zuerst nach, ob sich hier ein Werkstück befindet. Wäre dieser Ansatz nicht zu vertreten, so müßte die Task M3 mit Hilfe einer Variablen („turn") abwechselnd die beiden Plätze zuerst prüfen.

Abbildung 7.26 zeigt das zugehörge Petri-Netz. Aus Übersichtlichkeitsgründen wurde in Abb. 7.26 in Task M3 ein Schalter eingeführt, was in Petri-Netzen nicht zulässig ist.

```
module ( disjunktion ) ;

    problem ;
        dcl Oder semaphore preset (0) ;
        dcl FreigabeP1 semaphore preset (1) ;
        dcl FreigabeP2 semaphore preset (1) ;
        dcl MerkerP1 bit(1) init ('0'B1) ;
        dcl MerkerP2 bit(1) init ('0'B1) ;

        M1: task ;
             ...
             Werkstück des Typs W1 produzieren
             request FreigabeP1 ;
             Ablage des Werkstücks auf dem Platz P1
             MerkerP1:= '1'B1 ;
             release Oder ;
             ...
        end ;

        M2: task ;
             ...
             Werkstück des Typs W2 produzieren
             request FreigabeP2 ;
             Ablage des Werkstücks auf dem Platz P2
             MerkerP2:= '1'B1 ;
             release Oder ;
             ...
        end ;

        M3: task ;
             ...
             request Oder ;
             if ( MerkerP1 = '1'B1 )
                then begin
                     Werkstück vom Platz P1 holen
                     MerkerP1:= '0'B1 ;
                     release FreigabeP1 ;
                     Werkstück des Typs W1 bearbeiten
                end ;
                else begin
                     Werkstück vom Platz P2 holen
                     MerkerP2:= '0'B1 ;
                     release FreigabeP2 ;
                     Werkstück des Typs W2 bearbeiten
                end ;
                ...
        end ;
modend ;
```

Abb. 7.25: Task M3 wartet auf ein Werkstück von der Task M1 oder M2 (Oder-Funktionalität)

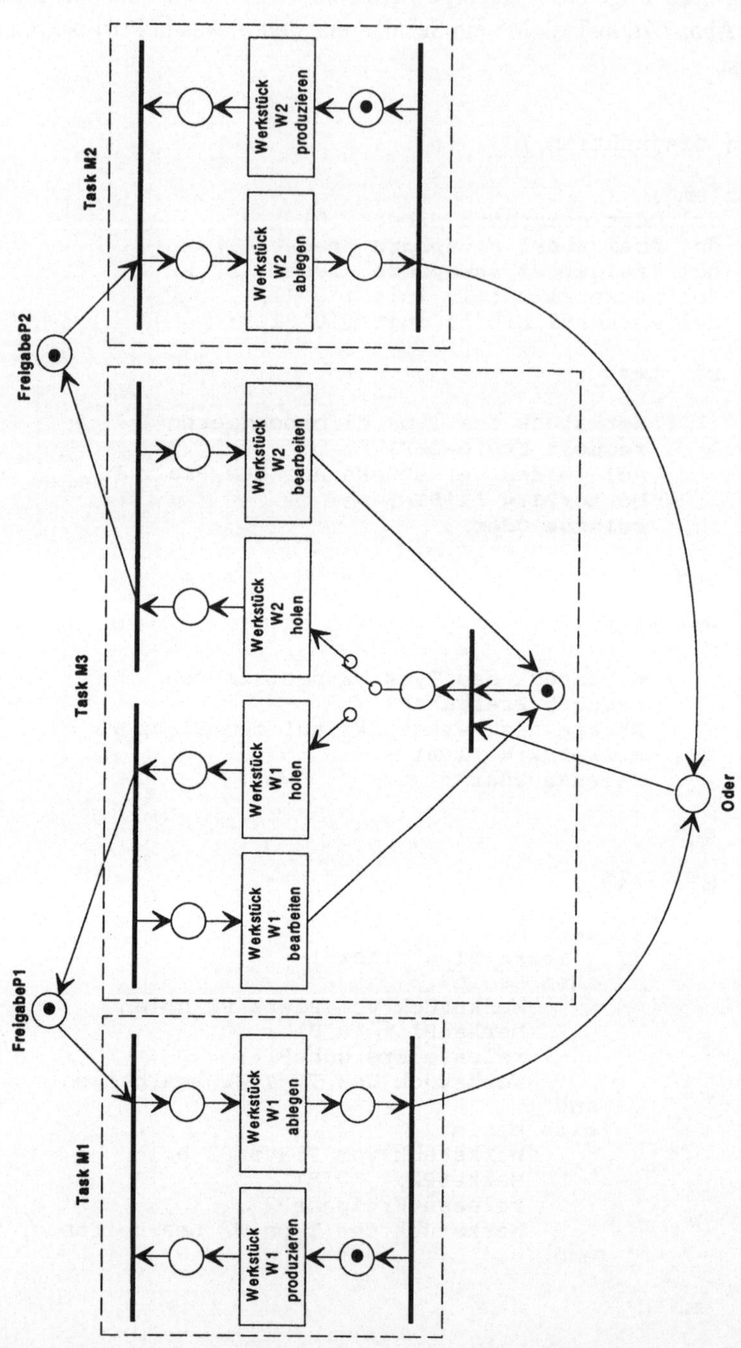

Abb. 7.26: (Modifiziertes) Petri-Netz zur Realisierung der Oder-Funktionalität

7.8 Beurteilung der Eigenschaften von Semaphoren

Vorteile

- Semaphoren sind logisch vollständig.
- Request- und Release-Operation sind symmetrische Operationen, d.h., in einem Prozeßzyklus werden genau so viele Request-Operationen ausgeführt wie Release-Operationen.
- Semaphoren können sehr effizient auf Einprozessor-Systemen oder auf Mehrprozessor-Systemen mit gemeinsamem Speicher realisiert werden.
- Semaphoren sind sehr weit verbreitet. Sie werden in nahezu allen Realzeit-Betriebssystemen angeboten.
- Semaphoren eignen sich sehr gut für den überwiegenden Teil bis nahezu alle praktisch vorkommenden Aufgaben. Die Semaphore-Lösung kann aber für manche Aufgabenstellungen sehr umfangreich und komplex werden.

Nachteile

- Die Einhaltung der Symmetrie zwischen den Request- und Release-Operationen kann nicht durch Compiler überprüft werden, denn erstens können die Synchronisier-Operationen über das ganze Programmsystem verteilt sein und zweitens ist die tatsächliche Ausführung der Synchronisier-Operationen abhängig vom dynamischen Verhalten des Programms, wobei der Compiler lediglich den statischen Aufbau eines Programms überprüfen kann.
- Die Einhaltung eines Synchronisier-Protokolls kann durch den Compiler nicht überprüft werden, denn die Zuordnung von Semaphoren zu den zu synchronisierenden Objekten ist nicht bekannt.
- Es gibt kaum Betriebsysteme oder Sprachen, in denen zwei Semaphoren in einer einzigen Anweisung angefordert werden können, so daß dadurch eine unteilbare Operation entstünde.
- Während sich die Konjunktion (UND-Verknüpfung mehrerer Betriebsmittel) mit vertretbarem Aufwand mit Semaphoren realisieren läßt, ist die Realisierung einer Disjunktion (ODER-Verknüpfung) relativ komplex und aufwendig.
- Semaphoren können nicht in verteilten Systemen eingesetzt werden; hierzu bedürfen sie Ergänzungen.

7.9 Übungen

7.9.1 Gemeinsamer Meßwert (Sema 1)

Die beiden Tasks „neuwert" und „berechnen" teilen sich ein globales Datenfeld mit dem Namen „queue". In der Task „neuwert" erfolgt ein schreibender Zugriff. Sie schreibt den aktuellen Inhalt ihres lokalen Datenfeldes „s_wert" durch Aufruf der Prozedur „schreiben" in „queue". In der Task „berechnen" erfolgt ein lesender Zugriff. Sie liest den aktuellen Inhalt von „queue" in ihr lokales Datenfeld „l_wert" durch Aufruf der Prozedur „lesen".

Lösen Sie bitte die folgenden Aufgaben mit Hilfe von Semaphoren:

a) Fügen Sie in das unten angegebene Programmschema (Abb. 7.27) die geeigneten Semaphore-Operationen ein, um einen gleichzeitigen Zugriff auf „queue" durch die beiden Tasks zu vermeiden.
b) Geben Sie die Anfangswerte der Semaphore-Variablen an.
c) Zeichnen Sie das zugehörige Petri-Netz.
d) Um welche Form der Synchronisierung handelt es sich in diesem Fall ?
e) Fügen Sie in das unten angegebene Programmschema die geeigneten Semaphore-Operationen ein, um zusätzlich sicherzustellen, daß nach jedem Schreibzugriff genau ein Lesezugriff erfolgt.
f) Geben Sie die Anfangswerte dieser Semaphore-Variablen an.
g) Zeichnen Sie das zugehörige Petri-Netz.
h) Um welche Form der Synchronisierung handelt es sich in diesem Fall ?

```
int  queue [30] ;

task neuwert
    int  s_wert ;
    loop
        erfassen ;
        call schreiben ( s_wert ) ;
    end loop
end neuwert ;

task berechnen
    int  l_wert ;
    loop
        call lesen ( l_wert ) ;
        verarbeiten ;
    end loop
end berechnen ;
```

Abb. 7.27: Schematischer Programmaufbau „Gemeinsamer Meßwert"

7.9.2 Einfache Folge (Sema 2)

In einem Automatisierungssystem müssen zwei Tasks A und B zyklisch in der Folge „A A B A A B A A B ...“ ausgeführt werden. Lösen Sie bitte für diese Folge die folgenden Aufgaben mit Hilfe von Semaphoren:

a) Wie viele Semaphoren brauchen Sie mindestens für diese Synchronisierung? Begründen Sie Ihre Antwort.
b) Modellieren Sie den Ablauf mit einem Petri-Netz.
c) Fügen Sie in das angegebene Programmschema die erforderlichen Semaphore-Operationen ein. Andere Anweisungen (etwa Wiederholanweisungen) sind nicht zugelassen.
d) Geben Sie die Anfangswerte der Semaphoren an.

Für die Tasks A und B wird in Verbindung mit der Task C eine neue Folge „A A B A C B A A B A C B ....“ gefordert. Lösen Sie die Aufgaben a.) bis d.) für diesen Fall.

```
task A
    loop ;
        [Synchronisierung]      // optional
        Operationen von A ;     // z.B. printf ( "A" ) ;
        [Synchronisierung]      // optional
    end loop
end A ;

task B
    loop ;
        [Synchronisierung]
        Operationen von B ;     // z.B. printf ( "B" ) ;
        [Synchronisierung]
    end loop
end B ;

task C
    loop ;
        [Synchronisierung]
        Operationen von C ;
        [Synchronisierung]
    end loop ;
end C ;
```

Abb. 7.28: Schematischer Programmaufbau „Einfache Folge“

Würde man die „Operationen von A“ durch die Anweisung

```
printf ( "A" ) ;
```

ersetzen und bei der Task B analog vorgehen, so würde bei richtiger Synchronisierung die geforderte Folge der Tasks auf dem Bildschirm erscheinen.

7.9.3 Kreisverkehr (Sema 3)

Eine kreisförmige Strecke S (siehe Abb. 7.29) besteht aus 8 Blöcken Bi, mit i = 0, 1, 2, ... 7. Ein Block hat die Länge L.

Zwei Züge Z0 und Z1, jeweils mit der Länge 0.1 L, fahren ständig im Uhrzeigersinn hintereinander auf dieser Strecke. Sie werden jeweils von der Task T0 bzw. T1 gesteuert.

Bitte lösen Sie die folgenden Aufgaben mit Hilfe von Semaphoren:

a) Um Kollisionen zu vermeiden, muß jeder Zug genügend weit vor der Einfahrt in einen neuen Block (z.B. wenn die Zugspitze die Marke Yi erreicht und so noch eine Bremsstrecke zur Verfügung steht) den nächsten Block B(i+1) anfordern. Ist der Block frei, kann der Zug in den Block einfahren, ansonsten wartet er vor dem Block, bis dieser freigegeben wird. Unmittelbar nach dem Verlassen eines Blockes (d.h., Zugspitze an der Marke Xi) gibt der Zug den zurückliegenden Block B(i–1) frei. Geben Sie an, von welchen physikalischen Größen die Marken Xi und Yi abhängen.
b) Beim Start des Programmsystems stehen die Züge Z0 und Z1 dicht hintereinander am Anfang des Blockes B0. Der Zug Z0 muß so lange warten, bis der Zug Z1 den Block B0 verlassen hat. Fügen Sie in ein wie unten angegebenes Programmschema die geeigneten Semaphore-Operationen ein, die ausgehend von dem Initialzustand die Synchronisierung der beiden Züge auf der gesamten Strecke gewährleisten. Geben Sie die Anfangswerte der Semaphoren an.
c) Zusätzlich wird gefordert, daß der Zug Z1 vorausfährt und zwischen den beiden Zügen höchstens zwei freie Blöcke liegen. Fügen Sie in ein wie unten angegebenes Programmschema die notwendigen Semaphore-Operationen ein und geben Sie die Anfangswerte der Semaphoren an.

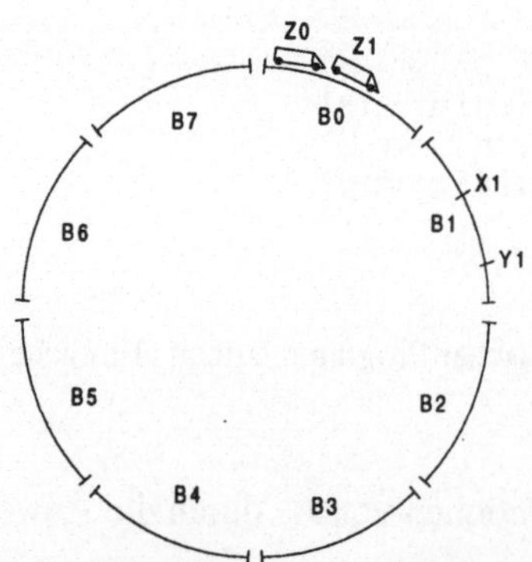

Abb. 7.29: Aufbau einer kreisförmigen Strecke aus 8 Blöcken mit Anfangsposition der beiden Züge beim Programmstart

```
task T0
    var i: int ;
    i:= ? ;
    ...?
    loop
        bis zur Marke ? fahren
        Synchronisierung
        bis zur Marke ? fahren
        Synchronisierung
        i:= (i+1) modulo 8 ;
    end loop ;
end T0 ;

task T1
    var i: int ;
    i:= ? ;
    ...?
    loop
        bis zur Marke ? fahren
        Synchronisierung
        bis zur Marke ? fahren
        Synchronisierung
        i:= (i+1) modulo 8 ;
    end loop ;
end T1 ;
```

Abb. 7.30: Schematischer Programmaufbau „Kreisverkehr“

7.9.4 Dijkstra's Dining Philosophers (Sema 4)

Die Aufgabenstellung stammt von Dijkstra, um die Grenzen der Semaphoren aufzuzeigen. Fünf Philosophen haben sich ganz ihrer Arbeit gewidmet. Ihr Leben besteht aus Nachdenken, das nur durch Essenspausen unterbrochen wird.

```
repeat
    denken
    essen
forever
```

In einem Eßzimmer sind ein Eßtisch und für jeden Philosophen ein Stuhl aufgestellt. Auf dem Eßtisch befinden sich fünf Teller und fünf Stäbchen (s. Abb. 7.31). Zum Essen geht ein Philosoph in das Eßzimmer. Er kann zu essen anfangen, wenn er sich zunächst sein linkes und dann sein rechtes Stäbchen geholt hat. Nach dem Essen legt er seine Stäbchen wieder auf den Tisch und verläßt den Raum.

Bitte lösen Sie die folgenden Aufgaben:

a.) Zeichnen Sie ein Petri-Netz für die Synchronisierung des Eßvorgangs.
b.) Bilden Sie das Netz auf Semaphoren ab und geben Sie das Programm an.

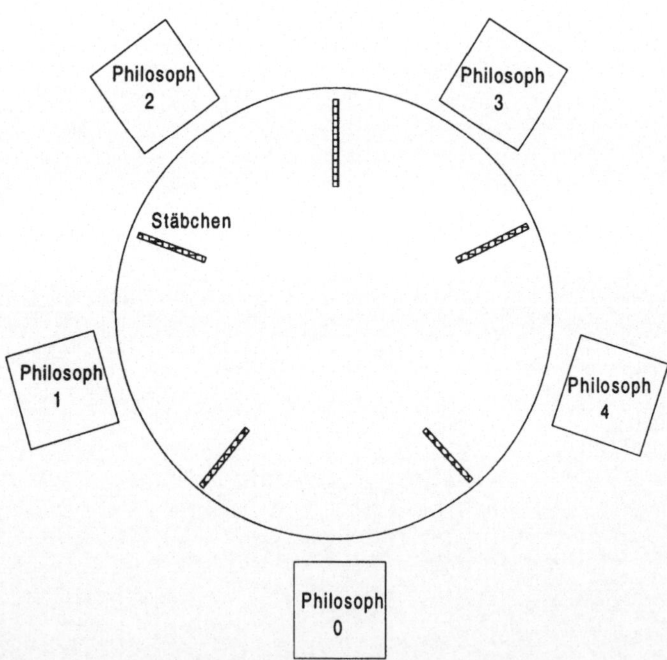

Abb. 7.31: Eßzimmer der fünf Philosophen

7.9.5 Komplexe Folge (Sema 5)

In einem Automatisierungssystem müssen zwei Tasks A und B zyklisch in der Folge „A A B B A A B B A A B B ...“ ausgeführt werden. Lösen Sie bitte für diese Folge die folgenden Aufgaben mit Hilfe von Semaphoren:

a) Wie viele Semaphoren brauchen Sie mindestens für diese Synchronisierung? Begründen Sie Ihre Antwort.
b) Modellieren Sie den Ablauf mit einem Petri-Netz.
c) Fügen Sie in das angegebene Programmschema die erforderlichen Semaphore-Operationen ein (andere Anweisungen sind nicht zugelassen) und ergänzen Sie es bei Bedarf.
d) Geben Sie die Anfangswerte der Semaphoren an.

```
task A
    loop ;
        [Synchronisierung]      // optional
        Operationen von A ;
        [Synchronisierung]      // optional
    end loop
end A ;

task B
    loop ;
        [Synchronisierung]
        Operationen von B ;
        [Synchronisierung]
    end loop
end B ;
```

Abb. 7.32: Schematischer Programmaufbau „Komplexe Folge“

7.9.6 Erzeuger-Verbraucher-Problem für reale Verhältnisse (Sema 6)

Es ist so ein Synchronisierprotokoll für das Erzeuger-Verbraucher-Problem zu entwickeln, das sich auf reale Behälter und reale Marken abbilden läßt.

In Abb. 7.33 ist die Realisierung des Erzeuger-Verbraucher-Problems mit Hilfe von zwei Semaphoren dargestellt. Dieses Protokoll läßt sich in ein Programm umsetzen, nicht aber auf reale Behälter und reale Marken abbilden. Denn der Erzeuger fordert die eine Semaphore an und gibt die andere Semaphore frei. Der Verbraucher verhält sich umgekehrt. Würde man z.B. die Semaphore „Kanalfreiheit"/„Kanalbelegung" auf einen grünen/roten, realen Behälter mit grünen/roten, realen Marken abbilden, so müßte der Erzeuger eine grüne Marke anfordern, aber eine rote Marke in den roten Behälter einwerfen. Dies wäre nicht realisierbar, da der Erzeuger die Farbe einer Marke nicht ändern kann. Die Besonderheit der geforderten Lösung besteht also darin, daß eine Task nur die Marken freigeben kann, die sie zuvor erfolgreich angefordert hat.

```
module ( application ) ;
    problem ;
       dcl  Kanalbelegung  semaphore preset ( 0 ) ;
       dcl  Kanalfreiheit  semaphore preset ( 1 ) ;

       Erzeuger: task ;
            while (1) repeat ;
                Erzeugen ;
                request Kanalfreiheit ;
                Absenden ;
                release Kanalbelegung ;
            end ;
       end ;

       Verbraucher: task ;
            while (1) repeat ;
                request Kanalbelegung ;
                Entnehmen ;
                release Kanalfreiheit ;
                Verbrauchen ;
            end ;
       end ;
modend ;
```

Abb. 7.33: Realisierung des Erzeuger-Verbraucher-Problems für die Umsetzung in ein Programm

8. Monitor

Das Monitor-Konzept [Hoare74] wendet die Regeln von „Information Hiding" auf Synchronisierungen zwischen parallelen Tasks an. Dies geschieht durch die Zusammenfassung der Betriebsmittel und der die Zustände der Betriebsmittel beschreibenden Daten sowie Prozeduren zum Zugriff auf diese Betriebsmittel und Daten zu einem Modul, das nur sequentiellen Aufruf seiner Zugriffsprozeduren gestattet. Monitore werden in der Realzeit-Sprache Monitor-2 und in Java angeboten. Die folgenden Beschreibungen beziehen sich auf das Monitor-Konzept in Modula-2.

Eine Synchronisierung besteht aus drei Komponenten:

- *Gemeinsamer Datenbereich.* Alle für die Synchronisierung relevanten Daten (z.B. die Anzahl der freien und belegten Betriebsmittel, die auf ein Betriebsmittel wartenden Tasks, die Reihenfolge, in der die Tasks ein Betriebsmittel angefordert haben) werden in einen gemeinsamen und damit allen Tasks zugänglichen Datenbereich abgelegt.
- *Zugriff auf den Datenbereich unter wechselseitigem Ausschluß (short time scheduling).* Die Tasks können nur einzeln auf die gemeinsamen Daten zugreifen. Das Lesen und Modifizieren der gemeinsamen Daten sind unteilbare Operationen.
- *Warteschlangen für Tasks, die auf Betriebsmittel warten (long time scheduling).* Die auf Betriebsmittel wartenden Tasks müssen suspendiert und in Warteschlangen eingereiht werden, bis ein Betriebsmittel an sie vergeben werden kann.

Monitore sind Konstrukte auf hoher Ebene für den wechselseitigen Ausschluß beim Zugriff auf gemeinsame Daten. Sie enthalten die ersten zwei Komponenten einer Synchronisierung und entbehren Warteschlangen für die Realisierung von „long time scheduling".

8.1 Definition des Objektes Monitor

Ein Monitor ist ein Modul (z.B. ein lokales Modul in Modula-2), in dem gemeinsame Daten mit einer Reihe von Prozeduren zum Zugriff auf diese Daten untergebracht sind.

Monitor-Prozeduren haben die Eigenschaft, daß zu jedem Zeitpunkt von jedem Monitor nur eine Prozedur in Bearbeitung sein kann, und zwar durch den Aufruf aus einer einzigen Task. Man sagt: In einem Monitor kann jeweils nur eine Task aktiv sein.

Bildhaft kann man sich einen Monitor als einen Raum vorstellen, in dem sich Betriebsmittel und deren Beschreibungen befinden. Personen, die ein Betriebsmittel brauchten, dürfen nur einzeln in den Raum eintreten. Tritt eine Person in den Raum hinein, so kann er den Beschreibungen entnehmen, ob Betriebsmittel frei sind. Wenn ja, nimmt er sich ein Betriebsmittel, modifiziert die Beschreibungen und verläßt den Raum. Ist kein Betriebsmittel frei, verläßt er den Raum ebenfalls. Anschließend kann die nächste Person in den Raum eintreten.

```
MONITOR monitor_name ;
   Deklaration der lokalen Daten des Monitors
   (gemeinsame Daten der zugreifenden Tasks)
   PROCEDURE proc_1 (param_list)
      begin
         ...
      end ;
   PROCEDURE proc_2 (param_list)
      begin
         ...
      end ;
begin
   Initialisierung der lokalen Monitordaten
end ;
```

```
┌───────────────────────────────────┐  |  zu jedem Zeitpunkt
│ ┌────────┐            ┌────────┐  │  |  kann nur über einen
│ │ lokale │ <======>   │ Proc 1 │     |  Eingang in den Monitor
│ │ Daten  │            └────────┘  │  |  eingetreten werden
│ │        │                        │  |
│ │        │                        │  |  zu jedem Zeitpunkt
│ │        │            ┌────────┐  │  |  kann sich nur eine
│ │        │ <======>   │ Proc 2 │     |  Task im Monitor
│ └────────┘            └────────┘  │  |  befinden
└───────────────────────────────────┘  |
```

Abb. 8.1: Schematischer Aufbau eines Monitors

Im Monitor befinden sich lokale Daten, Prozeduren und ein Codestück, das lediglich zur Initialisierung der lokalen Daten dient. Die lokalen Daten können nur durch die Monitor-Prozeduren verändert werden und sind für Objekte außerhalb des Monitors nicht zugänglich (*Information Hiding*). Umgekehrt kann auch eine Monitor-Prozedur nicht auf Daten außerhalb des Monitors zugreifen.

Mit dem Aufruf einer Monitorfunktion tritt eine Task in einen Monitor ein. Zu jedem Zeitpunkt kann sich nur eine Task im Monitor befinden. Damit stellen alle Veränderungen, die eine Task an den Monitor-Daten vornimmt, eine unteilbare (*atomare*) Operation dar. Aufruf einer Monitorfunktion erfolgt durch Angabe des

Monitornamens, des Prozedurnamens und der erforderlichen Parameter für die Prozedur; z.B.

```
monitor_name.proc_name (param)
```

Vorteile dieses Konzepts: Die gemeinsamen Daten der Tasks und die Prozeduren zum Zugriff auf diese Daten werden programmäßig einander zugeordnet, indem sie zu einer Programmeinheit zusammengefaßt werden. Die Zuordnung ist also optisch wahrnehmbar und muß nicht erst durch eine Analyse des Programminhalts ermittelt werden. In den Tasks stehen dann nur noch Aufrufe von Monitor-Prozeduren. Die Synchronisierung findet also nicht in den Tasks statt, sondern im Monitor. Daher können auch viele Prüfungen zur Compilierungszeit durchgeführt werden. Im Gegensatz hierzu können bei Semaphoren die einzelnen Synchronisier-Operationen über das ganze Programm verteilt sein.

8.2 Ergänzung von „Monitor" mit „Signal"

8.2.1 Gründe für die Einführung von Objekten vom Typ „Signal" in einen Monitor

Wie bereits erwähnt, enthält ein Monitor nur zwei Komponenten einer Synchronisierung, nämlich den gemeinsamen Datenbereich und den wechselseitigen Ausschluß für Zugriffe auf die gemeinsamen Daten (*short time scheduling*). Die dritte notwendige Komponente, nämlich Warteschlangen für die Unterbringung von Tasks, die keine freien Betriebsmittel vorfinden und bis zum Freiwerden eines Betriebsmittels suspendiert werden müssen (*long time scheduling*), fehlt jedoch. Eine auf einem Monitor basierende Synchronisierung führt also für die Tasks zum „*Busy Waiting*". Um dies zu vermeiden, müssen Monitore durch Warteschlangen ergänzt werden.

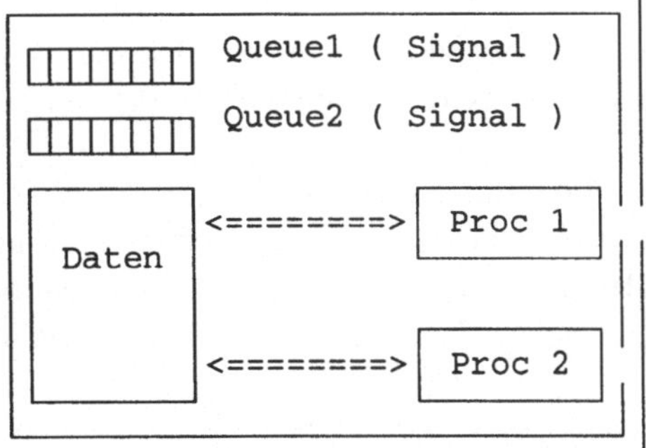

Abb. 8.2: Ergänzung eines Monitors durch Objekte vom Typ „Signal"

Ein Objekt vom Typ „Signal“ ist eine *Warteschlange* (*Queue*), in die sich Tasks einreihen können, um auf das Eintreffen bestimmter Ereignisse zu warten, z.B. auch auf das Freiwerden eines Betriebsmittels. Mit dem Eintritt in die Warteschlange wird die Task suspendiert und auf das Eintreffen des Ereignisses aus der Warteschlange herausgenommen und wieder fortgesetzt.

Beispiel: Im Monitor befindet sich ein Briefkasten mit der Kapazität k („Bounded Buffer“). „Proc1“ dient zum Abholen und „Proc2“ zum Ablegen eines Briefes. Eine Task „t1“ ruft „Proc1“ auf, um einen Brief abzuholen. Die Task stellt fest, der Briefkasten ist leer. Sie suspendiert sich und reiht sich in die Warteschlange „Queue1“ ein. Wäre „Queue1“ nicht vorhanden, müßte „t1“ den Monitor verlassen und sich außerhalb des Monitors für eine gewisse Zeit suspendieren. Dann könnte „t1“ durch den Aufruf von „Proc1“ erneut versuchen, einen Brief abzuholen. „t1“ müßte somit den Briefkasten zyklisch prüfen (*Polling*), was aber „Busy Waiting“ bedeutet und zu vermeiden ist.

Abschnitt 4.1.5 beschreibt das Objekt „Signal“ zusammen mit den darauf anwendbaren Operationen. Ein Objekt von diesem Typ stellt eine Warteschlange dar, auf die die folgenden Operationen angewandt werden können:

```
init      zur Initialisierung der Warteschlange
wait      zur Selbsteinreihung einer Task in die
          Warteschlange
send      zur Herausnahme einer Task aus der Warteschlange
          und deren Fortsetzung
awaited   zur Abfrage, ob sich Tasks in der Warteschlange
          befinden
```

8.2.2 Semantik bei der Zusammensetzung von Monitor und Signal

- In einem Monitor kann sich zu jedem Zeitpunkt nur eine Task befinden.
- Jedem Monitor ist im Betriebssystem eine Warteliste für kurzfristige Suspendierungen (short time scheduling) zugeordnet. Wenn z.B. drei Tasks gleichzeitig eine Prozedur eines Monitors aufrufen, so werden die drei Ausführungen sequentialisiert und hintereinander ausgeführt.
- Für längere Wartezeiten (long time scheduling) müssen Objekte vom Typ „Signal“ benutzt werden, insbesondere beim Warten auf das Freiwerden eines Betriebsmittels.
- Wenn eine Task innerhalb eines Monitors die Anweisung „*wait*“ ausführt und sich damit in eine Warteschlange einreiht, so ist dies gleichbedeutend mit dem Verlassen des Monitors. In anderen Worten: Sie gibt automatisch den Monitor wieder frei. Anderenfalls würden andere Tasks daran gehindert, in den Monitor einzutreten.
- Mit der Ausführung der Anweisung „send“ gibt es zwei Tasks, die sich gleichzeitig im Monitor befinden. Zum einen die Task, die Anweisung „send“ ausführt, und zum anderen die Task, die infolge der „send“-Operation aus der

Warteschlange herausgenommen wird. Daher muß „*send*“ die letzte Anweisung der auslösenden Task sein. Mit dem Erreichen der „return“-Anweisung einer Monitor-Prozedur verläßt die aufrufende Task den Monitor.

- Die Operation „send“ hat keine Wirkung, wenn keine Task in der Warteschlange auf dieses Ereignis wartet.

8.2.3 Die Architektur für die Zusammensetzung von Monitor und Signalen

Die Architektur soll an dem Beispiel „Bounded Buffer“ demonstriert werden. Der Programmablaufplan, das Programm und das gebäudetechnische Modell sind in den folgenden drei Abbildungen dargestellt.

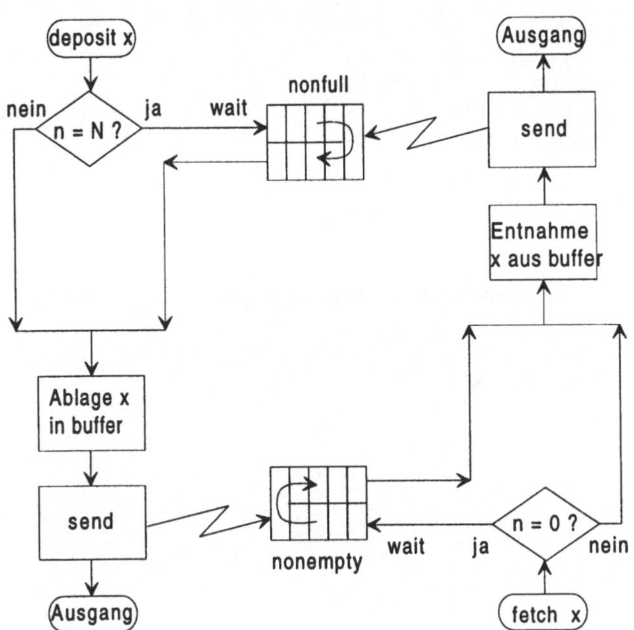

Abb. 8.3: Programmablaufplan des Bounded-Buffer-Problems mit Monitor und Signal

Abbildung 8.4 zeigt das zugehörige Programm. Der Bereich „buffer“, der Lese- und Schreib-Index, die Warteschlangen und die Synchronisier-Prozeduren befinden sich in einem lokalen Modul und sind vor fremden Zugriffen geschützt. Eine Applikations-Task hat lediglich Zugang zu den beiden Synchronisier-Prozeduren. Damit sind die Regeln von „Information Hiding“ vollständig auf diese Lösung angewandt.

```
MODULE Buffer [1] ;
   EXPORT deposit, fetch ;
   IMPORT SIGNAL, SEND, WAIT, Init, ElementType ;
   CONST  N = 128 ;          (* buffer size *)
   VAR    n : [0..N] ;         (* no. of deposited elements *)
          nonfull : SIGNAL ;             (* n < N *)
          nonempty: SIGNAL ;             (* n > 0 *)
          in , out: [0..N-1] ;           (* indices *)
          buffer  : ARRAY [0..N-1] OF ElementType ;

   PROCEDURE deposit ( x: ElementType ) ;
   BEGIN
     IF  n = N  THEN  WAIT (nonfull) END;
     n:= n + 1 ;
     buffer [in]:= x ;
     in:= (in + 1) MOD N ;
     SEND (nonempty) ;
   END deposit ;

   PROCEDURE fetch ( x: ElementType ) ;
   BEGIN
     IF  n = 0  THEN  WAIT (nonempty) END;
     n:= n - 1 ;
     x = buffer [out] ;
     out:= (out + 1) MOD N ;
     SEND (nonfull) ;
   END fetch ;

BEGIN n:= 0 ; in:= 0 ; out:= 0 ;
      Init (nonfull) ; Init (nonempty) ;
END Buffer.
```

Abb. 8.4: Bounded Buffer mit Monitor und Signal (in Modula-2)

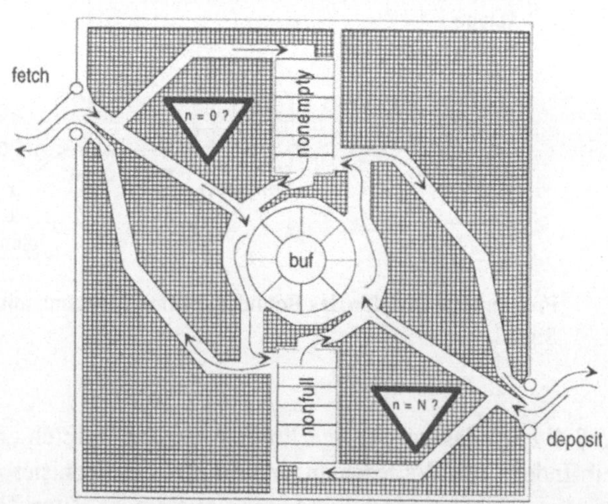

Abb. 8.5: Die Architektur von „Monitor“ anhand des Beispiels „Bounded Buffer“

Semantik der Architektur:

- Den Monitor kann man sich wie ein Gebäude vorstellen. Der Programmierer kann den Aufbau des Gebäudes nach den Bedürfnissen seines Problems beliebig gestalten.
- In dem Gebäude befinden sich Betriebsmittel und Warteschlangen. Wege verbinden die Ein- und Ausgänge des Gebäudes mit den Betriebsmitteln und Warteschlangen.
- An den Wegen sind Verkehrsschilder angebracht, die Hinweise auf Zustände der Betriebsmittel und Warteschlangen geben. Sie helfen einer Task, ihren Weg durch das Gebäude zu finden.
- Zu jedem Zeitpunkt ist nur ein Eingang geöffnet.
- Solange sich eine Task im Gebäude auf den vorgegebenen Wegen bewegt, sind die Eingänge gesperrt.
- Sobald sich eine Task in eine Warteschlange einreiht oder sie das Gebäude verläßt, werden die Eingangssperren aufgehoben.
- Unmittelbar vor dem Verlassen des Gebäudes kann eine Task (t1) eine wartende Task (t2) aus einer Warteschlange herausholen. t1 muß dann aber sofort das Gebäude verlassen, so daß nur noch t2 Zugriff zu den Daten hat. Die Eingangssperren werden erst dann wieder freigegeben, wenn t2 keine weitere Task aus einer Warteschlange herausgeholt und selbst das Gebäude verlassen hat.

8.3 Beispiele

8.3.1 Realisierung von Semaphoren mit Hilfe von Monitor und Signal

Eine Semaphore besteht aus einer Integer-Variablen und einer Warteschlange. Die Integer-Variable wird als lokale Variable im Monitor definiert und die Warteschlange als ein Objekt vom Typ „Signal".

Auf eine Semaphore sind zwei Operationen anwendbar: Request und Release. Diese Operationen werden als zwei Prozeduren im Monitor definiert. Tasks können nur diese zwei Prozeduren aufrufen, sie haben aber keinen Zugang zu der Integer-Variablen und zu der Warteschlange.

Abbildung 8.6 zeigt das zugehörige Programm. Von einer Applikations-Task kann dann wie folgt auf die Semaphore „mutex" zugegriffen werden:

```
from exclusion import request, release ;
exclusion.request ;
exclusion.release ;
```

```
definition module exclusion ;
  procedure request ;                         // Schnittstelle
  procedure release ;
end exclusion.
```

```
implementation module exclusion ;
    from process import signal , send , wait , Init ;
    ______________________________ Beginn des Monitors
    module semaphore [1];
        export request , release ;
        var mutex    : integre ;
            positive: signal ;
    procedure request ;
    begin
        if mutex = 0 then wait ( positive ) ; end ;
        mutex:= mutex - 1;
    end request ;
    procedure release ;
    begin
        mutex:= mutex + 1 ;
        send ( positive ) ;
    end release ;
    begin
         mutex:= 1 ;  (* Anfangswert der Semaphore *)
         Init (positive) ;
    end semaphore.
    ______________________________ Ende des Monitors
begin
end exclusion.
```

Abb. 8.6: Realisierung einer Semaphore mit Hilfe von Monitor und Signal

8.3.2 Optimierung des Bounded-Buffer-Problems (Dijkstra's sleeping barber)

Der erste Schritt zur Optimierung des Programmablaufplanes aus Abb. 8.3 besteht darin, die „send"-Operation nur dann auszuführen, wenn sich eine Task in der entsprechenden Warteschlange befindet.

Hierzu wird die Variable n herangezogen, die in der ursprünglichen Version die Anzahl der belegten Plätze im „buffer" wiedergab. Die Bedeutung von n wird wie folgt erweitert:

- Hat n einen Wert zwischen 0 und N, so gibt n die Anzahl der belegten Plätze im „buffer" wieder.
- Hat n einen Wert größer als N, so gibt (n-N) die Anzahl der auf freie Plätze wartenden Prozesse wieder (n-N Erzeuger warten).
- Hat n einen Wert kleiner als Null, so gibt (-n) die Anzahl der auf belegte Plätze wartenden Prozesse wieder (-n Verbraucher warten).

Von einer Applikations-Task können dann wie folgt Daten in den Puffer abgelegt bzw. entnommen werden:

```
from boundedBuffer import fetch , deposit ;
boundedBuffer.deposit (3) ;
boundedBuffer.fetch (y) ;
```

```
definition module boundedBuffer ;
  procedure deposit ( x: ElementType ) ;      // Schnittstelle
  procedure fetch ( var x: ElementType ) ;
end boundedBuffer.
```

```
implementation module boundedBuffer ;
     from process import signal , send , wait , Init ;

     ---------------------------  Beginn des Monitors
     module buffer [1] ;
     export deposit, fetch ;
     import signal , send , wait , init , ElementType ;
     const N = 128 ;              (* buffer size *)
     var   n: [0..N] ;           (* no. of deposited elements *)
           nonfull : SIGNAL ;          (* n < N *)
           nonempty: SIGNAL ;          (* n > 0 *)
           in , out: [0..N-1] ;        (* indices *)
           buffer  : ARRAY [0..N-1] OF ElementType ;

     procedure deposit ( x: ElementType ) ;
        begin
           n:= n + 1 ;
           if n > N  then wait (nonfull) end ;
           buffer [in]:= x ;
           in:= (in + 1) mod N ;
           if n <= 0 then send (nonempty) ; end ;
     end deposit ;

     procedure fetch ( var x: ElementType ) ;
        begin
           n:= n - 1 ;
           if n < 0  then wait (nonempty) end ;
           x = buffer [out] ;
           out:= (out + 1) mod N ;
           if n >= N then send (nonfull) ; end ;
     end fetch ;
     begin
          n:= 0 ;  in:= 0 ;  out:= 0 ;
          init (nonfull) ;
          init (nonempty) ;
     end buffer.
     ---------------------------  Ende des Monitors

begin
end boundedBuffer.
```

Abb. 8.7: Teilweise optimierte Lösung des Bounded-Buffer-Problems

Der zweite Schritt zur Optimierung besteht darin, nur eine Warteschlange zu benutzen. Es ist wohl ausgeschlossen, daß sowohl Erzeuger als auch Verbraucher warten müssen. Daher wird eine Warteschlange ausreichen, in der sich Erzeuger oder Verbraucher abwechselnd aufhalten können.

```
definition module boundedBuffer ;
  procedure deposit ( x: ElementType ) ;    // Schnittstelle
  procedure fetch ( var x: ElementType ) ;
end boundedBuffer.
```

```
implementation module boundedBuffer ;
     from process import signal , send , wait , Init ;
     ------------------------------------ Beginn des Monitors
     module buffer [1] ;
     export deposit, fetch ;
     import signal , send , wait , init , ElementType ;
     const N = 128 ;             (* buffer size *)
     var   n: [0..N] ;            (* no. of deposited elements *)
           non    : SIGNAL ;
           in , out: [0..N-1] ;          (* indices *)
           buffer  :  ARRAY [0..N-1] OF ElementType ;
     procedure deposit ( x: ElementType ) ;
        begin
           n:= n + 1 ;
           if n > N then
                        wait (non) ;
                        buf [in]:= x ;
                        in:= (in + 1) MOD N ;
                    else
                        buf [in]:= x ;
                        in:= (in + 1) mod N ;
                        if n <= 0 then send (non) ; end ;
           end ;
     end deposit ;
     procedure fetch ( var x: ElementType ) ;
        begin
            n:= n - 1 ;
            if n < 0 then
                         wait (non) ;
                         x:= buf [out] ;
                         out:= (out + 1) MOD N ;
                     else
                        x = buf [out] ;
                        out:= (out + 1) MOD N ;
                        if n >= N then send (nonfull) ; end ;
            end ;
     end fetch ;
     begin
          n  := 0 ;  in := 0 ;  out:= 0 ;  init (non) ;
     end buffer.
     -------------------------------------- Ende des Monitors
begin
end boundedBuffer.
```

Abb. 8.8: Vollständig optimierte Lösung des Bounded-Buffer-Problems

8.4 Anfordern mehrerer Betriebsmittel (Konjunktion)

Aufgabenstellung: In einer Produktionsanlage stehen vier Maschinen, die von den Tasks A, B, C und D gesteuert werden. Die Maschine A braucht das Werkzeug x, die Maschine B braucht das Werkzeug y und die Maschinen C und D brauchen jeweils die Werkzeuge x und y für die Ausführung ihres Arbeitsganges. Von den Werkzeugen x und y ist aber jeweils nur ein Exemplar vorhanden. Gefordert ist eine Synchronisierung der Betriebsmittel mit einem Monitor.

```
definition module konjunktion ;
   procedure anfordernX ;                       // Schnittstelle
   procedure anfordernY ;
   procedure anfordernXY ;
   procedure freigebenX ;
   procedure freigebenY ;
   procedure freigebenXY ;
end konjunktion.
```

```
implementation module konjunktion ;
     from process import signal , send , wait , Init ;

     ___________________________________ Beginn des Monitors
     module monitor [1] ;
     export anfordernX , anfordernY , anfordernXY ,
            freigebenX , freigebenY , freigebenXY ;
     import signal , send , wait , init , ElementType ;
     var   x            : boolean ;
           y            : boolean ;
           queueX       : signal ;
           queueY       : signal ;
           queueXY      : signal ;
           waitingForX  : boolean ;
           waitingForY  : boolean ;
           waitingForXY: boolean ;

     procedure anfordernX ;
        begin
           if ( x = false ) then
              waitingForX = true ;
              wait ( queueX ) ;
           end ;
           x = false ;
     end anfordernX ;

     procedure anfordernY ;
        begin
           if ( y = false ) then
              waitingForY = true ;
              wait ( queueY ) ;
           end ;
           y = false ;
     end anfordernY ;
```

```
        procedure anfordernXY ;
           begin
              if ( (x=false) or (y=false) ) then
                 waitingForXY = true ;
                 wait ( queueXY ) ;
              end ;
              x = false ; y = false ;
        end anfordernXY ;

        procedure freigebenX;
           begin
              x = true ;
              freigeben ;
        end freigebenX ;

        procedure freigebenY;
           begin
              y = true ;
              freigeben ;
        end freigebenY ;

        procedure freigebenXY;
           begin
              x = true ; y = true ;
              freigeben ;
        end freigebenXY ;

        procedure freigeben;
           begin
              if ( waitingForXY and x and y ) then
                 waitingForXY = false ;
                 send ( queueXY ) ;
              else if ( waitingForX and x ) then
                     waitingForX = false ;
                     send ( queueX ) ;
                   else if ( waitingForY and y ) then
                          waitingForX = false ;
                          send ( queueX ) ;
                        else ... // Programmierfehler entdeckt
                        end ;
                   end ;
              end ;
        end freigeben ;

        begin
             x = true ;                      y = true ;
             waitingForX  = false ;          waitingForY  = false ;
             waitingForXY = false ;          init ( queueX  ) ;
             init ( queueY  ) ;              init ( queueXY ) ;
        end monitor.
        ________________________________________ Ende des Monitors
begin
end konjunktion.
```

Abb. 8.9: Anfordern mehrerer Betriebsmittel (UND-Verknüpfung der Betriebsmittel)

8.5 Anfordern eines Betriebsmittels aus mehreren (Disjunktion)

Aufgabenstellung: In einer Produktionsanlage stehen drei Maschinen, die von den Tasks A, B und C gesteuert werden. Die Maschine A braucht das Werkzeug x, die Maschine B braucht das Werkzeug y und die Maschine C braucht entweder das Werkzeug x oder y für die Ausführung ihres Arbeitsganges. Von den Werkzeugen x und y ist aber jeweils nur ein Exemplar vorhanden. Gefordert ist eine Synchronisierung der Betriebsmittel mit einem Monitor.

```
definition module disjunktion ;
   procedure anfordernX ;                         // Schnittstelle
   procedure anfordernY ;
   procedure freigebenX ;
   procedure freigebenY ;
   procedure anfordernXoderY ( var was: boolean )
            // Diese Prozedur liefert in „was" den Wert true,
            // falls das Betriebsmittel x frei war
            // und den Wert false, falls y frei war.
end disjunktion.
```

```
implementation module disjunktion ;
     from process import signal , send , wait , Init ;
     ____________________________________________ Beginn des Monitors
     module monitor [1] ;
     export anfordernX , anfordernY , anfordernXoderY ,
            freigebenX , freigebenY ;
     import signal , send , wait , init , ElementType ;
     var    x, y            : boolean ;
            queueX, queueY: signal ;
            queueXorY     : signal ;
            waitingForX   : boolean ;
            waitingForY   : boolean ;
            waitingForXorY: boolean ;

     procedure anfordernX ;
        begin
           if ( x = false ) then
              waitingForX = true ;
              wait ( queueX ) ;
           end ;
           x = false ;
     end anfordernX ;

     procedure anfordernY ;
        begin
           if ( y = false ) then
              waitingForY = true ;
              wait ( queueY ) ;
           end ;
           y = false ;
     end anfordernY ;
```

```
procedure anfordernXoderY ( var was: boolean ) ;
  begin
     if ( (x=false) and (y=false) ) then
        waitingForXorY = true ;
        wait ( queueXorY ) ;
     end ;
     if ( x = true )
        then x = false ; was = true ;
        else y = false ; was = false ;
     end ;
end anfordernXoderY ;

procedure freigebenX;
  begin
     x = true ;
     freigeben ;
end freigebenX ;

procedure freigebenY;
  begin
     y = true ;
     freigeben ;
end freigebenY ;

procedure freigeben;
  begin
     if ( waitingForXorY and (x or y) ) then
        waitingForXY = false ;
        send ( queueXorY ) ;
     else if ( waitingForX and x ) then
             waitingForX = false ;
             send ( queueX ) ;
          else if ( waitingForY and y ) then
                  waitingForX = false ;
                  send ( queueX ) ;
               else ... // Programmierfehler entdeckt
               end ;
          end ;
     end ;
end freigeben ;

begin
     x = true ;                          y = true ;
     waitingForX  = false ;              waitingForY  = false ;
     waitingForXorY = false ;            init ( queueX  ) ;
     init ( queueY  ) ;                  init ( queueXorY ) ;
end monitor.
_____________________________________ Ende des Monitors
begin
end disjunktion.
```

Abb. 8.10: Anfordern eines aus zwei Betriebsmitteln (ODER-Verknüpfung der Betriebsmittel)

8.6 Zusammenfassende Beurteilung des Monitor-Konzepts

Vorteile beim Einsatz von Monitoren

- Das Monitor-Konzept unterstützt den modularen Aufbau eines Programmsystems.
- Ein Monitor kann getrennt von den Tasks getestet werden.
- Monitore sind gegen Fehler in den Tasks geschützt.
- Umfangreiche Compilerprüfungen können durchgeführt werden.
- Verklemmungen können erkannt werden.
- Logische Verknüpfungen von Betriebsmitteln lassen sich sehr einfach realisieren.
- Das Monitor-Konzept kann sehr effizient auf Einprozessor-Systemen oder auf Mehrprozessor-Systemen mit gemeinsamem Speicher realisiert werden.

Probleme bei der Verwendung von Monitoren

- Ein Monitor kann nur in Verbindung mit Objekten vom Typ Signal eingesetzt werden.
- Die auf ein Betriebsmittel wartenden Tasks werden nach dem Prinzip „first in, first out“ bearbeitet. Dies kann für hochpriore Tasks unakzeptabel sein.
- Ein Monitor kann nur in einer Realzeit-Sprache definiert werden, denn er umfaßt mehrere Zeilen Daten und Code. Ein Monitor kann daher nicht von einem Realzeit-Betriebssystem angeboten werden.
- Ein Monitor kann nicht in verteilten Systemen angeboten werden.

8.7 Übungen

Lösen Sie die Aufgaben Sema 1 bis Sema 4 aus dem Abschnitt 7.9 mit Hilfe eines Monitors.

9. Rendezvous

9.1 Gründe für die Einführung des Rendezvous-Konzepts

Eine Semaphore bzw. ein Monitor sind *passive Instanzen*. Sie können nur in konzentrierten, nicht aber in verteilten Systemen eingesetzt werden.

Eine Semaphore besteht aus Daten und Operationen zum Manipulieren dieser Daten. Führt eine Task die Request-Operation auf die Semaphore s aus, so muß die Task Zugang sowohl zu s als auch zu dem Code der Request-Operation haben. Die Anweisung „request s“ wird vom Compiler schematisch in die folgenden zwei Assembler-Anweisungen umgesetzt:

```
push    address of s to stack
call    request
```

Das heißt, die aufrufende Task muß auf die Adressen von „s“ und „request“ zugreifen können. Dies ist für alle Tasks nur dann der Fall, wenn sich alle Tasks und Semaphoren auf einer einzigen CPU befinden, d.h., wenn es sich um ein konzentriertes System handelt. In einem verteilten System sind Tasks und Semaphoren auf viele Rechner verteilt, so daß Tasks, die sich auf dem einen Rechner befinden, nicht unmittelbar auf die Daten und Codes eines anderen Rechners (remote system) zugreifen können. In einem verteilten System können nur Nachrichten zwischen zwei entfernten Rechnern ausgetauscht werden.

Stelle man sich zwei Rechner r1 und r2 vor, die über ein Bussystem miteinander verbunden sind. Die Task t1 läuft auf r1 und die Task t2 auf r2. Die Semaphore „s“ sowie die Prozeduren „request“ und „release“ befinden sich ebenfalls auf r1. In diesem Fall hat t1 unmittelbaren Zugang zu „s“, „request“ und „release“. Sie kann sofort die Anweisung „request s“ ausführen. r2 hingegen hat keinen Zugang zu „s“, auch nicht zu „request“ und „release“. Wenn sich aber t2 mit t1 synchronisieren möchte, braucht t2 eine Stellvertreter-Task t3 auf dem Rechner r1, die für sie die entsprechenden Operationen auf „s“ ausführt und ihr das Ergebnis mitteilt. Die Kommunikation zwischen t2 und t3 würde über Nachrichten wie in Abb. 9.1 dargestellt ablaufen.

Würde man die Semaphore s lokal in t3 unterbringen und würde t1, genauso wie t2, das Anfordern und Freigeben der Semaphore s mit Hilfe von Nachrichten über die Task t3 realisieren, dann hätte man die passive Instanz Semaphore s durch die aktive Instanz t3 ersetzt. t3 würde dann s verwalten, Request- und Release-Aufträge in Form von Nachrichten entgegennehmen, die entsprechende Operation auf s ausführen und das Ergebnis in einer Antwort-Nachricht zurücksenden.

Aufbauend auf diesem Gedanken werden der sog. *Dienstleistungs-Eingang* (Entry) und *Rendezvous* in Ada angeboten.

Rechner r1	Rechner r2

```
s  semaphore

request: procedure ;
        ....
end ;
release: procedure ;
        ....
end ;
t1: task
    ...
    request s
    In den kritischen
    Bereich eintreten
    release s
    ...
end ;
t3: task
    Auf die Nachricht
    von t2 warten
    request s
    Antwort an t2
    Auf die Nachricht
    von t2 warten
    release s
    Antwort an t2
end ;
```

```
t2: task
...
Nachricht an t3 , s anzufordern
Auf die Antwort von t3 warten
In den kritischen Bereich eintreten
Nachricht an t3, s freizugeben
Auf die Antwort von t3 warten
...
end ;
```

Abb. 9.1: Anfordern und Freigeben einer Semaphore in einem Remote-System durch eine Stellvertreter-Task

9.2 Das einfache Rendezvous

9.2.1 Das Modell und die Semantik des Rendezvous

Die Architektur eines Rendezvous: Man betrachte zwei Personen A und B. A ist ein Kunde und B ist ein Post-Angestellter. B arbeitet in einem Raum hinter einem Schalter und verkauft Briefmarken an Kunden. B bietet also eine Dienstleistung an Kunden (s. Abb. 9.2).

Wenn A im Laufe des Tages gewisse Arbeiten abgeschlossen hat, soll er zum Schalter von B gehen und sich dort Briefmarken holen. B muß ebenfalls zunächst gewisse Vorbereitungen treffen, bevor er zum Schalter geht und mit dem Verkauf von Briefmarken beginnt. Die Kommunikation zwischen A und B würde also erst dann aufgenommen werden, wenn beide ihre vorgeschriebenen Vorbereitungsarbeiten abgeschlossen haben und miteinander die Kommunikation aufnehmen möchten. Diese bezeichnet man als ein Rendezvous. Solange nur A oder nur B zum Treffpunkt (Schalter) gehen, findet noch kein Rendezvous statt. Erst wenn beide Personen an dem Treffpunkt angekommen sind, findet das Rendezvous statt. Wer früher am Treffpunkt ankommt, muß auf die andere Person warten.

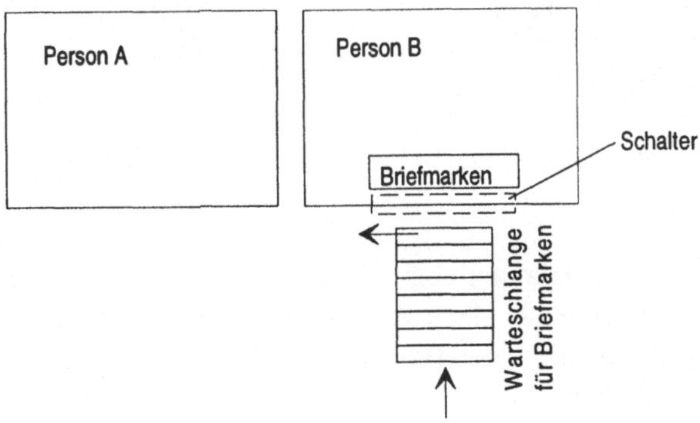

Abb. 9.2: Architektur eines Rendezvous

Während des Rendezvous äußert zunächst A seinen Dienstleistungs-Wunsch. Daraufhin vollzieht B in Anwesenheit von A eine Handlung, um diesen Wunsch zu erfüllen und die Dienstleistung zu erbringen. Am Ende der Handlung trennen sich A und B. Damit ist ihr Rendezvous beendet und beide können ihrer jeweiligen Arbeit nachgehen.

In diesem Fall bezeichnet man B als *Server*, weil er über einen Schalter (*Entry*) eine Dienstleistung anbietet. A ist ein *Client*, weil er sich in die Warteschlange am Dienstleistungs-Eingang von B einreiht und die Diensleistung von B in Anspruch nimmt.

Abbildung von Rendezvous auf Nachrichten-Austausch: Das Rendezvous zwischen Client und Server und das Erbringen der Dienstleistung kann man programmtechnisch auf das folgende Szenario abbilden, das in einem verteilten System mit Hilfe von Nachrichten implementiert werden kann (s. Abb. 9.3):

- Die Personen A und B werden auf zwei verschiedene Tasks abgebildet.
- Jede Task hat eine Antwort-Mailbox. Die Antwort-Mailbox der Task A heißt MBa und die der Task B heißt MBb.
- Der Dienstleistungs-Eingang, den B anbietet, wird auf eine zusätzliche Mailbox MBbrief abgebildet.

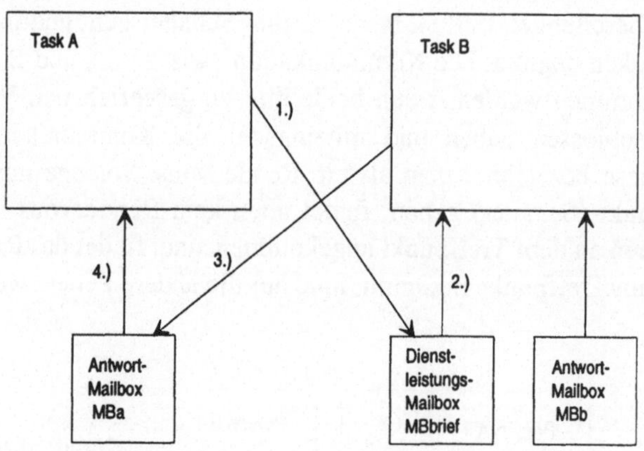

Abb. 9.3: Das nachrichtentechnische Modell eines Rendezvous

- Wenn A gewisse Arbeiten abgeschlossen hat, soll er sich Briefmarken bei B holen. Hierzu sendet A einen Auftrag an B, indem er eine Nachricht an die Mailbox MBbrief der Task B sendet. In dieser Nachricht sind alle Auftrags-Parameter enthalten.
- A kann erst dann weitermachen, wenn er in den Besitz der Briefmarken gelangt. Die Briefmarken werden von B in eine Nachricht verpackt und in die Antwort-Mailbox von A abgelegt. Daher fordert A sofort nach dem Absenden des Auftrages eine Nachricht aus seiner Antwort-Mailbox MBa. Da aber noch keine Antwort-Nachricht von B in MBa vorliegt, wird A suspendiert. Erst wenn eine Nachricht in MBa angekommen ist, wird A geweckt und ihm die Nachricht zugestellt.
- Daß nun eine Nachricht in der Mailbox MBbrief liegt, interessiert die Task B nicht. Erst wenn sie ihre Vorbereitungen abgeschlossen hat, holt sie sich die Nachricht aus MBbrief. Hätte B seine Arbeiten vor dem Eintreffen der Nachricht von A in der Mailbox MBbrief abgeschlossen und hätte er sich dort eine Nachricht holen wollen, so hätte dies zur Suspendierung von B geführt, weil zu dem Zeitpunkt noch keine Nachricht in der Mailbox MBbrief vorhanden gewesen wäre. Die Suspendierung von B hätte so lange gedauert, bis die Nachricht von A in MBbrief eingetroffen wäre.
- B öffnet die Auftrags-Nachricht von A. Hierin sind die Wünsche von A festgehalten. B stellt die gewünschten Briefmarken zusammen, packt sie in eine Nachricht und sendet sie an die Antwort-Mailbox der Task A. Damit ist die Dienstleistung von B erbracht und B kann sich anderen Arbeiten widmen oder wieder auf den Eingang eines Auftrages in MBbrief warten.
- Mit der Ankunft der Antwort-Nachricht wird die Suspendierung von A aufgehoben. A gelangt zu den gewünschten Briefmarken und kann seine Arbeit fortsetzen.

Task A	**Task B**
- Arbeiten 1 - Sende einen Auftrag in Form einer Nachricht an MBbrief - Hole die Antwort-Nachricht aus MBa - Arbeiten 2	- Arbeiten 3 - Hole einen Auftrag aus MBbrief - Führe den Auftrag aus - Sende eine Antwort-Nachricht in die Antwort-Mailbox des Auftraggebers - Arbeiten 4

Abb. 9.4: Ablauf eines Rendezvous durch Versenden von Nachrichten in Mailbox

„Arbeiten 1" der Task A und „Arbeiten 3" der Task B laufen parallel zueinander ab. Entsprechendes gilt für „Arbeiten 2" der Task A und „Arbeiten 4" der Task B. Zwischen diesen parallelen Arbeiten erbringt B eine Dienstleistung für A, auf die A wartet. Dies wird als ein Rendezvous zwischen A und B bezeichnet. Die Dienstleistung wird in Anwesenheit von A erbracht.

```
task B is
     entry brief ( n: in integer , wert: in integer ) ;
end B ;

task B body is
  y: integer ;
  begin
    Arbeiten 3
    // Annahme eines Auftrages mit den Parametern n und wert.
    accept brief ( n: in integer , wert: in integer ,
                   marke: out integer ) do
    Briefmarken zusammenstellen   // Ausführung des Auftrages
                                  // und Versenden der Antwort-Nachricht
    end ;
    Arbeiten 4 ;
end B ;

task A is
end A ;

task body A is
    x: integer ;
    begin
       Arbeiten 1
       // Versenden eines Auftrages mit entsp. Parametern und
       // warten auf die Antwort
       B.brief ( 10 Stück , 110Pf , x ) ;
       Arbeiten 2 ;
end A ;
```

Abb. 9.5: Programmierung eines Rendezvous in Ada

Semantik von Entry und Rendezvous in Ada:

- Jede Task (Server) kann den anderen Tasks einen oder mehrere Dienstleistungs-Eingänge (Entries) zur Verfügung stellen.
- Die anderen Tasks (Clients) können einen Dienst des Servers durch den Aufruf des entsprechenden Eingangs des Servers in Anspruch nehmen.
- Zur Ausführung der Dienstleistung findet ein Rendezvous zwischen dem Client und dem Server statt, und zwar dann, wenn der Client den Eingang des Servers aufgerufen hat, d.h.,

```
        B.brief ( 10 Stück, 110Pf, x ) ;
```

  und der Server diesen Eingang erreicht hat, d.h.,

```
        accept brief ( n:in integer, wert:in integer,
                       marke:out integer ) ;
```

  Dabei ist die Reihenfolge ohne Bedeutung. Wer zuerst am Treffpunkt ankommt, muß auf den anderen warten.
- Erst wenn sich der Client und der Server getroffen haben, erbringt der Server seinen Dienst in Anwesenheit des Clients.
- Anschließend trennen sich der Client und der Server. Sie setzen unabhängig voneinander ihre Arbeit fort.
- Jedem Dienstleistungs-Eingang ist eine Warteschlange zugeordnet, in die sich die Clients einreihen müssen, bis sie bedient werden. Dies dient zur Realisierung des sog. *Long Time Scheduling*.
- Möchten mehrere Tasks gleichzeitig in die Warteschlange eintreten, so werden sie vom Betriebssystem für eine sehr kurze Zeit angehalten, damit sie einzeln hintereinander in die Warteschlange eintreten (*Short Time Scheduling*).
- Gleichzeitig können sich auch mehrere Clients in einer Warteschlange befinden. Die wartenden Clients werden vom Server nach der Strategie „first in, first out" abgearbeitet.
- Der Server braucht die Identität der Clients nicht zu kennen, der Client dagegen die des Servers. Daher spricht man von einem asymmetrischen Verhältnis zwischen dem Server und seinen Clients.
- Nimmt eine Task x die Dienste einer anderen Task y in Anspruch, so tritt x als Client auf. Erbringt dieselbe Task x einen Dienst für eine dritte Task z, so tritt x als Server auf. Eine Task kann also sowohl als Client als auch als Server auftreten, sie kann ihre Rolle mit der Zeit ändern, Zu jedem Zeitpunkt kann sie aber nur eine Rolle annehmen.

Die 3 Formen von Entry in Ada: Ein Entry beim Server kann eine der folgenden drei Formen haben:

```
1. accept entry ;              // Dienstleistung umfaßt: „No Operation"
2. accept entry do             // Dienstleistung umfaßt: „statement"
      statement ;
   end ;
```

3. accept entry (x: in item) do
   statement // Für die Dienstleistung wurde der Parameter x übergeben
   end ; // Die Dienstleistung besteht aus: „statement“.

9.2.2 Beispiel: Wechselseitiger Ausschluß

Im Abschnitt 5.2 wurde der wechselseitige Ausschluß anhand zweier Fahrzeuge, die eine Kreuzung überqueren wollen, demonstriert. Die Lösung dieser Aufgabe mit Hilfe von Rendezvous in Ada ist in der Abb. 9.6 dargestellt.

```
procedure transport is
    ----------------------------------
    task synchronize is
                entry einfahrt ;
                entry ausfahrt ;
    end synchronize ;
    task body synchronize is
        begin
            loop
                accept einfahrt ;
                accept ausfahrt ;
            end loop ;
    end synchronize ;
    ----------------------------------
    task A is
    end A ;
    task body A is
        begin
            ...
            synchronize.einfahrt ;
            Wagen über die Kreuzung fahren
            synchronize.ausfahrt ;
            ...
    end A ;
    ----------------------------------
    task B is
    end B ;
    task body B is
        begin
            ...
            synchronize.einfahrt ;
            Wagen über die Kreuzung fahren
            synchronize.ausfahrt ;
            ...
    end B ;
    ----------------------------------
    begin
        Aktionen des Vaterprozesses
end transport ;
```

Abb. 9.6: Wechselseitiger Ausschluß bei der Überquerung einer Kreuzung mit Hilfe von Rendezvous

Die Task „synchronize“ kann man sich als einen Verkehrspolizisten vorstellen, der den Verkehr über die Kreuzung regelt. Alle Autos fordern die Kreuzung an und treten in eine Warteschlange. Der Polizist gibt die Einfahrt für ein Auto frei und wartet, bis eine Ausfahrt von ihm angefordert wird. Erst wenn die Ausfahrt von dem Auto in Anspruch genommen worden ist, ist die Kreuzung wieder frei.

Das *Synchronisierprotokoll* schreibt das Verhalten der Tasks bei der Überquerung der Kreuzung vor. In diesem Fall besteht es aus den folgenden drei Anweisungen in der angegebenen Reihenfolge.

```
synchronize.einfahrt ;
Wagen über die Kreuzung fahren lassen
synchronize.ausfahrt ;
```

Würde sich nun eine Task an dieses Protokoll nicht halten, wäre die Fehlersuche sehr aufwendig. Um dies zu vermeiden, wird das Synchronisierprotokoll in einer Prozedur implementiert und mit der Task „synchronize“ zu einem Programm-Modul (in Ada „package“ genannt) zusammengefasst, von dem nur noch das Synchronisierprotokoll freigegeben wird.

```
package fahreKreuzung is
    procedure fahre ( Fahrtparameter ) ;        // Schnittstelle
end fahreKreuzung ;
--------------------------------------------------------------
package body fahreKreuzung is
----------------------------------------------
    task synchronize is
        entry einfahrt ;
        entry ausfahrt ;
    end synchronize ;
    task body synchronize is
        begin
            loop
                accept einfahrt ;
                accept ausfahrt ;
            end loop ;
    end synchronize ;
---------------------------------------------- Synchronisierprotokoll
    procedure fahre ( Fahrtparameter ) is
    begin
        synchronize.einfahrt ;
        Wagen gemäß den übergebenen
        Fahrtparametern über die
        Kreuzung fahren
        synchronize.ausfahrt ;
    end fahre ;
----------------------------------------------
begin
    // keine Initialisierung notwendig
end fahreKreuzung ;
--------------------------------------------------------------
```

Abb. 9.7: Anwendung der Regeln von „Information Hiding“ auf die Synchronisierung aus der Abb. 9.6.

9.3 „Select"-Anweisung

9.3.1 Aufbau und Semantik der Select-Anweisung

```
select
        accept  entry1  ;
    or
        accept entry2  ( x: in item ) do
           statement2 ;
        end ;
    or
        accept entry3  ( x: in item ) do
           statement3 ;
        end ;
           statement4
    or
        ....
end select ;
```

Abb. 9.8: Schematischer Aufbau der Select-Anweisung

Semantik der Select-Anweisung:

- Eine Select-Anweisung umfaßt mehrere Zweige, die gegeneinander mit einer Or-Anweisung abgegrenzt sind.
- Liegen beim Erreichen der Select-Anweisung keine Aufträge in „entry1", „entry2", „entry3" usw. vor, so wird die Task so lange an der Select-Anweisung angehalten, bis ein Auftrag eintrifft.
- Liegt beim Erreichen der Select-Anweisung ein Auftrag in einem der vier Eingänge vor, so wird dieser Auftrag angenommen und die entsprechende Dienstleistung erbracht.
- Liegen beim Erreichen der Select-Anweisung mehrere Aufträge in verschiedenen Eingängen vor, so wird einer der Aufträge angenommen und die entsprechende Dienstleistung erbracht. Es ist nicht vorhersehbar, welcher Auftrag zuerst angenommen wird. Jede Implementierung wird hierfür eine andere Strategie festlegen. Wichtig ist, daß sich eine Synchronisierungslogik nicht auf eine feste Strategie stützt.
- Jeder Zweig beginnt mit einer Accept-Anweisung und kann neben dem Rendezvous noch weitere Anweisungen enthalten.

  In Abb. 9.8 umfaßt der 2. Zweig nur die Accept-Anweisung. „statement2" wird vom Server als Dienstleistung in Anwesenheit des Clients ausgeführt. Der 3. Zweig besteht aus der Accept-Anweisung und „statement4". „statement3" wird vom Server als Dienstleistung in Anwesenheit des Clients ausgeführt.

Nach der Trennung vom Client führt der Server noch „statement4" aus, bevor er diesen Zweig der Select-Anweisung verläßt. Dies kann als eine Art interne Buchhaltung für die gerade erbrachte Dienstleistung angesehen werden, die der Server nach dem Rendezvous (statement3) für sich selbst ausführen muß, und zwar bevor er eine andere Arbeit aufnimmt.

9.3.2 Beispiel: Geschützter Meßwert

Ein Meßwert wird von einer Task zyklisch erfaßt und als eine zusammengesetzte Größe (Datenstruktur) in einen Speicherbereich abgelegt. Mehrere Tasks müssen den Meßwert zu beliebigen Zeitpunkten auslesen können. Zu Beginn muß sichergestellt sein, daß zunächst ein schreibender Zugriff stattfindet, bevor gelesen werden darf.

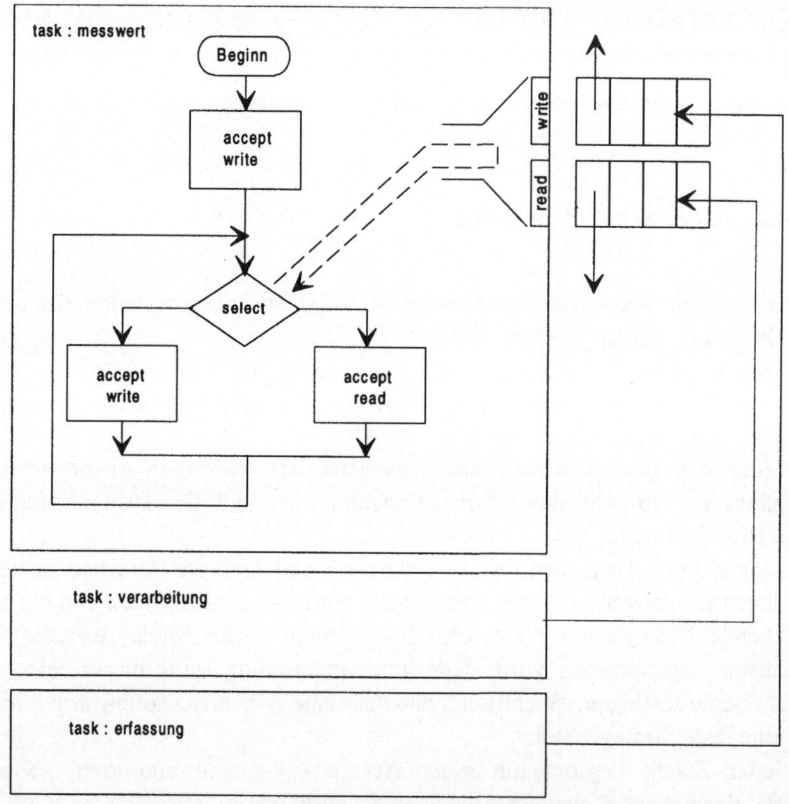

Abb. 9.9: Architektur des geschützten Meßwerts mit Rendezvous

```
procedure application is
    ------------------------------------------
    task messwert is
        entry  read  ( x: out item ) ;
        entry  write ( x: in  item ) ;
    end messwert ;
    task body messwert is
        v: item ;
        begin
            accept write ( x: in item ) do
                v:= x ;
            end ;
            loop
                select
                    accept read ( x: out item) do
                        x:= v ;
                    end ;
                or
                    accept write ( x: in item ) do
                        v:= x ;
                    end ;
                end select ;
            end loop ;
    end messwert ;
    ------------------------------------------
    task erfassen is
    end ;
    task body erfassen is
        ....
        begin
            ....
            messwert.write ( ... ) ;
    end erfassen ;
    ------------------------------------------
    task verarbeiten is
    end ;
    task body verarbeiten is
        ....
        begin
            messwert.read ( ... ) ;
            ...
    end verarbeiten ;
    ------------------------------------------
begin
       Aktionen des Vaterprozesses
end application ;
```

Abb. 9.10: Geschützter Meßwert als Beispiel für die Select-Anweisung in Ada

9.4 „Guarded-Select"-Anweisung

9.4.1 Aufbau und Semantik von „Guarded Select"

Wird ein Eingang in einer Select-Anweisung durch eine Bedingung geschützt (Schutzbedingung, Guard), so spricht man von einer „Guarded-Select"-Anweisung.

```
select
     when condition1 => // Schutzbedingung
     accept entry1 ;
  or
     accept entry2 do    // Keine Schutzbedingung
        statement2 ;
     end ;
  or
     when condition3 => // Schutzbedingung
     accept entry3 do
        statement3 ;
     end ;               // Ende des Rendezvous
        statement4 ;     // Buchhaltung
  or
     accept entry4 ;     // Keine Schutzbedingung

end select ;
```

Abb. 9.11: Schematischer Aufbau der Select-Anweisung

Semantik der Guarded-Select-Anweisung:

- Beim Erreichen der Select-Anweisung werden alle Schutzbedingungen geprüft. Eine nicht vorhandene Schutzbedingung wird als „wahr" angenommen. Die Schutzbedingungen werden in beliebiger Reihenfolge ausgeführt.
- Das weitere Verhalten ist dann wie bei der Select-Anweisung ohne Schutzbedingungen, schließt aber nur jene Zweige ein, für die die Schutzbedingungen „wahr" sind.
- Eine Schutzbedingung braucht bei der Ausführung der entsprechenden Dienstleistung nicht mehr „wahr" zu sein. Denn in der Schutzbedingung können neben den lokalen Daten auch globale Daten vorkommen, die parallel von anderen Tasks modifiziert werden können.
- Bildlich kann man sich die Schutzbedingung als einen Vorhang hinter einem Dienstleistungs-Schalter vorstellen, der vom Server unter bestimmten Bedin-

gungen zugezogen wird, um den Eingang bei der nächsten Select-Anweisung nicht mehr zu berücksichtigen.

- Die Accept-Anweisung realisiert das eigentliche Rendezvous.

9.4.2 Beispiel: Bounded Buffer

```
task buffering is
       entry put ( x: in  item ) ;
       entry get ( x: out item ) ;
end buffering ;

task body buffering is
   n  : constant:= 8 ;
   a  : array ( 0..N-1 ) of item ;
   i,j: integer range 0..N-1:= 0 ;
   count: integer range 0..N:= 0;
   begin
     loop
        select
           when count < n =>              // Schutzbedingung
           accept put ( x: in item ) do  // Auftrag abholen
                    a ( i ):= x ;       // Beginn des Dienstes
           end ;                         // Ende des Dienstes
 +             i:= ( i+1 ) mod N ;       // Aktionen nach dem
 +             count:= count + 1 ;       // Rendezvous
        or
           when count > 0 =>
           accept get ( x: out item ) do
                     x:= a ( j ) ;
           end ;
 *             j:= (j+1) mod N ;
 *             count:= count - 1 ;
        end select ;
     end loop ;
end buffering ;
```

Abb. 9.12: Realisierung eines Bounded Buffer mit Hilfe von Rendezvous

Die mit + markierten Anweisungen werden nach dem Rendezvous „put" und vor dem Verlassen der Select-Anweisung ausgeführt. Sie dienen dazu, den Zeiger auf den als nächstes zu belegenden Platz zu setzen und die Anzahl der vorhandenen Objekte zu aktualisieren. Erst danach wird über die Loop-Anweisung die nächste Select-Anweisung ausgeführt.

Die mit * markierten Anweisungen werden nach dem Rendezvous „get" und vor dem Verlassen der Select-Anweisung ausgeführt.

9.5 Anfordern mehrerer Betriebsmittel (Konjunktion)

Aufgabenstellung: In einer Produktionsanlage stehen vier Maschinen, die von den Tasks A, B, C und D gesteuert werden. Die Maschine A braucht das Werkzeug x, die Maschine B das Werkzeug y und die Maschinen C und D brauchen jeweils die Werkzeuge x und y für die Ausführung ihres Arbeitsganges. Von den Werkzeugen x und y ist aber jeweils nur ein Exemplar vorhanden. Gefordert ist eine Synchronisierung der Betriebsmittel mit Hilfe von Rendezvous.

```
task konjunktion is
    entry anfordernX ;      entry anfordernY ; // Schnittstelle
    entry anfordernXY ;     entry freigebenX ;
    entry freigebenY ;      entry freigebenXY ;
end konjunktion ;
task body konjunktion is
    var    x: boolean = 1 ;
           y: boolean = 1 ;
    begin loop
             select
                    when x =>
                    accept anfordernX do
                           x = false ;
                    end ;
             or
                    when y =>
                    accept anfordernY do
                           y = false ;
                    end ;
             or
                    when ( x and y ) =>
                    accept anfordernXY do
                           x = false ;
                           y = false ;
                    end ;
             or
                    accept freigebenX do
                           x = true ;
                    end ;
             or
                    accept freigebenY do
                           y = true ;
                    end ;
             or
                    accept freigebenXY do
                           x = true ;
                           y = true ;
                    end ;
             end select ;
          end loop ;
end konjunktion ;
```

Abb. 9.13: Anfordern mehrerer Betriebsmittel (UND-Verknüpfung der Betriebsmittel)

9.6 Anfordern eines Betriebsmittels aus mehreren (Disjunktion)

Aufgabenstellung: In einer Produktionsanlage stehen drei Maschinen, die von den Tasks A, B und C gesteuert werden. Die Maschine A braucht das Werkzeug x, die Maschine B das Werkzeug y und die Maschine C braucht entweder das Werkzeug x oder y für die Ausführung ihres Arbeitsganges. Von den Werkzeugen x und y ist aber jeweils nur ein Exemplar vorhanden. Gefordert ist eine Synchronisierung der Betriebsmittel mit Hilfe von Rendezvous.

```
task disjunktion is
        entry anfordernX ;      entry anfordernY ; // Schnittstelle
        entry freigebenX ;      entry freigebenY ;
        entry anfordernXoderY ( was: out boolean ) ;
end disjunktion ;

task body disjunktion is
      var   x: boolean = 1 ;
            y: boolean = 1 ;
      begin loop
         select
             when x =>
             accept anfordernX do
                  x = false ;
             end ;
         or
             when y =>
             accept anfordernY do
                  y = false ;
             end ;
         or
             when ( x or y ) =>
             accept anfordernXoderY ( was: out boolean ) do
                  if x then x = false ;
                            was = true ;
                       else y = false ;
                            was = false ;
                  end ;
             end ;
         or
             accept freigebenX do
                  x = true ;
             end ;
         or
             accept freigebenY do
                  y = true ;
             end ;
         end select ;
      end loop ;
 end disjunktion ;
```

Abb. 9.14: Anfordern eines aus mehreren Betriebsmitteln (ODER-Verknüpfung der Betriebsmittel)

9.7 Zusammenfassende Beurteilung von „Rendezvous"

- Die Implementierung von Rendezvous setzt Mailboxes und Nachrichten voraus. Diese Elemente werden in fast allen Betriebssystemen angeboten. Daher können sie auch ohne Sprache und Compiler benutzt werden.
- Rendezvous eignen sich zum Einsatz sowohl in konzentrierten als auch in verteilten Systemen. Von einem logischen Standpunkt aus betrachtet, unterscheiden sich konzentrierte und verteilte Systeme hinsichtlich Rendezvous nicht. In einem konzentrierten System befinden sich alle Mailboxes auf einem Rechner. In einem verteilten System müssen die Nachrichten über ein Bussystem transportiert und in einem entfernten Rechner in eine Mailbox abgelegt werden. Bei der Umstellung einer Applikation von einem konzentrierten System auf ein verteiltes System muß lediglich ein Nachrichten-Transportsystem hinzugefügt werden, die Applikation bleibt fast unverändert.
- Rendezvous ist etwa im Gegensatz zu Semaphoren ein Synchronisier-Mechanismus auf hoher Abstraktionsebene. Während sich eine Semaphore für einfache Synchronisieraufgaben eignet, kann man mit Hilfe von Rendezvous komplexe Synchronisieraufgaben implementieren.

9.8 Übungen

Lösen Sie die Aufgaben Sema 1 bis Sema 4 aus dem Absch. 7.9 mit Hilfe von Rendezvous.

10. Typische Synchronisieraufgaben

In diesem Abschnitt werden die am häufigsten in der Praxis vorkommenden Synchronisieraufgaben klassifiziert und ihre Lösungen mit Semaphore, Monitor und Rendezvous vorgestellt. Sie dienen einerseits als Nachschlagewerk bei der Lösung der in der Praxis vorkommenden Aufgaben. Die Beispiele dienen aber andererseits auch dazu, die Eignung der verschiedenen Konzepte (Semaphore, Monitor und Rendezvous) für einen speziellen Fall miteinander zu vergleichen und das geeignete Konzept auszuwählen.

Die Beispiel-Programme für Semaphore werden in Pearl-Notation, die für Monitor in Modula-2-Notation und die für Rendezvous in Ada-Notation dargestellt. Operationen, die nicht programmiert werden können (z.B. Bohren, Heizen, usw.) werden als Pseudocode notiert.

Im ersten Beispiel des Abschnitts 10.1 wird die Anwendung der Regeln von „*Information Hiding*" auf das Synchronisierprotokoll für alle drei Konzepte vorgestellt. In den nachfolgenden Beispielen wird nur noch das Synchronisierprotokoll präsentiert.

10.1 Synchronisierung eines Betriebsmittels (Wechselseitiger Ausschluß)

Aufgabenstellung: Mehrere Werkzeugmaschinen, die jeweils durch eine Task gesteuert werden, arbeiten parallel zueinander. Der Arbeitsgang jeder Werkzeugmaschine umfaßt einen Bohrvorgang. In einem Werkzeugregal befindet sich ein Behälter mit einem Bohrer. Vor Beginn eines Bohrvorgangs muss sich jede Werkzeugmaschine den Bohrer aus dem Behälter holen und nach Abschluss des Bohrvorgangs wieder dorthin ablegen. Der Zugriff der Werkzeugmaschinen auf den *Behälter mit dem einen Bohrer* ist zu synchronisieren.

10.1.1 Lösung mit Semaphoren

Der Behälter mit einem Bohrer wird auf die Semaphore „Behälter" mit dem Anfangswert 1 abgebildet. Aus der Tatsache, ob die Semaphore eine Marke enthält oder nicht, läßt sich dann schließen, ob sich der Bohrer im Behälter befindet oder nicht.

Die Marke der Semaphore soll die Berechtigung für den Zugriff auf den Behälter symbolisieren. Hierzu wird ein Synchronisierprotokoll vereinbart, das von allen Tasks gleichermaßen einzuhalten ist. Es lautet wie folgt.

Bevor eine Werkzeugmaschine auf den Behälter mit dem Bohrer zugreift, fordert sie zunächst die Semaphore „Behälter" an (Request-Operation). Ist diese Operation erfolgreich, so kann die Werkzeugmaschine den Bohrer entnehmen. Ist sie nicht erfolgreich, so bedeutet dies, daß der Bohrer vergeben ist. In diesem Fall wird die Task suspendiert und in die Warteschlange der Semaphore eingereiht. Am Ende des Bohrvorgangs ist der Bohrer wieder in den Behälter zurückzulegen und die Semaphore freizugeben (Release-Operation).

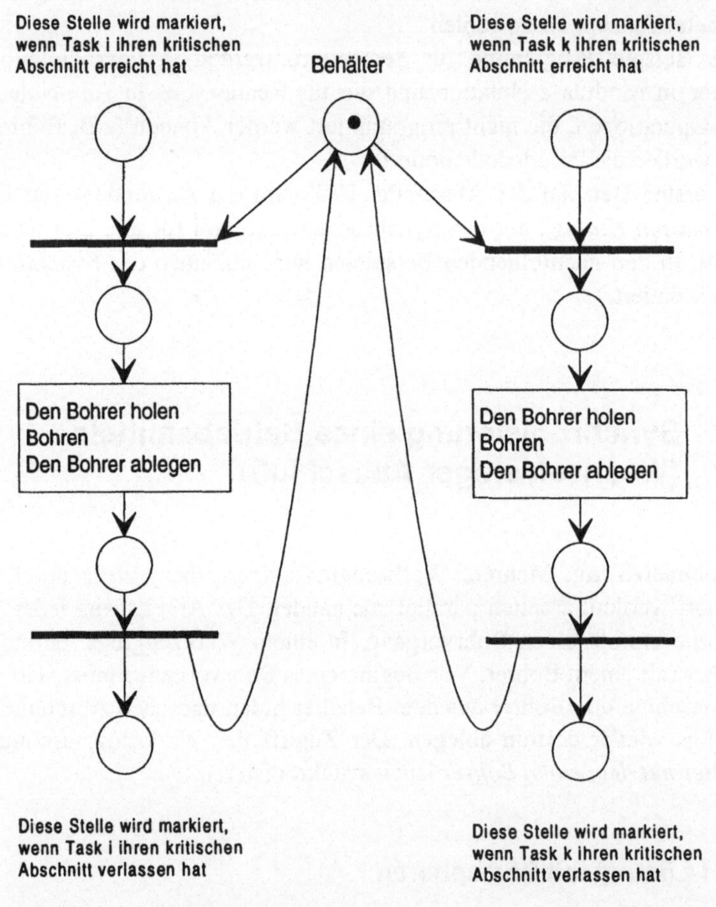

Abb. 10.1: Petri-Ntez zur Synchronisierung eines einfach vorhandenen Betriebsmittels

```
module ( application ) ;

   problem ;
      dcl behaelter sema preset (1) ;

      i: task ;
         ... ;
         request behaelter ;
         Den Bohrer holen
         Bohren
         Den Bohrer ablegen
         release behaelter ;
         ... ;
      end ;

      j: task ;
         ... ;
         request behaelter ;
         Den Bohrer holen
         Bohren
         Den Bohrer ablegen
         release behaelter ;
         ... ;
      end ;
modend ;
```

Abb. 10.2: Synchronisierung eines einfach vorhandenen Betriebsmittels mit Semaphore

Um die Regeln von „Information Hiding" auf diesen Fall anzuwenden und eine zuverlässige Synchronisierung anzubieten, wird das Synchronisierprotokoll in Form einer Prozedur implementiert und zusammen mit der Semaphore zu einem Programm-Modul zusammengefaßt.

1. Modul Synchronisierprotokoll

```
module ( einBohrer ) ;

   problem ;
      dcl behaelter sema preset (1) ;

      bohre: procedure ( Bohrkoordinaten ) global ;
         request behaelter ;
         Den Bohrer holen
         Bohren laut Bohrkoordinaten
         Den Bohrer ablegen
         release behaelter ;
      end ;

modend ;
```

2. Modul
Applikation

```
module ( application ) ;
    problem ;
        spc bohre procedure ( Bohrkoordinaten ) global ;
        i: task ;
            dcl KoordinatenI .... ;
            ... ;
            bohre ( KoordinatenI ) ;
            ... ;
        end ;
        j: task ;
            dcl KoordinatenJ .... ;
            ... ;
            bohre ( KoordinatenJ ) ;
            ... ;
        end ;
modend ;
```

Abb. 10.3: Zusammenfassung der Prozedur „bohren" und der Semaphore „s" aus der Abb. 10.2 zu einem Modul, um Fehlverhalten der Tasks bei der Synchronisierung auszuschließen

10.1.2 Lösung mit Monitor

```
module application ;
from process import signal , send , wait , Init ;
```

Monitor

```
module bohrer [1] ;
   export anfordern , freigeben ;
   import signal , send , wait , Init ;
   var    n: integer ;
          queue: signal ;
   procedure anfordern ;
   begin
      n = n-1 ;
      if ( n < 0 ) then wait (queue) ; end ;
   end anfordern ;
   procedure freigeben ;
   begin
      n = n+1 ;
      if ( n <= 0 ) then send (queue) ; end ;
   end freigeben ;
begin
   n = 1 ;
   init (queue) ;
end bohrer ;
```

```
------------------------------------------------ Synchronisier-
procedure bohre ( Bohrkoordinaten ) ;            protokoll
begin
   bohrer.anfordern ;
   Den Bohrer holen
   Bohren gemäß den Bohrkoordinaten
   Den Bohrer ablegen
   bohrer.freigeben ;
end ;
------------------------------------------------ Applikationstask
task i ;
   ...
   bohre ( BohrkoordinatenI ) ;
   ...
end i ;
------------------------------------------------ Applikationstask
task j ;
   ...
   bohre ( BohrkoordinatenJ ) ;
   ...
end j ;
------------------------------------------------
begin
end application.
```

Abb. 10.4: Synchronisierung eines einfach vorhandenen Betriebsmittels mit Monitor

Die Prozedur „bohre“ darf nicht in den Monitor „bohrer“ verlagert werden, weil dieser Vorgang sehr lange dauert. Bei einer Verlagerung wäre der Monitor für die anderen Tasks gesperrt, solange sich eine Task im Bohrvorgang befinden würde. Dies würde zu „busy waiting“ für die anderen Tasks führen. Die Operationen in einem Monitor sollen lediglich auf Datenmanipulationen beschränkt werden, um die zeitlichen Grenzen von „short time scheduling“ nicht zu verletzen.

Den Monitor „bohrer“ und die Prozedur „bohre“ kann man zu einem Programm-Modul zusammenfassen und von diesem Modul nur noch die Prozedur „bohre“ exportieren. Die Tasks i und j könnten dann nicht mehr direkt die Prozeduren „anfordern“ und „freigeben“ erreichen. Damit wäre sichergestellt, daß „anfordern“ und „freigeben“ in richtiger Reihenfolge und immer paarweise von derselben Task aufgerufen würden.

```
definition module einBohrer ;
  procedure bohre ( Bohrkoordinaten ) ;         // Schnittstelle
end einBohrer.
----------------------------------------------------------------
implementation module einBohrer ;
   from process import signal , send , wait , Init ;
------------------------------------------------------- Monitor
   module bohrer [1] ;
      export anfordern , freigeben ;
      import signal , send , wait , Init ;
      var    n: integer ;
             queue: signal ;

      procedure anfordern ;
      begin
         n = n-1 ;
         if ( n < 0 ) then wait (queue) ; end ;
         request ;
      end anfordern ;

      procedure freigeben ;
      begin
         release ;
         n = n+1 ;
         if ( n <= 0 ) then send (queue) ; end ;
      end freigeben ;

   begin
      n = 1 ;
      init (queue) ;
   end bohrer.
   ------------------------------ Synchronisierprotokoll
   procedure bohre ( Bohrkoordinaten ) ;
   begin
      bohrer.anfordern ;
      Den Bohrer holen
      Bohren
      Den Bohrer ablegen
      bohrer.freigeben ;
   end bohre ;
------------------------------
begin
end einBohrer.
```

Abb. 10.5: Anwendung der Regeln vom „Information Hiding" auf die Synchronisierung aus der Abb. 10.4.

10.1.3 Lösung mit Rendezvous

```
procedure application is
    ---------------------------------------------
    task bohrer is
        entry   anfordern ;
        entry   freigeben ;
    end bohrer ;

    task body bohrer is
        begin
           loop ;
              accept anfordern ;
              accept freigeben ;
           end loop ;
    end bohrer ;
    ---------------------------------------------
    procedure bohre ( Bohrkoordinaten ) is
        begin
            bohrer.anfordern ;
            Den Bohrer holen
            Bohren gemäß den Bohrkoordinaten
            Den Bohrer ablegen
            bohrer.freigeben ;
    end bohre ;
    ---------------------------------------------
    task i is
    end i ;

    task body i is
        ....
        begin
            ....
            bohre ( BohrkoordinatenI ) ;
            ....
    end i ;
    ---------------------------------------------
    task j is
    end j ;

    task body j is
        ....
        begin
            ....
            bohre ( BohrkoordinatenJ ) ;
            ....
    end j ;
    ---------------------------------------------
begin
end application ;
```

Abb. 10.6: Synchronisierung eines einfach vorhandenen Betriebsmittels mit Rendezvous

Auch hier kann man die Task „bohrer“ und die Prozedur „bohre“ zu einem Programm-Modul zusammenfassen und von diesem nur noch die Prozedur „bohre“ exportieren. Die Tasks i und j könnten dann nicht mehr direkt die Eingänge „anfordern“ und „freigeben“ der Task „bohrer“ erreichen. Ein Programm-Modul heißt in Ada „package“.

```
package einBohrer is
    procedure bohre ( Bohrkoordinaten ) ;     // Schnittstelle
end einBohrer ;
```

```
package body einBohrer is

    task bohrer is
        entry   anfordern ;
        entry   freigeben ;
    end bohrer ;

    task body bohrer is
        begin
           loop ;
              accept anfordern ;
              accept freigeben ;
           end loop ;
    end bohrer ;

    procedure bohre ( Bohrkoordinaten ) is
        begin
            bohrer.anfordern ;
            Den Bohrer holen
            Bohren gemäß den Bohrkoordinaten
            Den Bohrer ablegen
            bohrer.freigeben ;
    end bohre ;

begin
end einBohrer.
```

Abb. 10.7: Anwendung der Regel von „Information Hiding“ auf die Synchronisierung aus der Abb. 10.6.

10.2 Synchronisierung eines n-fach vorhandenen Betriebsmittels

Hier werden zwei Fälle unterschieden:

a.) Der Zugriff auf die Betriebsmittel kann gleichzeitig erfolgen.
b.) Der Zugriff auf die Betriebsmittel erfolgt unter wechselseitigem Ausschluß.

Aufgabenstellung für den Fall a.): Mehrere Werkzeugmaschinen, die jeweils durch eine Task gesteuert werden, arbeiten parallel zueinander. Der Arbeitsgang jeder Werkzeugmaschine beinhaltet einen Heizvorgang, der die höchste Stromaufnahme aus dem Netz verursacht. Um die maximal zulässige Netzlast nicht zu überschreiten, dürfen sich *gleichzeitig höchstens n Werkzeugmaschinen in ihrem Heizvorgang* befinden.

Aufgabenstellung für den Fall b.): Mehrere Werkzeugmaschinen, die jeweils durch eine Task gesteuert werden, arbeiten parallel zueinander. Der Arbeitsgang jeder Werkzeugmaschine beinhaltet einen Bohrvorgang. In einem Werkzeugregal befindet sich ein Behälter mit n Bohrern gleichen Typs. Vor Beginn eines Bohrvorgangs muß sich jede Werkzeugmaschine einen Bohrer aus dem Behälter holen und nach dem Abschluß des Bohrvorgangs wieder dorthin ablegen. Der Zugriff der Werkzeugmaschinen auf den *Behälter mit n gleichen Bohrern* ist zu synchronisieren.

10.2.1 Lösung mit Semaphoren

Lösung für den Fall a.)

Das Netz wird auf die Semaphore „Netz“ mit n Anfangsmarken abgebildet. Aus der Tatsache, ob diese Semaphore Marken enthält oder nicht, läßt sich dann schließen, ob eine weitere Werkzeugmaschine ihren Heizvorgang beginnen darf oder nicht. Eine Marke der Semaphore „Netz“ stellt die Berechtigung für den Beginn des Heizvorgangs dar. Es können bis zu n Tasks gleichzeitig im Besitz einer solchen Berechtigungsmarke sein.

```
module ( stromnetz ) ;
 problem ;
   dcl netz sema preset ( n ) ;
   heize procedure ( Heizparameter ) global; // Schnittstelle
      request netz ;
      Heizen gemäß den Heizparametern
      release netz ;
   end ;
modend ;
```

Abb. 10.8: Synchronisierung eines n-fach vorhandenen Betriebsmitteltyps, wobei gleichzeitiger Zugriff auf die Betriebsmittel gestattet ist

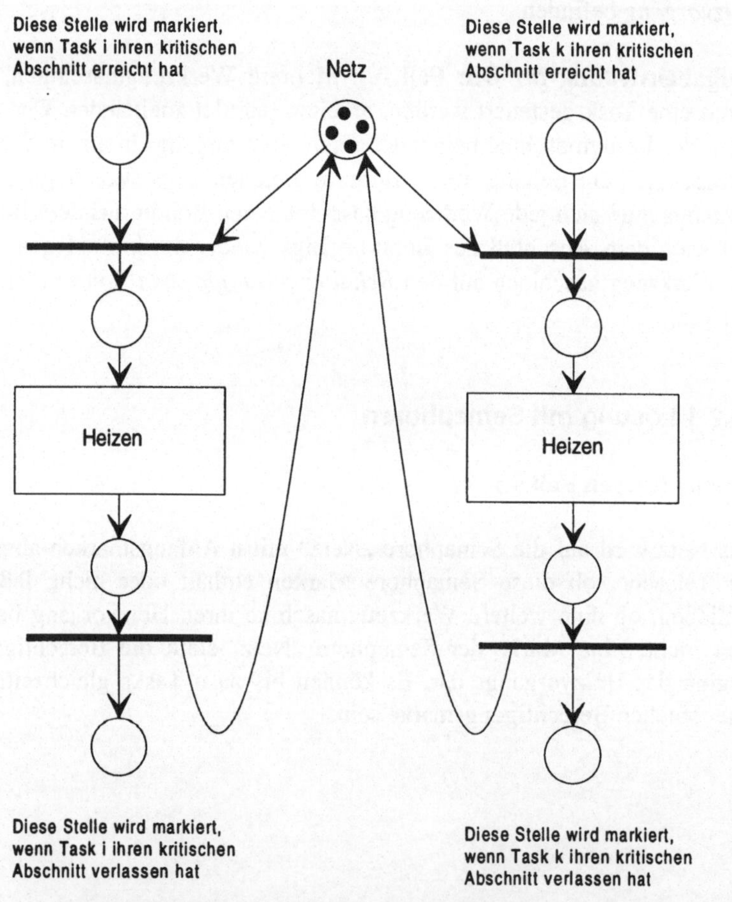

Abb. 10.9: Petri-Netz zur Synchronisierung eines n-fach vorhandenen Betriebsmitteltyps mit gleichzeitigem Zugriff auf die Betriebsmittel

Lösung für den Fall b.)

Der Behälter mit den n gleichen Bohrern wird auf die Semaphore „Behälter“ mit dem Anfangswert n abgebildet. Aus der Tatsache, ob diese Semaphore Marken enthält oder nicht, läßt sich dann schließen, ob sich Bohrer in dem Behälter befinden oder nicht.

Eine Marke der Semaphore „Behälter“ stellt die Berechtigung für den Zugriff auf den physikalischen Behälter dar. Es können bis zu n Tasks gleichzeitig im Besitz einer solchen Berechtigungsmarke sein. Damit aber an dem physikalischen Behälter keine Kollision entsteht, muß dafür gesorgt werden, daß die Tasks, die im Besitz einer Berechtigungsmarke sind, einzeln an den Behälter herangehen und sich einen Bohrer holen oder ablegen. Der Zugriff auf den physikalischen Behälter muß also unter wechselseitigem Ausschluß stattfinden. Dies wird mit Hilfe der Semaphore „ausschluss“ realisiert.

```
module ( nBohrer ) ;

problem ;

  dcl behaelter sema preset ( n ) ;
  dcl ausschluss sema sema preset ( 1 ) ;

  bohre procedure ( Bohrkoordinaten ) global; //Schnittstelle
        request behaelter ;
        request ausschluss ;
        Einen Bohrer holen
        release ausschluss ;
        Bohren gemäß den Bohrkoordinaten
        request ausschluss ;
        Den Bohrer ablegen
        release ausschluss ;
        release behaelter ;
  end ;

modend ;
```

Abb. 10.10: Synchronisierung eines n-fach vorhandenen Betriebsmittels mit exklusivem Zugriff auf die Betriebsmittel

10.2.2 Lösung mit Monitor

Lösung für den Fall a.)

```
definition module stromnetz ;
   procedure heize ( Heizparameter ) ;           // Schnittstelle
end stromNetz.
```

```
implementation module stromnetz ;
from process import signal , send , wait , Init ;
                                                          Monitor
module netz [1] ;
   export anfordern , freigeben ;
   import signal , send , wait , Init ;
   var    n: integer ;
          queue: signal ;

   procedure anfordern ;
   begin
      n = n-1 ;
      if ( n < 0 ) then wait (queue) ; end ;
   end anfordern ;

   procedure freigeben ;
   begin
      n = n+1 ;
      if ( n <= 0 ) then send (queue) ; end ;
   end freigeben ;

begin
   n = 8 ; // falls 8 Maschinen
           // gleichzeitig heizen dürfen
   init (queue) ;
end netz.
                                              Synchronisierprotokoll
procedure heize ( Heizparameter ) ;
begin
   netz.anfordern ;
   Heizen gemäß den Heizparametern
   netz.freigeben ;
end ;

begin
end stromnetz.
```

Abb. 10.11: Synchronisierung eines n-fach vorhandenen Betriebsmitteltyps, wobei gleichzeitiger Zugriff auf die Betriebsmittel gestattet ist

Lösung für den Fall b.)

```
definition module nBohrer ;
    procedure bohre ( Bohrkoordinaten ) ;      // Schnittstelle
end nBohrer.
```

```
implementation module nBohrer ;
    from process import signal , send , wait , Init ;
    ---------------------------------------------------- Monitor
    module bohrer [1] ;
      export anfordern , freigeben , geholt , abgelegt ;
      import signal , send , wait , Init ;
      var    n: integer ;  ausschluss boolean ;
             queue: signal ; exclusie: signal ;
      procedure anfordern ;
      begin n = n-1 ;
            if ( n < 0 ) then wait (queue) ; end ;
            request ;
      end anfordern ;
      procedure request ;
      begin if ( ausschluss = 0 ) wait (exclusie) ; end ;
            ausschluss = ausschluss - 1 ;
      end request ;
      procedure freigeben ;
      begin release ;
            n = n+1 ;
            if ( n <= 0 ) then send (queue) ; end ;
      end freigeben ;
      procedure release ;
      begin ausschluss = ausschluss + 1 ;
            if ( ausschluss = 1 ) send (exclusie) ; end ;
      end request ;
    begin n = 1 ; ausschluss = 1 ;
          init (queue) ; init (exclusie) ;
    end bohrer.
    ----------------------------------------------- // Synchronisier-
    procedure bohre ( Bohrkoordinaten ) ;           // protokoll
    begin
       bohrer.anfordern ;
       Den Bohrer holen
       bohrer.release ;
       Bohren gemäß den Bohrkoordinaten
       bohrer.request ;
       Den Bohrer ablegen
       bohrer.freigeben ;
    end bohren ;
    -----------------------------------------------
begin
end nBohrer.
```

Abb. 10.12: Synchronisierung eines n-fach vorhandenen Betriebsmittels mit exklusivem Zugriff auf die Betriebsmittel

10.2.3 Lösung mit Rendezvous

Lösung für den Fall a.)

```
package stromNetz is
   procedure heize ( Heizparameter ) ; // Schnittstelle
end stromNetz ;
```

```
package body stromNetz is
```

```
    task netz is
        entry   anfordern ;
        entry   freigeben ;
    end ;

    task body netz is
        n : integer = 8 ;
        begin
           loop ;
              select
                 when n>0 =>
                 accept anfordern do
                    n = n-1 ;
                 end ;
              or
                 accept freigeben do
                    n = n+1 ;
                 end ;
              end select ;
           end loop ;
    end netz ;
```

```
    procedure heize ( Heizparameter ) is
        begin
            netz.anfordern ;
            Heizen gemäß den Heizparametern
             netz.freigeben ;
    end heize ;
```

```
begin
end stromNetz.
```

Abb. 10.13: Synchronisierung eines n-fach vorhandenen Betriebsmitteltyps, wobei gleichzeitiger Zugriff auf die Betriebsmittel gestattet ist

Lösung für den Fall b.)

```
package nBohrer is
   procedure bohre ( Bohrkoordinaten ) ;      // Schnittstelle
end nBohrer ;

package body nBohrer is

   task bohrer is
      entry  anfordern ; entry  freigeben ;
      entry  request ;   entry  release ;
   end bohrer ;
   task body bohrer is
      n: integer = 8 ; ausschluss: integer = 1 ;
      begin
         loop ;
            select
               when ( (n>0) and (ausschluss>0) ) =>
               accept anfordern do
                  n = n-1 ;
                  ausschluss = ausschluss-1 ;
               end ;
            or
               accept freigeben do
                  n = n+1 ;
                  ausschluss = ausschluss+1 ;
               end ;
            or
               when ( ausschluss>0 ) =>
               accept request do
                  ausschluss = ausschluss-1 ;
               end ;
            or
               accept release do
                  ausschluss = ausschluss+1 ;
               end ;
            end select ;
         end loop ;
   end bohrer ;

   procedure bohre ( Bohrkoordinaten ) is
      begin
         bohrer.anfordern ;
         Den Bohrer holen
         bohrer.release ;
         Bohren gemäß den Bohrkoordinaten
         bohrer.request ;
         Den Bohrer ablegen
         bohrer.freigeben ;
   end bohre ;

begin
end einBohrer.
```

Abb. 10.14: Synchronisierung eines n-fach vorhandenen Betriebsmittels mit exklusivem Zugriff auf die Betriebsmittel

10.3 Einräumen eines Vorrangs an n-ter Stelle für eine Task bei der Zuteilung eines Betriebsmittels

Aufgabenstellung: Mehrere Werkzeugmaschinen (w = 11), die jeweils durch eine Task gesteuert werden, arbeiten parallel zueinander. Der Arbeitsgang jeder Werkzeugmaschine umfaßt einen Heizvorgang, der die höchste Stromaufnahme aus dem Netz verursacht. Um die maximal zulässige Netzlast nicht zu überschreiten, dürfen sich gleichzeitig höchstens m (m = 4) Werkzeugmaschinen in ihrem Heizvorgang befinden.

Der Werkzeugmaschine i (i = 1) ist ein Vorrang an n-ter Stelle (n = 3) einzuräumen, d.h., ist das Netz maximal belastet und hat die Task i neben mehreren anderen Tasks einen Netzzugang angefordert, so wird ihr spätestens als n-te wartende Task der Netzzugang ermöglicht.

10.3.1 Lösung mit Semaphoren

Drei Lösungsalternativen: Es ist offensichtlich, daß die Strategie des Betriebssystems für die Vergabe frei gewordener „Netz"-Marken an eine der wartenden Tasks in die Lösung der Aufgabe eingeht. Da es zwei Vergabestrategien gibt (FIFO- und Prioritäts-Prinzip), gibt es drei verschiedene Lösungsalternativen:

a.) Entwurf einer Lösung für das Prioritäts-Prinzip
b.) Entwurf einer Lösung für das FIFO-Prinzip
c.) Entwurf einer Lösung, die unabhängig ist von der Vergabestrategie.

a.) Entwurf einer Lösung für das Prioritäts-Prinzip

In diesem Fall ist die Lösung sehr einfach. Der Task, der der Vorrang an n-ter Stelle eingeräumt werden soll, erhält die n-höchste Priorität unter allen Tasks, die das Betriebsmittel anfordern. Diese Lösung setzt allerdings voraus, daß zwischen den Heizperioden der höherprioren Tasks so eine lange Zeitspanne liegt, daß diese Task zum Zuge kommt. Ansonsten muß dieser Task eine noch höhere Priorität zugewiesen werden.

b.) Entwurf einer Lösung für das FIFO-Prinzip

In diesem Fall muß man dafür sorgen, daß sich maximal (n–1) Tasks in der Warteschlange des „Netzes" befinden, bevor die Task i hinzukommt. Das heißt, zu keinem Zeitpunkt dürfen sich mehr als (n–1) andere Tasks in der Warteschlange „Netz" befinden.

Es stellt sich sofort die Frage, wo sich die übrigen Tasks einreihen sollen, die das Betriebsmittel anfordern, aber in der Warteschlange „Netz" keinen Platz finden. Hierzu muß eine weitere Warteschlange „Normal" eingeführt werden. Die Tasks ohne Vorrang müssen zunächst in die Warteschlange „Normal" und dann von dort in die Warteschlange „Netz", allerdings mit der Maßgabe, daß sich nicht mehr als (n–1) Tasks ohne Vorrang in der Warteschalnge „Netz" befinden dürfen. Dies kann man sich bildlich als zwei Warteschlangen hintereinander vorstellen.

Das Betriebsmittel wird auf die Semaphore „Netz" mit m Anfangsmarken und die andere Warteschlange auf die Semaphore „Normal" mit (m+n–1) Anfangsmarken abgebildet. Die normalen Tasks müssen zunächst „Normal" und dann erst „Netz" anfordern, wobei die Task mit Vorrang sofort „Netz" anfordern darf.

Der „worst case" liegt vor, wenn alle normalen Tasks vor der Task mit Vorrang in ihre Heizperiode eintreten möchten. Die Vergabe der Marken geschieht folgendermaßen:

- Die ersten m Marken von „Normal" und alle m Marken von „Netz" werden an die ersten m normalen Tasks vergeben, die zuerst das Netz benutzen möchten.
- Die weiteren n–1 Marken von „Normal" werden an die nächsten normalen Tasks vergeben. Diese Tasks gelangen in die Warteschlange „Netz", weil keine Marke mehr in „Netz" vorhanden ist.
- Die übrigen normalen Tasks (w–m–n+1) gelangen in die Warteschlange „Normal", weil hier bereits keine Marke mehr vorhanden ist.
- Die Task mit Vorrang gelangt sofort auf den n-ten Platz in der Warteschlange „Netz", da sich bereits (n–1) normale Tasks hier befinden.

```
module ( application ) ;
    problem ;
        dcl Netz   semaphore preset ( m ) ;
        dcl Normal semaphore preset ( m+n-1 )
        i: task ;
            ...
            request Netz ;
            heizen ;
            release Netz ;
            ...
        end ;
        k: task ;
            ...
            request Normal ;
            request Netz ;
            heizen ;
            release Netz ;
            release Normal ;
            ...
        end ;
modend ;
```

Abb. 10.15: Vorrang an n-ter Stelle für die Task i bei der Vergabe eines Betriebsmittels (FIFO-Prinzip vorausgesetzt)

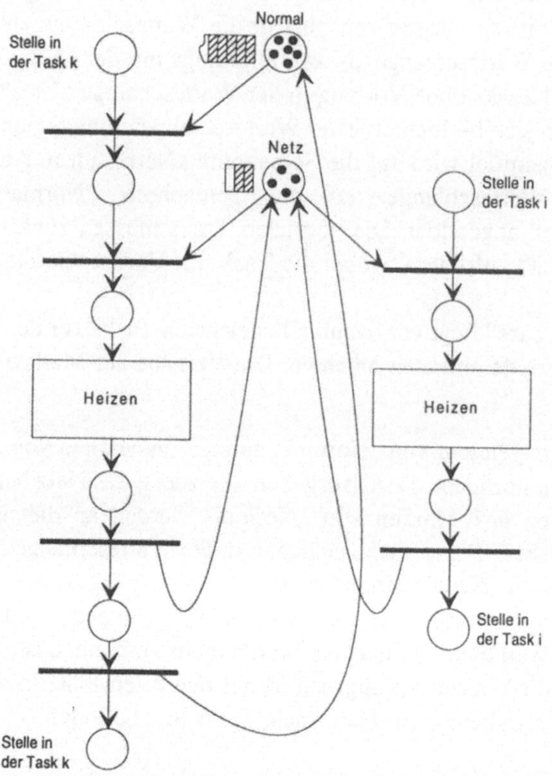

Abb. 10.16: Petri-Netz zur Realisierung eines Vorrangs an n-ter Stelle für die Task i bei der Vergabe eines Betriebsmittels (FIFO-Prinzip vorausgesetzt)

Der Abb. 10.16 liegen die folgenden Werte zugrunde:

- w = 11 , i = 1 , k = 2 ... 11 , m = 4 , n = 3
- Im Behälter „Netz" befinden sich 4 Anfangsmarken und in der Warteschlange „Netz" können sich bis zu 2 normale Tasks und die Task mit dem Vorrang befinden.
- Im Behälter „Normal" befinden sich 6 Anfangsmarken und in der Warteschlange „Normal" können sich bis zu 4 normale Tasks befinden.

Der Sonderfall n = 1 stellt die sofortige Zuteilung des Betriebsmittels an die Task i dar, sobald ein Betriebsmittel frei geworden ist.

c.) Entwurf einer Lösung, die unabhängig ist von der Vergabestrategie

Dies erreicht man durch geringfügige Änderung der Lösung für das FIFO-Prinzip. Folgende Situation sei angenommen:

- Vier normale Tasks befinden sich in der Heizphase.
- Zwei normale Tasks und die Task mit dem Vorrang befinden sich in der Warteschlange „Netz".
- 2 normale Tasks befinden sich in der Warteschlange „Normal"

Denkbar ist der Fall, daß eine normale Task aus der „Normal"-Warteschlange die Vorrang-Task in der „Netz"-Warteschlange überholt, wenn anstelle des FIFO-Prinzips das Prioritäts-Prinzip vorausgesetzt wird. Das Szenario ist wie folgt:

- Eine normale Task verläßt ihre Heizphase und gibt zunächst eine „Netz"-Marke und dann eine „Normal"-Marke frei.
- Die freigewordene „Netz"-Marke wird an eine normale Task aus der Warteschlange „Netz" vergeben und die freigewordene „Normal"-Marke an eine normale Task aus der Warteschlange „Normal".
- Die aus der Warteschlange „Netz" austretende Task beginnt ihre Heizphase.
- Die aus der Warteschlange „Normal" austretende Task geht in die Warteschlange „Netz". Die neu hinzugekommene Task kann eine höhere Priorität haben als die Task mit Vorrang. Daher kann sie beim Eintreffen einer neuen Marke bevorzugt behandelt werden.
- Damit ist die Ausgangssituation erreicht. Die nächste freigewordene „Netz"-Marke kann wiederum an eine normale Task vergeben werden, ohne daß sich die Situation der Task mit Vorrang verbessert.

Durch die Wiederholung dieses Szenarios ist es also vorstellbar, daß die Task mit Vorrang niemals in ihre Heizphase treten kann. Um dies zu verhindern, müssen die normalen Tasks, die sich in der Warteschlange „Normal" befinden, am Eintritt in die Warteschlange „Netz" gehindert werden. In anderen Worten: Sobald die Task mit Vorrang in die Warteschlange „Netz" eintritt, dürfen keine weiteren normalen Tasks in diese Warteschlange eintreten. Damit ist gewährleistet, daß die Task mit Vorrang spätestens als n-te Task mit einer „Netz"-Marke bedient wird, wenn beim Eintritt der Task mit Vorrang sich höchstens (n–1) normale Tasks in der Warteschlange „Netz" befunden haben.

Eine aus der Warteschlange „Normal" heraustretende normale Task darf nicht in die Warteschlange „Netz" eintreten, wenn sich die Task mit Vorrang bereits in der Warteschlange „Netz" befindet. Hierzu wird die Semaphore „Sperre" mit einer einzigen Anfangsmarke zwischen den Warteschlangen „Normal" und „Netz" aufgestellt. Die Anfangsmarke „Sperre" wird von der Task mit Vorrang mitgenommen, bevor sie in die Warteschlange „Netz" eintritt. Eine aus der Warteschlange „Normal" austretende normale Task muß prüfen, ob sich die Anfangsmarke in dem Behälter „Sperre" befindet, wenn ja, darf sie in die Warteschlange „Netz" eintreten, ansonsten muß sie in der Warteschlange „Sperre" warten. Sobald die Task mit Vorrang eine „Netz"-Marke erhält, gibt sie die „Sperre"-Marke frei.

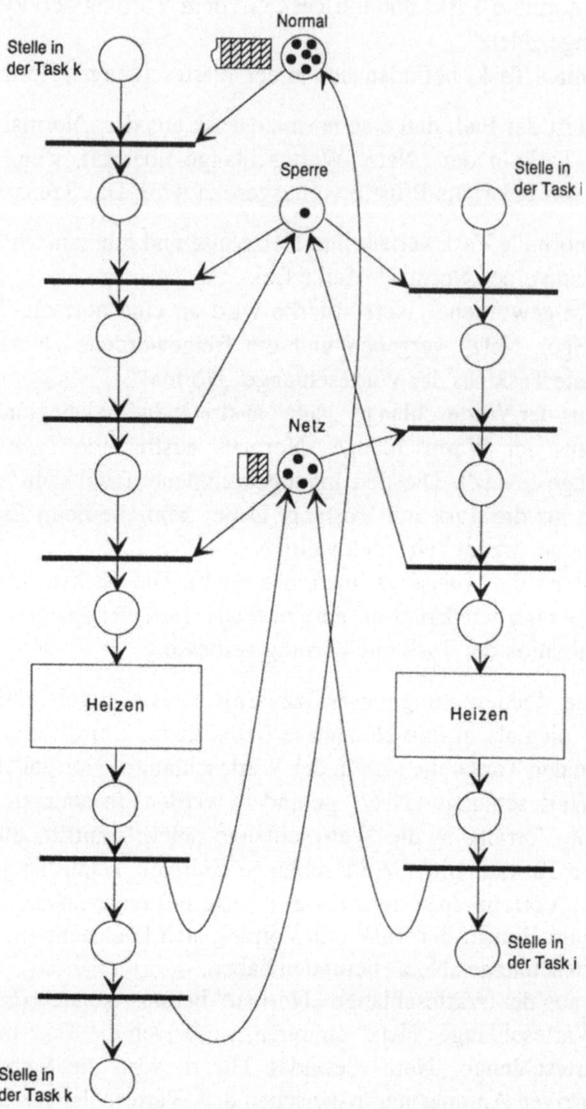

Abb. 10.17: Petri-Netz zur Realisierung eines Vorrangs an n-ter Stelle für die Task i bei der Vergabe eines Betriebsmittels (unabhängig von der Vergabestrategie für die freigewordenen Marken)

```
module ( application ) ;
    problem ;

        dcl Netz   semaphore preset ( m ) ;
        dcl Normal semaphore preset ( m+n-1 )
        dcl Sperre semaphore preset ( 1 ) ;

        i: task ;
            ...
            request Sperre ;
            request Netz ;
            release Sperre ;
            Heizen ;
            release Netz ;
            ...
        end ;

        k: task ;
            ...
            request Normal ;
            request Sperre ;
            release Sperre ;
            request Netz ;
            Heizen ;
            release Netz ;
            release Normal ;
            ...
        end ;
modend ;
```

Abb. 10.18: Vorrang an n-ter Stelle für die Task i bei der Vergabe eines Betriebsmittels (unabhängig von der Vergabestrategie für die freigewordenen Marken)

10.3.2 Lösung mit Monitor

Bei der Monitor-Lösung liegt die Vergabestrategie der freigewordenen Betriebsmittel a priori in der Hand des Programmierers. Die Fallunterscheidung der Semaphore-Lösung entfällt hier.

```
definition module stromNetz ;
    procedure heizeMitVorrang ( Heizparameter ) ;
    procedure heizeNormal     ( Heizparameter ) ;
end stromNetz.
```

```
implementation module stromNetz ;
from process import signal , send , wait , Init ;
```

Monitor

```
module netz [1] ;
  export VorrangFordertAn , VorrangGibtFrei ,
         NormalFordertAn  , NormalGibtFrei ;
  import signal , send , wait , Init ;
  const N: integer = 3 ;
  var n: integer ;          // Vorrang an n-ter Stelle
      m: integer ;          // Anzahl der Heizmarken
      vCond: boolean ;      // Besagt, ob die Task mit Vorrang
                            // wartet oder nicht
      normal : signal ;     // Warteschlange für normale Tasks
      vorrang: signal ;     // Warteschlange für die Vorrangtask

   procedure NormalFordertAn ;
   begin
      m = m-1 ;
      if ( m < 0 ) then wait (normal) ; end ;
   end NormalFordertAn ;

   procedure VorrangFordertAn ;
   begin
      m = m-1 ;
      if ( m < 0 ) then vCond = true ;
                        n = 0 ;
                        wait (vorrang) ;
      end ;
   end VorrangFordertAn ;

   procedure freigeben ;
   begin
      m = m+1 ;
      if ( m > 0 )
         then if ( vCond = true )
                 then if ( n < N )
                         then n = n+1 ;
                              send (normal) ;
                         else vCond = false ;
                              send (vorrang) ;
                      end ;
                 else send (normal) ;
              end ;
      end ;
   end freigeben ;

begin
   vCond = false ;
   m:= 4 ;
   init (vorrang) ;
   init (normal) ;
end netz ;
```

Synchronisierprotokoll 1

```
procedure heizeMitVorrang ( Heizparameter ) ;
begin
   netz.VorrangFordertAn ;
   Heizen gemäß den Heizparametern
   netz.freigeben ;
end heizeMitVorrang ;
```

```
———————————————————————————————————————— Synchronisierprotokoll 2
    procedure heizeNormal ( Heizparameter ) ;
    begin netz.NormalFordertAn ;
          Heizen gemäß den Heizparametern
          netz.freigeben ;
    end heizeNormal ;
————————————————————————————————————————
begin
end stromNetz ;
```

Abb. 10.19: Vorrang an n-ter Stelle für eine Task bei der Vergabe eines Betriebsmittels mit Hilfe des Monitor-Konzepts

10.3.3 Lösung mit Rendezvous

```
————————————————————————————————————————————————————————————————
package stromNetz is
    procedure heizeMitVorrang ( Heizparameter ) ;
    procedure heizeNormal     ( Heizparameter ) ;
end stromNetz ;
————————————————————————————————————————————————————————————————
package body stromNetz is
  ——————————————————————————— Synchronisiertask
  task netz is
     entry vorrang ; entry normal ; entry freigeben ;
  end netz ;
  task body netz is
     N: const integer = 3 ;
     n: integer ; m: integer = 4 ;
     begin loop ;
           select
              when ( vorrang'COUNT = 0 ) and   ( m > 0 ) =>
              accept normal do
                 m = m-1 ;
              end ;
           or
              when ( vorrang'COUNT = 1 ) and
                   ( m > 0 ) and ( n < N ) =>
              accept normal do
                 m = m-1 ;
                 n = n+1 ;
              end ;
           or
              when ( vorrang'COUNT = 1 ) and
                   ( m > 0 ) and ( n = N ) =>
              accept vorrang do
                 m = m-1 ;
                 n = 0 ;
              end ;
           or
              accept freigeben do
                 m = m+1 ;
              end ;
           end select ;
      end loop ;
    end netz ;
```

```
-------------------------------------------- 1. Synchronisierprotokoll
    procedure heizeMitVorrang ( Heizparameter ) is
        begin netz.vorrang ;
              Heizen gemäß den Heizparametern
              netz.freigeben ;
    end heizeMitVorrang ;
-------------------------------------------- 2. Synchronisierprotokoll
    procedure heizeNormal ( Heizparameter ) is
        begin netz.normal ;
              Heizen gemäß den Heizparametern
              netz.freigeben ;
    end heizeNormal ;
--------------------------------------------
begin
end stromNetz.
```

Abb. 10.20: Vorrang an n-ter Stelle für eine Task bei der Vergabe eines Betriebsmittels mit Hilfe des Rendezvous-Konzepts

Semantik der COUNT-Anweisung:

- Das Attribut „vorrang'COUNT" liefert die Anzahl der Prozesse, die sich in der Warteschlange für den Eingang „vorrang" befinden.
- vorrang'COUNT liefert einen Wert zu dem Zeitpunkt, wenn die Schutzbedingung geprüft und bevor ein Rendezvous akzeptiert wird. Der Wert könnte sich zwischen der Prüfung und Annahme des Rendezvous ändern, wenn in dieser Zeit ein neuer Prozeß in die Warteschlange eintritt.
- Bei der Verwendung von COUNT ist besondere Sorgfalt walten zu lassen.

10.4 Höchste Priorisierung der Betriebsmittel-Anforderung einer Task (Readers Writers Problem)

Im vorausgehenden Abschnitt wurde einer Task ein Vorrang an n-ter Stelle bei der Vergabe eines freigewordenen Betriebsmittels eingeräumt. Im folgenden wird der Sonderfall behandelt, daß einer Task die höchste Priorität bei der Vergabe des Betriebsmittels eingeräumt wird, d.h., sobald die Task das Betriebsmittel anfordert, gelangt sie in den Besitz des ersten frei gewordenen Betriebsmittels. Dieser Fall wird in der Literatur als „Readers Writers Problem" bezeichnet.

Aufgabenstellung: In einem Datenbanksystem kann zu jedem Zeitpunkt entweder gelesen oder geschrieben werden; d.h., die Lese- und Schreib-Tasks schließen sich wechselseitig aus. Die Schreib-Tasks schließen sich wechselseitig ebenso aus. Es ist aber zulässig, daß mehrere Lese-Tasks parallel zueinander Daten aus der Datenbank auslesen.

Der Schreib-Task ist eine Priorität in dem Sinne einzuräumen, daß sie so schnell wie möglich ihre Schreib-Operation ausführt, d.h., sobald die laufenden Lese-Operationen abgeschlossen sind. Neue Lese-Anforderungen sind bis zum Abschluß der anstehenden Schreib-Operation zurückzustellen.

10.4.1 Lösung mit Semaphoren

Zur Lösung dieses Problems wird hier nicht auf die Lösung des Abschnitts 10.3 zurückgegriffen, sondern ein neuer Lösungsansatz verfolgt.

Mit der Einführung der Semaphore „ausschluss" werden die Lese- und Schreib-Operationen wechselseitig ausgeschlosssen. Die erste Lese-Task, die in die Datenbank eintritt, holt sich die einzige Marke der Semaphore „ausschluss". Möchte eine weitere Lese-Task in die Datenbank eintreten, so prüft sie zunächst, ob sich bereits andere Lese-Tasks in der Datenbank befinden. Wenn ja, muß die Semaphore „ausschluss" nicht angefordert werden, denn sie ist bereits im gemeinsamen Besitz der Lese-Tasks. Die letzte Lese-Task, die die Datenbank verläßt, gibt die Semaphore „ausschluss" wieder frei. Die Schreib-Task fordert vor dem Eintritt in die Datenbank die Semaphore „ausschluss" an und gibt sie beim Austritt wieder frei.

Die Anzahl der sich gleichzeitig in der Datenbank befindenden Lese-Tasks wird in der Variablen „leseAnzahl" festgehalten. Der Zugriff auf diese für alle Lese-Tasks gemeinsame Variable wird durch die Semaphore „zugriff" synchronisiert.

Der Schreib-Task kann dadurch eine höhere Priorität gegenüber den Lesetasks eingeräumt werden, daß die Lese-Tasks gar nicht in die Warteschlange „ausschluss" eintreten, wenn sich bereits die Schreib-Task in dieser Warteschlange befindet.

Hierzu wird die Semaphore „priorität" mit einer Anfangsmarke eingeführt. Die Anfangsmarke „priorität" wird von der Schreib-Task mitgenommen, bevor sie in die Warteschlange „ausschluss" eintritt. Eine Lese-Task muß vor dem Eintritt in die Warteschlange „ausschluss" prüfen, ob sich die Anfangsmarke in dem Behälter „priorität" befindet. Wenn ja, darf sie in die Warteschlange „ausschluss" eintreten, ansonsten muß sie in der Warteschlange „priorität" warten. Sobald die Schreib-Task eine „ausschluss"-Marke erhält, gibt sie die „priorität"-Marke frei.

Die Lese-Tasks werden ihrerseits zunächst die Semaphore „priorität" anfordern, um festzustellen, ob eine Schreib-Anforderung vorliegt. Wenn ja, werden sie in die Warteschlange „priorität" eingereiht und am Zugang zur Datenbank gehindert.

```
module ( databank ) ;
   problem ;
      dcl ausschluss semaphore preset ( 1 ) ;
      dcl zugriff    semaphore preset ( 1 ) ;
      dcl prioritaet semaphore preset ( 1 ) ;
      dcl leseAnzahl fixed init ( 0 ) ;

      leseAnforderung procedure ;
         request prioritaet ;
         release prioritaet ;
         request zugriff ;
         if ( leseAnzahl = 0 )
              then request ausschluss ;
         fin ;
         leseAnzahl = leseAnzahl+1 ;
         release zugriff ;
      end ;

      leseFreigabe procedure ;
         request zugriff ;
         leseAnzahl = leseAnzahl-1 ;
         if ( leseAnzahl = 0 )
              then release ausschluss ;
         fin ;
         release zugriff ;
      end

      lies procedure ( Daten ) global ;     //Schnittstelle
         leseAnforderung ;
         Lesen der Daten
         leseFreigabe ;
      end ;

      schreibe: procedure ( Daten ) global; //Schnittstelle
         request prioritaet ;
         request ausschluss ;
         Schreiben
         release ausschluss ;
         release prioritaet ;
      end ;
modend ;
```

Abb. 10.21: Readers Writers Problem mit Semaphoren

10.4.2 Lösung mit Monitor

Es wird auf die Lösung in Abschnitt 10.3.2 verwiesen, wobei dort für n der Wert 1 eingesetzt wird.

10.4.3 Lösung mit Rendezvous

```
package readers_writers is
    procedure read  ( x: out item ) ;      // Schnittstelle
    procedure write ( x: in  item ) ;
end readers_writers ;

package body readers_writers is
    v :  item ;
    ---------------------------------- Synchronisiertask
    task control is
        entry start ;
        entry stop ;
        entry modify ( x: in item ) ;
    end control ;
    task body control is
        readers: integer:= 0 ;
        begin
            accept modify ( x: in item ) do
                v:= x ;
            end ;
            loop
                select
                    when modify'COUNT = 0 =>
                    accept start ;
                    readers:= readers + 1 ;
                    end ;
                or
                    accept stop do
                    readers:= readers - 1 ;
                    end ;
                or
                    when readers = 0 =>
                    accept modify ( x: in item) do
                        v:= x ;
                    end ;
                end select ;
           end loop ;
     end control ;
     ------------------------------ Synchronisierprotokoll
     procedure read ( x: out item ) is
         begin
              control.start ;
              x:= v ;
              control.stop ;
     end read ;
     ------------------------------ Synchronisierprotokoll
     procedure write ( x: in item ) is
         begin
              control.modify ( x ) ;
     end write ;
     ------------------------------
begin
end readers_writers ;
```

Abb. 10.22: Readers Writers Problem mit Rendezvous

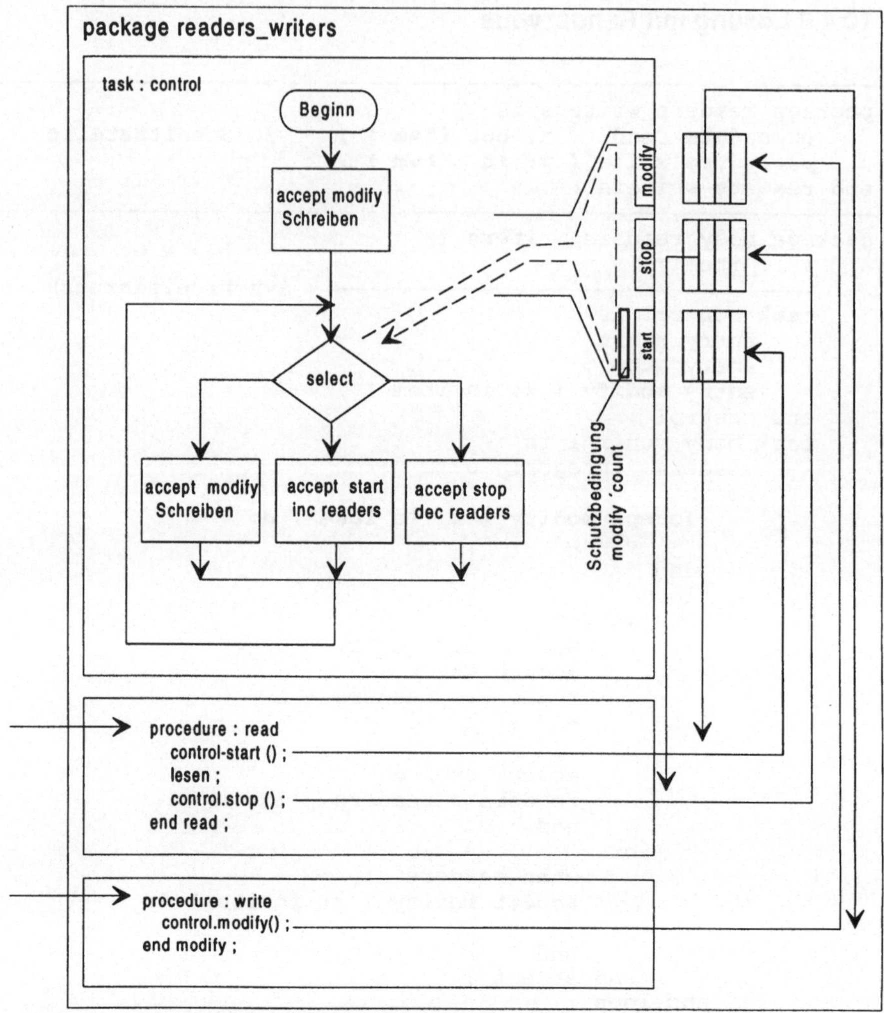

Abb. 10.23: Die schematische Darstellung des Readers Writers Problems mit Rendezvous

Das Attribut „modify'COUNT" liefert die Anzahl der Prozesse, die sich jeweils in der Warteschlange für den Eingang „modify" befinden.

10.5 Feste Reihenfolge der Tasks (Erzeuger-Verbraucher Problem)

Aufgabenstellung: In einer Produktionsstraße besteht die Aufgabe zweier Roboter u.a. darin, Autokarosserien zu lackieren. Die Roboter werden jeweils von einer Task gesteuert. Eine Karosserie wird in derselben Bearbeitungsstation zunächst von dem einen Roboter m-fach grundiert und anschließend von dem anderen Roboter n-fach endlackiert.

Neben der Lackierung haben die beiden Roboter auch andere Aufgaben, die parallel zueinander ausgeführt werden können. Lediglich die Lackiervorgänge der beiden Tasks schließen sich gegenseitig aus.

10.5.1 Lösung mit Semaphoren

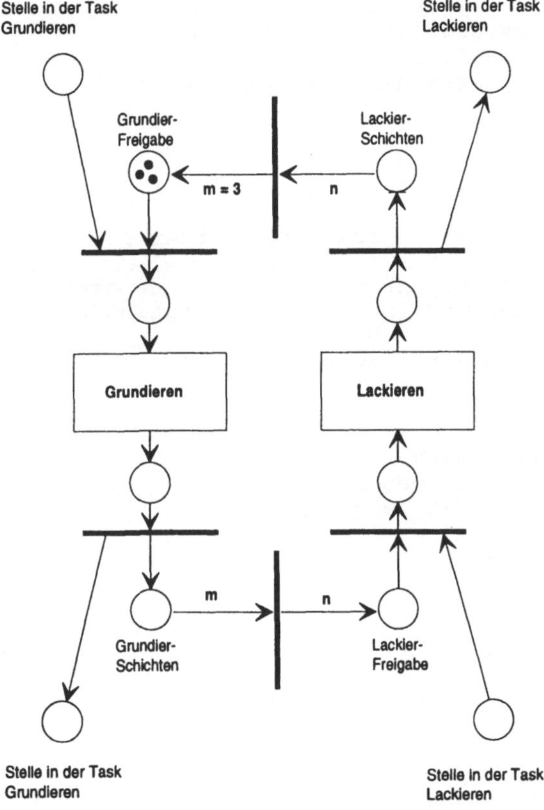

Abb. 10.24: Petri-Netz zur Realisierung der festen Reihenfolge: m-mal Grundieren, n-mal Lackieren

```
module ( application ) ;
    problem ;
    dcl M fixed inv init ( 3 ) ;
    dcl N fixed inv init ( 4 ) ;
    dcl grundierFreigabe  semaphore preset (M) ;
    dcl grundierSchichten semaphore preset (0) ;
    dcl lackierFreigabe   semaphore preset (0) ;
    dcl lackierSchichten  semaphore preset (0) ;
    ___________________________________________
    grundierStart: task ;
        for i=1 to i=N repeat;
            request lackierSchichten ;
        end ;
        Das fertig lackierte Auto aus der Lackierstation
        herausfahren und
        Ein neues Auto in die Grundierstation hineinfahren
        for i=1 to i=M repeat;
            release grundierFreigabe ;
        end ;
    end ;
    ___________________________________________
    grundieren: task ;
        while (1) repeat ;
           request grundierFreigabe ;
           Das Auto einmal grundieren
           release grundierSchichten ;
        end ;
    end ;
    ___________________________________________
    lackierStart: task ;
        for i=1 to i=M repeat;
            request grundierSchichten ;
        end ;
        Das fertig grundierte Auto aus der Grundierstation
        heraus und in die Lackierstation hineinfahren
        for i=1 to i=N repeat;
            release lackierFreigabe ;
        end ;
    end ;
    ___________________________________________
    lackieren: task ;
        while (1) repeat ;
           request lackierFreigabe ;
           Das Auto einmal lackieren
           release lackierSchichten ;
        end ;
    end ;
modend ;
```

Abb. 10.25: Feste Reihenfolge: m-mal Grundieren, n-mal Lackieren

Erzeuger-Verbraucher als Sonderfall: Der Sonderfall n = 1 und m = 1 wird als Erzeuger-Verbraucher-Problem bezeichnet. Hier wird die Karosserie einmal grundiert und anschließend einmal lackiert usw. Hier kann man auf die Tasks GrundierStart und LackierStart sowie die Semaphoren GrundierSchichten und

LackierSchichten verzichten. Im Anschluß an die Grundierung wird sofort die LackierFreigabe freigegeben und am Ende der Lackierung wieder die GrundierFreigabe.

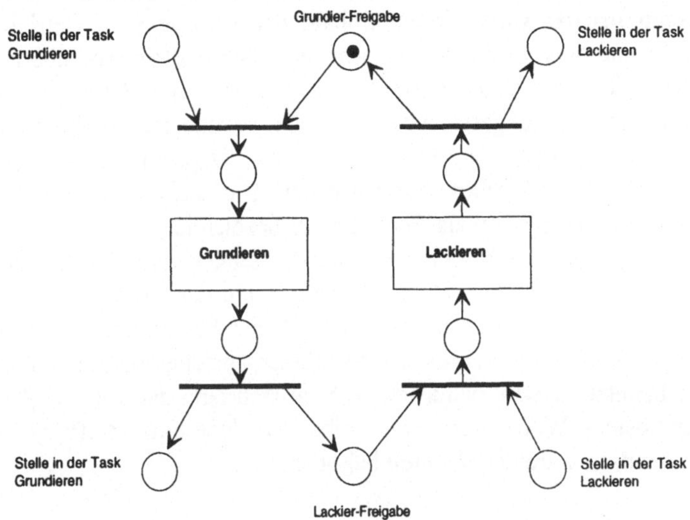

Abb. 10.26: Petri-Netz zur Lösung des Erzeuger-Verbraucher-Problems

```
module ( application ) ;
    problem ;
    dcl grundierFreigabe  semaphore preset (1) ;
    dcl lackierFreigabe   semaphore preset (0) ;
    grundieren: task ;
        while (1) repeat ;
           request grundierFreigabe ;
           Das Auto einmal grundieren
           Das Auto aus der Grundierstation
           in die Lackierstation fahren
           release lackierFreigabe ;
        end ;
    end ;
    lackieren: task ;
        while (1) repeat ;
           request lackierFreigabe ;
           Das Auto einmal lackieren
           Das Auto aus der Lackierstation herausfahren
           Ein neues Auto in die Grundierstation hineinfahren
           release grundierFreigabe ;
        end ;
    end ;
modend ;
```

Abb. 10.27: Lösung des Erzeuger-Verbraucher-Problems mit Semaphoren

Anwendung in den Gerätetreibern: Eine typische Aufgabe im hardwarenahen Bereich (z.B. in den Gerätetreibern) stellt der folgende Fall dar. Ein peripherer Prozessor ist zuständig für die Ein-/Ausgabe von Daten auf ein peripheres Gerät. Das Betriebssystem nimmt Aufträge von den Applikations-Tasks entgegen und schreibt sie in einen bestimmten Speicherbereich, der gemeinsam von den beiden Prozessoren benutzt wird, hinein. Sobald der Auftrag vom Betriebssystem als vollständig markiert wird, wird er vom peripheren Prozessor übernommen und bearbeitet. Die Ergebnisdaten werden vom peripheren Prozessor in denselben Speicherbereich zurückgeschrieben und als vollständig markiert. Solange ein Auftrag vom peripheren Prozessor nicht abgeschlossen ist, wird das Betriebssystem keinen neuen Auftrag geben. Das auf dem peripheren Prozessor ablaufende Programm wird als Gerätetreiber bezeichnet.
Das Betriebssystem stellt den (Auftrags-)Erzeuger und der Gerätetreiber den (Auftrags-)Verbraucher dar. Da der Erzeuger und der Verbraucher auf zwei verschiedenen Prozessoren ablaufen, können keine Semaphoren zur Synchronisierung verwendet werden. In diesem Fall müssen anstelle von Semaphoren einfache Variable benutzt werden. Natürlich verbirgt sich nun *„busy waiting“* als Nachteil in dieser Lösung. Würde der Gerätetreiber am Ende eines Auftrages einen Interrupt erzeugen, so wäre der Nachteil behoben.

```
var  auftrag boolean:= false ;
     quittung boolean:= false ;
     auftragsDaten  ...
     quittungsDaten ...
erzeuger: task ;
   ...
   Erzeuge einen neuen Auftrag und
   schreibe ihn in auftragsDaten
   auftrag = true ;
   repeat
      Eine bestimmte Zeit warten (suspend 100 msec)
   until quittung = true ;
   quittung:= false ;
   Die Ergebnisdaten aus quittungsDaten holen
   ...
end ;
verbraucher: task ;                  // Gerätetreiber
   repeat                            // auf dem anderen Prozesor
      repeat until auftrag = true ;
      auftrag:= false ;
      Aus dem gemeinsamen Bereich auftragsDaten holen
      Auftrag durchführen
      Die Ergebnisdaten in quittungsDaten schreiben
      quittung = true ;
   until (false) ;
end ;
```

Abb. 10.28: Realisierung des Erzeuger-Verbraucher-Problems mit einfachen Variablen

10.5.2 Lösung mit Monitor

```
definition module reihenfolge ;
  procedure grundiere ( Grundierparameter ) ; //Schnittstelle
  procedure lackiere  ( Lackierparameter ) ; // Schnittstelle
end reihenfolge.
```

```
implementation module application ;
from process import signal , send , wait , Init ;
------------------------------------------------------------ Monitor
module auto [1] ;
   export grundierFreigabe , grundierSchichten ,
          lackierFreigabe  , lackierSchichten  ;
   import signal , send , wait , Init ;
   var m1: integer ;       // Anzahl der Grundierschichten
       m2: integer ;       // Anzahl der Grundierschichten
       n1: integer ;       // Anzahl der Lackierschichten
       n2: integer ;       // Anzahl der Lackierschichten
       grund: signal ; // Warteschlange für die Grundiertask
       lack : signal ; // Warteschlange für die Lackiertask
   procedure grundierFreigabe ;
   begin if ( m1 = 0 ) then wait (grund) ; end ;
         m1 = m1 - 1 ;
   end grindierFreigabe ;
   procedure grundierSchichten ;
   begin m2 = m2 + 1 ;
         if ( m2 = 3 ) then m2 = 0 ; n1 = 4 ; end ;
   end ;
   procedure lackierFreigabe ;
   begin if ( n1 = 0 ) then wait (lackier) ; end ;
         n1 = n1 - 1 ;
   end ;
   procedure lackierSchichten ;
   begin n2 = n2 + 1 ;
         if ( n2 = 4 ) then n2 = 0 ; m1 = 3 ; end ;
   end ;
begin  m1 = 3 ;  m2 = 0 ;  n1 = 0 ;  n2 = 0 ;
end auto.
---------------------------------- 1. Synchronisierprotokoll
procedure grundiere ( GrundierSchichten ) ;
   begin
      auto.grundierFreigabe ;
      Grundieren
      auto.grundierSchichten ;
end ;
---------------------------------- 2. Synchronisierprotokoll
procedure lackiere ( LackierSchichten ) ;
   begin
      auto.lackierFreigabe ;
      Lackieren
      auto.lackierSchichten ;
end ;
----------------------------------
begin
end reihenfolge.
```

Abb. 10.29: Feste Reihenfolge: m-mal Grundieren, n-mal Lackieren

10.5.3 Lösung mit Rendezvous

```
Package reihenfolge is
    procedure grundiere ( Grundierparameter ) ;
    procedure lackiere  ( Lackierparameter  ) ;
end reihenfolge ;

package body reihenfolge is
   ----------------------------------------- Synchronisiertask
   task auto is
      entry grundierFreigabe ;    entry grundierSchichten ;
      entry lackierFreigabe ;     entry lackierSchichten ;
   end auto ;
   task body control is
      m1 , m2 , n1 , n2: integer ;
      begin m1 = 3 ;
         loop
            select
               when m1 > 0 =>
               accept grundierFreigabe do
                   m1 = m1 - 1 ;
               end ;
            or
               accept grundierSchichten do
                   m2 = m2 + 1 ;
                   if ( m2 = 3 ) then m2 = 0 ; n1 = 4 ; end ;
               end ;
            or
               when n1 > 0 =>
               accept lackierFreigabe do
                   n1 = n1 - 1 ;
               end ;
            or
               accept lackierSchichten do
                   n2 = n2 + 1 ;
                   if ( n2 = 4 ) then n2 = 0 ; m1 = 3 ; end ;
               end ;
            end select ;
         end loop ;
   end control ;
   ------------------------------------ 1. Synchronisierprotokoll
   procedure grundiere ( GrundierSchichten ) ;
      begin auto.grundierFreigabe ;
            Grundieren
            auto.grundierSchichten ;
   end grundiere ;
   ------------------------------------ 2. Synchronisierprotokoll
   procedure lackiere ( LackierSchichten ) ;
      begin auto.lackierFreigabe ;
            Lackieren
            auto.lackierSchichten ;
   end lackiere ;
   ------------------------------------
begin
end reihenfolge ;
```

Abb. 10.30: Feste Reihenfolge: m-mal Grundieren, n-mal Lackieren

10.6 Überholvorgänge (Bounded Buffer)

Aufgabenstellung: Die Bearbeitung eines Werkstücks umfaßt zwei Schritte. Der erste Schritt kann von einer Reihe Werkzeugmaschinen des Typs A ausgeführt werden und der zweite Schritt von einer Reihe Werkzeugmaschinen des Typs B. Alle Maschinen arbeiten parallel zueinander und werden jeweils von einer Task gesteuert.

Zwischen den beiden Maschinentypen befindet sich ein Ablagebehälter mit der Kapazität k. Hat eine Maschine des Typs A den ersten Bearbeitungsschritt an einem Werkstück abgeschlossen, so legt sie es in den Ablagebehälter ab. Hat eine Maschine des Typs B den zweiten Bearbeitungsschritt an dem Werkstück abgeschlossen, so holt sie sich ein neues Wertstück aus dem Ablagebehälter. Gefordert sind zwei Synchronisierprotokolle für die erzeugenden und verbrauchenden Tasks.

Analyse: Ist der Ablagebehälter leer, so können die Tasks des Typs A zusammen bis zu k-mal die Tasks des Typs B überholen. Die k Werkstücke können noch in den Ablagebehälter abgelegt werden. Ist der Ablagebehälter dagegen voll, so können die Tasks des Typs B bis zu k-mal die Tasks des Typs A überholen. Befinden sich n Werkstücke im Ablagebehälter, so sind m Plätze (m = k – n) im Ablagebehälter noch frei. In diesem Fall können:

- die Tasks des Typs A zusammen bis zu m mal die Tasks des Typs B überholen (indem sie die noch freien Plätze füllen) und
- die Tasks des Typs B zusammen bis zu n mal die Tasks des Typs A überholen (indem sie die vorhandenen Werkstücke verbrauchen).

10.6.1 Lösung mit Semaphoren

Es werden zwei Semaphoren „Frei“ und „Belegt“ eingeführt. Die Anzahl der Marken in der Semaphore „Frei“ besagt, wie viele freie Plätze es in dem Ablagebehälter gibt und die Anzahl der Marken in der Semaphore „Belegt“ besagt, wie viele Plätze in dem Ablagebehälter bereits belegt sind. Die Summe der Marken beider Semaphoren ist also gleich der Kapazität des Ablagebehälters.

Die Tasks des Typs A fordern „Frei“ an, legen das Werkstück ab und erhöhen „Belegt“. Umgekehrt fordern die Tasks des Typs B „Belegt“ an, holen sich ein Werkstück und erhöhen „Frei“.

Die Semaphore „Frei“ wird mit so vielen Anfangsmarken versehen, wie es zu Beginn freie Plätze im Ablagebehälter gibt. Die Semaphore „Belegt“ wird mit so vielen Anfangsmarken versehen, wie es zu Beginn belegte Plätze im Ablagebehälter gibt.

Der Ablagebehälter mit endlicher Kapazität wurde also auf zwei Semaphoren abgebildet, denn er weist zwei Beschränkungen auf, nämlich:

- Es können keine Marken entnommen werden, wenn der Behälter leer ist.
- Es können keine Marken abgelegt werden, wenn der Behälter voll ist.

Ein Behälter mit unendlicher Kapazität kann auf eine Semaphore abgebildet werden. Ein Behälter mit endlicher Kapazität k dagegen muß auf zwei Semaphoren abgebildet werden.

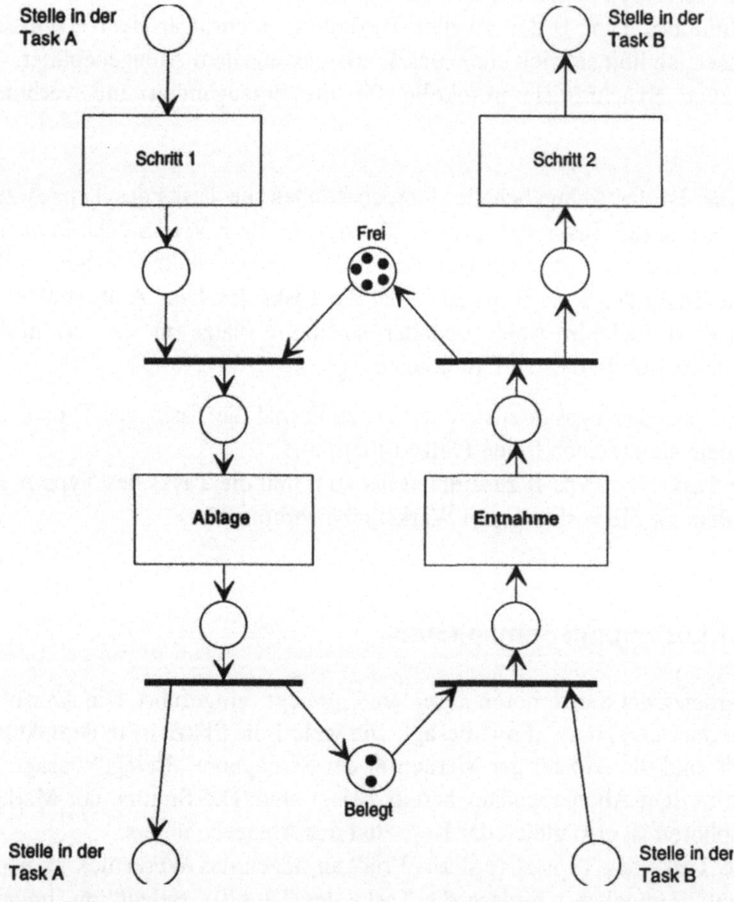

Abb. 10.31: Überholvorgänge: Die Task A kann 5-mal die Task B überholen, die Task B kann 2-mal die Task A überholen.

Die Operationen „Ablage“ und „Entnahme“ greifen auf den gemeinsamen Behälter zu. Daher müssen sie wechselseitig ausgeschlossen werden. Es können auch mehrere Tasks die Operation „Ablage“ bzw. „Entnahme“ gleichzeitig ausführen. Damit es an dem Behälter nicht zu Kollisionen kommt, müssen die Ausführungen der Prozedur „Ablage“ bzw. „Entnahme“ untereinander sequentialisiert werden. Hierzu dient die Semaphore „Zugriff“.

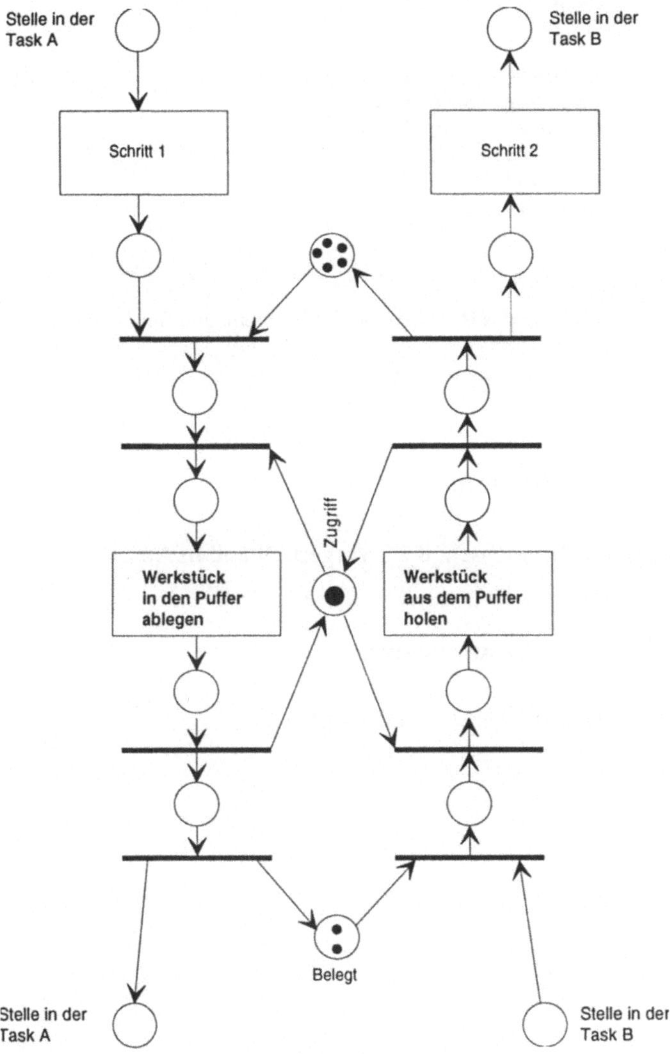

Abb. 10.32: Petri-Netz zur Lösung des Bounded-Buffer-Problems

```
module ( boundedBuffer ) ;
   problem ;
      dcl frei    semaphore preset ( 5 ) ;
      dcl belegt  semaphore preset ( 2 ) ;
      dcl zugriff semaphore preset ( 1 ) ;

      ablage procedure global ;                   // Schnittstelle
         request frei ;
         request zugriff ;
         Ein Werkstück ablegen
         release zugriff ;
         release belegt ;
      end ;

      entnahme procedure global ;                 // Schnittstelle
         request belegt ;
         request zugriff ;
         Ein Werkstück entnehmen
         release zugriff ;
         release frei ;
      end ;
modend ;
```

Abb. 10.33: Lösung des Bounded-Buffer-Problems mit Semaphoren

10.6.2 Lösung mit Monitor

Die Lösung wurde in Absch. 8.2.3 vorgestellt und in Absch. 8.3.2 optimiert.

10.6.3 Lösung mit Rendezvous

Die Lösung wurde in Absch. 9.4.2 vorgestellt.

11. Problemorientierte Modellierung der Software für Realzeitsysteme

Ein Prozeßautomatisierungssystem besteht aus dem technischen Prozeß und der Steuereinrichtung. Der technische Prozeß besteht aus Hardware-Komponenten (Maschinen, Turbinen, Aggregate, Förderstrecken, Behälter, Öfen, Transportmittel, Reaktoren usw.), die mit Sensoren und Aktoren bestückt werden, um die physikalischen Größen und Zustände des technischen Prozesses (*Ergebnisgrößen*) in elektrische Größen umzuwandeln, sie der Steuereinrichtung zuzuführen, aus ihnen in der Steuereinrichtung gemäß einer Vorschrift die *Einflußgrößen* zu bilden und an den technischen Prozeß auszugeben, um auf diese Weise das Verhalten des technischen Prozesses in der gewünschten Weise zu beeinflussen und so einen automatischen Ablauf zu gewährleisten.

Betrachtet man den *geschlossenen Informationskreislauf* vom technischen Prozeß zu der Steuereinrichtung und wieder zurück, so erkennt man folgende Geschehnisse: mechanische, thermische, chemische oder sonstige physikalische Vorgänge im technischen Prozeß, Umwandlung physikalischer Größen in elektrische Größen, Verknüpfung elektrischer Größen in der Automatisierungseinrichtung und schließlich Umwandlung elektrischer Größen in physikalische.

Setzt man als Steuereinrichtung einen Prozeßrechner ein, so kann die Bildung der Einflußgrößen aus den Ergebnisgrößen softwaremäßig stattfinden. Dies stellt einen relativ einfachen aus vielen komplexen Schritten dar, die im geschlossenen Informationskreislauf aufeinander abgestimmt ausgeführt werden müssen.

Beim Entwurf eines Prozeßautomatisierungssystems geht es also um einen *Systementwurf* und nicht um einen Software-Entwurf. Es geht darum, die Geschehnisse im technischen Prozeß zu verstehen, erfaßbare und beeinflußbare Größen ausfindig zu machen und Informationen zu verarbeiten. Auch die Informationsverarbeitung, die in der Automatisierungseinrichtung stattfindet, muß zunächst rein *funktionell und implementierungsunabhängig* entworfen und modelliert werden, d.h., unabhängig davon, ob er später hard- oder softwaremäßig realisiert wird oder sogar vom Bedienpersonal ausgeführt wird. In späteren Projektphasen wird anhand nicht funktionaler Anforderungen (wie etwa Ausführungsgeschwindigkeit, Kosten, Zuverlässigkeit) entschieden werden, wie die modellierte Funktionalität tatsächlich implementiert wird. Dies wird am Ende dieses Kapitels (s. Absch. 11.6) anhand eines *Modellprozesses* (die gegenständliche Nachbildung eines realen technischen Prozesses im Labor) demonstriert. Nach Beschreibung der Aufgabenstellung wird die Lösung mit Hilfe von Petri-Netzen, Zustandsdiagrammen und Rendezvous problemorientiert modelliert und dann ihre schematische Umsetzung in ein synchrones bzw. asynchrones Programm erläutert.

Bevor jedoch auf den Software-Entwurf und -Modellierung eingegangen wird, ist es sinnvoll, zunächst einen Überblick über den Entwurf von Prozeßautomatisierungssystemen zu geben, um einerseits die Stellung des Software-Entwurfs im Entstehungsgang eines Prozeßautomatisierungssystems und andererseits die Ausgangsbasis für den Software-Entwurf vorzustellen.

11.1 Stellung des Software-Entwurfs im Entstehungsgang eines Prozeßautomatisierungssystems

Der Weg in einem Prozeßautomatisierungsprojekt von der Aufgabenstellung bis zur Auslieferung des Automatisierungssystems umfaßt 5 Schritte:

1. *Anforderungsanalyse.* Aufgabenstellung auf Vollständigkeit und Widerspruchsfreiheit untersuchen. Die Machbarkeit der Leistungsdaten feststellen.

2. *Fachspezifische Konzeption.* Unter Berücksichtigung der physikalischen Gesetzmäßigkeiten und des Kenntnisstandes des Fachgebietes, dem der technische Prozeß angehört, eine konzeptionelle Lösung festlegen.

3. *System-Entwurf und -Strukturierung.* Sie besteht selbst aus den folgenden Aktivitäten:

   - *Modularisierung des Systems.* Zerlegung des Gesamtsystems in Komponenten. Beschreibung der Schnittstellen der Komponenten, insbesondere deren Auslegung (statisch) und Benutzung (Aufträge und Quittungen). Anwendung des Zerlegungsprinzips auf jede Komponente. Wiederholung dieses Schrittes so weit, bis nicht zerlegbare Komponenten entstehen.

   - *Festlegung der Komponentenstruktur.* Festlegung von hierarchischen Prozeßführungsebenen und Zuordnung von Komponenten zu den Ebenen. Festlegung der Benutzungsrelation zwischen den Komponenten.

   - *Festlegung der Rechnerstruktur.* Festlegung der Anzahl und der Struktur der einzusetzenden Prozeßrechner, Zuordnung von Rechnern zu Prozeßführungsebenen und Zuordnung von Komponenten zu den Rechnern.

   - *Festlegung der Kommunikationsstruktur.* Festlegung der einzusetzenden Kommunikationssysteme (Bussysteme) zwischen den Rechnern sowie Zusammenstellung der Auftrags- und Quittungs-Nachrichten zwischen den Komponenten.

   - *Festlegung der Redundanzstruktur.* Unter Berücksichtigung der geforderten Zuverlässigkeits- und Sicherheits-Anforderungen Redundanzen und Umschaltkriterien festlegen.

4. *Modul-Entwurf und -Modellierung.* Sie besteht aus den folgenden Aktivitäten:

   - *Festlegung der Taskstruktur.* Erkennung von sequentiellen Vorgängen (Tasks) in einer nicht zerlegbaren Komponente, die parallel zueinander ablaufen und abstrakte Modellierung jeder Task.
   - *Festlegung der Synchronisierstruktur.* Ausarbeitung der notwendigen Synchronisierungen zwischen den parallelen Vorgängen und abstrakte Modellierung jeder Synchronisierung.
   - *Herleitung der zeitlichen Anforderungen* (z.B. Einplanungen, Reaktionszeiten) für jede Task.
   - *Synthese der Software-Module und -Komponenten.* Zusammenfassung der Tasks zu einem Software-Modul sowie Zusammenfassung mehrerer Software-Module zu einem übergeordneten Software-Modul gemäß der bereits definierten Komponentenstruktur. Die *Software-Struktur ist eine Untermenge der Komponentenstruktur*, es fehlen dabei die Komponenten, die vollständig in Hardware realisiert werden.

5. *Programmierung und Test.* Programmierung und Test der Software.

Natürlich laufen diese Schritte nicht hintereinander ab. Es werden viele kleine und große Iterationen notwendig sein, bevor man zu der endgültigen Lösung gelangt.

11.2 Modularisierung des Automatisierungssystems als Grundlage des Software-Entwurfs

Ausgangspunkt des Software-Entwurfs ist ein nach dem hierarchischen Zerlegungsprinzip in seine Komponenten (Module) zerlegtes System. Dies wird auch schrittweise Verfeinerung genannt. Einzelne Komponenten werden in Hard- oder Software realisiert. Hard- und Software-Struktur sind jeweils ein Subset der Komponentenstruktur. Die Summe aus *Hard- und Software-Struktur* ergibt aber die Komponenten-Struktur.

Im folgenden wird nun die Modularisierung des Systems und die dabei anzuwendenden Kriterien beschrieben und der Begriff *Modul* definiert.

Funktionelle Zerlegung des Systems: Das Gesamtsystem wird aus *funktioneller* Sicht in mehrere Komponenten (Module) zerlegt. Mit der funktionellen Zerlegung wird erreicht, daß jede Komponente funktionell in sich geschlossen ist und die kleinstmögliche Schnittstelle zu den anderen Komponenten aufweist. Eine Komponente ist also gekennzeichnet durch *starke Bindung* (in sich) und *schwache*

Kopplung (zu anderen). Das Zerlegungsprinzip wird auf die Komponenten angewandt und so oft wiederholt, bis nicht zerlegbare Komponenten entstehen.

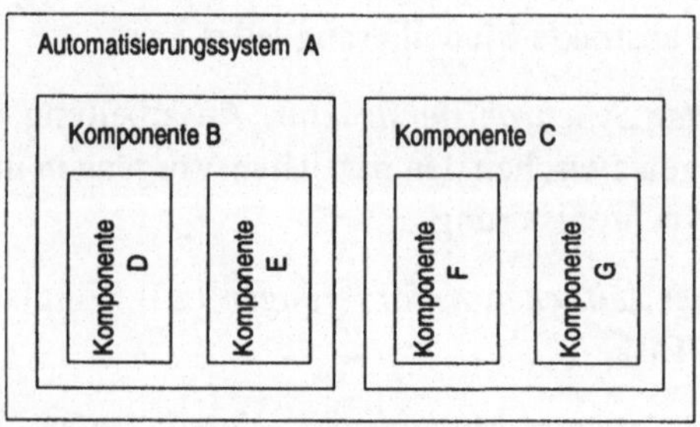

Abb. 11.1: Funktionelle Zerlegung des Systems

Gerätetechnische Modularisierung des Systems: Ein Modul ist eine funktionell in sich geschlossene Einheit, die auch *gerätetechnisch* als eine Einheit realisiert wird. Die funktionelle und gerätetechnische Zerlegung eines Systems stehen also im Einklang miteinander.

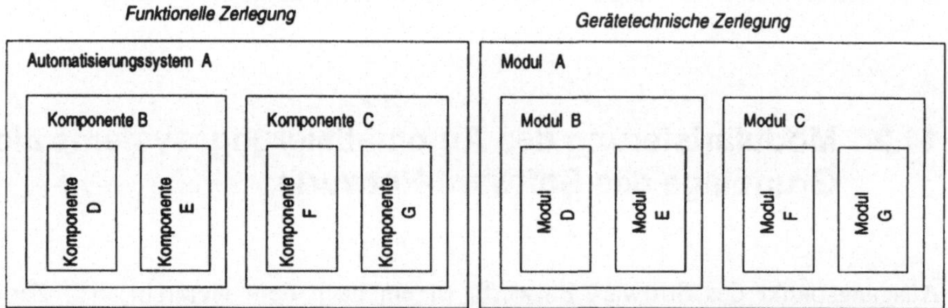

Abb. 11.2: Übereinstimmung der gerätetechnischen und der funktionellen Zerlegung eines Systems

Konfigurierbarkeit eines Systems: Ein Modul kommuniziert mit seiner Außenwelt über seine Schnittstelle. Über einen Teil seiner Schnittstellen bietet es seine Funktionen anderen Modulen an und über einen anderen Teil seiner Schnittstellen nimmt es die Funktionen anderer Module in Anspruch. Die Schnittstelle eines Moduls ist möglichst klein zu halten.

Der interne Aufbau eines Moduls ist für seine Benutzer nicht relevant, d.h., sofern die Schnittstelle eines Moduls eingehalten wird, kann es intern anders realisiert werden oder gegen ein anderes Modul mit völlig unterschiedlichem internem Aufbau ausgetauscht werden.

Das Modularitätsprinzip unterstützt die Konfigurierbarkeit eines Systems. Ein System ist dann *konfigurierbar*, wenn abhängig von Kundenwünschen gewisse Module (Funktionseinheiten) hinzugenommen oder weggelassen werden können. Dies kann sich sowohl auf komplexe als auch auf einfache Module beziehen.

Das Anstreben der maximalen Konfigurierbarkeit für ein System ist sehr hilfreich bei der funktionellen Zerlegung bzw. Modularisierung des Systems. Auf jeder Ebene sollte sich der Automatisierungs-Ing. überlegen, wie eine Funktion definiert und als untergeordnetes in ein übergeordnetes Modul untergebracht werden muß, damit die betrachtete Funktion mit dem geringsten Aufwand weggelassen oder gegen ein intern anders aufgebautes Modul ausgetauscht werden kann.

Definition des Begriffs „Modul“: Unter einem Modul versteht man einen Teil aus dem *automatisierten* technischen Prozeß, der funktionell in sich geschlossen ist, über eine definierte Schnittstelle mit anderen Modulen kommuniziert und gerätemäßig als eine austauschbare Einheit realisiert wurde. Ein Modul umfaßt folgende Teile (s. Abb. 11.3):

- Einen Teil aus dem technischen Prozeß.
- Die erforderlichen Sensoren und Aktoren für die Automatisierung dieses Teils aus dem technischen Prozeß.
- Jenen Teil aus der Automatisierungseinrichtung, der für die Automatisierung dieses Teils des technischen Prozesses verantwortlich ist. Dies umfaßt sowohl die Automatisierungs-Software als auch den Prozeß- bzw. Mikrorechner, auf dem die Automatisierungs-Software ausgeführt wird.
- Die Dokumentation der obigen Teile in Form von Entwicklungs-, Wartungs-, Schulungs-, Marketings- und Vertriebs-Dokumenten.

Schnittstellen eines Moduls: Mit diesem Verständnis umfaßt die Schnittstelle eines Moduls folgende Teile:

- Die Schnittstelle im technischen Prozeß.
- Die Schnittstelle in der Automatisierungseinrichtung.
- Die Schnittstellen in der Dokumentation.

Darstellung der Komponentenstruktur: Das Ergebnis der funktionellen und gerätetechnischen Zerlegung des Systems wird in Form eines Baumes dargestellt (s. Abb. 11.4).

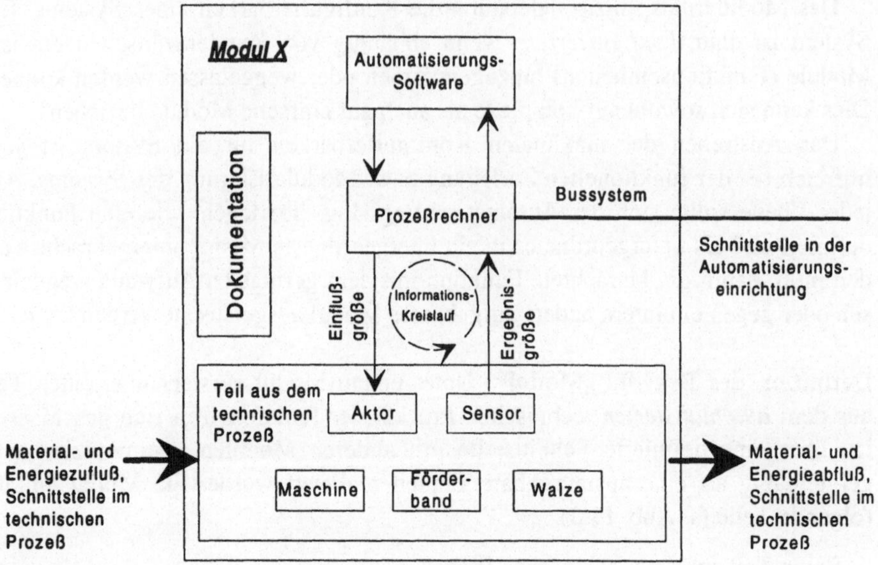

Abb. 11.3: Aufbau und Schnittstellen eines Moduls

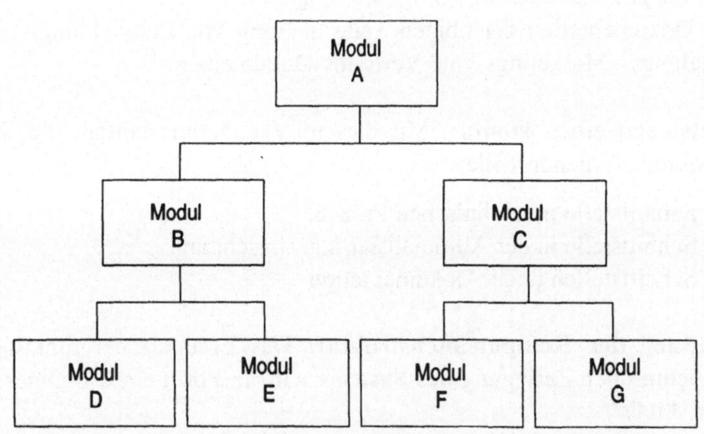

Abb. 11.4: Komponenten- oder Modulbaum

11.3 Festlegung der sequentiellen Vorgänge in einem Modul

Die Vorgänge in einem Modul werden in solche zerlegt, die in sich sequentiell, aber zu anderen parallel ablaufen können. Jeder sequentielle Vorgang wird von einer Task in der Automatisierungseinrichtung gesteuert.

Da die Vorgänge gemeinsam eine Aufgabe erfüllen, bestehen gewisse Abhängigkeiten zwischen ihnen, so daß ihr Ablauf miteinander synchronisiert werden muß. Daraus werden die Synchronisierbedingungen zwischen den Vorgängen und damit auch zwischen den Tasks hergeleitet.

Die sequentiellen Vorgänge für sich sowie die notwendigen Synchronisierungen müssen implementierungsunabhängig modelliert werden. Dies wird in den nächsten zwei Abschnitten beschrieben.

11.4 Modellierung eines sequentiellen Vorgangs mit Hilfe von endlichen Automaten

Endliche Automaten dienen zur Modellierung bzw. Beschreibung des dynamischen Verhaltens von Systemen. Während das *statische Modell* eines Systems dessen Komponenten und die zwischen ihnen bestehenden Relationen beschreibt, enthält das *dynamische Modell* alle Aspekte des Systems, die sich auf Veränderungen im System beziehen, z.B. Veränderungen, die mit der Zeit eintreten, oder infolge des Eintreffens externer Ereignisse ausgelöst werden oder durch gegenseitige Stimulanz der Komponenten hervorgerufen werden.

Endliche Automaten werden zur Modellierung von solchen Systemen eingesetzt, die ein typisches dynamisches Verhalten aufweisen. Das charakteristische dynamische Verhalten kann abstrakt wie folgt dargestellt werden:

- Das System befindet sich in dem *Zustand* S1 und wartet auf das Eintreffen eines externen Ereignisses.
- Trifft das *Ereignis* E1 ein, verläßt das System den Zustand S1, führt die Aktion A12 aus und geht in den neuen Zustand S2 über.
- Befindet sich das System im Zustand S1 und trifft das Ereignis E2 ein, verläßt das System den Zustand S1, führt die Aktion A13 aus und geht in den neuen Zustand S3 über.
- Befindet sich das System im Zustand S2 und trifft das Ereignis Ex ein (mit x = 1, 2, ...), verläßt das System den Zustand S2, führt die Aktion A2x aus und geht in den neuen Zustand Sx über.
- In anderen Zuständen S3, S4, ... verhält sich das System analog.
- Ein Zustand charakterisiert das *Warten auf ein Ereignis*.

Beispiel: Getränkeautomat. Ein typisches Beispiel hierfür ist das Verhalten eines Getränkeautomaten. Der Getränkeautomat befindet sich im Zustand S0, er wartet auf die Eingabe einer Geldmünze. Trifft ein Markstück ein (Ereignis E100), so wird der Automat aktiv, gibt ein Getränk aus und geht wieder in den wartenden Zustand S0 über. Trifft eine 50-Pf-Münze ein (Ereignis E50), so wird der Automat aktiv, zeigt den Wert 50 in seinem LCD-Display an und geht in den Zustand S50 über. Trifft nun wieder eine 50-Pf-Münze ein (E50), so wird der Automat aktiv, gibt ein Getränk aus, zeigt den Wert 0 auf seinem Display an und geht wieder in den Zustand S0 über. Würde im Zustand S50 ein Markstück eintreffen (E100), so würde der Automat ein Getränk und eine 50-Pf-Münze ausgeben, den Wert 0 auf dem Display anzeigen und wieder in den Zustand S0 übergehen. Andere Münzen (Ereignis Ex) werden vom Automaten nicht akzeptiert, sie werden sofort wieder zurückgegeben.

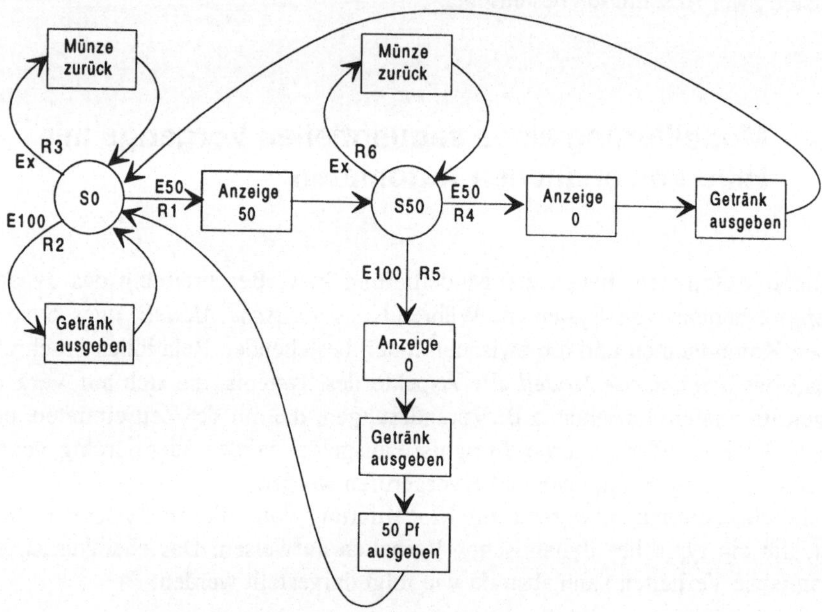

Abb. 11.5: Zustandsdiagramm zur Beschreibung des dynamischen Verhaltens eines Getränkeautomaten

Einsatzgebiete von endlichen Automaten: In der Automatisierungstechnik werden endliche Automaten zur Beschreibung von binären Steuerungen eingesetzt, u.a. bei der Realisierung von realen Automaten, wie etwa Getränke-Automaten, Spiel-Automaten, Fahrkarten-Automaten, Geldausgabe-Automaten, Check-in-Automaten usw.

In der Informatik werden endliche Automaten u.a. bei der Untersuchung von Zeichenfolgen eingesetzt, z.B.:

- Bei der Erkennung von lexikalischen Einheiten (token) in einem Text.
- Bei der Prüfung der syntaktischen Korrektheit eines Programms in einem Compiler.
- Bei der Realisierung von Command-Interpretern, die in einem Betriebssystem die über eine Tastatur eingegebenen Zeichen zusammensetzen und sie als Kommandos interpretieren.

In diesen Fällen stellt das Programm den Automaten dar, dem die Zeichen einzeln zur Verarbeitung angeboten werden. In anderen Worten: Jedes Zeichen stellt ein Ereignis dar, das den Automaten von seinem momentanen Zustand in einen neuen Zustand überführt und ihn dabei zur Ausführung von Aktionen veranlaßt.

11.4.1 Definition und Implementierung des endlichen Automaten

Das Modell des endlichen Automaten:

- Der Automat besitzt eine endliche Anzahl (n) innerer Zustände.
- Zu jedem Zeitpunkt kann sich der Automat in *einem Zustand* befinden.
- Übergänge von einem Zustand in einen anderen werden nur durch Ereignisse verursacht.
- In jedem Zustand sind nur bestimmte Ereignisse wirksam, und zwar dadurch, daß sie Zustandsübergänge veranlassen. Die anderen Ereignisse werden in diesem Zustand ignoriert.
- Von jedem Zustand aus ist jedem wirksamen Ereignis genau ein Folgezustand zugeordnet, in den der Automat überführt wird.
- Nach dem Eintreffen eines wirksamen Ereignisses und vor dem Übergang in den Folgezustand kann der Automat Aktionen ausführen.
- Der Zustand, in dem sich der Automat zu einem Zeitpunkt befindet, hängt also von der Vorgeschichte ab. Die Zustände stellen gewissermaßen das Gedächtnis des Systems dar.

Da sich der endliche Automat zu jedem Zeitpunkt nur in einem Zustand befinden kann, sollte mit jedem Automaten nur ein sequentieller Vorgang modelliert werden.

Graphische Darstellung: Endliche Automaten werden graphisch mit Hilfe von gerichteten Graphen (Zustandsdiagramme) dargestellt. Die verwendeten graphischen Symbole sind: Kreis, Pfeil und Rechteck.

- Ein Zustand wird durch einen Kreis dargestellt, in welchen der Name des Zustandes eingetragen ist.
- Ereignisse werden durch Pfeile dargestellt. Sie gehen immer von Zuständen aus und tragen den Namen des betreffenden Ereignisses über sich.
- Aktionen werden durch Rechtecke dargestellt. In dem Rechteck steht der Name bzw. die Beschreibung der Aktion.

- Zustandsübergänge werden durch Pfeile dargestellt, die in Zustände münden.
- Der Anfangszustand ist dadurch gekennzeichnet, daß ein freier Pfeil zu ihm führt.
- Der Endzustand wird durch einen doppellinigen Kreis dargestellt.

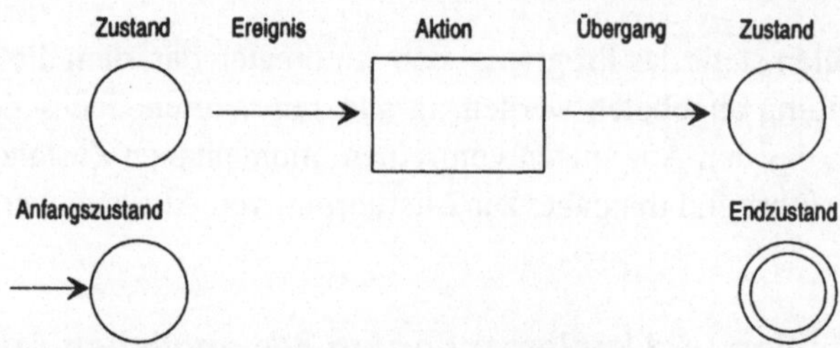

Abb. 11.6: Graphische Elemente der Zustandsdiagramme

Tabellarische Darstellung von endlichen Automaten: Der endliche Automat kann auch in tabellarischer Form dargestellt werden. Diese wird *Entscheidungstabelle* genannt. Sie ist semantisch äquivalent zu der graphischen Darstellung. Die tabellarische Darstellung bietet den Vorteil, daß sie textuell beschrieben werden kann und daher einfach von einem Computer eingelesen und bearbeitet werden kann.

Regel	R1	R2	R3	R4	R5	R6
Zustand	S0	S0	S0	S50	S50	S50
Ereignis						
E50	1			1		
E100		1			1	
Ex			1			1
Aktion						
Anzeige 0				1	1	
Anzeige 50	1					
Getränk ausgeben		1		1	1	
50Pf ausgeben					1	
Münze zurückgeben			1			1
Übergang in	S50	S0	S0	S0	S0	S50

Abb. 11.7: Tabellarische Darstellung des in der Abb. 11.5 dargestellten endlichen Automaten

In der obersten Reihe sind die Regeln des Automaten aufgeführt, in diesem Fall R1 bis R6. Eine *Regel* drückt die Gesetzmäßigkeit für einen Übergang aus, und zwar von einem Anfangszustand in einen Folgezustand. Eine Regel wird von oben nach unten gelesen. Sie umfaßt alle an einem Übergang beteiligten Objekte in folgender Reihenfolge:

1. Den aktuellen Zustand des Automaten, d.h., den Anfangszustand des Übergangs.
2. Das Ereignis, das den Automaten aus diesem Zustand herausführt. Das Ereignis ist mit 1 markiert.
3. Die Aktionen, die vor dem Übergang in den Folgezustand ausgeführt werden. Sie sind ebenfalls mit 1 markiert.
4. Den neuen Zustand, in den der Automat schließlich übergeht.

Die Regeln R4, R5 und R6 des in der Abb. 11.7 dargestellten Automaten beschreiben die drei Übergänge, die vom Zustand S50 aus möglich sind. Ihre Bedeutungen sind:

R4: Befindet sich der Automat im Zustand S50 und trifft das Ereignis E50 ein, so wird der Wert 0 angezeigt, ein Getränk ausgegeben und der Automat in den Zustand S0 überführt.

R5: Befindet sich der Automat im Zustand S50 und trifft das Ereignis E100 ein, so wird der Wert 0 angezeigt, ein Getränk ausgegeben, eine 50-Pf-Münze ausgegeben und der Automat in den Zustand S0 überführt.

R6: Befindet sich der Automat im Zustand S50 und trifft ein fremdes Ereignis ein (Ex), so wird die eingeworfene Münze sofort zurückgegeben. In der Abb. 11.5 sind die Regeln mit Rx markiert.

Modellierung mit Hilfe eines endlichen Automaten ist *implementationsunabhängig*. Der Automat kann sowohl mit Hard- als auch mit Software implementiert werden.

Umsetzung der tabellarischen/graphischen Darstellung in ein Programm: Der Automat soll als eine Prozedur/Funktion implementiert werden. Der Prozedur werden beim Aufruf Parameter übergeben, und zwar der momentane Zustand des Automaten und das eingetroffene Ereignis. Die Prozedur überprüft, ob ein Übergang stattfinden soll, und wenn ja, führt sie die entsprechenden Aktionen aus und vollzieht den Übergang. Der Folgezustand wird als Funktionswert zurückgegeben. Findet kein Übergang statt, so wird der Anfangszustand als Funktionswert zurückgeliefert.

```
Zustand automat ( Ereignis e , Zustand s ) ;
```

Die Funktion „Automat" kann als Programm nach einem festen Schema aufgebaut werden. Zunächst wird mit Hilfe einer switch-Anweisung festgestellt, in welchem Zustand sich der Automat befindet. Dann wird für jeden Zustand wiederum mit Hilfe einer zweiten switch-Anweisung festgestellt, welches Ereignis eingetroffen ist. Abhängig von dem Ereignis werden dann die entsprechenden Aktionen ausgeführt, der Folgezustand bestimmt und dieser als Funktionswert zurückgegeben.

```
typedef enum { E50 , E100 } Ereignis ;
typedef enum { S0 , S50 } Zustand ;
Zustand s = S0 ;
Eingabe e ;
void steuerung () {
    do { e = erfasseNeuesEreignis ;
          s = automat ( e , s ) ;
    } while ( 1 ) ;
}
Zustand automat ( Ereignis e , Zustand s ) {
    Zustand folge ;
    switch ( s ) {
      case S0: switch ( e ) {
                  case E50 : Wert 50 anzeigen ;
                              folge = S50 ;
                              break ;
                  case E100: Getränk ausgeben ;
                              folge = S0 ;
                              break ;
                  default  : Münze zurückgeben ;
                              folge = s ;
                              break ;
                 }
                 break ;
      case S50: switch ( e ) {
                   case E50 : Wert 0 anzeigen ;
                               Getränk ausgeben ;
                               folge = S0 ;
                               break ;
                   case E100: Wert 0 anzeigen ;
                               Getränk ausgeben ;
                               50 Pf ausgeben ;
                               folge = S0 ;
                               break ;
                   default  : Münze zurückgeben ;
                               folge = s ;
                               break ;
                 }
                 break ;
    }
    return folge ;
}
```

Abb. 11.8: Programm zur Realisierung des Automaten aus der Abb. 11.5 bzw. Abb. 11.7 (in C-Notation)

11.4.2 Zusammenfassung einer Kette zu einem Zustand

Aufgabenstellung: Ein Getränk kostet bei einem Automaten 60 Pfennige. Es können entweder 6 Münzen zu 10 Pf oder eine Münze zu 50 Pf und eine Münze zu 10 Pf eingeworfen werden. Andere Münzen oder Münzkombinationen werden vom Automaten nicht akzeptiert. Der Automat soll immer anzeigen, welcher Betrag bereits eingeworfen ist.

Modellierung einer Lösung: Der Getränkeautomat verhält sich so, daß er auf Eingabe von Münzen wartet. Mit der Eingabe einer Münze wird der Automat aktiv, zeigt den neuen Betrag an, gibt eventuell ein Getränk aus und geht in einen neuen Zustand über. Dieses typische Verhalten kann durch einen endlichen Automaten modelliert und mit Hilfe eines Zustandsdiagramms graphisch dargestellt werden.

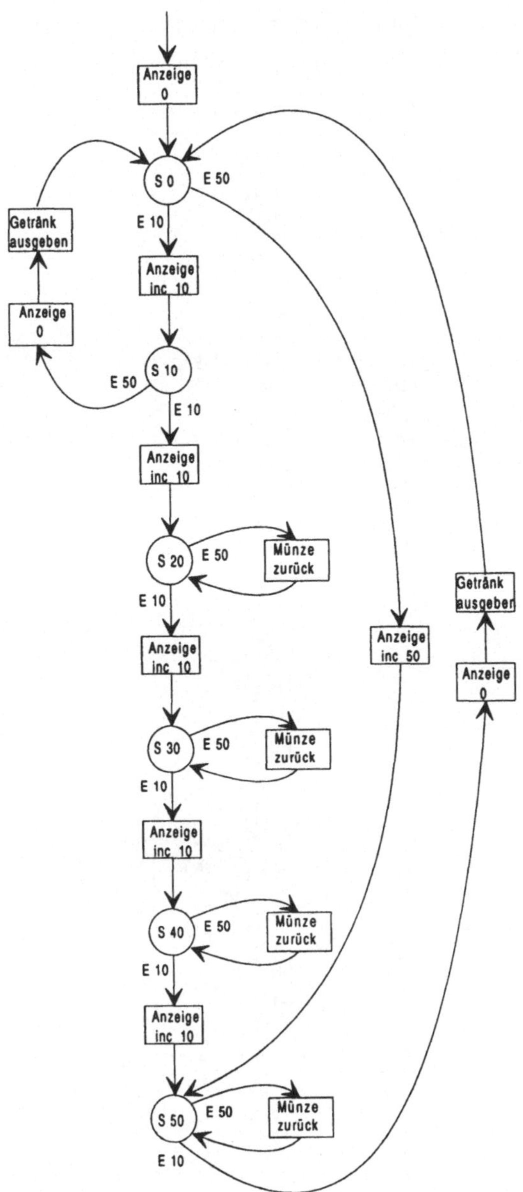

Abb. 11.9: Modellierung des Verhaltens eines Getränkeautomaten mit Hilfe eines endlichen Automaten

Dieser Automat wurde so konzipiert, daß er nur 10- und 50-Pf-Münzen verarbeiten kann. Andere Münzen dürfen diesem Automaten gar nicht angeboten werden. Dies macht eine Überprüfung der Münzen unmittelbar nach deren Erfassung und vor der Weitergabe an den Automaten erforderlich. Die Realisierung ist in dem Programm dieses Automaten in der Abb. 11.11 dargestellt.

Die Zustände S20, S30 und S40 bilden eine *Kette*. In dieser Kette verhält sich der Automat immer gleich. Daher liegt es nahe, die aus diesen drei Zuständen bestehende Kette zu einem einzigen Zustand S2340 zusammenzufassen.

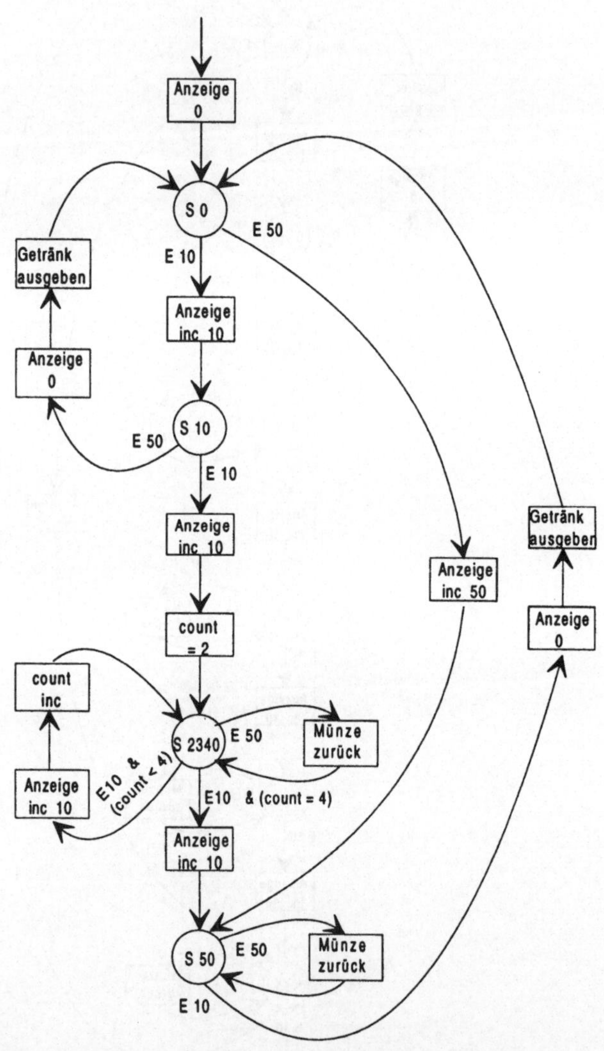

Abb. 11.10: Zusammenfassung einer Kette mit gleichen Elementen zu einem einzigen Zustand

Würde der ursprüngliche Automat (Abb. 11.9) vom Zustand S20 in den Zustand S30 übergehen, so würde der neue Automat (Abb. 11.10) vom Zustand S2340 wiederum in den Zustand S2340 übergehen, d.h., solange der ursprüngliche Automat innerhalb der Kette weiterschaltet, würde der neue Automat immer wieder in den Zustand S2340 zurückkehren. Der letzte Zustand der Kette unterscheidet sich aber von ihren übrigen Zuständen, denn die Kette muß vom letzten Zustand aus verlassen werden, während die übrigen Zustände der Kette zu demselben Zustand zurückkehren. Die Unterscheidung kann mit Hilfe eines Merkers (Variable „count") realisiert werden. Der Wert des Merkers gibt an, ob der Automat das Ende der Kette erreicht hat oder nicht. Letztendlich wird der Merker dazu benutzt, um festzuhalten, welcher Zustand der Kette gerade aktiv ist (s. Abb. 11.11).

Reduzierung einer Kette mit gleichen Elementen zu einem einzigen Zustand hat also den Vorteil, daß das Zustandsdiagramm kleiner und übersichtlicher wird. Auf der anderen Seite entsteht der Nachteil, daß man einen Merker einführen muß, um den letzten Zustand der Kette von den übrigen Zuständen der Kette zu unterscheiden. Bei Ketten mag der Vorteil den Nachteil überwiegen, denn durch die Reduzierung wird keine Strukturveränderung des Graphen bewirkt.

Grundsätzlich könnte man die Anzahl der Zustände mit der Einführung neuer Variablen reduzieren. Sobald jedoch eine Strukturveränderung des Graphen eintrifft, muß davon abgeraten werden. Es ist zwar möglich, jeden Automaten durch einen einzigen Zustand und viele Merker zu ersetzen (s. Abb. 11.12). Dies würde aber die Strukturierung, die eben durch die Unterscheidung vieler Zustände eingeführt wird, wieder aufheben. Reduzierungen werden also dort empfohlen, wo die Struktur des Graphen nicht angetastet wird.

```
typedef enum { E10 , E50 } Ereignis ;
typedef enum { S0 , S10 , S2340 , S50 } Zustand ;
Zustand        s ;
Eingabe        e ;
int            count ;

void main()  {
  Wert 0 anzeigen ;
  s = S0 ;
  do { e = erfasseNeuesEreignis ;
       if ( (e==E10) || (e==E50) )    // Überprüfung der Münze
            { s = automat ( e , s ) ; }
       else { Münze zurückgeben ;     }
  } while ( 1 ) ;
}
```

```
Zustand  automat ( Ereignis e, Zustand s ) {
  Zustand folge ;
  switch ( s ) {
     case S0:  switch ( e ) {
                  case E10: Anzeige um 10 erhöhen ;
                            folge = S10 ;
                            break ;
                  case E50: Anzeige um 50 erhöhen ;
                            folge = S50 ;
                            break ;
                  default : System-Fehler ; break ;
                }
               break ;
     case S10: switch ( e ) {
                  case E10: Anzeige um 10 erhöhen ;
                            count = 2 ;
                            folge = S2340 ;
                            break ;
                  case E50: Wert 0 anzeigen ;
                            folge = S0 ;
                            break ;
                  default : System-Fehler ;
                            break ;
                }
               break ;
     case S2340: switch ( e ) {
                    case E10: if ( count < 4 ) {
                                  Anzeige um 10 erhöhen ;
                                  count = count + 1 ;
                                  folge = S2340 ;
                              }
                              else { Anzeige um 10 erhöhen;
                                     folge = S50 ;
                              }
                              break ;
                    case E50: Münze zurückgeben ;
                              folge = S2340 ;
                              break ;
                    default : System-Fehler ;
                              break ;
                  }
                  break ;
     case S50 : switch ( e ) {
                   case E10: Wert 0 anzeigen ;
                             Getränk ausgeben ;
                             folge = S0 ;
                             break ;
                   case E50: Münze zurückgeben ;
                             folge = S50 ;
                             break ;
                   default : System-Fehler ; break ;
                 }
                break ;
    }
    return folge ;
}
```

Abb. 11.11: Programm zur Realisierung des Automaten aus der Abb. 11.10

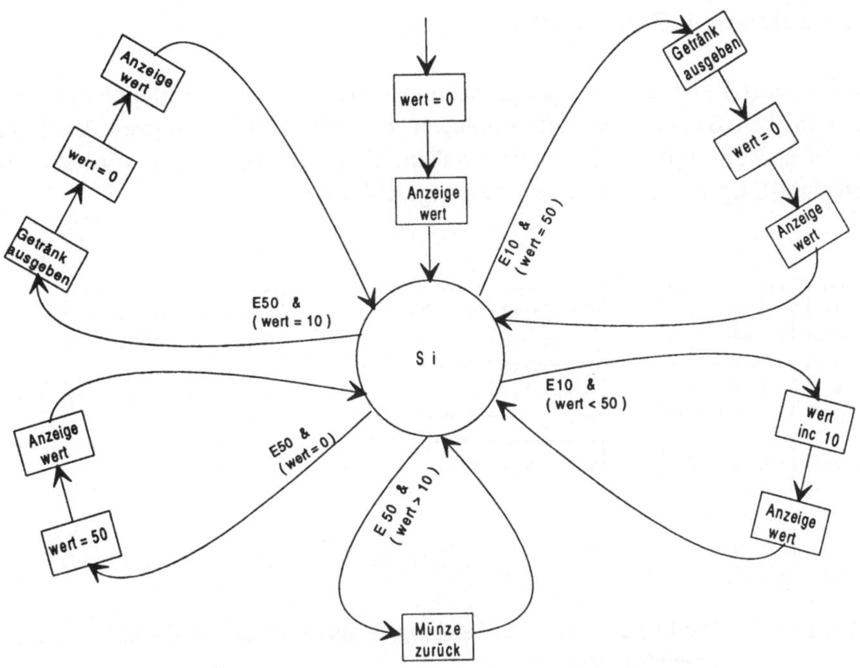

Abb. 11.12: Beispiel für den vollkommenen Verlust der Strukturierung eines endlichen Automaten (aus der Abb. 11.9) durch zu starke Reduzierung der Anzahl der Zustände

11.4.3 Beispiel: Geldautomat

Aufgabenstellung: Ein Geldausgabeautomat soll durch einen Computer gesteuert werden. Die Bedientasten des Automaten (s. Abb. 11.13) umfassen die Zahlen (0...9) und die alphabetischen Buchstaben (K, A, B). Jede Taste wird an einen Interrupt-Eingang des Prozeßrechners angeschlossen.

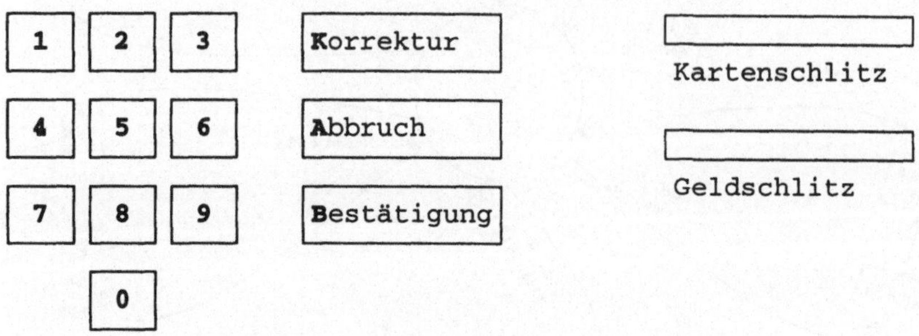

Abb. 11.13: Die Bedientasten eines Geldausgabeautomaten und die durch Betätigung erzeugten Interrupts

Die Bedienungsanleitung für Kunden:

1. Stecken Sie Ihre Karte in den Kartenschlitz.
2. Geben Sie Ihre Geheimzahl ein.
3. Geben Sie den gewünschten Geldbetrag an.
4. Entnehmen Sie Ihre Karte.
5. Entnehmen Sie Ihr Geld.
6. Die Betätigung der Taste (Abbruch) führt zu jedem Zeitpunkt zum sofortigen Abbruch des Geldausgabevorgangs. Die Karte wird ausgegeben. Entnehmen Sie dann Ihre Karte.
7. Wenn Sie dreimal die falsche Geheimzahl angegeben haben, wird Ihre Karte eingezogen.

Regeln für die Eingabe der Geheimzahl:

1. Es sind nur die Tasten (0...9) oder Abbruch zu betätigen. Die Betätigung anderer Tasten bleibt wirkungslos. Sie werden jedoch erfaßt aber ignoriert.
2. Eine Geheimzahl hat keine führenden Nullen.
3. Wurden 4 zulässige Zahlen (0...9) eingegeben, so ist die Geheimzahl abgeschlossen.
4. Die Betätigung der Taste „Abbruch" (A) führt zum Abbruch des Gesamtvorgangs.

Regeln für die Eingabe des Geldbetrages:

1. Es dürfen nur Geldbeträge zwischen 50 und 400 eingegeben werden, die durch 10 teilbar sind. Zum Beispiel führt die Betätigung der Taste (2) und dann (5) und dann (0) zu dem Geldbetrag von 250 DM. Oder die Betätigung der Tasten (2) (5) (9) (0) bedeutet 250 DM. (9) wird in diesem Fall nicht angenommen, da 259 durch 10 nicht teilbar ist.
2. Die Betätigung der Taste „Korrektur“ (K) während der Eingabe des Geldbetrages führt zum Löschen der letzten als gültig akzeptierten Ziffer.
3. Nach Eingabe des Geldbetrages ist die Taste „Bestätigung“ (B) zu drücken.
4. Die Betätigung der Taste „Abbruch“ (A) führt zum Abbruch des Gesamtvorgangs.

Wiederverwendbare Funktionen:

Für die Lösung der Aufgabe stehen folgende Funktionen in einer Bibliothek bereit:

getCard ():	Warte, bis eine neue Karte gesteckt wurde und erfasse sie.
outCard ():	Gib die Karte wieder aus.
inCard ():	Ziehe die Karte ein und behalte sie.
checkPasswd (x):	Prüfe, ob die eingegebene Geheimzahl x richtig ist.
getKey ():	Erfasse den nächsten Tastendruck
outMoney (x):	Gib Geld im Wert von x aus.
putch (x):	Schreibe das Zeichen x auf das Display
pos (x,y):	Bewege den Cursor auf dem Display auf die Position mit den Koordinaten x und y

Bitte lösen Sie die folgenden Aufgaben:

a. Leiten Sie aus der Bedienungsanleitung für Kunden den erforderlichen Algorithmus ab und stellen sie ihn in Form eines Programmablaufplanes dar. Es wird empfohlen, die oben angegebenen Bibliotheksfunktionen zu benutzen.
b. Tragen Sie in den Programmablaufplan die Ein-/Ausgabedaten für jede Operation ein.
c. Modellieren Sie die Eingabe der Geheimzahl durch einen endlichen Automaten und stellen Sie ihn durch einen Zustandsgraphen dar. Der Zustandsgraph soll führende Nullen ignorieren. Mit der Angabe jeder Stelle der Geheimzahl soll ein Stern auf das Display ausgegeben werden. Es soll zunächst ein Zustandsgraph ohne Aktionen gezeichnet und dann dieser mit Aktionen ergänzt werden.
d. Modellieren Sie die Eingabe des Geldbetrages durch einen endlichen Automaten und stellen Sie ihn durch einen Zustandsgraphen dar. Der Zustandsgraph soll die Eingabe unzulässiger Geldbeträge verhindern. Bei der Eingabe des

Geldbetrages sollen die bisherigen gültigen Zahlen auf dem Bildschirm dargestellt werden.

Der Zustandsgraph ist so zu gestalten, daß unzulässige Zahlen-Eingaben sofort ignoriert werden, z.B. bei der Eingabe von (2)(5)(9) soll der endliche Automat (9) sofort ignorieren und bei anschließender Eingabe von (0)(B) den Wert 250 zurückliefern.

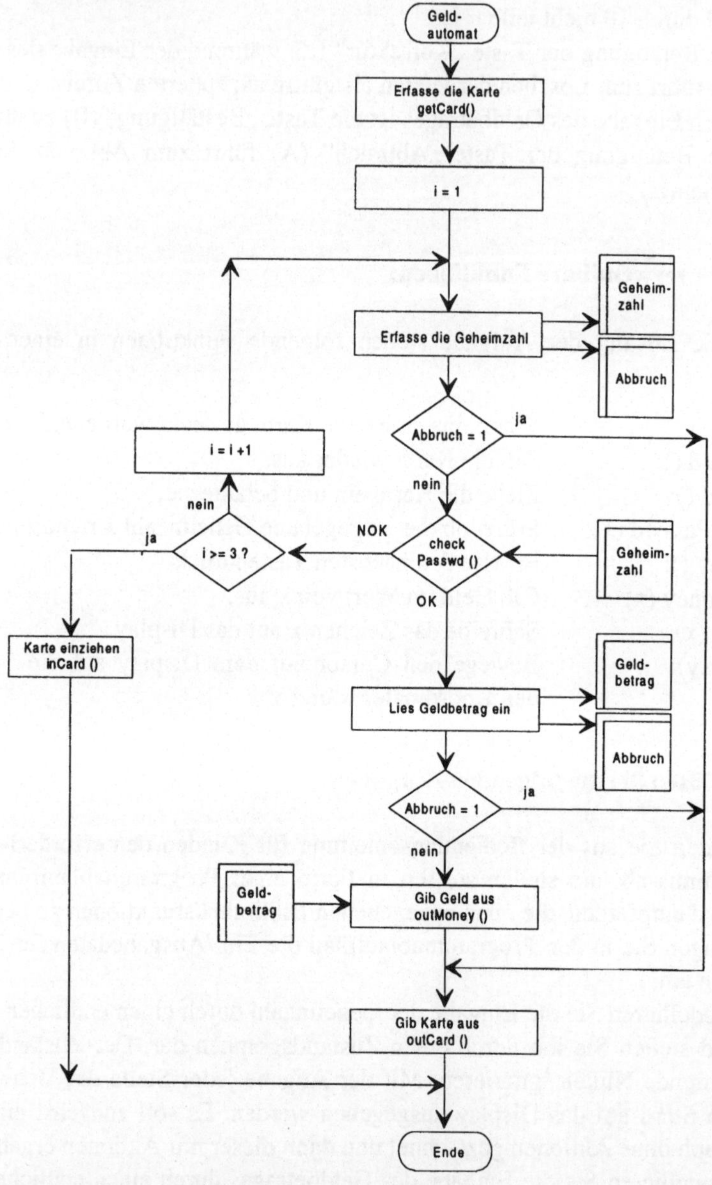

Abb. 11.14: Grober Programmablaufplan des Geldautomaten mit den Ein-/Ausgabedaten jeder Operation

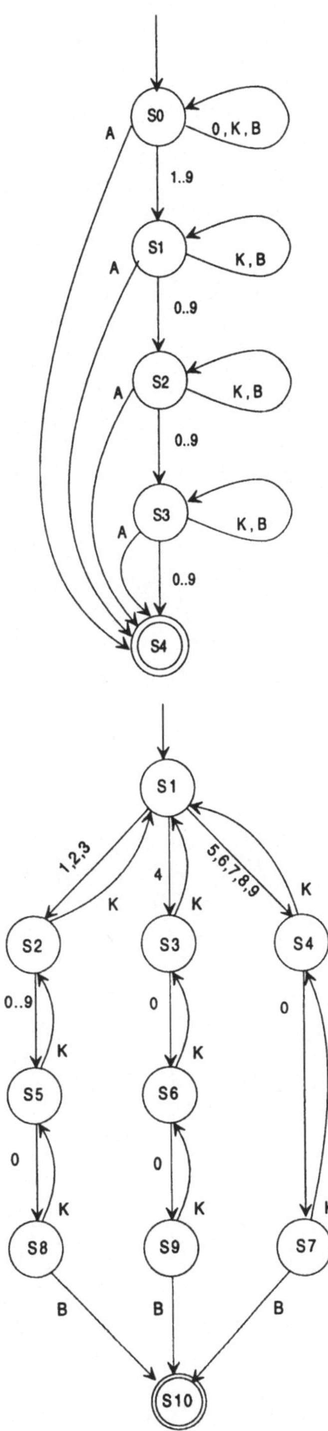

Abb. 11.15: Modellierung der Eingaben (ohne Aktionen). **Oben**: Geheimzahl. **Unten**: Geldbetrag.

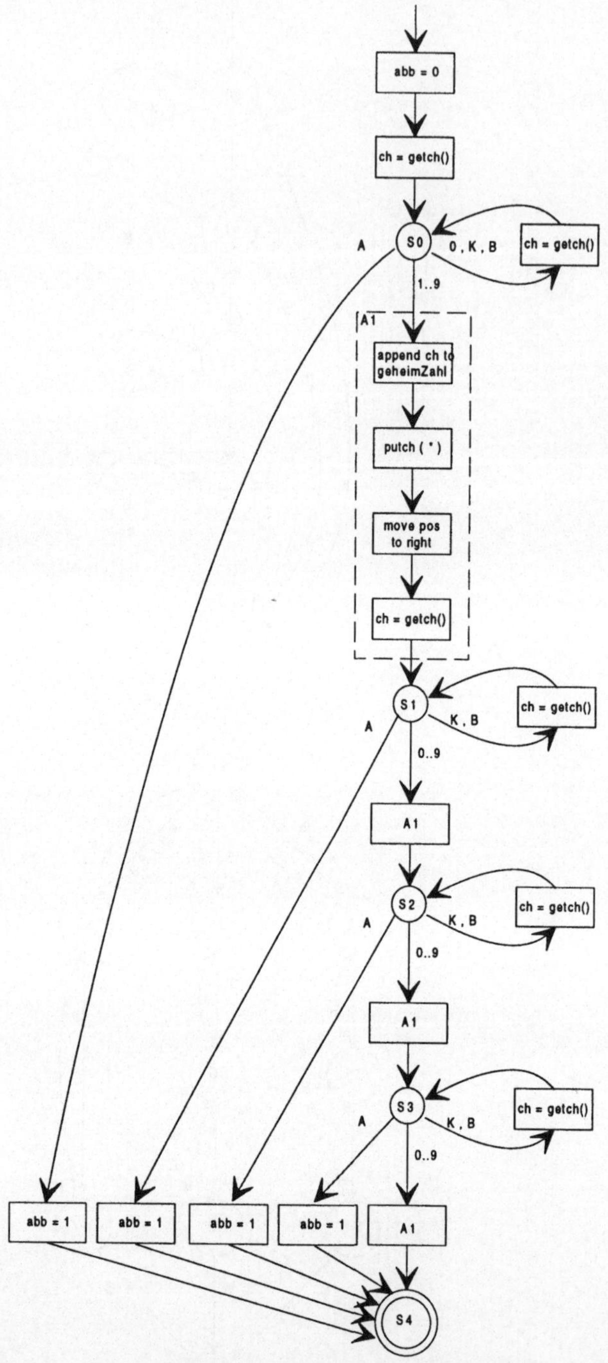

Abb. 11.16: Modellierung der Eingabe der Geheimzahl (mit Aktionen)

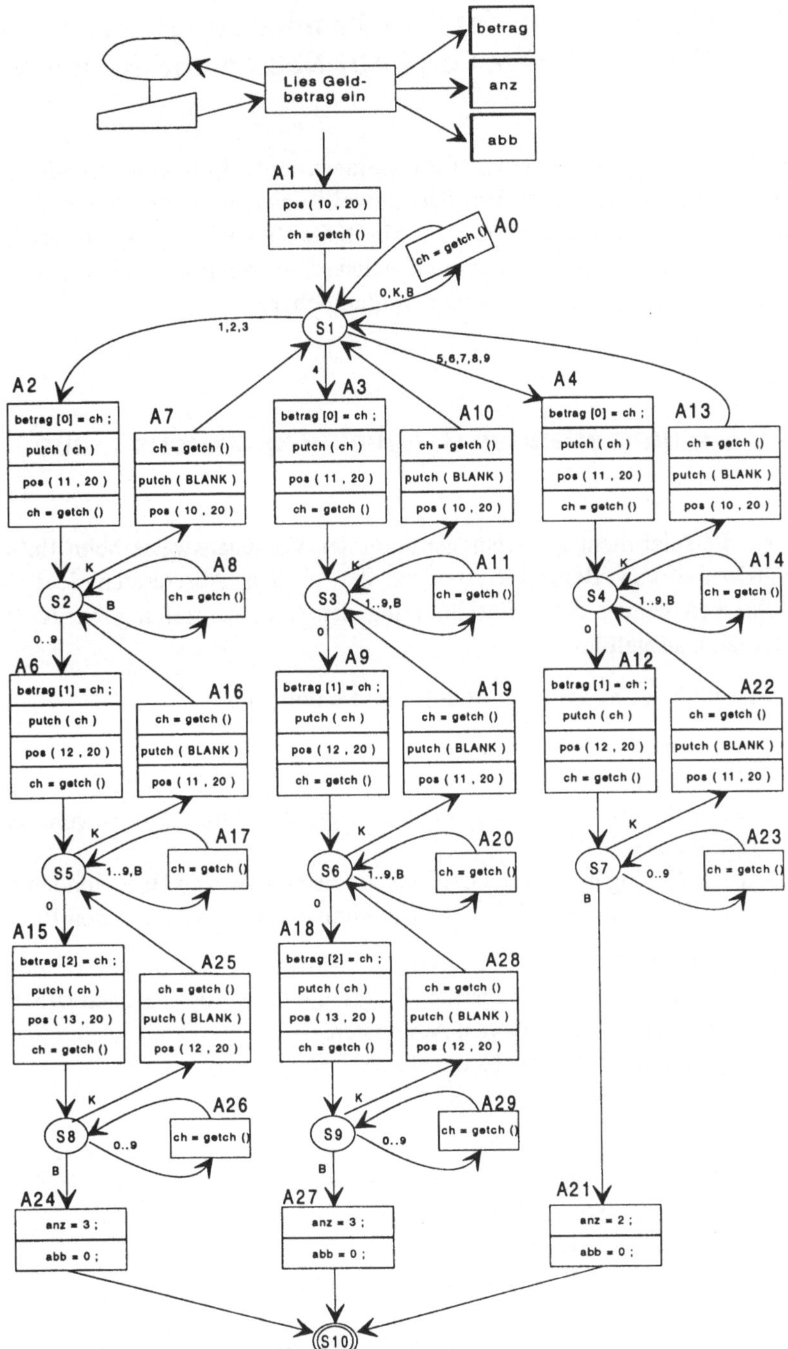

Abb. 11.17: Modellierung der Eingabe des Geldbetrages

11.5 Modellierung der Synchronisierungen zwischen Tasks mit Hilfe von Petri-Netzen und Rendezvous

Synchronisierungen zwischen Tasks können mit Hilfe von Petri-Netzen oder Rendezvous modelliert werden. Diese zwei Konzepte wurden in den Abschnitten 6 und 9 ausführlich beschrieben. Im Abschnitt 10 wurden viele typische Synchronisierfälle mit Hilfe beider Konzepte realisiert, die die Eignung der Konzepte, insbesondere im Vergleich zueinander, verdeutlichen.

11.6 Ein umfassendes Beispiel: Produktionsstraße

Dieses Beispiel dient zur Demonstration der Vorgehensweise beim Entwurf und Realisierung von Realzeit-Systemen, die in den Abschnitten 11.1 bis 11.5 beschrieben wurde. Nach Beschreibung der Aufgabenstellung werden folgende Aktivitäten ausgeführt:

- Zerlegung des Systems in Module und Modultypen
- Modellierung eines Modultyps
  - Bestimmung der sequentiellen Vorgänge in einem Modultyp
  - Modellierung der sequentiellen Vorgänge mit Hilfe von endlichen Automaten
  - Modellierung eines Teils der Synchronisierungen mit Hilfe von Petri-Netzen
  - Modellierung eines Teils der Synchronisierungen mit Hilfe von Rendezvous
- Schematische Vorgehensweise bei der Umsetzung des Software-Entwurfs für einen Modultyp in ein synchrones Programm (etwa für SPS nach DIN 61131-3)
  - Umsetzung eines endlichen Automaten
  - Umsetzung eines Petri-Netzes
  - Umsetzung von Rendezvous
- Schematische Vorgehensweise bei der Umsetzung des Software-Entwurfs für einen Modultyp in ein asynchrones Programm nach dem Modell der Parallelität
  - Umsetzung eines endlichen Automaten
  - Umsetzung eines Petri-Netzes
  - Umsetzung von Rendezvous

Aufbau der Anlage: Abb. 11.18 zeigt eine Produktionsstraße, auf der Werkstücke transportiert werden. Sie besteht aus den Förderstrecken F1, F2, F3 und F4 sowie aus den Schranken S1, S2 und S3 und aus dem Aufzug A. Die Förderstrecke F2 hat die Kapazität m2, F3 die Kapazität m3 und der Aufzug die Kapazität 1. Die Förderstrecken sind als schiefe Ebenen ausgelegt, so daß Werkstücke durch die

Schwerkraft befördert werden. Der Höhenunterschied zwischen F3 und F2 wird durch einen Aufzug überwunden.

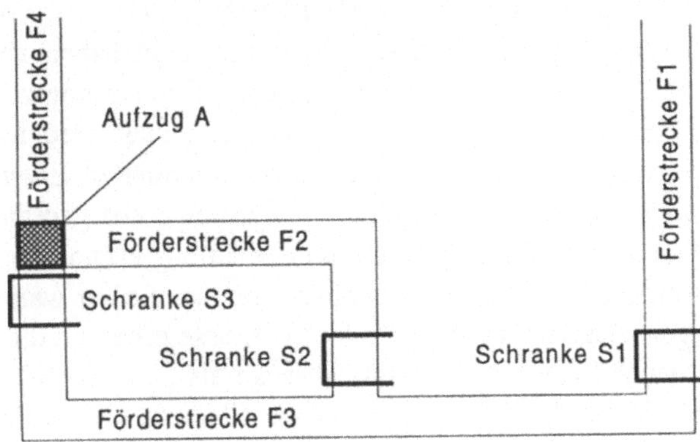

Abb. 11.18: Aufbau einer Produktionsstraße

Aufgabenstellung: Die Aufgabenstellung bezieht sich auf die gewünschten Abläufe in der Anlage. Die Produktionsstraße ist aufgeteilt in einen inneren und einen äußeren Kreis. Der *innere Kreis* umfaßt die Förderstrecke F2, die Schranke S2, die Förderstrecke F3, die Schranke S3 und den Aufzug A. Der Aufzug befördert Werkstücke von der Förderstrecke F3 zu F2. Der *äußere Kreis* umfaßt die Förderstrecke F1, die Schranke S1, die Förderstrecke F3, die Schranke S3 und die Förderstrecke F4. Werkstücke werden aus dem inneren Kreis ausgeschleust (d.h., sie gelangen von der Förderstrecke F3 auf F4), wenn sich der Aufzug in der oberen Position in der Höhe von F2 befindet.

Über die Förderstrecke F1 werden der Anlage neue Werkstücke zugeführt, die sich dann ständig im inneren Kreis bewegen. Da aber die Kapazität des inneren Kreises beschränkt ist, muß ein Werkstück sofort von der Förderstrecke F3 auf die Förderstrecke F4 ausgeschleust werden, sobald ein neues Werkstück über F1 auf die Förderstrecke F3 eingeschleust wird und ihre Kapazität bereits erschöpft ist.

Die Schranken S1 und S2 schleusen Werkstücke auf die Förderstrecke F3 ein. Befinden sich Werkstücke vor den beiden Schranken, so sollen S1 und S2 im Verhältnis 1:2 Werkstücke auf F3 einschleusen dürfen. Befinden sich Werkstücke nur vor einer der beiden Schranken, so darf diese unter Berücksichtigung der Kapazitätsbegrenzungen ständig ihre Werkstücke auf F3 einschleusen.

11.6.1 Modularisierung des Systems

Es werden drei gerätetechnische und funktionelle Modultypen unterschieden: *Schranke*, *Förderstrecke* und *Aufzug*. Aus technischer Sicht unterscheidet sich ein Aufzug in erheblichem Maße von einer Förderstrecke. Daher wurden sie als unterschiedliche Modultypen definiert. Aus logischer Sicht haben aber eine Förderstrecke und ein Aufzug vieles gemeinsam, denn beide befördern Werkstücke von einem Ort zu einem anderen. Ein Aufzug kann aufgefaßt werden als eine Förderstrecke für vertikale Bewegungen. Beim objektorientierten Entwurf könnte man die Gemeinsamkeiten der beiden Modultypen als eine übergeordnete Klasse definieren, von der dann die Förderstrecke und der Aufzug als untergeordnete Klassen mit ihren jeweiligen spezifischen Erweiterungen abzuleiten wären und auf diese Weise die Eigenschaften der übergeordneten Klasse erben würden. Im folgenden werden aber der Aufzug und die Förderstrecke als unterschiedliche Modultypen behandelt, da die Förderstrecke als passives Element, der Aufzug dagegen als aktives Element realisiert wird.

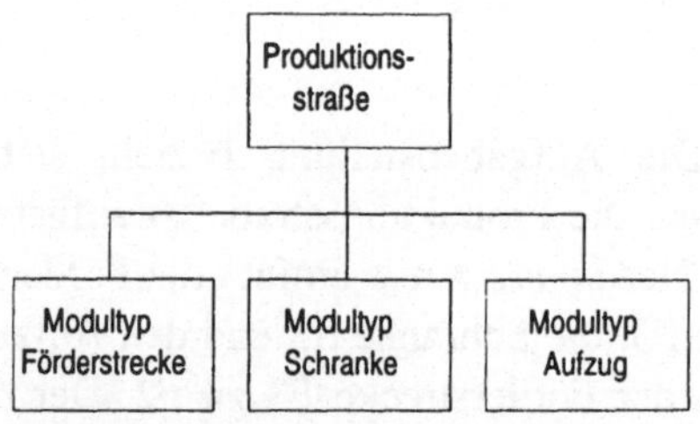

Abb. 11.19: Modultypen der Produktionsstraße

Modultyp „Schranke“. Damit Werkstücke einzeln eine Schranke passieren, besteht sie aus zwei gegenläufigen Schlagbäumen B1 und B2 mit einem gemeinsamen Antrieb (s. Abb. 11.20). Zwischen den beiden Schlagbäumen findet nur ein Werkstück Platz. Ein Werkstück passiert eine Schranke wie folgt:

- In der Ausgangsposition ist B1 geschlossen, B2 offen und die Werkstücke befinden sich vor B1.
- B1 wird geöffnet und gleichzeitig B2 geschlossen.
- Das vorderste Werkstück passiert B1, bleibt aber an B2 hängen, denn B2 schließt, bevor B1 öffnet.
- Erreicht B1 einen bestimmten Öffnungswinkel und wird der Endschalter „Eoffen“ betätigt, so wird der gemeinsame Schlagbaum-Antrieb zunächst gestoppt und nach der Zeit T1 umgepolt, damit B1 wieder schließt und B2 gleichzeitig öffnet.

- B1 trennt das vorderste Werkstück, das sich nun zwischen B1 und B2 befindet, von seinem Nachfolger. B1 schließt, bevor B2 öffnet.
- B1 erreicht die Ausgangsposition und betätigt den Endschalter „Ezu". Dadurch wird der Antrieb abgeschaltet.

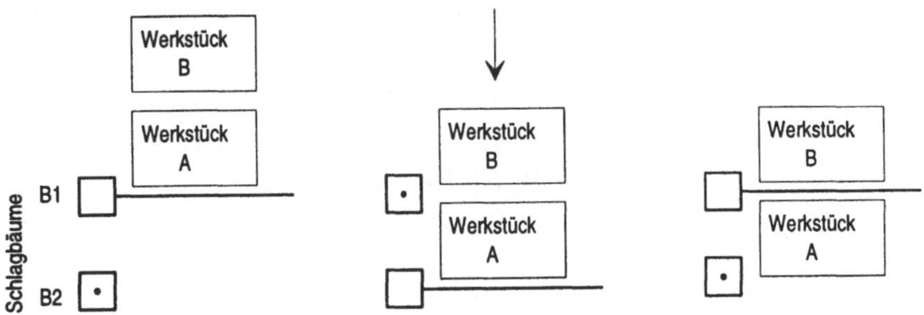

Abb. 11.20: Aufbau und Funktionsweise einer Schranke
links: Schlagbaum B1 geschlossen, B2 offen
Mitte: Schlagbaum B1 offen, B2 geschlossen
rechts: Schlagbaum B1 geschlossen, B2 offen

Dieser Modultyp besteht aus folgenden Teilen:

- Gegenläufige Schlagbäume B1 und B2 (Teil des technischen Prozesses).
- Antrieb (Aktor, Teil des technischen Prozesses).
- Endschalter „Eoffen" und „Ezu" (Sensoren, Teil des technischen Prozesses).
- Steuerungs-Software mit einem eigenen Rechner oder mit der notwendigen Rechenkapazität auf einem zentralen Rechner.

Modultyp „Aufzug". Dieser Modultyp besteht aus folgenden Teilen:

- Korb (Teil des technischen Prozesses).
- Antrieb (Aktor, Teil des technischen Prozesses).
- Endschalter „Eoben" und „Eunten" (Sensoren, Teil des technischen Prozesses).
- Steuerungs-Software mit einem eigenen Rechner oder mit der notwendigen Rechenkapazität auf einem zentralen Rechner.

Modultyp „Förderstrecke". Eine Förderstrecke besteht aus mehreren Förderelementen, die hintereinander montiert sind. Sie bedarf keines Antriebs und keiner Steuerung, da die Werkstücke durch ihre Schwerkraft bewegt werden. Dieser Modultyp ist passiv und hat daher keinen Anteil in der Automatisierungseinrichtung.

Komponentenstruktur: In der vorliegenden Anlage sind vom Modultyp Aufzug nur ein Exemplar (A), vom Modultyp Förderstrecke vier Exemplare (F1, F2, F3 und F4) und vom Modultyp Schranke drei Exemplare (S1, S2, S3) vorhanden.

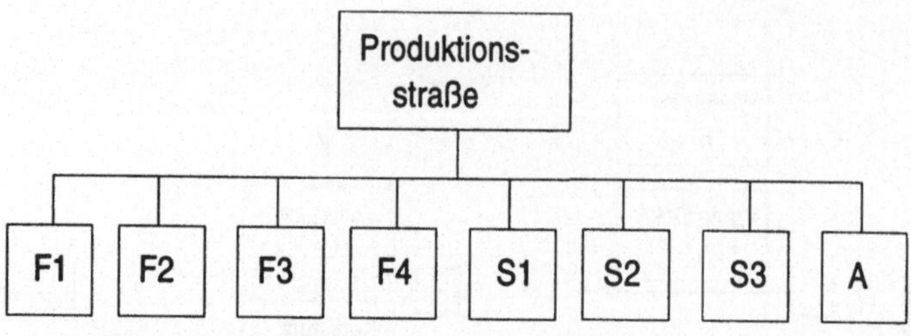

Abb. 11.21: Komponentenstruktur der Produktionsstraße

11.6.2 Anzahl der sequentiellen Vorgänge in jedem Modul

Schranke. In diesem Modultyp gibt es nur einen sequentiellen Vorgang. Er umfaßt das Öffnen des Schlagbaumes B1, bis das Signal „Eoffen" kommt, Anhalten des Schlagbaumes in dieser Stellung für eine gewisse Zeit und anschließendes Schließen des Schlagbaumes. Da es in diesem Modultyp nur einen einzigen Vorgang gibt, sind dann auch keine modulinternen Synchronisierungen notwendig.

Aufzug. Auch hier gibt es nur einen sequentiellen Vorgang. Er umfaßt die Auf- und Abwärtsfahrt des Korbes. Auch hier sind keine modulinternen Synchronisierungen notwendig.

Förderstrecke. Dieser Modultyp ist passiv und hat damit keine Vorgänge.

11.6.3 Modellierung der sequentiellen Vorgänge mit Hilfe von endlichen Automaten

Modellierung des Vorgangs in dem Modultyp „Schranke“: Im Modultyp „Schranke“ läuft nur ein sequentieller Vorgang ab, nämlich das Öffnen und Schließen des Schlagbaumes. Er wird mit Hilfe eines endlichen Automaten modelliert.

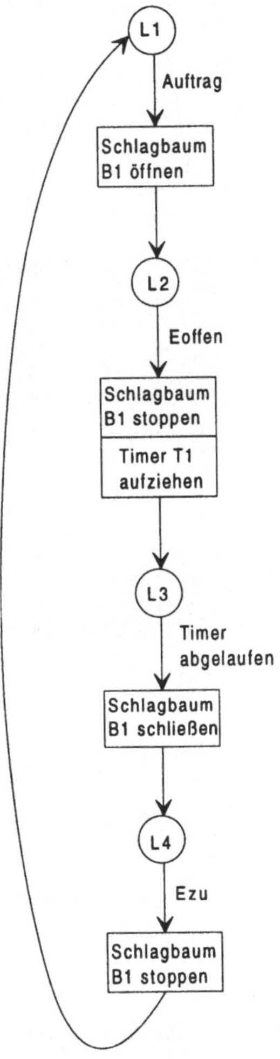

Abb. 11.22: Modellierung der Betätigung einer Schranke mit Hilfe eines endlichen Automaten

Modellierung des Vorgangs in dem Modultyp „Aufzug“: In dem Modultyp „Aufzug“ läuft nur ein sequentieller Vorgang ab, nämlich das Auf- und Abwärtsfahren des Korbes. Er wird mit Hilfe eines endlichen Automaten modelliert.

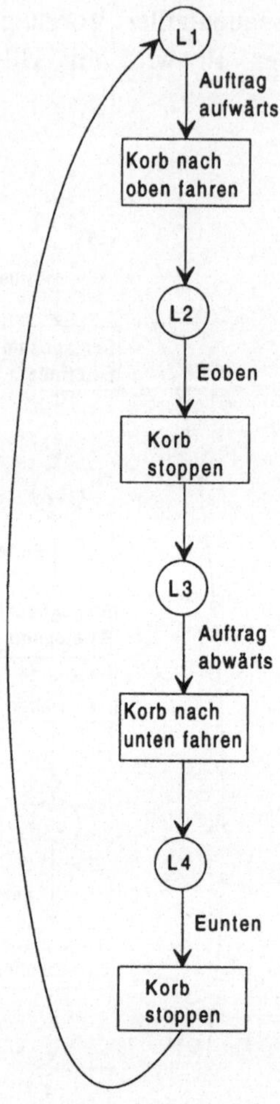

Abb. 11.23: Modellierung der Fahrten eines Aufzuges mit Hilfe eines endlichen Automaten

11.6.4 Modellierung eines Teils der Synchronisierung mittels Petri-Netzen

Bei der Produktionsstraße werden zwei Synchronisiertypen unterschieden. Der erste Typ rührt von der beschränkten Kapazität des Aufzuges und der Förderstrecken. Dieser Typ von Synchronisierung hat einen konjunktiven Charakter, weshalb er mit Hilfe von Petri-Netzen modelliert wird, denn Petri-Netze eignen sich hierzu besonders gut. Der zweite Typ von Synchronisierung betrifft die vielen alternativen Reihenfolgevorschriften für die Betätigung der beiden Schranken S1 und S2. Dieser Synchronisiertyp hat einen disjunktiven Charakter, weshalb er mit Hilfe von Rendezvous modelliert wird.

Die Vorgänge in den Modultypen „Schranke" und „Aufzug" sind von den Kapazitätsbeschränkungen der Förderstrecken abhängig, z.B. darf eine Schranke erst dann öffnen, wenn sich ein Werkstück in der Förderstrecke vor der Schranke und eine Lücke in der Förderstrecke nach der Schranke befindet. Daher müssen in den zugehörigen endlichen Automaten für jede Aktion die Vor- und Nachbedingungen eingetragen werden. Auf diese Weise wird der endliche Automat in ein Petri-Netz konvertiert, das dann alle erforderlichen Synchronisierungen beinhaltet. Die Zustände aus dem endlichen Automaten gehen in sog. Ablaufstellen des Petri-Netzes über. Die Vor- und Nachbedingungen der Aktionen werden als Synchronisierstellen in das Petri-Netz eingetragen.

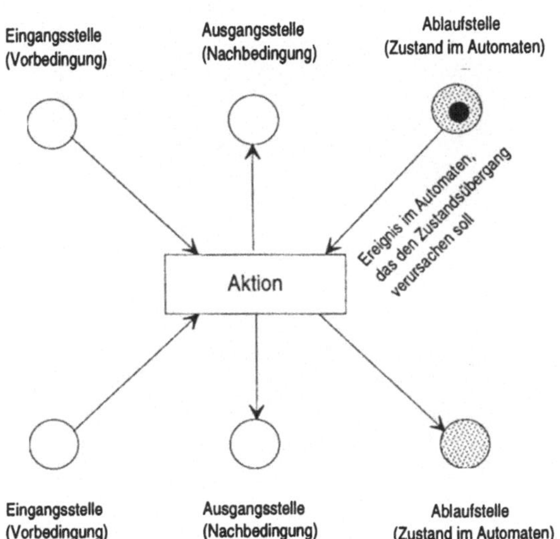

Abb. 11.24: Schematische Umwandlung eines Zustandsübergangs aus einem endlichen Automaten in eine Aktion eines Petri-Netzes zwecks Spezifikation der erforderlichen Synchronisierungen

Die Synchronisierstellen, von denen ein Pfeil zu der Aktion hinführt, bilden die Eingangsstellen der Aktion, und zwar unabhängig davon, zu welcher Kante der Aktion sie hinführen. Sie müssen alle markiert sein, bevor die Aktion abläuft. Die Synchronisierstellen, zu denen ein Pfeil von der Aktion hinführt, bilden die Ausgangsstellen der Aktion, und zwar unabhängig davon, von welcher Kante der Aktion sie ausgehen. Sie werden mit Marken belegt, wenn die Aktion zu Ende läuft.

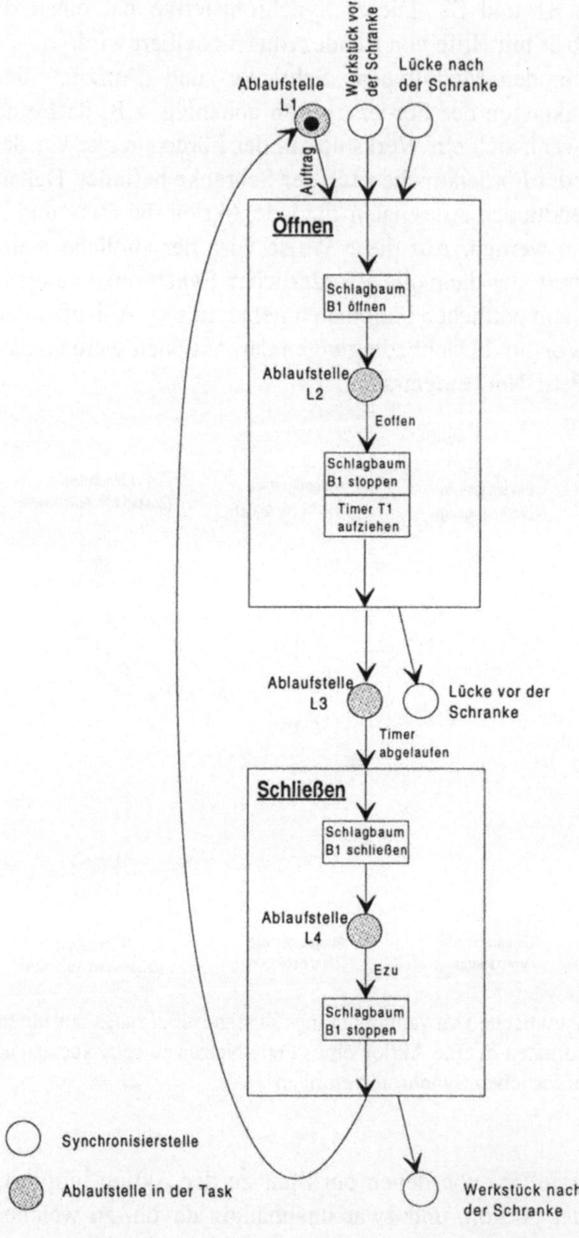

Abb. 11.25: Festlegung von Synchronisierstellen für die Betätigung einer Schranke laut Abb. 11.22

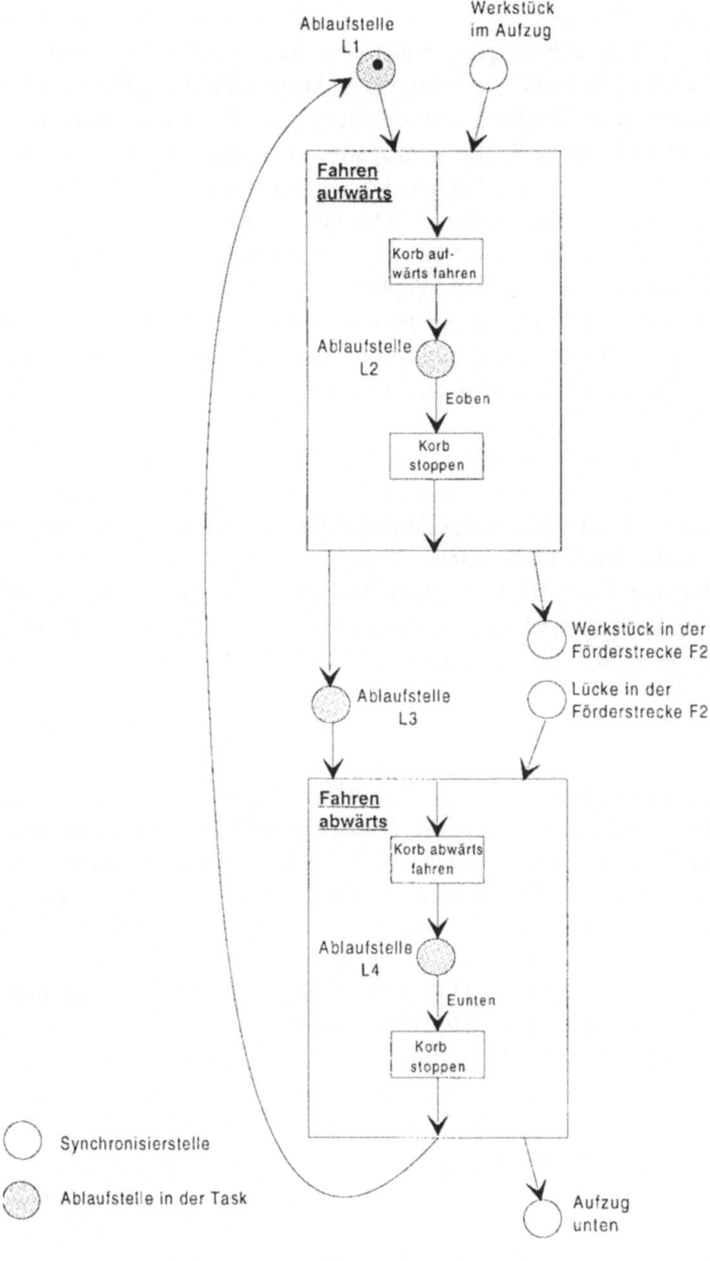

Abb. 11.26: Festlegung von Synchronisierstellen für die Aufwärts- und Abwärtsfahrt des Aufzuges aus Abb. 11.23

Wendet man dieses Verfahren nun auf den endlichen Automaten in der Abb. 11.22 an, so enststeht das Petri-Netz, das alle erforderlichen Synchronisierungen für eine Schrankenbetätigung enthält (s. Abb. 11.25). Betrachtet man nur die Ablaufstellen (die punktierten Kreise) in dieser Abbildung, ist das auf diese Weise entstehende Bild identisch mit der Abb. 11.22. Nimmt man die Synchronisierstellen (die weißen Kreise) hinzu, so hat man das Petri-Netz vor sich, das während der Betätigung einer Schranke durchlaufen wird. „Öffnen" und „Schließen" sind also zwei Aktionen im Sinne eines Petri-Netzes (s. Abb. 6.14).

Die Aktion „Öffnen" läuft nur dann ab, wenn die Ablaufstelle L1 erreicht ist, ein Auftrag vorliegt, sich ein Werkstück in der Förderstrecke vor der Schranke befindet und eine Lücke in der Förderstrecke nach der Schranke vorhanden ist. Die Aktion „Öffnen" nimmt eine gewisse Zeit in Anspruch. An deren Ende ist die Ablaufstelle L3 erreicht und eine Lücke in der Förderstrecke vor der Schranke geschaffen.

Die Aktion „Schließen" läuft dann ab, wenn die Ablaufstelle L3 erreicht und der Timer abgelaufen ist. Die Ausführung von „Schließen" dauert eine gewisse Zeit und an deren Ende ist die Ablaufstelle L1 erreicht und ein Werkstück in der Förderstrecke nach der Schranke abgelegt.

Abbildung 11.26 zeigt das Petri-Netz für den Aufzug. „Fahren aufwärts" und „Fahren abwärts" sind auch Aktionen im Sinne eines Petri-Netzes. Die Aktion „Fahren aufwärts" läuft nur dann ab, wenn die Ablaufstelle L1 erreicht ist und sich ein Werkstück im Aufzug befindet. Sie dauert eine gewisse Zeit und an deren Ende ist die Ablaufstelle L3 erreicht und ein Werkstück in die Förderstrecke F2 abgelegt.

Die Aktion „Fahren abwärts" läuft nur dann ab, wenn die Ablaufstelle L3 erreicht ist und eine Lücke in der Förderstrecke F2 vorhanden ist. Sie dauert eine gewisse Zeit und an deren Ende ist die Ablaufstelle L1 erreicht und der Aufzug befindet sich unten. Am Ende der Aktion „Fahren aufwärts" ist keine Synchronisierstelle „Aufzug oben" vorgesehen, da es nicht absehbar ist, welche Aktion sich mit dieser Bedingung synchronisieren müßte.

In den Abbildungen 11.27 und 11.28 sind die konkreten Synchronisierstellen des Aufzuges und der Schranke S2 dargestellt.

Schranke S3 (s. Abb. 11.29) hat zwei verschiedene Funktionen, nämlich „Beladen des Aufzuges" und „Ausschleusen eines Werkstücks aus dem inneren Kreis" (d.h., von der Förderstrecke F3 unter dem Aufzug auf die Förderstrecke F4). Die beiden Funktionen müssen sich gegenseitig ausschließen. Dies erreicht man dadurch, daß die Vorbedingung „Aufzug unten" der Funktion „Beladen des Aufzuges" und die Vorbedingung „Ausschleusen" der Funktion „Ausschleusen aus dem inneren Kreis" komplementär zueinander sind, d.h., ist die eine Vorbedingung erfüllt, so ist die andere nicht erfüllt und umgekehrt. Dies erreicht man dadurch, daß die Bedingung „Ausschleusen" nur dann gesetzt wird, wenn sich der Aufzug oben befindet. In der Aufgabenstellung wurde gefordert, daß die Schranke S3 nur dann ein Werkstück ausschleusen muß, wenn die Kapazitäten von F2 und F3 erschöpft sind. Aus der Synchronisierbedingung, daß der Aufzug erst dann wieder abwärts fährt, wenn eine Lücke in F2 vorhanden ist, kann geschlossen werden, daß der Aufzug in der oberen Position verharrt, wenn die Kapazität von F2 erschöpft ist. Dann könnte die Schranke S3 ausschleusen.

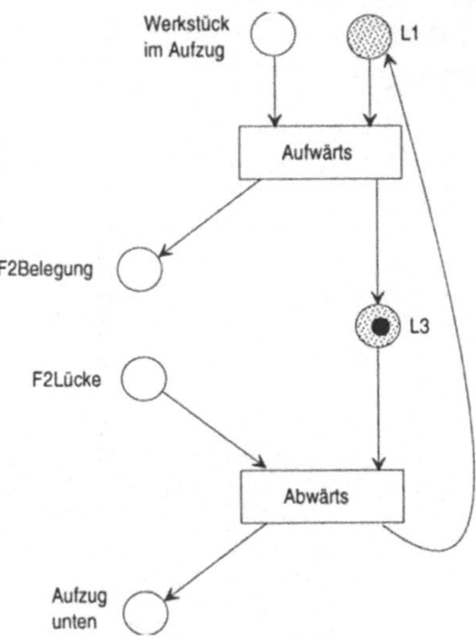

Abb. 11.27: Petri-Netz zur Darstellung der Synchronisierstellen des Aufzuges

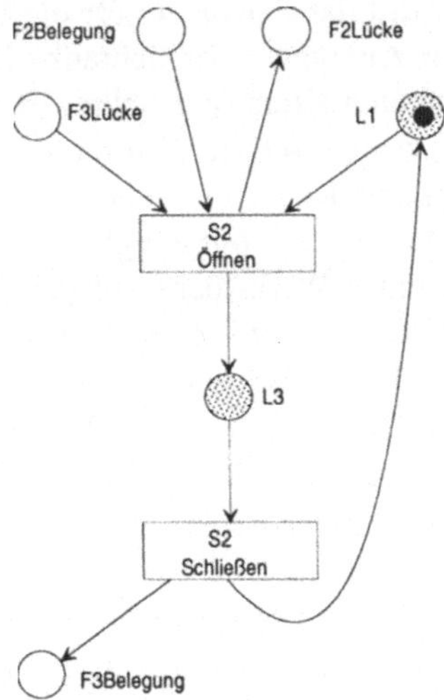

Abb. 11.28: Petri-Netz zur Darstellung der Synchronisierstellen der Schranke S2

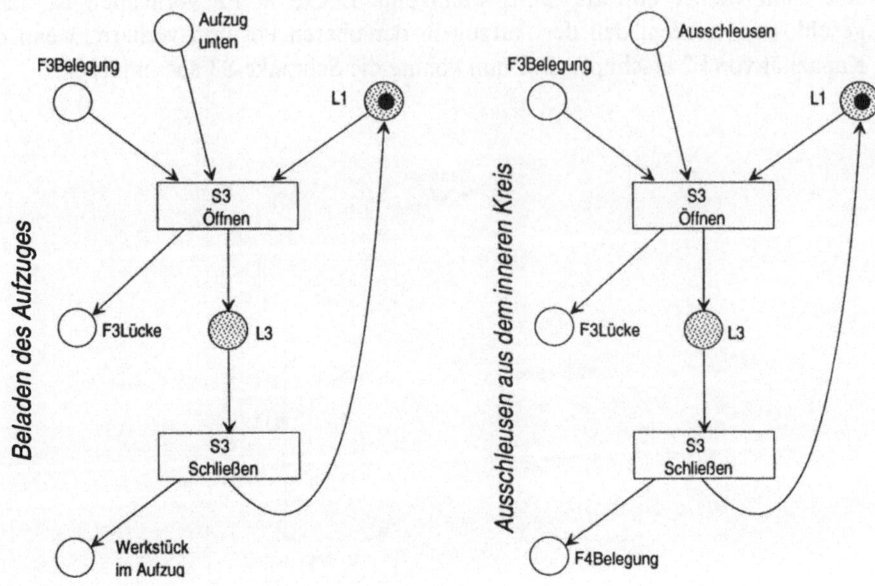

Abb. 11.29: Petri-Netz zur Darstellung der Synchronisierstellen der beiden Funktionen der Schranke S3

Das vollständige Petri-Netz der Produktionsstraße wird nun in zwei Schritten aufgebaut. Im ersten Schritt wird das Petri-Netz für die Schranken S1 und S2 sowie die Funktion „Beladen des Aufzuges" der Schranke S3 aufgestellt. Die Funktion „Ausschleusen aus dem inneren Kreis" der Schranke S3 wird hier nicht enthalten sein (s. Abb. 11.30). Im zweiten Schritt wird dieses Petri-Netz um die Funktion „Ausschleusen aus dem inneren Kreis" der Schranke S3 ergänzt.

Das Netz in Abb. 11.30 berücksichtigt lediglich die kausalen Zusammenhänge, nicht aber die Laufzeiten eines Werkstücks auf den Förderstrecken. Ist z.B. der Aufzug oben angekommen, so wird eine Marke in die Synchronisierstelle „F2Belegung" geworfen und das Werkstück auf den Anfang der Förderstrecke F2 abgelegt. Laut dem obigen Petri-Netz könnte sich nun S2 sofort wieder öffnen, da die Vorbedingung hierfür bereits erfüllt ist. Tatsächlich aber muß S2 darauf warten, bis das Werkstück die Förderstrecke F2 zurückgelegt und an deren Ende angekommen ist.

Um die Ankunft eines Werkstücks am Ende der Förderstrecke Fx zu erfassen, wird unmittelbar vor der Schranke Sx die Lichtschranke LSx montiert. Sie liefert '1', wenn sich ein Werkstück vor der Schranke befindet, ansonsten liefert sie '0'.

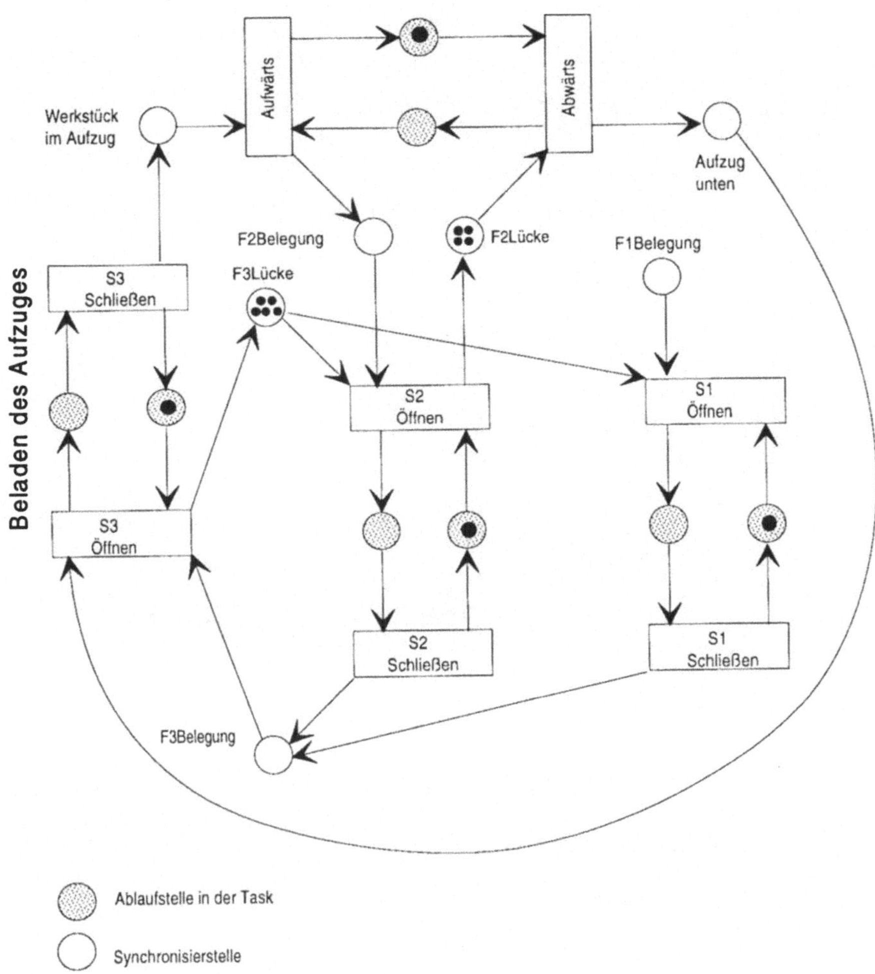

Abb. 11.30: Petri-Netz zur Darstellung der Synchronisierungen im inneren Kreis

Logisch kann man sich das so vorstellen, daß z.B. die Förderstrecke F2 ein Werkstück vom Aufzug übernimmt, es bis zur Lichtschranke transportiert und es an sie weitergibt. Das Signal '1' einer Lichtschranke besagt, daß die Förderstrecke ein Werkstück an die Lichtschranke übergeben hat. Trägt man die Lichtschranken (LS1, LS2 und LS3) als Vorbedingungen zum Öffnen der Schranken (S1, S2 und S3) in Abb. 11.30 ein, so entsteht daraus Abb. 11.31.

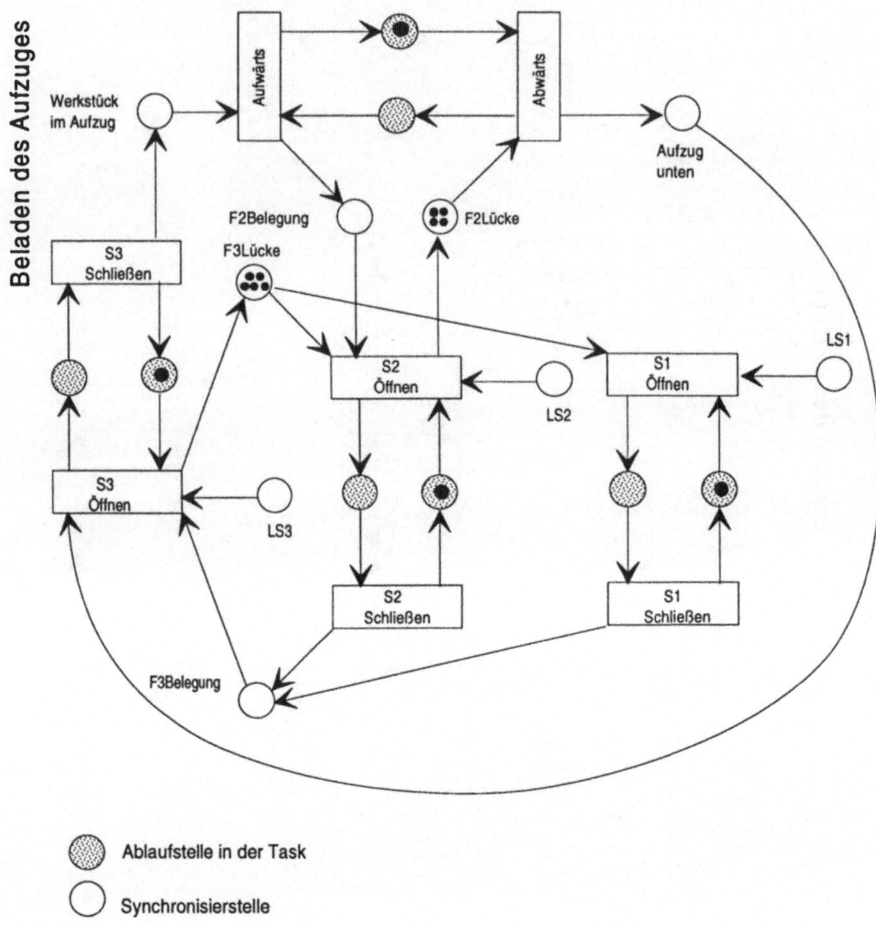

Abb. 11.31: Petri-Netz zur Darstellung der Synchronisierungen im inneren Kreis mit Berücksichtigung des Transports der Werkstücke über die Förderstrecken

Nun wird in Abb. 11.31 die Funktion „Ausschleusen aus dem inneren Kreis" der Schranke S3 eingetragen (s. Abb. 11.32). Hierzu werden die Werkstücke gezählt, die über die Schranke 1 in die Anlage eingeschleust wurden. Die Anlage hat die Kapazität m, die sich aus den Kapazitäten der Förderstrecken F2 (m2) und F3 (m3) zusammensetzt (m = m2 + m3). Befinden sich m Werkstücke in der Anlage, so ist die Kapazität der Anlage erschöpft. Daher muß ein Werkstück ausgeschleust werden. Sobald nun die Lichtschranke LS3 ein Werkstück vor der Schranke S3 meldet und der Aufzug sich in der oberen Position befindet, wird die Schranke geöffnet und ein Werkstück unter dem Aufzug aus der Anlage ausgeschleust. Hiezu muß die Synchronisierstelle „Aufzug oben" eingeführt werden, die vom

Modul Aufzug mit Marken belegt wird. Die zum Ausschleusen erforderlichen Synchronisierungen sind in Abb. 11.32 mit Hilfe von gestrichelten Linien hervorgehoben.

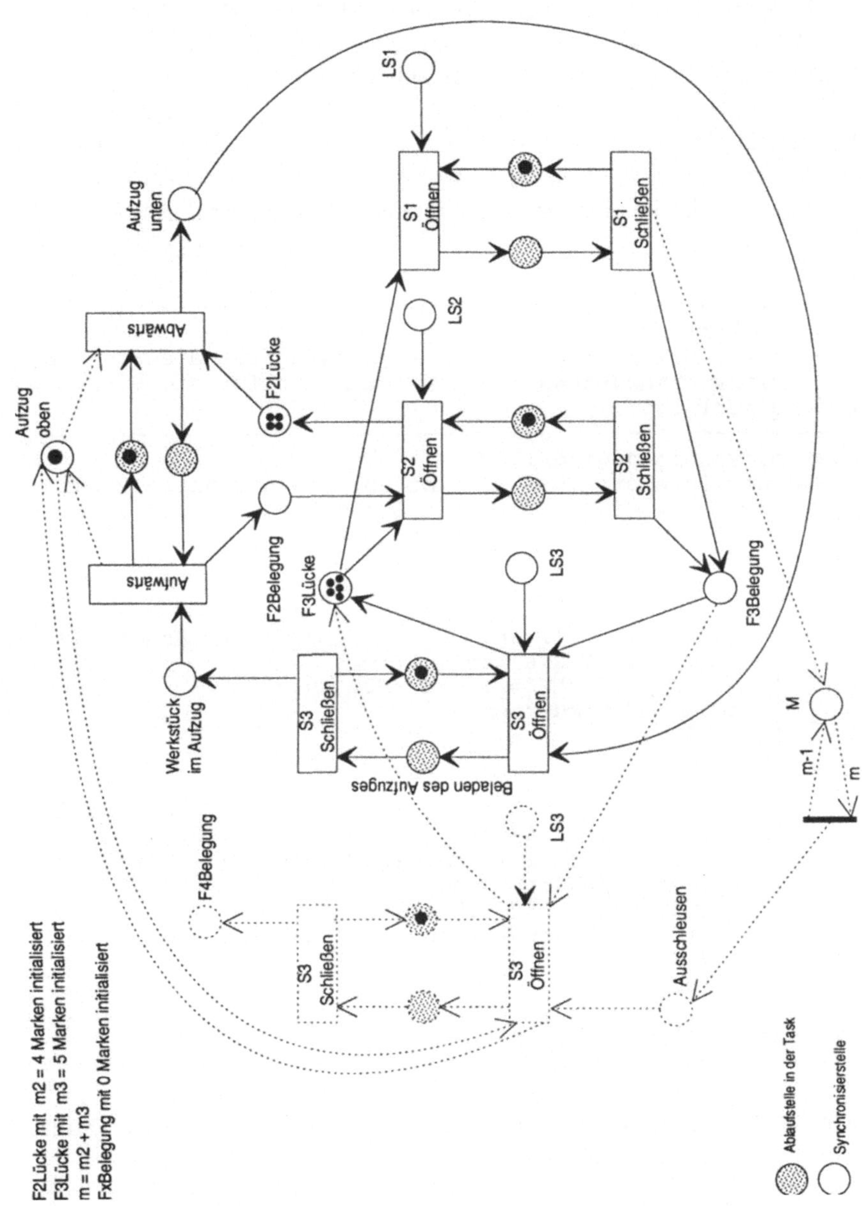

Abb. 11.32: Ergänzung der Synchronisierungen aus Abb. 11.31 um die Funktion „Ausschleusen“

11.6.5 Modellierung eines Teils der Synchronisierung mittels Rendezvous

Die vielen alternativen Reihenfolgevorschriften für die beiden Schranken S1 und S2 werden mit Hilfe von Rendezvous modelliert.

Die Reihenfolgevorschrift wird erst dann wirksam, wenn ein *Konflikt* vorliegt, d.h., wenn sich Werkstücke vor den beiden Schranken S1 und S2 befinden und die beiden Schranken gleichzeitig ihre Schlagbäume öffnen wollen.

Die Tatsache, ob sich ein Werkstück vor einer Schranke befindet, wird mittels einer Lichtschranke erfaßt. LS1 (bzw. LS2) liefert das Signal '1', wenn sich ein Werkstück vor der Schranke S1 (bzw. S2) befindet und die Lichtschranke belegt ist. Ansonsten ist die Lichtschranke frei. Sie liefert dann das Signal '0'.

```
task reihenfolge is
     entry S1FordertAn ;       // Eingang für die Schranke S1
     entry S2FordertAn ;       // Eingang für die Schranke S2
end reihenfolge ;
```

```
task body reihenfolge is
  S2Count integer = 0 ; // Gibt an, wie oft hintereinander
                        // die Schranke 2 vor der Schranke 1
                        // daran war
  begin
  loop
    select
    |   when ( (LS1=1) and                      // Schutzbedingung
    |          ( (LS2=0) or
    |            ( (LS2=1) and (S2Count=2) ) ) ) =>
    |   accept S1FordertAn do
    |      S2Count = 0 ;
    |   end ;
    or
    |   when ( (LS2=1) and                      // Schutzbedingung
    |          ( (LS1=0) or
    |            ( (LS1=1) and (S2Count<2) ) ) ) =>
    |   accept S2FordertAn do
    |      S2Count = S2Count + 1 ;
    |      if ( S2Count>2 ) then S2Count = 2 ; end ;
    |   end ;
    end select ;
  end loop ;
end reihenfolge ;
```

Abb. 11.33: Modellierung der Reihenfolge für die Schranken S1 und S2 mit Hilfe von Rendezvous

Die Task „reihenfolge" ist der Server und die Schranken S1 und S2 die Clients. Möchte eine Schranke ihren Schlagbaum öffnen, so muß sie vorher erfolgreich eine Berechtigung bei der Task „reihenfolge" angefordert haben, denn „reihenfolge" verwaltet die Berechtigungen für das Öffnen der Schranken. Hierzu ruft die Schranke S1 (bzw. S2) den Dienstleistungseingang „S1FordertAn" (bzw. „S2FordertAn") der Task „reihenfolge" auf.

Mit der Anweisung „accept S1FordertAn" empfängt der Server die Task S1, notiert sich „S2Count = 0" und vergibt eine Öffnungsberechtigung an S1. Allerdings bevor diese „Accept"-Anweisung ausgeführt wird, muß die davor liegende Schutzbedingung erfüllt sein, d.h., die Lichtschranke vor LS1 muß auf jeden Fall belegt sein und dann *entweder* die Lichtschranke LS2 frei sein *oder* die Lichtschranke LS2 belegt und S2Count den Wert 2 aufweisen. In S2Count wird festgehalten, wie oft die Schranke S2 hintereinander vor der Schranke S1 betätigt wurde.

11.6.6 Schematische Vorgehensweise bei der Umsetzung des Software-Entwurfs in ein synchrones Programm (etwa für SPS nach DIN 61131-3)

Wie in Kap. 1 bereits erwähnt, bietet DIN 61131-3 fünf verschiedne Möglichkeiten für die Programmierung von SPS. Drei von Ihnen (KOP, FBS und AS) sind hardwareorientiert. Sie benutzen Darstellungen wie *Stromlaufpläne* von elektrischen Schaltungen, in denen elektrische Bauelemente (wie etwa Relais, Flipflop, Monoflop usw) miteinander verbunden werden. Die anderen zwei Möglichkeiten (AWL und ST) sind Programmiersprachen. AWL ähnelt dem Assembler einer fiktiven Maschine mit vornehmlich Boolschen Operationen und ST ist eine objektorientierte Sprache auf der Ebene C++.

Die Besonderheit der Hardware-Orientierung, nämlich die vollständige Parallelität der Funktionsausführung aller elektrischen Bauelemente, wird aber in den ersten drei Programmiermöglichkeiten aufgehoben und durch eine sequentielle Abarbeitung ersetzt. Da nun aber allen fünf Programmiermöglichkeiten die sequentielle Abarbeitung zugrunde liegt, können Applikationsprogramme grundsätzlich von einer Sprache in eine andere konvertiert werden. Für eine konzeptionelle bzw. logische Untersuchung der Umsetzung in ein SPS-Programm wäre es also ausreichend, sich auf eine der fünf Sprachen zu beschränken.

Das Charakteristische an SPS ist ihre *synchrone* (zyklische) Abarbeitung der Programme, nicht aber die algorithmischen Sprachelemente zu ihrer Programmierung. Aus diesem Grunde wird für die folgenden Ausführungen die viel bekanntere C/C++-Notation gewählt und die Besonderheiten der synchronen Programmierung in den Vordergrund der Betrachtungen gestellt.

Umsetzung eines endlichen Automaten in ein synchrones Programm

Im Absch. 11.4.1 wurde die Umsetzung eines Automaten in ein Programm beschrieben. Hier wird sie exemplarisch auf die Schranke 2 mit dem in Abb. 11.22 dargestellten Automaten angewandt (s. Abb. 11.34).

Wegen der synchronen Programmierung wird die Funktion „S2Automat“ zyklisch aufgerufen. Die Schnittstelle dieser Funktion nach außen ist der Merker „S2Auftrag“. Ist er gesetzt, so muß die Schranke 2 wieder geöffnet werden. Er muß aber von „S2Automat“ zurückgesetzt werden, damit ein neuer Auftrag erteilt werden kann.

```
typedef enum {L1, L2, L3, L4} Zustand ;
Zustand Z2 = L1 ; // Zustand der Schranke S2
S2Automat () {
   switch ( Z2 ) {
      case L1: if ( S2Auftrag ) {
                   S2Auftrag = 0 ;    // Auftrag zurücksetzen
                   Schlagbaum B1 öffnen
                   Z2 = L2 ;
                }
                break ;
      case L2: if ( Eoffen ) {
                   Schlagbaum B1 stoppen
                   Timer T1 aufziehen
                   Z2 = L3 ;
                }
                break ;
      case L3: if ( Timer abgelaufen ) {
                   Schlagbaum B1 schließen
                   Z2 = L4 ;
                }
                break ;
      case L4: if ( Ezu ) {
                   Schlagbaum B1 stoppen
                   Z2 = L1 ;
                }
                break ;
      default: Programmierfehler ; exit () ;
   }
}
```

Abb. 11.34: Umsetzung des endlichen Automaten aus Abb. 11.22 für die Schranke 2 in ein synchrones Programm

Während für die Abb. 11.34 eine Pseudocode-Notation gewählt wurde, gibt Abb. 11.38 die Programmierung in Pearl wieder.

Ein weiteres Beispiel ist in Absch. 3.3.3 erläutert. Hier wird die Steuerung eines Läufers mit Hilfe von endlichen Automaten modelliert und dann in die Ablaufsprache (AS) sowie in Kontaktplan (KOP) umgesetzt.

Umsetzung eines Petri-Netzes in ein synchrones Programm

Petri-Netze beschreiben die Synchronisierbedingungen für parallel ablauffähige Prozesse. Laufen die Prozesse – wie etwa bei der synchronen Programmierung – sequentiell ab, so kann jeder Prozeß seine Synchronisierbedingungen als eine atomare Operation überprüfen, denn der Prozeß wird von den anderen nicht unterbrochen. Die Synchronisierbedingungen lassen sich dann auf Abfragen abbilden. Dies wird nun exemplarisch auf die Schranke S2 angewandt.

Abb. 11.25 zeigt schematisch die Synchronisierstellen des Modultyps „Schranke“ und Abb. 11.31 die konkreten Synchronisierstellen der Schranke 2. Das Programm aus Abb. 11.34 wird nun um diese Synchronisierbedingungen ergänzt (s. Abb. 11.35).

```
typedef enum {L1, L2, L3, L4} Zustand ;
Zustand Z2 = L1 ;

S2Automat () {
   switch ( Z2 ) {
      case L1: if ( S2Auftrag && LS2 &&
                      (F3Lücke>0) && (F2Belegung>0) ) {
                   S2Auftrag = 0 ;    // Auftrag zurücksetzen
                   // LS2 ist ein Prozeßsignal
                   F3Lücke = F3Lücke -1 ;
                   F2Belegung = F2Belegung - 1 ;
                   Schlagbaum B1 öffnen
                   Z2 = L2 ;
                }
                break ;
      case L2: if ( Eoffen ) {
                   Schlagbaum B1 stoppen
                   Timer T1 aufziehen
                   F2Lücke = F2Lücke + 1 ;
                   Z2 = L3 ;
                }
                break ;
      case L3: if ( Timer abgelaufen ) {
                   Schlagbaum B1 schließen
                   Z2 = L4 ;
                }
                break ;
      case L4: if ( Ezu ) {
                   Schlagbaum B1 stoppen
                   F3Belegung = F3Belegung + 1 ;
                   s = L1 ;
                }
                break ;
      default: Programmierfehler ; exit () ;
   }
}
```

Abb. 11.35: Ergänzung des endlichen Automaten für die Schranke 2 (Abb. 11.34) um ihre Synchronisierbedingungen gemäß Abb. 11.31

Umsetzung von Rendezvous in ein synchrones Programm

Eine Rendezvous-Lösung besteht aus den folgenden Elementen: Einem Server, einem Rendezvous zwischen einem Client und dem Server, einer Select-Anweisung und Schutzbedingung vor dem Rendezvous. Die Umsetzung dieser Elemente in ein synchrones Programm wird exemplarisch anhand der in Abb. 11.33 dargestellten Rendezvous-Lösung zwischen der Task „reihenfolge" als Server und der Schranke 2 (S2) als Client erläutert.

Zunächst muß festgelegt werden, wie ein Rendezvous zwischen dem Client und dem Server stattfinden kann. Im vorliegenden Fall werden zwei binäre Merker „S2FordertAn" und „S2Auftrag" eingeführt. „S2FordertAn" besagt, ob S2 eine neue Berechtigung haben möchte, und „S2Auftrag" besagt, ob die gewünschte Berechtigung erteilt wurde. Möchte also S2 eine Berechtigung haben, so muß sie „S2FordertAn" auf den Wert '1' setzen und darauf warten, bis „S2Auftrag" daraufhin vom Server auf den Wert '1' gesetzt wird. Natürlich muß der Wert von „S2FordertAn" vom Server wieder zurückgesetzt werden, damit eine neue Anforderung seitens S2 wieder gesetzt werden kann. Genauso muß „S2Auftrag" von S2 zurückgesetzt werden.

Als Nächstes muß die Select-Anweisung umgesetzt werden. Die Semantik der Select-Anweisung besagt, daß der Server die Eingänge in beliebiger Reihenfolge bedienen darf (s. Absch. 9.3). Bei der Umsetzung in ein synchrones Programm wird aber eine feste Reihenfolge innerhalb der Select-Anweisung vereinbart: zuerst den Eingang „S1FordertAn" und dann „S2FordertAn" bedienen. Abb. 11.36 zeigt die Umsetzung der Abb. 11.33 in ein synchrones Programm.

```
typedef enum { true, false} Boolean ;
Boolean S1Fordertan = false ;
Boolean S2Fordertan = false ;
Boolean S1Auftrag = false ;
Boolean S2Auftrag = false ;

reihenfolge () {
   if ( S1FordertAn && ( (LS1=1) and        // Schutzbedingung
        ( (LS2=0) or ( (LS2=1) and (S2Count=2) ) ) ) ) {
           S1FordertAn = 0 ;
           S2Count = 0 ;
           S1Auftrag = 1 ;
   }
   else if ( S2FordertAn && ( (LS2=1) and  // Schutzbedingung
             ( (LS1=0) or ( (LS1=1) and (S2Count<2) ) ) ) ) {
           S2FordertAn = 0 ;
           S2Count = S2Count + 1 ;
           if ( S2Count>2 ) S2Count = 2 ;
           S2Auftrag = 1 ;
        }
}
```

Abb. 11.36: Umsetzung des Servers „reihenfolge" aus Abb. 11.33 zur Verwaltung der Reihenfolgen der Schranken in ein synchrones Programm

Als letzter Schritt müssen die beiden Merker in das Programm der Schranke 2 aus Abb. 11.35 integriert werden. Das Ergebnis zeigt Abb. 11.37.

```
typedef enum {L1, L2, L3, L4} Zustand ;
typedef enum { true, false} Boolean ;
Boolean S2Fordertan = false ;
Boolean S2Auftrag = false ;

Zustand Z2 = L1 ;

S2Automat () {
   switch ( Z2 ) {
      case L1: if ( S2Auftrag && LS2 &&
                   (F3Lücke>0) && (F2Belegung>0) ) {
                  S2Auftrag = 0 ;   // Auftrag zurücksetzen
                  // LS2 ist ein Prozeßsignal
                  F3Lücke = F3Lücke -1 ;
                  F2Belegung = F2Belegung - 1 ;
                  Schlagbaum B1 öffnen
                  Z2 = L2 ;
               }
               break ;
      case L2: if ( Eoffen ) {
                  Schlagbaum B1 stoppen
                  Timer T1 aufziehen
                  F2Lücke = F2Lücke + 1 ;
                  Z2 = L3 ;
               }
               break ;
      case L3: if ( Timer abgelaufen ) {
                  Schlagbaum B1 schließen
                  Z2 = L4 ;
               }
               break ;
      case L4: if ( Ezu ) {
                  Schlagbaum B1 stoppen
                  F3Belegung = F3Belegung + 1 ;
                  S2FordertAn = true ; // Anforderung setzen
                  s = L1 ;
               }
               break ;
      default: Programmierfehler ; exit () ;
   }
}
```

Abb. 11.37: Ergänzung des synchronen Programms für die Schranke 2 aus Abb. 11.35 um Rendezvous mit dem Server aus Abb. 11.36

11.6.7 Schematische Vorgehensweise bei der Umsetzung des Software-Entwurfs in ein asynchrones Programm

Umsetzung eines endlichen Automaten in ein asynchrones Programm

1. Ansatz : Polling-Verfahren. Hier wird die Umsetzung in ein synchrones Programm (vgl. Absch. 11.6.6) nachgebildet, indem der endliche Automat in eine Prozedur umgesetzt wird, die dann zyklisch von einer Task aufgerufen wird. Die Anwendung dieser Methode auf die Schranke S2 ist in Abb. 11.38 dargestellt.

Eine Besonderheit dieser Lösung liegt darin, daß die Prozeßsignale an den Eingängen des Rechners anstehen und ihr Wert bei Bedarf eingelesen wird. Der Timer wurde als ein externes Gerät realisiert. Der Timer kann dadurch aufgezogen werden, daß er über die Schnittstelle „TimerOut“ mit einem bestimmten Wert (z.B. T=8) geladen wird. Der Timer beginnt dann mit einer bestimmten Frequenz (z.B. 4 Hz) den eingestellten Wert herunterzuzählen. Zu jedem Zeitpunkt kann der aktuelle Wert des Timers über die Schnittstelle „TimerIn“ eingelesen werden. Geht der Wert des Timers auf Null, so ist die eingestellte Zeit (z.B. 2 sec) abgelaufen.

```
module (production) ;

   system ;
      Eoffen :     -> digin  * 0,1 ;
      Ezu :        -> digin  * 1,1 ;
      B1 :         <- digout * 0,2 ;
      TimerOut :   <- digout * 2,8 ;
      TimerIn :    -> digin  * 2,8 ;

   problem ;
      specify Eoffen dation in basic ;
      specify Ezu dation in basic ;
      specify B1 dation out basic ;
      specify TimerOut out fixed ;
      specify TimerIn in fixed ;

      dcl eoffen bit(1) ;
      dcl ezu bit(1) ;
      dcl öffnen bit(2) init ('10'B1) ;
      dcl schliessen bit(2) init ('01'B1) ;
      dcl stoppen bit(2) init ('00'B1) ;
      dcl S2Auftrag fixed global ;
      dcl (L1, L2, L3, L4) invariant fixed init (1, 2, 3, 4);
      dcl Z2 fixed init (L1) ;      // Zustand der Schranke S2
      dcl T fixed invariant init (8) ; // entspricht 2 sec

      init : task sys ;
         all 0.5 sec activate S2 ;
      end ;
```

```
S2 : task ;
     call S2Automat ;
end ;

S2Automat procedure ;
   case ( Z2 )
      alt L1: if ( S2Auftrag ) then
                   S2Auftrag = 0 ;      // Auftrag zurücksetzen
                   send öffnen to B1 ;
                   Z2 = L2 ;
              fin ;
      alt L2: take eoffen from Eoffen ;
              if ( eoffen ) then
                   send stoppen to B1 ;
                   send T to timer T1 ;
                   Z2 = L3 ;
              fin ;
      alt L3: take timer from TimerIn ;
              if ( timer = 0 ) then
                   send schließen to B1;
                   Z2 = L4 ;
              fin ;
      alt L4: take ezu from Ezu ;
              if ( ezu ) {
                   send stoppen to B1 ;
                   Z2 = L1 ;
              fin ;
   fin;
end ;
modend ;
```

Abb. 11.38: Umsetzung des endlichen Automaten aus Abb. 11.22 für die Schranke S2 in ein asynchrones Programm nach dem Polling-Verfahren

2. Ansatz : Interrupt-Verfahren. Hier werden von allen Eingangssignalen Interrupts abgeleitet und dem Rechner zugeführt. In jedem Zustand wird dann auf das Eintreffen eines für diesen Zustand relevanten Interrupts gewartet. Bei dem vorliegenden Beispiel wird von den positiven Flanken der Prozeßsignale „Eoffen" und „Ezu" ein Interrupt abgeleitet. Auch der Timer soll einen Interrupt generieren, wenn die eingestellte Zeit abläuft und sein Wert auf Null zurückgeht. Die Anwendung dieser Methode auf die Schranke S2 ist in Abb. 11.39 dargestellt.

```
module (production) ;

   system ;
      Eoffen :     -> interrupt * 0 ;
      Ezu :        -> interrupt * 1 ;
      TimerIn :    -> interrupt * 2 ;
      B1 :         <- digout * 0,2 ;
      TimerOut :   <- digout * 2,8 ;
```

```
   problem ;
      specify Eoffen interrupt ;
      specify Ezu interrupt ;
      specify TimerIn interrupt ;
      specify B1 dation out basic ;
      specify TimerOut out fixed ;

      dcl öffnen bit(2) init ('10'B1) ;
      dcl schliessen bit(2) init ('01'B1) ;
      dcl stoppen bit(2) init ('00'B1) ;
      dcl S2Auftrag fixed global ;
      dcl T fixed invariant init (8) ; // entspricht 2 sec

      S2 : task sys ;
         while ('1'B1) repeat              // Eine Endlosschleife
               L1: while ( S2Auftrag=0 ) repeat
                            after 1 sec resume ;
                   end ;
                   S2Auftrag = 0 ;
                   send öffnen to B1 ;
               L2: when Eoffen resume ;
                   send stoppen to B1 ;
                   send T to timer T1 ;
               L3: when TimerIn resume ;
                   send schließen to B1;
               L4: when Ezu resume ;
                   send stoppen to B1 ;
         end ;
      end ;
modend ;
```

Abb. 11.39: Umsetzung des endlichen Automaten aus Abb. 11.22 für die Schranke S2 in ein asynchrones Programm nach dem Interrupt-Verfahren

Umsetzung eines Petri-Netzes in ein asynchrones Programm

Hier wird das Petri-Netz auf Semaphoren abgebildet. Dies wurde ausführlich in Absch. 7.4 beschrieben.

Umsetzung von Rendezvous in ein asynchrones Programm

Umsetzung eines einfachen Rendezvous: Beim einfachen Rendezvous (s. Absch. 9.2) wird der Dienstleistungseingang, der vom Server angeboten wird, auf zwei Semaphoren (Aufforderungs- und Quittungs-Semaphore) abgebildet (s. Abb. 11.40), in denen sich ursprünglich keine Marken befinden. Der Aufruf des Dienstleistungseingangs durch den Client wird auf eine Release-Operation auf die Aufforderungs-Semaphore und einer anschließenden Request-Operation auf die Quittungs-Semaphore abgebildet. Erreicht der Server den Dienstleistungseingang, so führt er eine Request-Operation auf die Aufforderungs-Semaphore aus. Erst wenn diese Request-Operation erfolgreich ausgeführt ist, findet das Rendezvous statt. Dann vollbringt der Server die Dienstleistung und fürht eine Release-Operation auf die Quittungs-Semaphore aus. In anderen Worten:

- Das Rendezvous findet dann statt, wenn sowohl die Request- als auch die Release-Operation auf die Aufforderungs-Semaphore ausgeführt worden sind.
- Das Ende vom Rendezvous wird durch eine Release-Operation auf die Quittungs-Semaphore signalisiert.
- Der Client wartet mit Hilfe der Request-Operation auf die Quittungs-Semaphore auf das Ende vom Rendezvous.

```
task server is                                    Ada-Programm
     entry A ;
end t ;
task body server is
     accept A do ;
          Operationen während des Rendezvous
     end ;
end server ;

task client is
end ;
task body client is
     server.A ;
end ;
```

```
dcl A-Aufforderung sema preset (0);            Pearl-Programm
dcl A-Quittung sema preset (0) ;
server : task ;
     request A-Aufforderung ;
     Operationen während des Rendezvous
     release A-Quittung ;
end ;

client : task ;
     release A-Aufforderung ;
     request A-Quittung ;
end ;
```

Abb. 11.40: Abbildung eines einfachen Rendezvous (Ada-Programm) auf Semaphoren (Pearl-Programm)

Umsetzung der Select-Anweisung: Die Select-Anweisung (s. Absch. 9.3) entspricht der disjunktiven Verknüpfung mehrerer Dienstleistungseingänge, d.h., der Server möchte einen der vielen Eingänge bedienen, an denen eine Aufforderung ansteht. Wird jeder Eingang auf eine Aufforderungs-Semaphore abgebildet, so entspricht die Select-Anweisung der disjunktiven Verknüpfung aller Aufforderungs-Semaphoren. Dies wurde in Absch. 8.5 behandelt.

Anhang 1: Begriffsdefinitionen laut DIN

Algorithmus, DIN 19226:
: Ein Algorithmus ist eine vollständig festgelegte Folge von Vorschriften, nach denen aus zulässigen Eingangsgrößen eines Systems gewünschte Ausgangsgrößen erzeugt werden.

Antwortzeit (response time), DIN 44300 Teil 7:
: Bei einer Instanz die Zeitspanne zwischen dem Zeitpunkt, zu dem sie die Erteilung eines Auftrages an eine andere Instanz beendet, und dem Zeitpunkt, zu dem bei der auftraggebenden Instanz die Übergabe des Ergebnisses der Auftragsabwicklung oder einer Mitteilung darüber an sie beginnt. Die Antwortzeit hängt vom Umfang der zu erbringenden Datenverarbeitungsleistung ab.

Anweisung (statement), DIN 44300 Teil 4:
: Nach den Regeln einer beliebigen Sprache festgelegte syntaktische Einheit, die in gegebenem oder unterstelltem Zusammenhang wie auch im Sinne dieser Sprache eine Arbeitsvorschrift ist. Anweisungen können nach der Art der Arbeitsvorschrift klassifiziert werden, z.B. bedingte Anweisung (Verzweigungsanweisung, Wiederholungsanweisung) oder unbedingte Anweisung (Transportanweisung, Zuweisung, Sprunganweisung, Ein-, Ausgabeanweisung)

Automatisierungseinrichtung, [Lauber 99]:
: Eine Einrichtung, die den Ablauf eines technischen Prozesses in gewünschter Weise automatisiert, indem sie relevante physikalische Größen erfaßt und beeinflusst.

Block (block), DIN 44300 Teil 1:
: Eine Folge von Elementen, die aus technischen oder funktionellen Gründen zu einer Einheit zusammengefaßt oder als eine Einheit behandelt werden.

Entwicklungssystem:
: Ein Rechensystem, auf dem Programme für ein Zielsystem entwickelt werden, u.a. Editierung des Quellprogramms, Übersetzung zum Objektprogramm, Binden zum Lademodul.

Größe, DIN 19226: Eine Größe beschreibt die Eigenschaft eines Vorgangs oder Körpers, die einer qualitativen Identifizierung und einer quantitativen Bestimmung zugänglich ist. Der Wert einer Größe ist das Ergebnis ihrer quantitativen Bestimmung, das als Produkt aus Zahlenwert und Einheit angegeben wird [DIN 19226].

Hardware, DIN 44300 Teil 1:
Gesamtheit oder Teil der apparativen Ausstattung von Rechensystemen.

konkurrent (concurrent), DIN 44300 Teil 9:
Parallel ablaufende Prozesse, die Betriebsmittel gemeinsam benutzen.

Mehrprogrammbetrieb (multiprogramming), DIN 44300 Teil 9:
Eine Betriebsart eines Rechensystems, bei der das Betriebssystem für die simultane Ausführung von mehreren Programmen dadurch sorgt, daß die Prozessoren des Rechensystems im Multiplexbetrieb arbeiten und die übrigen Betriebsmittel in geeigneter Weise den Programmen zugeteilt werden.

Modell, DIN 19226: Ein Modell ist die Abbildung eines Systems oder Prozesses in ein anderes begriffliches oder gegenständliches System, das aufgrund der Anwendung bekannter Gesetzmäßigkeiten, einer Identifikation oder auch getroffener Annahmen gewonnen wird und das System oder den Prozeß bezüglich ausgewählter Fragestellungen hinreichend genau abbildet. Zur genauen Kennzeichnung müssen Modelle spezifiziert werden; z.B. spricht man von physikalischen oder mathematischen Modellen.

Operation (operation), DIN 44300 Teil 1:
Ein Vorgang, der nach festgelegten Regeln aus gegebenen Objekten (Operanden) ein neues Objekt (Resultat) erzeugt.

parallel (parallel), DIN 44300 Teil 9:
Bei mehreren Prozessen den Sachverhalt beschreibend, daß die Prozesse nebeneinander ablaufen, wobei sich alle Prozeßintervalle in einem Zeitintervall überlappen.

Parallelbetrieb (parallel operation), DIN 44300 Teil 9:
Eine Betriebsart, bei der mehrere Funktionseinheiten Aufträge so abwickeln, daß die dabei ablaufenden Prozesse parallel sind. Dies setzt voraus, daß die Aufträge voneinander unabhängig sind.

Programm (program) , DIN 44300 Teil 4:
Nach den Regeln der verwendeten Sprache festgelegte syntaktische Einheit aus Anweisungen und Vereinbarungen, welche die zur Lösung einer Aufgabe notwendigen Elemente umfaßt.

Programm, DIN 61131-1:
Eine Reihe von Vorgängen, die in einer bestimmten Reihenfolge angeordnet sind, um ein bestimmtes Ergebnis zu erzielen [IEC 902/P1.0.0.17].

Prozeßintervall, DIN 44300 Teil 9:
Das kleinste Zeitintervall, innerhalb dessen alle Vorgänge eines Prozesses ablaufen.

Prozeß (process): Siehe Rechenprozeß.

Reaktionszeit, DIN 44300 Teil 7:
Die Zeitspanne zwischen dem Zeitpunkt, zu dem ein Auftrag an eine Instanz als erteilt gilt, und dem Zeitpunkt, zu dem die Entscheidung über seine Annahme als mitgeteilt gilt.

Realzeitverarbeitung (real-time processing), DIN 44300 Teil 9:
Eine Verarbeitungsart, bei der Programme zur Verarbeitung anfallender Daten ständig ablaufbereit sind, derart, daß die Verarbeitungsergebnisse innerhalb einer vorgegebenen Zeitspanne verfügbar sind. Die Daten können je nach Anwendungsfall nach einer zeitlich zufälligen Verteilung oder zu bestimmten Zeitpunkten anfallen. Die Benennung Echtzeitverarbeitung ist zu vermeiden, weil dieser Begriff in der Analogrechentechnik und Simulationstechnik eine andere Bedeutung hat.

Rechenprozeß (task), DIN 44300 Teil 1:
Bei einem Rechensystem die Gesamtheit der Vorgänge, die an der jeweiligen Ausführung eines Programms oder eines sinnvoll abgegrenzten Programmteils beteiligt sind und die von einer Instanz gesteuert werden.

Regeleinrichtung, DIN 19226:
Die Steuereinrichtung oder Regeleinrichtung ist derjenige Teil des Wirkungsweges, der die aufgabengemäße Beeinflussung der Strecke über das Stellglied bewirkt.

Schnittstelle (interface), DIN 44300 Teil 1:
Gedachter oder tatsächlicher Übergang an der Grenze zwischen zwei gleichartigen Einheiten (wie Funktionseinheiten, Baueinheiten oder Programmbausteinen) mit den vereinbarten Regeln für die Übergabe von Daten oder Signalen.

Schritt, DIN 40719 Teil 6:
Der Abschnitt in einem technischen Prozeß, der zwischen der Ausgabe von zwei Stellsignalen durch die Automatisierungseinrichtung liegt und in dem der technische Prozeß sich selbst überlassen ist, wird als Schritt bezeichnet.

sequentiell (sequential), DIN 44300 Teil 9:
Bei mehreren Prozessen den Sachverhalt beschreibend, daß die Prozesse nacheinander ablaufen, wobei sich ihre Prozeßintervalle in keinem Zeitintervall auch nur paarweise überlappen dürfen. Folgen die Prozeßintervalle unmittelbar aufeinander, so kann man auch von konsekutiv sprechen.

Signal, DIN 19226: Ein Signal ist die Darstellung von Information. Die Darstellung erfolgt durch den Wert oder Werteverlauf einer physikalischen Größe (z.B. einer Spannung) [DIN 19226].

Software, DIN 44300 Teil 1:
Gesamtheit oder Teil der Programme für Rechensysteme, wobei die Programme zusammen mit den Eigenschaften der Rechensysteme den Betrieb der Rechensysteme ermöglichen, die Nutzung der Rechensysteme zur Lösung gestellter Aufgaben ermöglichen oder zusätzliche Betriebs- und Anwendungsarten der Rechensysteme ermöglichen.

Steuereinrichtung, DIN 19226:
Siehe Regeleinrichtung.

Strukur (structure), DIN 44300 Teil 1:
Über einer Menge von Objekten diejenige ausgewählte Menge von Beziehungen, die durch eine vorgegebene Betrachtungsweise herausgehoben wird.

System (system), DIN 44300 Teil 1:
In einem betrachteten Zusammenhang eine Gesamtheit von Objekten, die sich aufgrund der Beziehungen der Objekte untereinander von ihrer Umwelt abhebt, davon abgrenzt erscheint und daher ein als Einheit anzusehendes und gegliedertes Ganzes bildet.

Technischer Prozeß, DIN 19226:
Ein Prozeß ist eine Gesamtheit von aufeinander einwirkenden Vorgängen in einem System, durch die Materie, Energie oder Information umgeformt, transportiert oder gespeichert wird. Ein technischer Prozeß ist ein Prozeß, dessen physikalische Größen mit technischen Mitteln erfaßt und beeinflußt werden [DIN 66201].

Unterbrechung (interrupt), DIN 44300 Teil 9:
In einem Prozessor das Anhalten und Aussetzen eines Prozesses, das durch ein Ereignis innerhalb oder außerhalb des Prozesses bewirkt wird. Beim Anhalten des Prozesses wird sichergestellt, daß er zu einem späteren Zeitpunkt fortgesetzt werden kann. Eine Unterbrechung wird meist durch ein Signal ausgelöst.

Zielsystem: Ein Rechensystem, auf dem die entwickelten Programme ausgeführt werden.

Zykluszeit (cycle time), DIN 44300 Teil 7:
Bei einer Funktionseinheit die Zeitspanne zwischen dem Beginn zweier aufeinanderfolgender gleichartiger, zyklisch wiederkehrender Vorgänge.

Anhang 2: Verwendete DIN-Vorschriften

DIN 19226:	Regelungs- und Steuerungstechnik, 02.94.
DIN 44300:	Programmierung, Begriffe, 11.88.
DIN 66253-2:	Programmiersprache Pearl 90, 10.96.
DIN 66255:	Programmiersprache PL/I, 5.80.
DIN 66312:	Industrial Robot Language (IRL), 9.96.
DIN EN 28631:	Programmkonstrukte und Regeln für ihre Anwendung.
DIN EN 61131-3:	Speicherprogrammierbare Steuerungen, 8.94.
DIN ISO/IEC 8652:	Programmiersprache Ada, 9.96.
DIN IEC 60755:	Realzeit-Basic for CAMAC, 4.87.
DIN IEC 56/575/CD:	Leitfaden für Testmethoden zur Beurteilung der Zuverlässigkeit von Software, 6.97.

Literaturverzeichnis

Aho 83 — Aho A et al. (1983) Data Structures and Algorithms. Addison-Wesley, ISBN 0-201-00023-7.

Barnes 83 — Barnes JGP (1983) Programmieren in Ada. Carl Hanser Verlag, München, ISBN 3-446-13978-8.

Boehm 76 — Boehm B (1976) Software Engineering. IEEE Transactions on Computers, Dec.

Boehm 81 — Boehm B (1981) Software Engineering Economics. Englewood Cliffs, N.J., Prentice Hall.

Boehm 88 — Boehm B (1988) A spiral Model of Software Development and Enhancement. IEEE Computer, 21 (5), 61-72, May.

Booch 86 — Booch G (1986) Object-Oriented Development. IEEE Transactions on Software Engineering, Feb.

Booch 91 — Booch G (1991) Object-Oriented Design with Applications. Menlo Park, CA, Benjamin Cummings.

Brinch 73 — Brinch Hansen P (1973) Operation System Principles. Englewood Cliffs, N.J., Prentice Hall.

Chen 76 — Chen P (1976) The Entity Relationschip Modell – Towards a Unified View of Data. ACM Transactions on Database Systems, 1(1), 9–36.

Cooling 91 — Cooling JE (1991) Software Design for Real-time Systems. London, Chapman and Hall, ISBN 0-412-34180-8.

DeMarco 78 — DeMarco T (1978) Structured Analysis and System Specification. Englewood Cliffs, N.J., Prentice Hall.

Dijkstra 68 — Dijkstra EW (1968) Co-Operating Sequential Processes. In: Genuys F (ed.) (1968) Programming Languages. New York, Acadeic Press, pp. 43–112.

Gane 79 — Gane C, Sarson T (1979) Structured System Analysis, Tools and Techniques. Englewood Cliffs, N.J., Prentice Hall, ISBN 0-13-854547-2.

Gehani 84 — Gehani N (1984) Ada Concurrent Programming. Englewood Cliffs, N.J., Prentice Hall.

Gehani 85 — Gehani N (1985) Advanced C. Computer Science Press, Maryland, ISBN 0-88175-078-6.

Harel 87 — Harel D (1987) Statecharts: A Visual Approach to Complex Systems. Scienece of Computer Programming.

Harel 88a — Harel D et al. (1988) Statemate: A Working Environment for the Development of Complex Reactive Systems. Proceedings of the Tenth International Conference on Software Engineering, Los Alamitos, CA, IEEE Computer Society Press, pp. 496–506.

Harel 88b — Harel D (1988) On Visual Formalism. Communications ACM, Vol. 31, No. 5, May, pp. 514–530.

Harel 98 — Harel D et al. (1998): Modeling Reactive Systems with Statemate. Mc Graw Hill, ISBN 0-07-026205-5.

Hoare 74	Hoare CAR (1974) Monitors: An Operation System Structuring Concept. Communication ACM, Vol. 17, No. 10, Oct., pp. 549–557.
Hoare 85	Hoare CAR (1985) Communicating Sequential Processes. Englewood Cliffs, N.J., Prentice Hall.
Intel 88	82C59A-2: CHMOS Programmable Interrupt Controller. Intel, Order Number 231201-004, 1988.
Lauber 99	Lauber R, Göhner P (1999) Prozeßautomatisierung. Springer-Verlag, Berlin.
Meyer 87	Meyer B (1987) Reusability: The Case of Object-Oriented Design. IEEE Software, March.
Meyer 88	Meyer B (1988) Object-Oriented Software Construction. Englewood Cliffs, N.J., Prentice Hall.
Meyrs 78	Meyrs G (1978) Composite/Structured Design. New York, Van Nostrand Reinhold.
Meyrs 79	Meyrs G (1979) The Art of Software Testing. New York, John Wiley & Sons.
MS-DOS 91	Microsoft MS-DOS. Microsoft Corporation, Artikel-Nr.: 18202.
PCI 98	Blank HJ et al. (1998) PCI in der Industrie. Verlag Markt und Technik, ISBN 3-8272-5282-2.
Peterson 81	Peterson J (1981) Petri Net Theory and the Modeling of Systems. Englewood Cliffs, N.J., Prentice Hall.
Reisig 85	Reisig W (1985) Systementwurf mit Netzen. Springer-Verlag, Berlin, ISBN 3-540-13786-6.
Rumbaugh 91	Rumbaugh JM et al. (1991) Object-Oriented Modeling and Design. Englewood Cliffs, N.J., Prentice Hall.
Siemens 95	HiGraph: Eine neue Art der PLC-Programmierung bei SIMATIC S7 und Programmieren mit Zustandsgraphen. Ganz neu. Ganz leicht. Ganz komfortabel. Siemens AG, Geschäftsbereich Industrie-Automatisierungssysteme, Nürnberg, 1995.
Stroustrup 92	Stroustrup B (1992) The C++ Programming Language. Addison-Wesley, ISBN 0-201-53992-6.
UNIX 89	X/Open Portability Guide. Set of 7 Volumes, Prentice Hall, Englewood Cliffs, N.J., ISBN 0-13-685843-0.
VME 86	Der VMEbus. Ein Bussystem für 16/32-Bit-Mikroprozessoren. Elektronik Sonderheft 229,: Franzis-Verlag, München, 1986.
VME 89a	VMEbus handbook. Loseblattsammlung, 4 Ordner, Anderlecht, VUGI Publ., 1989.
VME 89b	Peterson, Wade (1989) The VMEbus handbook. A user's guide to the IEEE 1014 and IEC 821 microcomputer bus. Scottsdale, VMEbus int. Trade Assoc., 1989.
VME 89c	Heath, Staeve (1989) VMEbus user's handbook. Oxford, Heinemann Newnes.
VME 91	VME, VXI, Futurebus+ compatible products directory. Scottsdale, VITA-VFEA, 1991. Beilage: VXIbus ; VMEbus extensions for instrumentation. VXI products directory.
Ward 85	Ward P, Mellor S (1985) Structured Development for Real-time Systems. Englewood Cliffs, N.J., Prentice Hall.

Wirth 82	Wirth N (1985) Programming in Modula-2. Springer-Verlag, Heidelberg, 3. Auflage ISBN 3-540-15078-1.
Wirth 86	Wirth N (1986) Algorithmen und Datenstrukturen mit Modula-2. Teubner, Stuttgart, 4. Auflage, ISBN 3-519-02260-5.
Yourdon 79	Yourdon E, Constantine L (1979) Structured Design. Second Edition, Englewood Cliffs, N.J., Prentice Hall.
Yourdon 89	Yourdon E (1989) Modern Structured Analysis. Englewood Cliffs, N.J., Prentice Hall.

Sachverzeichnis